C语言核心编程200例
（视频课程+全套源程序）
本书部分案例

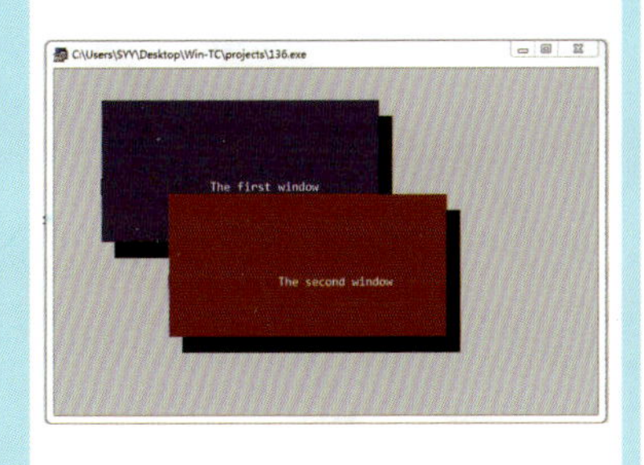

实例 135 绘制立体窗口

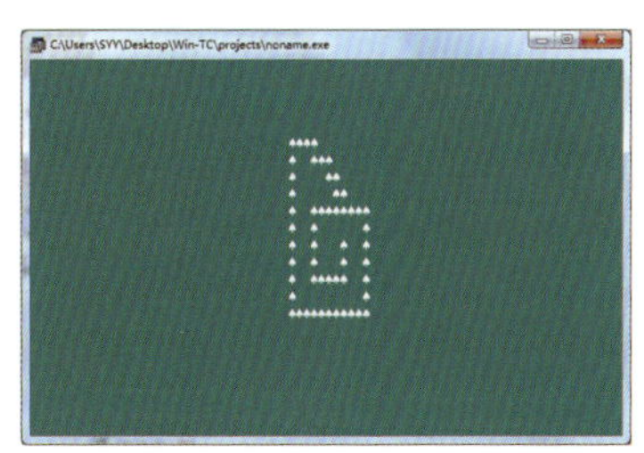
实例 175 简单的键盘画图程序

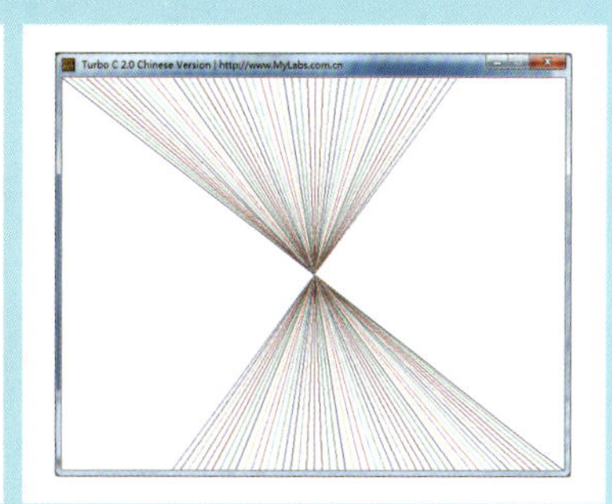
实例 187 直线精美图案

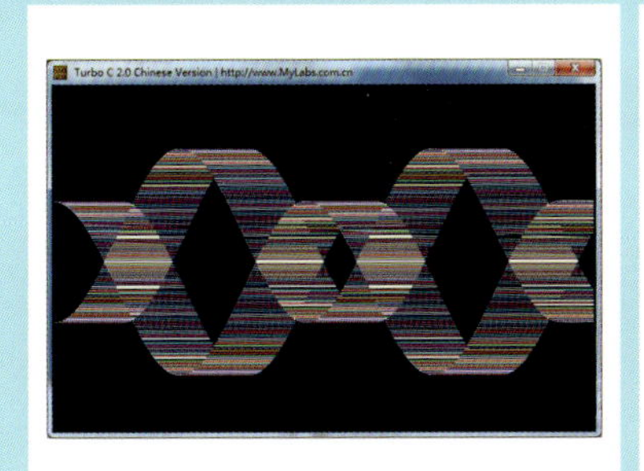
实例 166 绘制彩带

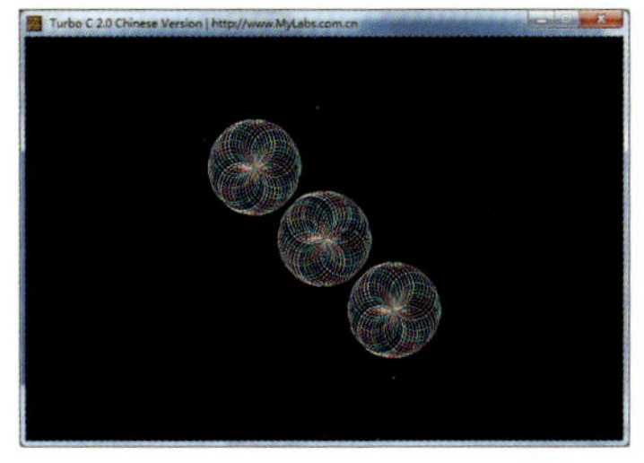
实例 186 绘制圆形精美图案

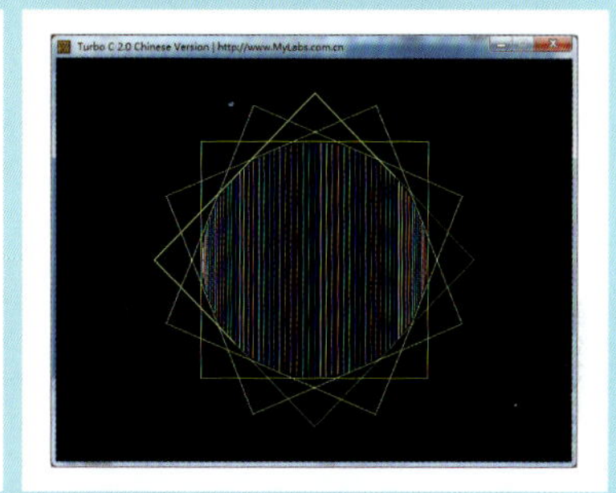
实例 191 太阳花图案

实例 179 火箭发射

实例 182 跳动的小球

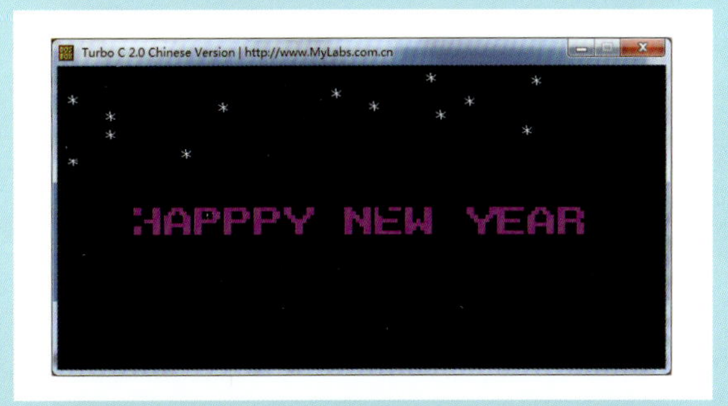

实例 190 雪花

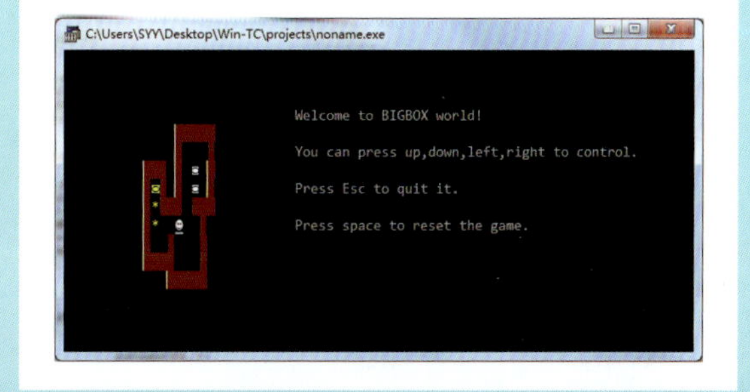

实例 198 推箱子游戏

C语言核心编程200例

（视频课程+全套源程序）

本书部分案例

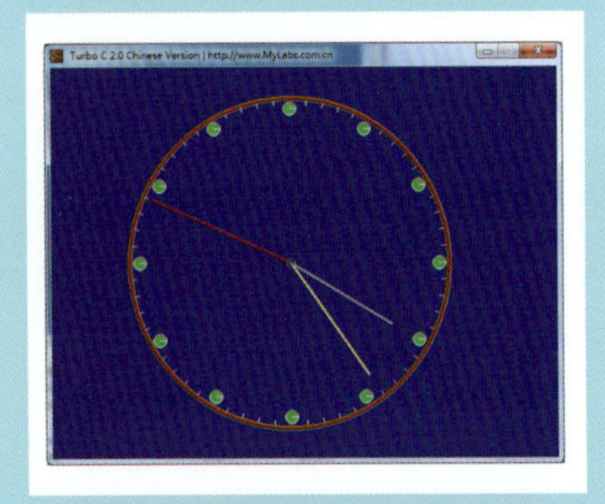

实例 178 图形时钟

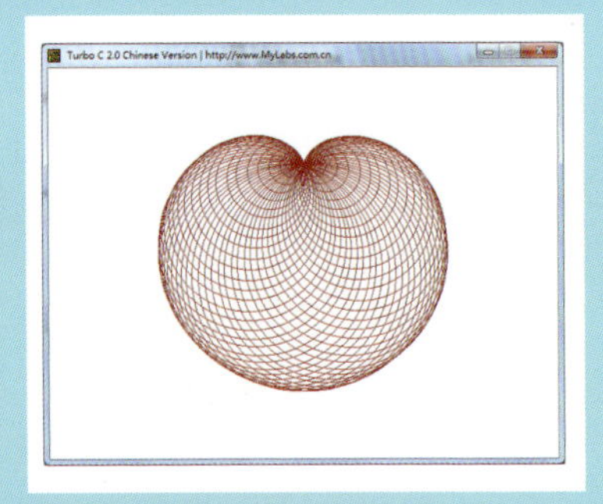

实例 188 心形图案

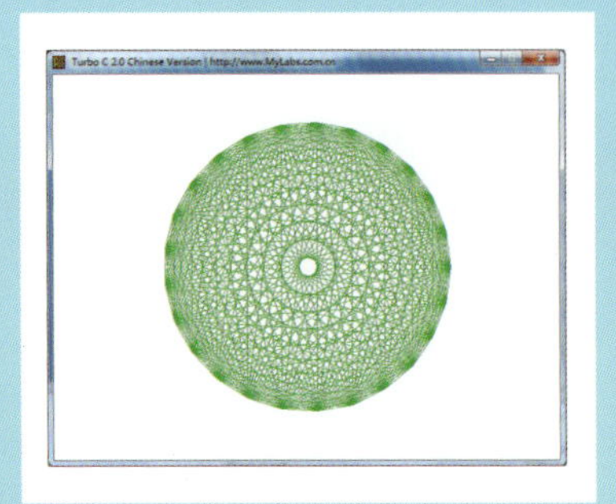

实例 189 钻石图案

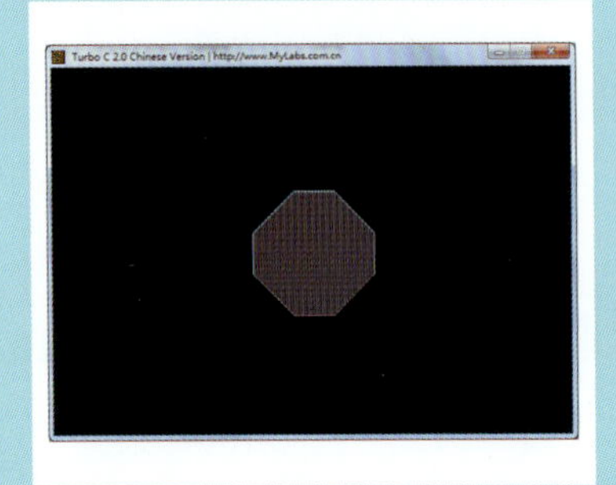

实例 168 红色间隔点填充多边形

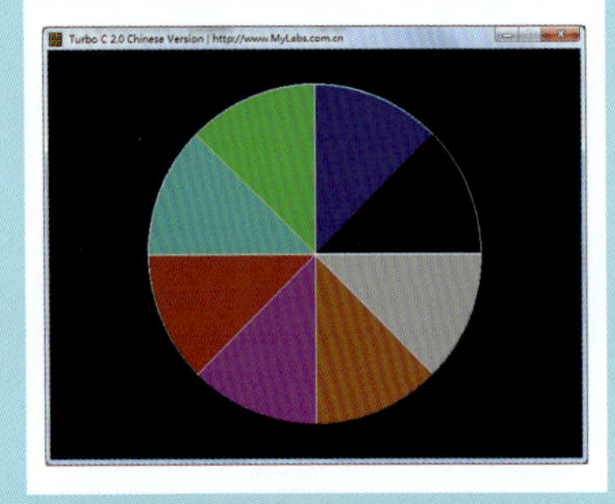

实例 171 彩色扇形

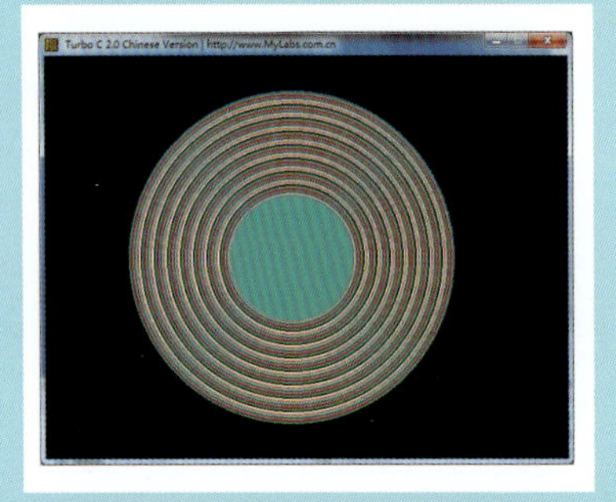

实例 184 变化的同心圆

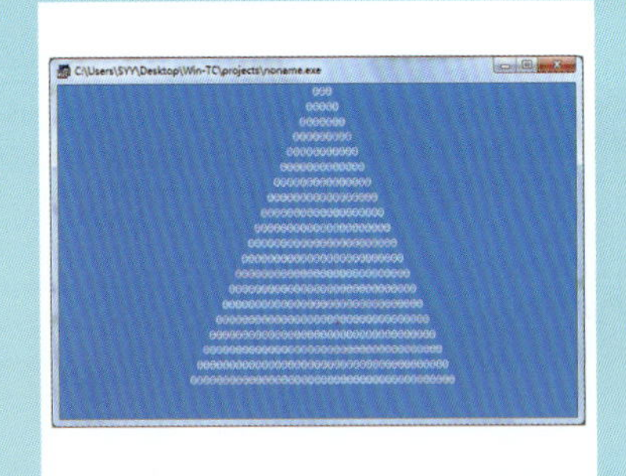

实例 177 艺术清屏

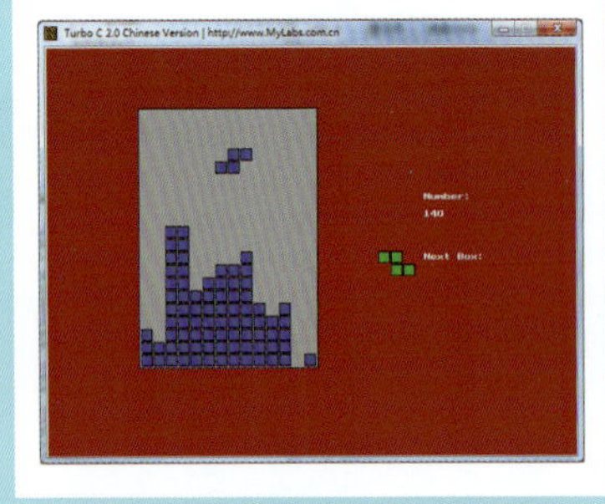

实例 197 俄罗斯方块

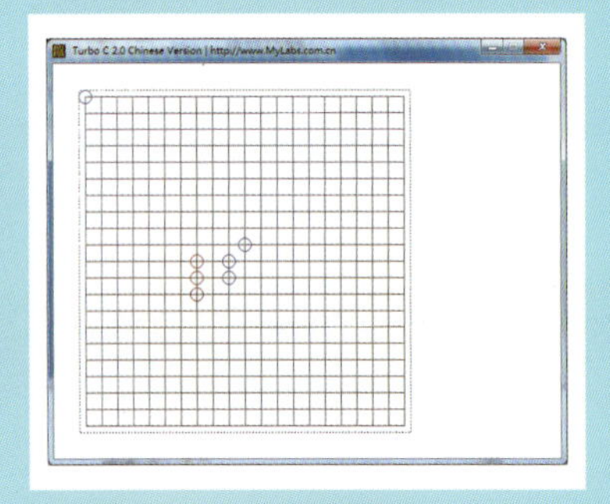

实例 200 五子棋游戏

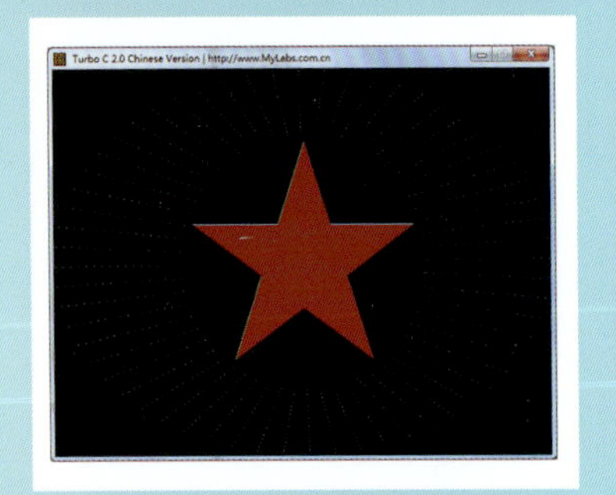

实例 183 旋转的五角星

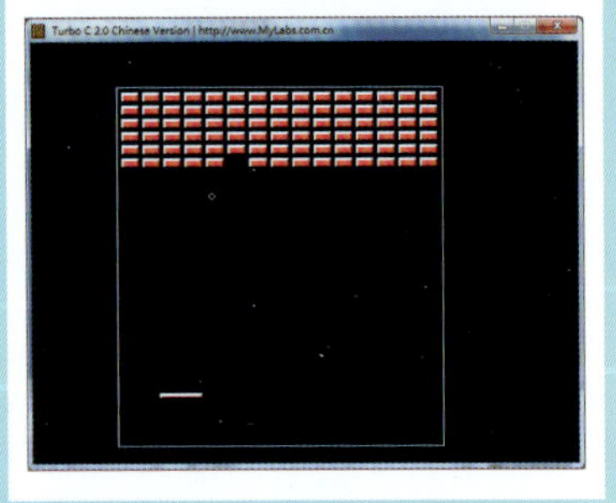

实例 194 弹力球游戏

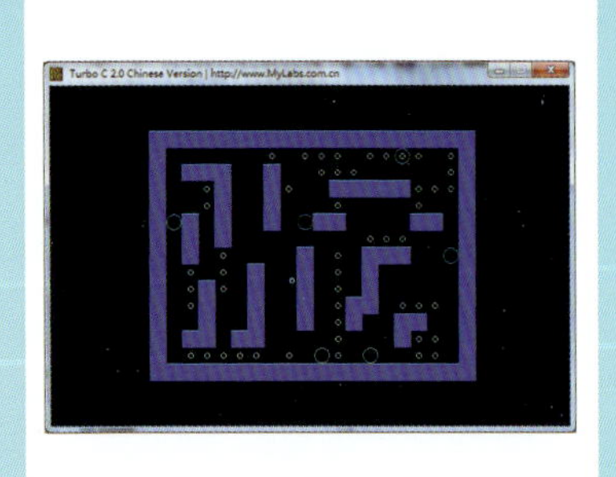

实例 195 吃豆游戏

C语言核心编程200例

（视频课程+全套源程序）

李佳頔◎编著

清華大學出版社
北京

内容提要

本书是一本C语言编程的实用指南。本书精心挑选了涵盖C语言开发应用关键领域的200个典型实例，实例按照"实例说明""关键技术""实现过程""扩展学习"模块进行分析解读，旨在通过大量的实例演练帮助读者打好扎实的编程根基，进而掌握这一强大的编程开发工具。

本书内容涵盖了常用算法、指针与链表操作、文件操作、系统相关、图形图像、C语言游戏开发等方面的应用知识。每个实例都经过一线工程师精心编选，具有很强的实用性，这些实例为开发者提供了极佳的解决方案。另外，本书提供了AI辅助高效编程的使用指南，帮助读者掌握应用AI工具高效编程的使用技巧。本书还附赠了C语言编程开发的预备编程知识讲解视频、部分实例的实操讲解视频、环境搭建讲解视频和全部实例的完整源程序等。

本书内容详尽，实例丰富，既适合高校学生、软件开发培训学员及相关求职人员学习，也适合C语言程序员参考学习。

图书在版编目（CIP）数据

C语言核心编程200例：视频课程＋全套源程序 / 李佳硕编著 . -- 北京：清华大学出版社，2025. 4. -- ISBN 978-7-302-68803-7

Ⅰ. TP312.8

中国国家版本馆CIP数据核字第202540UT78号

责任编辑：袁金敏
封面设计：杨纳纳
责任校对：徐俊伟
责任印制：沈　露
出版发行：清华大学出版社

网　　址：https://www.tup.com.cn，https://www.wqxuetang.com
地　　址：北京清华大学学研大厦A座　　**邮　　编：**100084
社 总 机：010-83470000　　**邮　　购：**010-62786544
投稿与读者服务：010-62776969，c-service@tup.tsinghua.edu.cn
质 量 反 馈：010-62772015，zhiliang@tup.tsinghua.edu.cn

印 装 者：北京瑞禾彩色印刷有限公司
经　　销：全国新华书店
开　　本：190mm×235mm　　**印　　张：**25.5　　**彩　　插：**2　　**字　　数：**727千字
版　　次：2025年5月第1版　　**印　　次：**2025年5月第1次印刷
定　　价：108.00元

产品编号：109522-01

前　言

程序开发是一项复杂而富有创造性的工作，它不仅需要开发人员掌握各方面的知识，还需要具备丰富的开发经验及创造性的编程思维。丰富的开发经验可以迅速提升开发人员解决实际问题的能力，从而缩短开发时间，使编程工作更为高效。

为使开发人员获得更多的经验，我们C语言开发团队精心设计了200个经典实例，涵盖了C语言项目开发中的核心技术，以达到丰富编程经验、从实战中学技术的目的。

本书内容

本书分为6章，共计200个实例，书中实例均为一线开发人员精心设计，囊括了开发中经常使用和需要解决的热点、难点问题。在讲解实例时，分别从实例说明、关键技术、实现过程、扩展学习模块进行讲解。

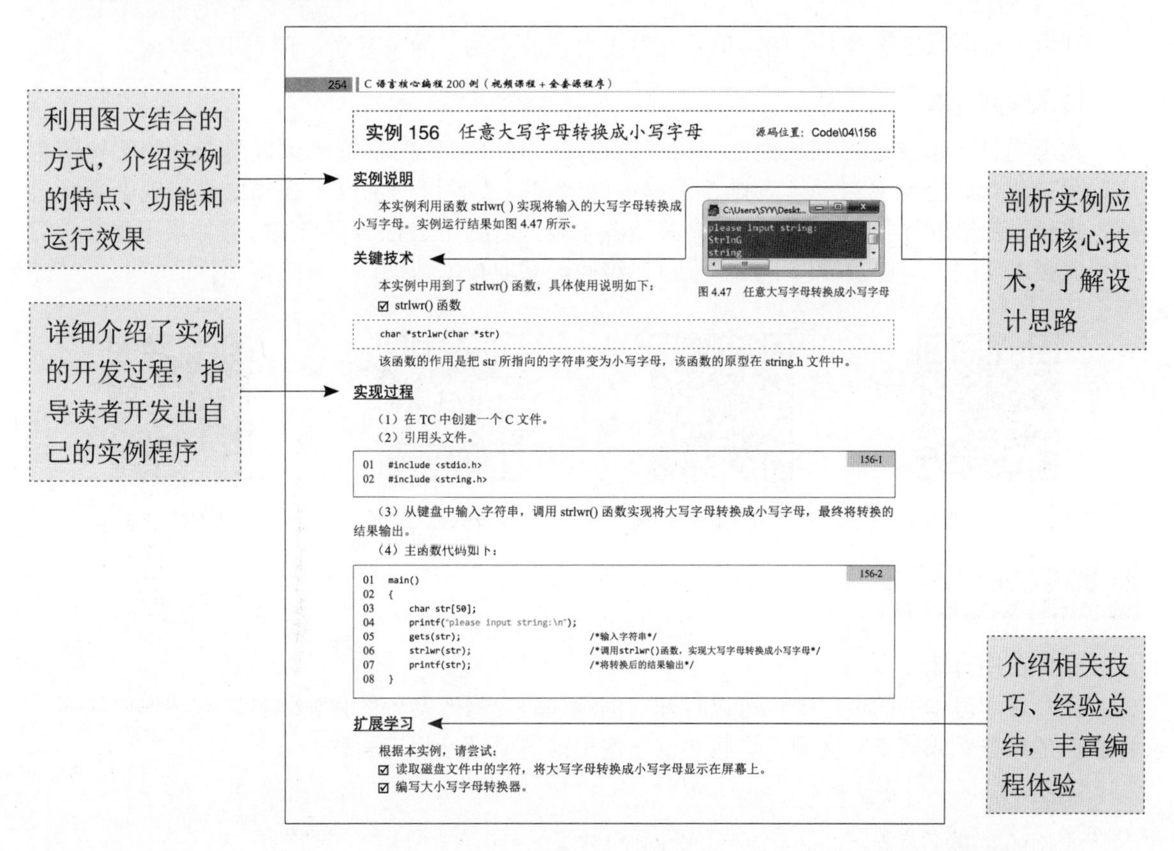

254 | C语言核心编程200例（视频课程＋全套源程序）

实例156　任意大写字母转换成小写字母　　源码位置：Code\04\156

实例说明

本实例利用函数strlwr( )实现将输入的大写字母转换成小写字母。实例运行结果如图4.47所示。

图4.47　任意大写字母转换成小写字母

关键技术

本实例中用到了strlwr()函数，具体使用说明如下：

☑ strlwr()函数

```
char *strlwr(char *str)
```

该函数的作用是把str所指向的字符串变为小写字母，该函数的原型在string.h文件中。

实现过程

（1）在TC中创建一个C文件。

（2）引用头文件。

```
156-1
01  #include <stdio.h>
02  #include <string.h>
```

（3）从键盘中输入字符串，调用strlwr()函数实现将大写字母转换成小写字母，最终将转换的结果输出。

（4）主函数代码如下：

```
156-2
01  main()
02  {
03      char str[50];
04      printf("please input string:\n");
05      gets(str);                      /*输入字符串*/
06      strlwr(str);                    /*调用strlwr()函数，实现大写字母转换成小写字母*/
07      printf(str);                    /*将转换后的结果输出*/
08  }
```

扩展学习

根据本实例，请尝试：

☑ 读取磁盘文件中的字符，将大写字母转换成小写字母显示在屏幕上。

☑ 编写大小写字母转换器。

本书特点

实例丰富，涵盖广泛

本书精选了 200 个实例，涵盖了 C 语言程序开发各个方面的核心技术，以便读者积累丰富的开发经验。

关键技术实用、具体

书中所选实例均是项目开发中经常使用的技术，涵盖了编程中多个方面的各种应用，由一线工程师精心编选而成，可以帮助开发人员解读该技术的实现过程。读者在开发时所需的关键技术、技巧可以通过本书查找。

书网结合、同步学习

为方便读者更好地使用本书进行学习，本书提供网络支持和服务，读者使用手机扫描下方预备知识基础视频和项目开发讲解视频二维码，可以在手机端播放教学视频，也可以将本书视频下载到电脑中，在电脑端学习。

可操作性强

开发人员可以参照本书中的实例，开发出自己的实例，简单易学，便于积累经验。

技术服务完善

本书提供环境搭建视频、预备知识基础视频、部分实例的讲解视频以及全书的实例源程序，另提供代码查错器帮助读者排查编程中的错误。读者可扫描以下视频二维码观看视频讲解，也可以扫描以下学习资源二维码，将资源下载到电脑中进行学习与演练。如果下载或学习中遇到技术问题，可以扫描以下技术支持二维码，获取技术帮助。

预备知识基础视频

项目开发讲解视频

学习资源二维码

技术支持二维码

本书特别约定

实例使用方法

用户在学习本书的过程中，可以打开实例源代码，修改实例的只读属性。有些实例需要使用相应的数据库或第三方资源，这些实例在使用前需要进行相应配置。

源码位置

实例的存储格式为“Code\ 章号 \ 实例序号”。

部分实例只给出关键代码

由于篇幅限制，书中有些实例只给出了关键代码，完整代码请参考资源包中的实例源程序。

关于作者

本书由李佳硕策划并组织编写，参与编写的还有李永才、程瑞红、李贺、李海、高润岭、邹淑芳、李根福、张世辉、孙楠、孙德铭、周淑云、张勇生、刘清怀等，在此一并表示感谢。

在编写本书的过程中，我们本着科学、严谨的态度，力求精益求精，但疏漏在所难免，敬请广大读者批评指正。

最后祝福大家在求知路上披荆斩棘，用辛勤与汗水共铸通天之塔，直抵星辰！

编者

2025 年 4 月

目 录
Contents

第1章 常用算法 1

第2章 指针与链表操作 63

第5章 图形图像 257

第6章 C语言游戏开发 325

第1章

常用算法

将十进制数转换为二进制数

输出一个正方形

求两个数的和

三个数字由小到大排序

猴子摘桃

……

实例 001　将十进制数转换为二进制数

源码位置：Code\01\001

实例说明

进制间有多种相互转换的方式，本实例是其中较为简单的一种，目的就是给大家在编程时提供一种思路，即怎样将平时在纸上运算的过程写入程序中。实例运行结果如图 1.1 所示。

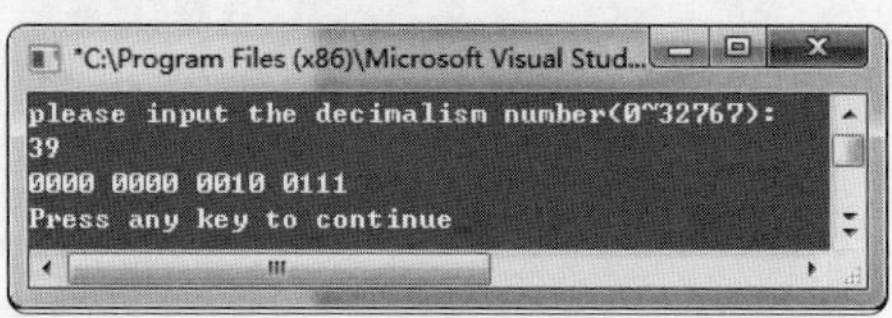

图 1.1　将十进制数转换为二进制数

关键技术

将十进制数转换为二进制数的具体过程有以下几个要点：

（1）要用数组来存储每次对 2 取余的结果，所以在对数据类型定义时，要定义数组并将其全部数据元素赋初值为 0。

（2）两处用到 for 循环，第一次 for 循环为 0 ～ 14（本实例中只考虑基本整型中的正数部分的转换，所以最高位始终为 0），第二次 for 循环为 15 ～ 0，这里大家要注意不能改成 0 ～ 15，因为在将每次对 2 取余的结果存入数组时是从 a[0] 开始存储的，所以输出时要从 a[15] 开始输出，这也符合我们平时计算的过程。

（3）“%”为模运算符（或称求余运算符），“%”两侧均应为整型数据；“/”为除法运算符，两个整数相除的结果为整数，运算的两个数中有一个数为实数，则结果是 double 型的。

for 循环体中有多个语句要执行而不是一句，所以 {} 要加在适当位置，不要忘记写。

实现过程

（1）在 VC++6.0 中选择“文件”→“新建”→“工程”→“Win32 Console Application”菜单项，创建一个工程，工程名称为“001”，单击“确定”按钮，选择“一个简单的程序”，单击“完成”按钮。

（2）在代码编辑界面中，单击“FileView”，双击打开“Source Files”文件夹下的“001.cpp”文件，删除系统默认创建的代码，开始编写本实例代码。

（3）数据类型声明，数组元素初值均为 0。

（4）使用输入函数获得要进行转换的十进制数。

（5）两个 for 循环语句实现十进制转换二进制的过程，并将最终结果输出。

（6）第二个 for 循环中，if 条件语句作用使输出结果更直观。

（7）具体代码如下：

001-1

```
01    #include "stdafx.h"
02    #include <stdio.h>
```

```
03  main()
04  {
05      int i, j, n, m;                                          /*定义变量i,j,n,m*/
06      int a[16] =
07      {
08          0
09      };                                                       /*定义数组a，元素初始值为0*/
10      clrscr();                                                /*清屏*/
11      printf("please input the decimalism number(0~32767):\n"); /*输出双引号内的普通字符*/
12      scanf("%d", &n);                                         /*输入n的值*/
13      for (m = 0; m < 15; m++)                                 /*for循环从0到14，最高位为符号位，本题始终为0*/
14      {
15          i = n % 2;                                           /*取2的余数*/
16          j = n / 2;                                           /*取被2整除的结果*/
17          n = j;                                               /*将余数存入数组a中*/
18          a[m] = i;
19      }
20      for (m = 15; m >= 0; m--)
21      {
22          printf("%d", a[m]                                    /*for循环，将数组中的16个元素从后往前输出*/
23          if (m % 4 == 0)
24              printf(" ");                                     /*每输出4个元素，输出一个空格*/
25      }
26  }
```

扩展学习

根据本实例，请尝试：

☑ 实现十进制数（基本整型中的负数部分）转换为二进制数。

☑ 将二进制数、十六进制数或八进制数转换为十进制数。

实例 002　输出一个正方形　　源码位置：Code\01\002

实例说明

使用输出语句，用 * 输出一个正方形，输出结果如图 1.2 所示。

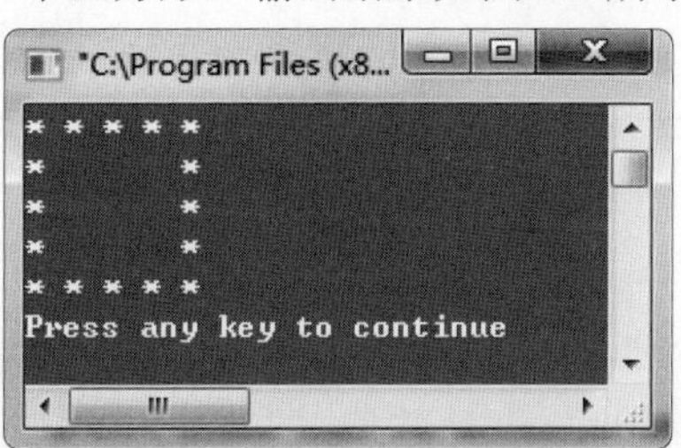

图 1.2　输出一个正方形

关键技术

在实例printf语句中有“\n”这个符号，但是在输出的显示结果却没有显示该符号，只是进行了换行操作，这种符号称为转义字符。字符常量可以分为两种：一般字符常量和特殊字符常量。

1．一般字符常量

一般字符常量，其形式如下：

```
'A','a','8'
```

2．特殊字符常量

特殊字符常量，也被称为转义字符，是一种非常特殊的字符常量，它是以“\”开头，后面跟着一个或者几个字符。每个转义字符都具有特定的含义，将“\”后面的字符转换成另外的意义，所以称其为“转义字符”。例如，转义字符\n中的“n”不再代表字母n，而是作为“换行”符。

常用转义字符如表1.1所示。

表1.1　转义字符及其含义

转义字符	含　义	ASCII代码
\a	鸣铃（BEL）	7
\b	退格（BS），将当前位置移到前一列	8
\f	换页（FF），将当前位置移到下页开头	12
\n	换行（LF），将当前位置移到下一行开头	10
\r	回车（CR），将当前位置移到本行开头	13
\t	水平制表（HT），跳到下一个Tab位置	9
\v	垂直制表（VT），竖向跳格	11
\'	代表一个单引号字符	39
\"	代表一个双引号字符	34
\\	代表一个反斜杠字符（\）	92
\?	代表一个问号符号字符	63
\0	代表一个空字符（NULL）	0
\ddd	1~3位八进制数所代表的字符	
\xhh	1~2位十六进制数所代表的字符	

实现过程

（1）在VC++6.0中选择“文件”→“新建”→“工程”→“Win32 Console Application”菜单项，创建一个工程，工程名称为“002”，单击“确定”按钮，选择“一个简单的程序”，单击“完成”按钮。

（2）在代码编辑界面中，单击“FileView”，双击打开“Source Files”文件夹下的“002.cpp”文件，删除系统默认创建的代码，开始编写本实例代码。

（3）运用 printf 语句将图形输出。

（4）具体代码如下：

```
002-1
01  #include "stdafx.h"
02  #include<stdio.h>
03  main()
04  {
05      printf("* * * * *\n");
06      printf("*       *\n");
07      printf("*       *\n");
08      printf("*       *\n");
09      printf("* * * * *\n");
10  }
```

实例 003　求两个数的和

源码位置：Code\01\003

实例说明

设计一个简单的求和程序，通过本实例需要掌握使用 Visual C++ 6.0 进行创建、编辑、编译、连接和运行一个 C 程序。实例运行结果如图 1.3 所示。

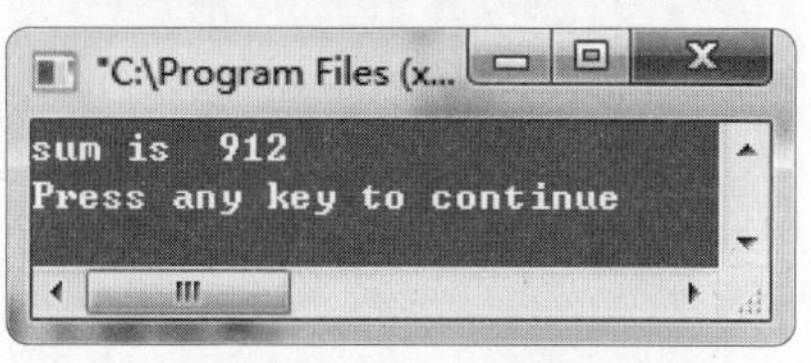

图 1.3　求和结果

关键技术

因为变量 a、b、sum 都是整型变量，所以输出结果用“%d”格式进行输出。如果用其他格式输出，则会出现错误。

实现过程

（1）在 VC++6.0 中选择“文件”→“新建”→“工程”→“Win32 Console Application”菜单项，创建一个工程，工程名称为“003”，单击“确定”按钮，选择“一个简单的程序”，单击“完成”按钮。

（2）在代码编辑界面中，单击“FileView”，双击打开“Source Files”文件夹下的“003.cpp”文件，删除系统默认创建的代码，开始编写本实例代码。

（3）定义三个整型变量 a、b、sum，并为 a 和 b 赋初值 123 和 789。

（4）进行求和运算，将 a+b 的值赋给 sum。

（5）将最终求出的结果输出。

（6）具体代码如下：

003-1

```
01  #include "stdafx.h"
02  #include <stdio.h>
03  main()
04  {
05      int a, b, sum;                              /*声明变量*/
06      a=123;                                      /*为变量赋初值*/
07      b=789;                                      /*为变量赋初值*/
08      sum=a+b;                                    /*求和运算*/
09      printf("sum is  %d\n",sum);                 /*输出结果*/
10  }
```

实例 004　三个数字由小到大排序

源码位置：Code\01\004

实例说明

扫一扫，看视频

任意输入三个整数，编程实现对这三个整数进行由小到大排序并将排序后的结果显示在屏幕上。实例运行结果如图 1.4 所示。

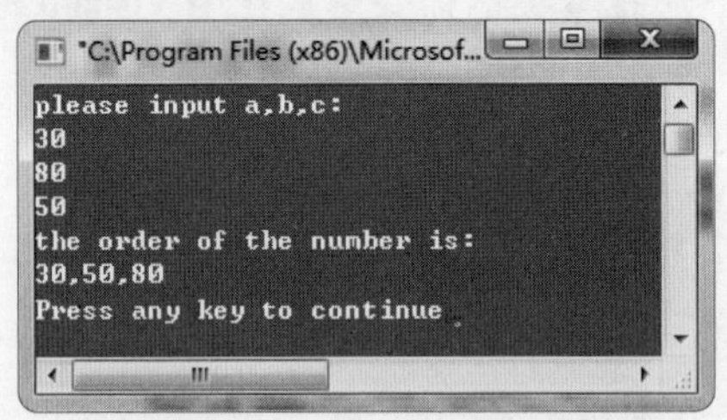

图 1.4　三个数字由小到大排序

关键技术

（1）本实例中用到了 if 语句，if 语句的三种形式如下：

if(表达式) 语句

其语义是：如果表达式的值为真，则执行其后的语句，否则不执行该语句。

```
if(表达式)
    语句1
else
    语句2
```

其语义是：如果表达式的值为真，则执行语句 1，否则执行语句 2。

```
if(表达式1)
    语句1
else  if(表达式2)
```

```
    语句2
else  if(表达式3)
    语句3
……
else  if(表达式m)
    语句m
else
    语句n
```

其语义是：依次判断表达式的值，当出现某个值为真时，则执行其对应的语句，然后跳到整个 if 语句之外继续执行程序。如果所有的表达式均为假，则执行语句 n，然后继续执行后续程序。

（2）三种形式的 if 语句中在 if 后面都有“表达式”，一般为逻辑表达式或关系表达式。

在执行 if 语句时先对表达式求解，若表达式的值为 0，按“假”处理，若表达式的值为非“0”，按“真”处理，执行指定的语句。

（3）else 子句不能作为语句单独使用，它必须是 if 语句的一部分，与 if 配对使用。

（4）if 与 else 后面可以包含一个或多个内嵌的操作语句，当为多个操作语句时要用“{}”将几个语句括起来成为一个复合语句。

（5）if 语句可以嵌套使用即在 if 语句中又包含一个或多个 if 语句，在使用时应注意 else 总是与它上面的最近的未配对的 if 配对。

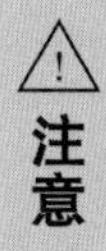
注意

本实例中使用 scanf("%d%d%d",&a,&b,&c) 从键盘中获得任意三个数，在输入数据时，在两个数据之间以一个或多个空格间隔，也可以用 Enter 键、Tab 键，一定不能用逗号作为两个数据间的分隔符。当使用“scanf("%d,%d,%d",&a,&b,&c);”在输入数据时，两个数据之间要用半角“，”隔开。

实现过程

（1）在 VC++6.0 中选择“文件”→“新建”→“工程”→“Win32 Console Application”菜单项，创建一个工程，工程名称为“004”，单击“确定”按钮，选择“一个简单的程序”，单击“完成”按钮。

（2）在代码编辑界面中，单击“FileView”，双击打开“Source Files”文件夹下的“004.cpp”文件，删除系统默认创建的代码，开始编写本实例代码。

（3）定义数据类型，本实例中 a,b,c,t 均为基本整型。

（4）使用输入函数获得任意三个值赋给 a,b,c。

（5）使用 if 语句进行条件判断，如果 a 大于 b，则借助中间变量 t 实现两个变量 a 与 b 值的互换，依此类推进行 a 与 c 的比较，b 与 c 的比较，从而最终得到的结果是 a,b,c 依次由小变大。

（6）使用输出函数将 a,b,c 的值依次输出。

（7）具体代码如下：

004-1

```
01  #include "stdafx.h"
02  #include <stdio.h>
03
04  main()
05  {
```

```
06        int a, b, c, t;                                   /*定义四个基本整型变量a，b，c，t*/
07        printf("please input a,b,c:\n");                  /*双引号内普通字符原样输出并换行*/
08        scanf("%d%d%d", &a, &b, &c);                      /*输入任意三个数*/
09        if (a > b)                                        /*如果a大于b，借助中间变量t实现a，b值互换*/
10        {
11            t = a;
12            a = b;
13            b = t;
14        }
15        if (a > c)                                        /*如果a大于c，借助中间变量t实现a，c值互换*/
16        {
17            t = a;
18            a = c;
19            c = t;
20        }
21        if (b > c)                                        /*如果b大于c，借助中间变量t实现b，c值互换*/
22        {
23            t = b;
24            b = c;
25            c = t;
26        }
27        printf("the order of the number is:\n");
28        printf("%d,%d,%d", a, b, c);                      /*输出函数将a,b,c的值顺序输出*/
29    }
```

实例 005 猴子摘桃

源码位置：Code\01\005

实例说明

猴子吃桃问题：猴子第一天摘下若干个桃子，当即吃了一半，还不过瘾，又多吃了一个。第二天早上又将第一天剩下的桃子吃掉一半，又多吃了一个。以后每天早上都吃了前一天剩下的一半零一个。到第 10 天早上想再吃时，发现只剩下一个桃子了。编写程序求猴子第一天共摘了多少个桃子。实例运行结果如图 1.5 所示。

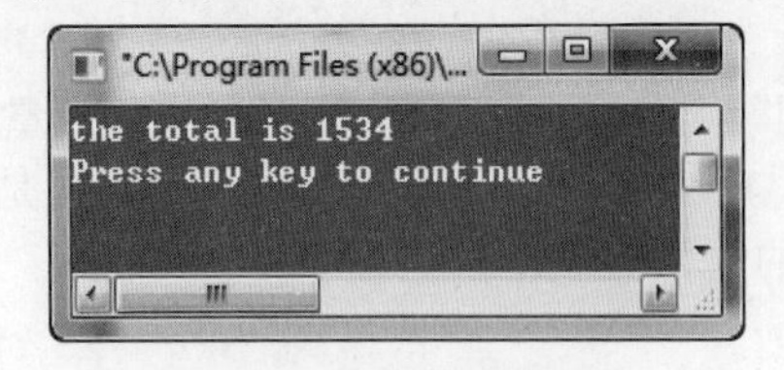

图 1.5 猴子摘桃总数量

关键技术

本实例的思路是先找出变量间的关系，确定了变量间的关系后该问题便可迎刃而解。本题中读者要明确第一天桃子数和第二天桃子数之间的关系，即第二天桃子数加 1 的 2 倍等于第一天的桃子数。

实现过程

（1）在 VC++6.0 中选择“文件”→“新建”→“工程”→“Win32 Console Application”菜单项，创建一个工程，工程名称为“005”，单击“确定”按钮，选择“一个简单的程序”，单击“完成”按钮。

（2）在代码编辑界面中，单击“FileView”，双击打开“Source Files”文件夹下的“005.cpp”文件，删除系统默认创建的代码，开始编写本实例代码。

（3）定义 day、x1、x2 为基本整型，并为 day、x2 赋初值 9 和 1。

（4）使用 while 语句从后向前推出第一天摘的桃子数。

（5）将最终求出的结果输出。

（6）具体代码如下：

005-1

```
01  #include "stdafx.h"
02  #include <stdio.h>
03  main()
04  {
05      int day,x1,x2;                              /*定义day，x1，x2三个变量为基本整型*/
06      day=9;
07      x2=1;
08      while(day>0)
09      {
10          x1=(x2+1)*2;                            /*第一天的桃子数是第二天桃子数加1后的2倍*/
11          x2=x1;
12          day--;                                  /*因为从后向前推天数递减*/
13      }
14      printf("the total is %d\n",x1);             /*输出桃子的总数*/
15  }
```

实例 006　计算某日是该年的第几天

源码位置：Code\01\006

实例说明

本实例要求编写一个计算天数的程序，即从键盘中输入年、月、日，在屏幕中输出此日期是该年的第几天。实例运行结果如图 1.6 所示。

图 1.6　计算某日是该年的第几天

关键技术

要实现本实例要求的功能主要有以下两个技术要点：

（1）判断输入的年份是否是闰年，这里我们自定义函数 leap() 来进行判断。该函数的核心内容就是闰年的判断条件：非整百年份能被 4 整除，整百年份能被 400 整除。

（2）如何求此日期是该年的第几天。这里将 12 个月每月的天数存到数组中，因为闰年 2 月份的天数有别于平年，所以采用两个数组 a 和 b 分别存储。当输入年份是平年，月份为 m 时累加存储着平年每月天数的数组的前 m–1 个元素，将累加的结果加上输入的日期便求出了最终结果，闰年的算法类似。

实现过程

（1）在 VC++6.0 中选择“文件”→“新建”→“工程”→“Win32 Console Application”菜单项，创建一个工程，工程名称为“006”，单击“确定”按钮，选择“一个简单的程序”，单击“完成”按钮。

（2）在代码编辑界面中，单击“FileView”，双击打开“Source Files”文件夹下的“006.cpp”文件，删除系统默认创建的代码，开始编写本实例代码。

（3）自定义 leap() 函数实现判断输入的年份是否为闰年，代码如下：

006-1

```
01  int leap(int a)                                        /*自定义函数leap()用来指定年份是否为闰年*/
02  {
03      if (a % 4 == 0 && a % 100 != 0 || a % 400 == 0) /*闰年判定条件*/
04          return 1;                                   /*是闰年返回1*/
05      else
06          return 0;                                   /*不是闰年返回0*/
07  }
```

（4）自定义 number() 函数实现计算输入的日期为该年的第几天，代码如下：

006-2

```
01  int number(int year, int m, int d)      /*自定义函数number()计算输入日期为该年第几天*/
02  {
03      int sum = 0, i, a[12] =
04      {
05          31, 28, 31, 30, 31, 30, 31, 31, 30, 31, 30, 31
06      };                                                  /*数组a存放平年每月的天数*/
07      int b[12] =
08      {
09          31, 29, 31, 30, 31, 30, 31, 31, 30, 31, 30, 31
10      };                                                  /*数组b存放闰年每月的天数*/
11      if (leap(year) == 1)                                /*判断是否为闰年*/
12          for (i = 0; i < m - 1; i++)
13              sum += b[i];                                /*是闰年，累加数组b前m-1个月份天数*/
14      else
15          for (i = 0; i < m - 1; i++)
16              sum += a[i];                                /*不是闰年，累加数组a钱m-1个月份天数*/
17      sum += d;                                           /*将前面累加的结果加上日期，求出总天数*/
18      return sum;                                         /*将计算的天数返回*/
19  }
```

（5）main() 函数作为程序的入口函数，代码如下：

```
006-3
01   void main()
02   {
03       int year, month, day, n;                          /*定义变量为基本整型*/
04       printf("请输入年月日\n");
05       scanf("%d%d%d", &year, &month, &day);              /*输入年月日*/
06       n = number(year, month, day);                      /*调用函数number()*/
07       printf("第%d天\n", n);
08   }
```

实例 007 婚礼上的谎言

源码位置：Code\01\007

实例说明

三对情侣参加婚礼，三个新郎为 A，B，C，三个新娘为 X，Y，Z，有人想知道究竟谁和谁结婚，于是就问新人中的三位，得到如下的提示：A 说他将和 X 结婚；X 说她的未婚夫是 C；C 说他将和 Z 结婚。这人事后知道他们在开玩笑，说的全是假话，那么究竟谁与谁结婚呢？实例运行结果如图 1.7 所示。

图 1.7 婚礼上的谎言

关键技术

解决本实例的算法思想如下：

用“a=1”表示新郎 A 和新娘 X 结婚，同理，如果新郎 A 不与新娘 X 结婚则写成“a！ =1”根据题意得到如下的表达式：

```
a! =1    A不与X结婚
c! =1    C不与X结婚
c! =3    C不与Z结婚
```

我们分析实例的时候要发现其中隐含的条件，即：三位新郎不能互为配偶，则有：a!=b 且 b!=c 且 a!=c。穷举所有可能的情况，代入上述表达式进行推理运算。如果假设的情况使上述表达式的结果为真，则假设的情况就是正确的结果。

实现过程

（1）在 VC++6.0 中选择“文件”→“新建”→“工程”→“Win32 Console Application”菜单

项，创建一个工程，工程名称为“007”，单击“确定”按钮，选择“一个简单的程序”，单击“完成”按钮。

（2）在代码编辑界面中，单击“FileView”，双击打开“Source Files”文件夹下的“007.cpp”文件，删除系统默认创建的代码，开始编写本实例代码。

（3）利用for循环对a，b，c所有情况进行穷举，使用if语句进行条件判断。

（4）具体代码如下：

007-1

```
01  #include "stdafx.h"
02  #include <stdio.h>
03
04  void main()
05  {
06      int a, b, c;
07      for (a = 1; a <= 3; a++)                                /*穷举a的所有可能*/
08          for (b = 1; b <= 3; b++)                            /*穷举b的所有可能*/
09              for (c = 1; c <= 3; c++)                        /*穷举c的所有可能*/
10                  /*如果表达式为真，则输出结果，否则继续下次循环*/
11                  if (a != 1 && c != 1 && c != 3 && a != b && a != c && b != c)
12                  {
13                      printf("%c 将嫁给 A\n", 'X' + a - 1);
14                      printf("%c 将嫁给 B\n", 'X' + b - 1);
15                      printf("%c 将嫁给 C\n", 'X' + c - 1);
16                  }
17  }
```

实例008 百钱买百鸡

源码位置：Code\01\008

实例说明

扫一扫，看视频

中国古代数学家张丘建在《算经》中提出了一个著名的“百钱买百鸡问题”：鸡翁一，值钱五，鸡母一，值钱三，鸡雏三，值钱一，百钱买百鸡，问翁、母、雏各几何？实例运行结果如图1.8所示。

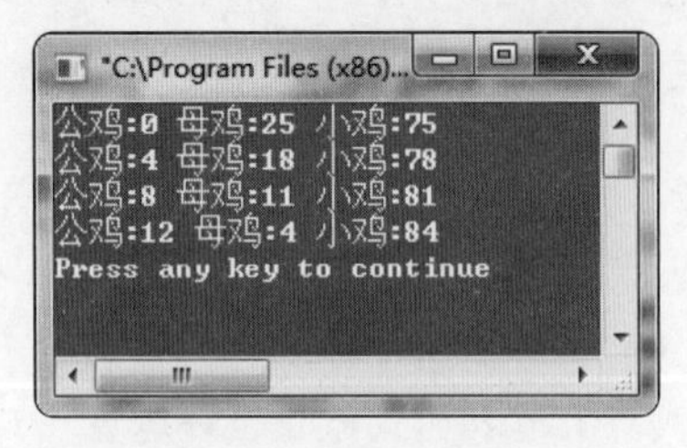

图1.8　百元买百鸡

关键技术

实现输出“百钱买百鸡”问题的具体过程有以下几个要点：

（1）根据“百钱买百鸡”描述，可以计算出：如果只买公鸡，一百元最多买 20 只；如果只买母鸡，最多能买 33 只；若只买小鸡，根据“鸡雏三，值钱一”也就是最少买 3 只，最多买 99 只。

（2）使用三处 for 循环，分别循环公鸡、母鸡、小鸡的数量，它们的范围是在（1）中计算出的数值，也就是公鸡的范围是 0~20，母鸡的范围是 0~33，小鸡的范围是 3~99。

（3）使用 if 判断是否符合条件。首先使用 if 判断是否钱数等于 100，判断条件即为（一只公鸡）×5+（一只母鸡）×3+ 小鸡 /3=100；然后使用 if 判断这三种鸡相加是否等于 100；最后使用 if 判断小鸡的数量是否为 3 的倍数（即能被 3 整除）。

实现过程

（1）在 VC++6.0 中选择“文件”→“新建”→“工程”→“Win32 Console Application”菜单项，创建一个工程，工程名称为“008”，单击“确定”按钮，选择“一个简单的程序”，单击“完成”按钮。

（2）在代码编辑界面中，单击“FileView”，双击打开“Source Files”文件夹下的“008.cpp”文件，删除系统默认创建的代码，开始编写本实例代码。

（3）使用 for 语句对三种鸡的数量在事先确定好的范围内进行穷举并判断，对满足条件的将三种鸡的数量按指定格式输出，否则进行下次循环。

（4）具体代码如下：

008-1

```
01  #include "stdafx.h"
02  #include <stdio.h>
03
04  void main()
05  {
06      int cock, hen, chick;                                      /*定义变量为基本整型*/
07      for (cock = 0; cock <= 20; cock++)                         /*公鸡范围在0到20之间*/
08          for (hen = 0; hen <= 33; hen++)                        /*母鸡范围在0到33之间*/
09              for (chick = 3; chick <= 99; chick++)              /*小鸡范围在3到99之间*/
10                  if (5 *cock + 3 * hen + chick / 3 == 100)      /*判断钱数是否等于100*/
11                      if (cock + hen + chick == 100)             /*判断购买的鸡数是否等于100*/
12                          if (chick % 3 == 0)                    /*判断小鸡数是否能被3整除*/
13                              printf(“公鸡:%d 母鸡:%d 小鸡:%d\n”, cock, hen,chick);
14  }
```

实例 009　打鱼晒网问题　　源码位置：Code\01\009

实例说明

如果一个渔夫从 2011 年 1 月 1 日开始每三天打一次鱼，两天晒一次网，编程实现输入 2011 年 1 月 1 日以后的任意一个日期，输出该渔夫是在打鱼还是在晒网？实例运行结果如图 1.9 所示。

扫一扫，看视频

图 1.9　打鱼晒网问题

关键技术

要实现本实例要求的功能主要有以下技术要点：

（1）判断渔夫是在打鱼还是晒网，其实是计算日期，推算日期来看渔夫当天是在打鱼还是晒网。

（2）判断输入的年份（2011年以后包括2011年）是否是闰年，这里我们自定义函数leap()来进行判断。该函数的核心内容就是闰年的判断条件：非整百年份能被4整除，整百年份能被400整除。

（3）如何求输入日期距2011年1月1日有多少天。首先是判断2011年距输入的年份间有多少年，这其中有多少年是闰年就将sum加多少个366，有多少年是平年也同样将sum加多少个365，其次是要将12个月每月的天数存到数组中，因为闰年2月份的天数有别于平年，所以采用两个数组a和b分别存储。当输入年份是平年，月份为m的时候就在前面累加的日期的基础上继续累加存储着平年每月天数的数组的前m–1个元素，将累加的结果加上输入的日期便求出了最终结果，闰年的算法类似。

实现过程

（1）在VC++6.0中选择“文件”→“新建”→“工程”→“Win32 Console Application”菜单项，创建一个工程，工程名称为“009”，单击“确定”按钮，选择“一个简单的程序”，单击“完成”按钮。

（2）在代码编辑界面中，单击“FileView”，双击打开“Source Files”文件夹下的“009.cpp”文件，删除系统默认创建的代码，开始编写本实例代码。

（3）自定义leap()函数，用来判断输入的年份是否是闰年，代码如下：

009-1

```
01  int leap(int a)                                       /*自定义函数leap()用来指定年份是否为闰年*/
02  {
03      if (a % 4 == 0 && a % 100 != 0 || a % 400 == 0)  /*闰年判定条件*/
04          return 1;                                     /*不是闰年返回1*/
05      else
06          return 0;                                     /*不是闰年返回0*/
07  }
```

（4）自定义number()函数，用来计算输入日期距2011年1月1日共有多少天，代码如下：

009-2

```
01  int number(int year, int m, int d)                    /*自定义函数number()*/
02  {
03      int sum = 0, i, j, k, a[12] =
04      {
05          31, 28, 31, 30, 31, 30, 31, 31, 30, 31, 30, 31
06      };                                                /*数组a存放平年每月的天数*/
07      int b[12] =
08      {
09          31, 29, 31, 30, 31, 30, 31, 31, 30, 31, 30, 31
10      };                                                /*数组b存放闰年每月的天数*/
11      if (leap(year) == 1)                              /*判断是否为闰年*/
12          for (i = 0; i < m - 1; i++)
13              sum += b[i];                              /*是闰年，累加数组b前m-1个月份天数*/
14      else
15          for (i = 0; i < m - 1; i++)
16              sum += a[i];                              /*不是闰年，累加数组a前m-1个月份天数*/
```

```
17      for (j = 2011; j < year; j++)
18          if (leap(j) == 1)
19              sum += 366;                          /*2011年到输入的年份是闰年的加366*/
20      else
21          sum += 365;                              /*2011年到输入的年份不是闰年的加365*/
22      sum += d;                                    /*将前面累加的结果加上日期，求出总天数*/
23      return sum;                                  /*将计算的天数返回*/
24  }
```

（5）main() 函数作为程序的入口函数，代码如下：

009-3

```
01  void main()
02  {
03      int year, month, day, n;
04      printf("请输入年月日\n");
05      scanf("%d%d%d", &year, &month, &day);        /*输入年月日*/
06      n = number(year, month, day);                /*调用函数number()*/
07      if ((n % 5) < 4 && (n % 5) > 0)          /*当余数是1或2或3时说明在打鱼否则在晒网*/
08          printf("%d:%d:%d 打鱼\n", year, month, day);
09      else
10          printf("%d:%d:%d 晒网\n", year, month, day);
11  }
```

实例 010　小球下落问题

源码位置：Code\01\010

实例说明

一个球从 100m 高度自由落下，每次落地后反跳回原高度的一半；再落下，那么它在第 10 次落地时，共经过多少米？第 10 次反弹多高？实例运行结果如图 1.10 所示。

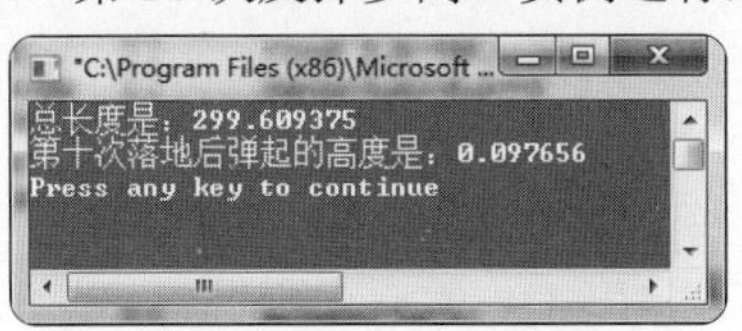

图 1.10　小球下落问题

关键技术

解决本实例主要是分析小球每次弹起的高度与落地次数之间的关系。这里给大家分析下：小球从 100m 高处自由下落，当第一次落地时经过了 100m，这个可单独考虑，从第一次弹起到第二次落地前经过的路程为前一次弹起最高高度的一半乘以 2 加上前面经过的路程，因为每次都有弹起和下落两个过程，所以小球经过的路程相等，要乘以 2。以此类推，到第十次落地前共经过了九次这样的过程，所以程序中 for 循环执行循环体的次数是九次。题目中还提到了第十次反弹的高度，这个我们只需在输出时用第九次弹起的高度除以 2 即可。

当读者以后做程序遇到此类问题时不要急着先写程序，应先理清题目思路找出其中规律，这时再写程序会更加得心应手。

实现过程

（1）在 VC++6.0 中选择“文件”→“新建”→“工程”→“Win32 Console Application”菜单项，创建一个工程，工程名称为“010”，单击“确定”按钮，选择“一个简单的程序”，单击“完成”按钮。

（2）在代码编辑界面中，单击“FileView”，双击打开“Source Files”文件夹下的“010.cpp”文件，删除系统默认创建的代码，开始编写本实例代码。

（3）定义 i，h，s 为单精度型并为 h、s 赋初值 100。

（4）使用 for 语句计算每一次弹起到落地所经过的路程与前面经过路程和的累加。

（5）将经过的总路程及第十次弹起的高度输出。

（6）具体代码如下：

010-1

```
01  #include "stdafx.h"
02  #include <stdio.h>
03
04  void main()
05  {
06      float i,h=100,s=100;                    /*定义变量i，h，s分别为单精度型并为h和s赋初值100*/
07      for(i=1;i<=9;i++)                       /*for语句，i的范围从1到9表示小球从第二次落地到第十次落地*/
08      {
09          h=h/2;                              /*每落地一次弹起高度变为原来一半*/
10          s+=h*2;                             /*累积的高度和加上下一次落地后弹起与下落的高度*/
11      }
12      printf("总长度是：%f\n",s);              /*将高度和输出*/
13      printf("第十次落地后弹起的高度是：%f",h/2); /*输出第十次落地后弹起的高度*/
14      printf("\n");
15  }
```

实例 011　巧分苹果

源码位置：Code\01\011

实例说明

扫一扫，看视频

一家农户以果园为生。一天，父亲推出一车苹果，共 2520 个，准备分给他的 6 个儿子。父亲先按事先写在一张纸上的数字把这堆苹果分完，每个人分到的苹果的个数都不相同。然后他说：“老大，把你分到的苹果分 1/8 给老二，老二拿到后，连同原来的苹果分 1/7 给老三，老三拿到后，连同原来的苹果分 1/6 给老四，以此类推，最后老六拿到后，连同原来的苹果分 1/3 给老大，这样，你们每个人分到的苹果就一样多了。”那么，兄弟 6 人原来各分到多少个苹果？实例

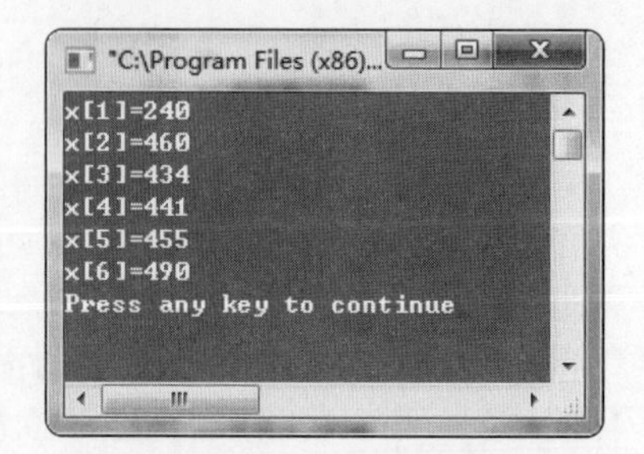

图 1.11　巧分苹果

运行结果如图 1.11 所示。

关键技术

要解决本实例首先要分析其中的规律，这里我们设 xi（i=1、2、3、4、5、6）依次为 6 个兄弟原来分到的苹果数，设 yi=（i=2、3、4、5、6）为除老大外其余 5 个兄弟从哥哥那里得到还未分给弟弟时的苹果数，那么老大是个特例，即 x1=y1。因为苹果的总数是 2520，那么我们可以很容易便知道 6 个人平均每人得到的苹果数 s 应为 420，则可得到如下关系：

```
y2=x2+(1/8)*y1,
y2*(6/7)=s;
y3=x3+(1/7)*y2,
y3*(5/6)=s;
y4=x4+(1/6)*y3,
y4*(4/5)=s;
y5=x5+(1/5)*y4,
y5*(3/4)=s;
y6=x6+(1/4)*y5,
y6*(2/3)=s;
```

以上求 s 都是有规律的，对于老大的求法这里单列，即 y1=x1,x1*(7/8)+y6*(1/3)=s;

根据上面分析的内容我们利用数组便可实现巧分苹果。

实现过程

（1）在 VC++6.0 中选择“文件”→“新建”→“工程”→“Win32 Console Application”菜单项，创建一个工程，工程名称为“011”，单击“确定”按钮，选择“一个简单的程序”，单击“完成”按钮。

（2）在代码编辑界面中，单击“FileView”，双击打开“Source Files”文件夹下的“011.cpp”文件，删除系统默认创建的代码，开始编写本实例代码。

（3）利用循环和数组先求出从哥哥得到分来的苹果却未分给弟弟时的数目，在该数目的基础上再求原来每人分到的苹果个数。

（4）具体代码如下：

011-1

```
01  #include "stdafx.h"
02  #include <stdio.h>
03
04  void main()
05  {
06      int x[7], y[7], s, i;
07      s = 2520 / 6;                                              /*求出平均每个人分到的苹果*/
08      for (i = 2; i <= 6; i++)
09      /*求从老二到老六得到哥哥分来的苹果却未分给弟弟时的苹果数*/
10          y[i] = s *(9-i) / (8-i);
11      y[1] = x[1] = (s - y[6] / 3) *8 / 7;
12      /*老大得到老六分来的苹果却未分给弟弟时的苹果数*/
13      for (i = 2; i <= 6; i++)
14          x[i] = y[i] - y[i - 1] / (10-i);                     /*求原来每人得到的苹果数*/
```

```
15        for (i = 1; i <= 6; i++)
16            printf("x[%d]=%d\n", i, x[i]);                    /*将最终结果输出*/
17    }
```

实例 012　老师分糖果

源码位置：Code\01\012

实例说明

扫一扫，看视频

幼儿园老师将糖果分成了若干等份，让学生按任意次序上来领，第 1 个来领的，得到 1 份加上剩余糖果的十分之一；第 2 个来领的，得到 2 份加上剩余糖果的十分之一；第 3 个来领的，得到 3 份加上剩余糖果的十分之一……以此类推。问共有多少个学生，老师将糖果平均分成了多少份？实例运行结果如图 1.12 所示。

图 1.12　老师分糖果

关键技术

本实例读者在刚看时也许感觉无从下手，这里就给大家介绍一种方法即采用穷举法进行探测，由部分推出整体。设老师共将糖果分成 n 等份，第 1 个学生得到的份数为 sum1=（n+9）/10，第 2 个学生得到的份数为 sum2=（9*n+171）/100，为 n 赋初值，本实例中 n 初值赋 11（糖果份数至少为 11 份时，第一个来领的同学领到的才是完整的份数），穷举法直到 sum1=sum2，这样就可以计算出老师将糖果分成了多少份和学生的数量。

实现过程

（1）在 VC++6.0 中选择“文件”→“新建”→“工程”→“Win32 Console Application”菜单项，创建一个工程，工程名称为“012”，单击“确定”按钮，选择“一个简单的程序”，单击“完成”按钮。

（2）在代码编辑界面中，单击“FileView”，双击打开“Source Files”文件夹下的“012.cpp”文件，删除系统默认创建的代码，开始编写本实例代码。

（3）定义 n 为基本整型，sum1 和 sum2 为单精度型。

（4）使用穷举法，这里用 for 语句对 n 逐个判断，直到满足条件 Sum1=Sum2，结束 for 循环。这里有一个问题值得大家注意，因为将糖果分成了 n 等份，所以最终求出的结果必须是整数。

（5）将最终求出的结构输出，这里注意一下学生数量是用总份数除以每个人得到的份数，程序里是除以第一个人得到的份数。

（6）具体代码如下：

012-1

```
01  #include "stdafx.h"
02  #include <stdio.h>
03
04  void main()
05  {
06      int n;
07      float sum1,sum2;                  /*sum1和sum2应为单精度型，否则结果将不准确*/
08      for(n=11;;n++)
09      {
10          sum1=(n+9)/10.0;
11          sum2=(9*n+171)/100.0;
12          if(sum1!=(int)sum1)continue;  /*sum1和sum2应为整数，否则结束本次循环继续下次判断*/
13          if(sum2!=(int)sum2)continue;
14          if(sum1==sum2) break;         /*当sum1等于sum2时，跳出循环*/
15      }
16      printf("共有%d个学生\n将糖果分成了%d份",(int)(n/sum1),n);
17      /*输出学生数及分成的份数*/
18      printf("\n");
19  }
```

实例 013　判断闰年

源码位置：Code\01\013

实例说明

从键盘上输入一个表示年份的整数，判断该年份是否是闰年，判断后的结果显示在屏幕上。实例运行结果如图 1.13 所示。

图 1.13　判断闰年

关键技术

（1）判断闰年的方法：非整百年份能被 4 整除，整百年份能被 400 整除。在本实例中我们用如下表达式来表示上面这句话：

```
year % 4 == 0 && year % 100 != 0) || year % 400 == 0
```

（2）将判断闰年的自然语言转换成 C 语言要求的语法形式时需要用到逻辑运算符“&&”“||”“！”，具体使用规则如下：

☑ && 逻辑与（相当于其他语言中的 AND），如：a && b，若 a，b 为真，则“a && b”为真。
☑ || 逻辑或（相当于其他语言中的 OR），如：a || b，若 a、b 之一为真，则“a || b”为真。
☑ ！逻辑非（相当于其他语言中的 NOT），a 若为真，则“！ a”为假。
☑ 三者的优先次序是：！ → && → ||，即“！”为三者中最高的。

实现过程

（1）在 VC++6.0 中选择“文件”→“新建”→“工程”→“Win32 Console Application”菜单项，创建一个工程，工程名称为“013”，单击“确定”按钮，选择“一个简单的程序”，单击“完成”按钮。

（2）在代码编辑界面中，单击“FileView”，双击打开“Source Files”文件夹下的“013.cpp”文件，删除系统默认创建的代码，开始编写本实例代码。

（3）定义数据类型，本实例中定义 year 为基本整型，使用输入函数从键盘中获得表示年份的整数。

（4）使用 if 语句进行条件判断，如果满足括号内的条件则输出该年份是闰年，否则输出该年份不是闰年。

（5）具体代码如下：

013-1

```
01  #include "stdafx.h"
02  #include <stdio.h>
03
04  void main()
05  {
06      int year;                                              /*定义基本整型变量year*/
07      printf("请输入年份:\n");
08      scanf("%d", &year);                                    /*从键盘输入表示年份的整数*/
09      if ((year % 4 == 0 && year % 100 != 0) || year % 400 == 0)  /*判断闰年条件*/
10          printf("%d 是闰年\n", year);                        /*满足条件的输出是闰年*/
11      else
12          printf("%d 不是闰年\n", year);                      /*否则输出不是闰年*/
13  }
```

实例 014　黑纸与白纸

源码位置：Code\01\014

实例说明

扫一扫，看视频

有 A、B、C、D、E 五人，每人额头上都贴了一张黑色或白色的纸条。五人对坐，每人都可以看到其他人额头上的纸的颜色，但都不知道自己额头上的纸的颜色。五人相互观察后，

A 说：“我看见有三个人额头上贴的是白纸，一个人额头上贴的是黑纸。”

B 说：“我看见其他四人额头上贴的都是黑纸。”

C 说：“我看见有一个人额头上贴的是白纸，其他三人额头上贴的是黑纸。”

D 说：“我看见四人额头上贴的都是白纸”。

E 说：“我不发表观点。”

现在已知额头贴黑纸的人说的都是谎话，额头贴白纸的人说的都是实话，这五个人谁的额头上贴的是白纸？谁的额头上贴的是黑纸？实例运行结果如图 1.14 所示。

```
0-黑纸,1-白纸
a is 0
b is 0
c is 1
d is 0
e is 1
Press any key to continue
```

图 1.14　黑纸与白纸

关键技术

根据实例中给出的条件分析结果如下：

```
A: a&&b+c+d+e==3||!a&&b+c+d+e!=3
B: b&&a+c+d+e==0||!b&&a+c+d+e!=0
C: c&&a+b+d+e==1||!c&&a+b+d+e!=1
D: d&&a+b+c+e==4||!d&&a+b+c+e!=4
```

在编程时只需穷举每个人额头所贴的纸的颜色（程序中 0 代表黑色，1 代表白色），将上述表达式作为条件便可。

实现过程

（1）在 VC++6.0 中选择“文件”→“新建”→“工程”→“Win32 Console Application”菜单项，创建一个工程，工程名称为“014”，单击“确定”按钮，选择“一个简单的程序”，单击“完成”按钮。

（2）在代码编辑界面中，单击“FileView”，双击打开“Source Files”文件夹下的“014.cpp”文件，删除系统默认创建的代码，开始编写本实例代码。

（3）根据技术要点中的分析过程写出判断条件，用 for 语句对 A、B、C、D、E 五人贴黑纸与白纸情况逐一探测，对满足上述条件的将其结果输出。

（4）具体代码如下：

014-1

```
01  #include "stdafx.h"
02  #include <stdio.h>
03
04  void main()
05  {
06      int a, b, c, d, e;
07      for (a = 0; a <= 1; a++)          /*对a、b、c、d、e穷举贴黑纸和白纸的所有可能*/
08          for (b = 0; b <= 1; b++)
09              for (c = 0; c <= 1; c++)
10                  for (d = 0; d <= 1; d++)
11                      for (e = 0; e <= 1; e++)
12                          /*列出相应条件*/
13                          if ((a && b + c + d + e == 3 || !a && b + c + d + e != 3)
14                                  && (b && a + c + d + e == 0 || !b && a + c + d + e != 0)
15                                  && (c && a + b + d + e == 1 || !c && a + b + d + e != 1)
16                                  && (d && a + b + c + e == 4 || !d && a + b + c + e != 4))
17                          {
18                              printf("0-黑纸,1-白纸\n");
19                              /*将最终结果输出*/
```

```
20                              printf("a is %d\nb is %d\nc is %d\nd is %d\ne is %d\n", a, b, c, d, e);
21                          }
22  }
```

扩展学习

A、B、C 三个人中有一个人说了谎话。A："B 说的是谎话。"B："C 说的是谎话。"C："A 和 B 说的都是谎话。"请判断谁说了谎话。

实例 015　阿姆斯特朗数

源码位置：Code\01\015

实例说明

阿姆斯特朗数，俗称水仙花数，指一个 3 位数的各位数字的立方和等于该数本身。如 153 是一个水仙花数，因为 $153=1^3+5^3+3^3$。编程求出所有水仙花数。实例运行结果如图 1.15 所示。

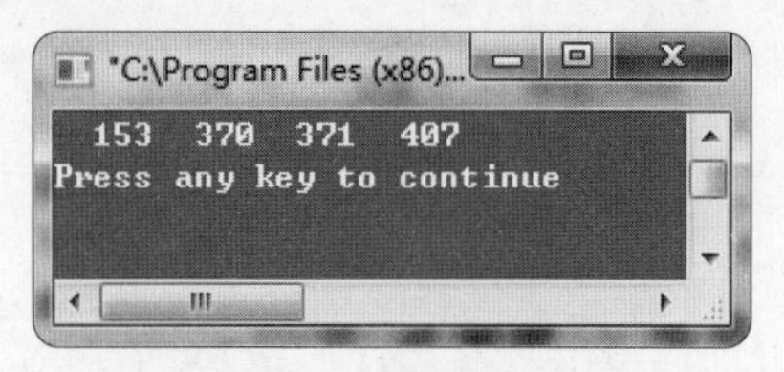

图 1.15　阿姆斯特朗数

关键技术

本实例采用穷举法对 100 ～ 1000 之间的数字进行拆分再按照阿姆斯特朗数（水仙花数）的性质计算并判断，满足条件的输出，否则进行下次循环。

实现过程

（1）在 VC++6.0 中选择“文件”→“新建”→“工程”→“Win32 Console Application”菜单项，创建一个工程，工程名称为“015”，单击“确定”按钮，选择“一个简单的程序”，单击“完成”按钮。

（2）在代码编辑界面中，单击“FileView”，双击打开“Source Files”文件夹下的“015.cpp”文件，删除系统默认创建的代码，开始编写本实例代码。

（3）使用 for 语句对 100 ～ 1000 之间的数进行穷举。

（4）具体代码如下：

015-1

```
01  #include "stdafx.h"
02  #include <stdio.h>
03
04  void main()
05  {
```

```
06      int i, j, k, n;                                  /*定义变量为基本整型*/
07      for (i = 100; i < 1000; i++)                     /*对100~1000内的数进行穷举*/
08      {
09          j = i % 10;                                  /*分离出个位上的数*/
10          k = i / 10 % 10;                             /*分离出十位上的数*/
11          n = i / 100;                                 /*分离出百位上的数*/
12          if (j * j * j + k * k * k + n * n * n == i)  /*判断各位上的立方和是否等于其本身*/
13              printf("%5d", i);                        /*将水仙花数输出*/
14      }
15      printf("\n");
16  }
```

实例 016 水池注水问题

源码位置：Code\01\016

实例说明

有四条水管（A、B、C、D）向一个水池注水，如果单开A管3天可以注满，如果单开B管1天可以注满，如果单开C管4天可以注满，如果单开D管5天可以注满。问如果A、B、C、D四条水渠同时注水，注满水池需要几天？实例运行结果如图1.16所示。

扫一扫，看视频

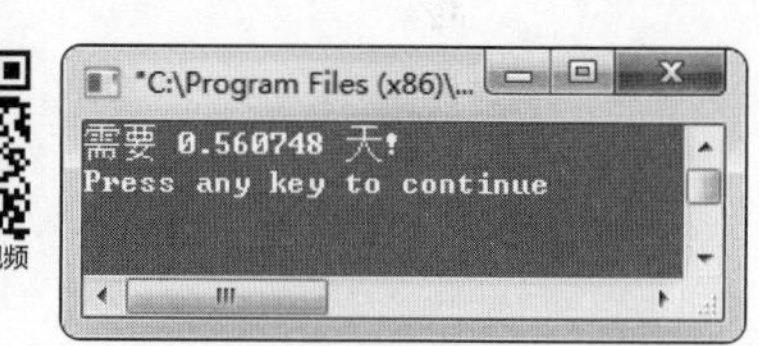

图1.16 水池注水问题

关键技术

首先要求出一天每条水管的注水量，这里分别是1/3、1/1、1/4、1/5，要四条水管共同注水就求出每天注水之和即1/3+1/1+1/4+1/5，那么注满一池水的时间只需用1除以它们的和便可。

使用输出语句printf()，用%f形式输出day，能精确地计算出所需的时间。

实现过程

（1）在VC++6.0中选择"文件"→"新建"→"工程"→"Win32 Console Application"菜单项，创建一个工程，工程名称为"016"，单击"确定"按钮，选择"一个简单的程序"，单击"完成"按钮。

（2）在代码编辑界面中，单击"FileView"，双击打开"Source Files"文件夹下的"016.cpp"文件，删除系统默认创建的代码，开始编写本实例代码。

（3）定义变量类型为单精度型，计算出四条水管1天注水量之和，再用1除以四条水管1天的注水量，就可求出多久注满一池水。

（4）具体代码如下：

016-1

```
01  #include "stdafx.h"
02  #include <stdio.h>
03
04  void main()
```

```
05  {
06      float a1 = 3, b1 = 1, c1 = 4, d1 = 5;                 /*定义变量为单精度型*/
07      float day;                                            /*定义天数为单精度型*/
08      day = 1 / (1 / a1 + 1 / b1 + 1 / c1 + 1 / d1);        /*计算四条水管同时注水多久可以注满*/
09      printf("需要 %f 天!\n", day);                          /*将计算出的天数输出*/
10  }
```

实例 017　求学生总成绩和平均成绩

源码位置：Code\01\017

实例说明

输入三个学生成绩，求这三个学生的总成绩和平均成绩。编写此程序，实例运行结果如图 1.17 所示。

图 1.17　学生总成绩和平均成绩

关键技术

本实例是一个典型的顺序程序，输入数据、处理数据、输出数据是顺序程序的基本模式。首先输入三个数据，用 scanf() 函数实现，然后求这三个数据的和及平均值，利用“sum=a+b+c”和“ave=sum/3.0”这两个公式便可实现。

由于成绩、总成绩都是整数，而平均成绩是浮点数，所以在求平均成绩是要将常量 3 写成 3.0，也可以使用强制类型转换，即 ave=(float)(sum/3.0)。

实现过程

（1）在 VC++6.0 中选择“文件”→“新建”→“工程”→“Win32 Console Application”菜单项，创建一个工程，工程名称为“017”，单击“确定”按钮，选择“一个简单的程序”，单击“完成”按钮。

（2）在代码编辑界面中，单击“FileView”，双击打开“Source Files”文件夹下的“017.cpp”文件，删除系统默认创建的代码，开始编写本实例代码。

（3）具体代码如下：

017-1

```
01  #include "stdafx.h"
02  #include <stdio.h>
03
04  void main()
```

```
05  {
06      int a,b,c,sum;                              /*定义变量*/
07      float ave;
08      printf("请输入三个学生的分数:\n");             /*输出提示信息*/
09      scanf("%d%d%d",&a,&b,&c);                  /*输入三个学生的成绩*/
10      sum=a+b+c;                                  /*求总成绩*/
11      ave=sum/3.0;                                /*求平均成绩*/
12      printf("总成绩=%4d\t, 平均成绩=%5.2f\n",sum,ave);  /*输出总成绩和平均成绩*/
13  }
```

实例 018　检查字符类型

源码位置：Code\01\018

实例说明

本实例实现输入一个字符，通过对 ASCII 值范围的判断，输出判断的结果。实例运行结果如图 1.18 所示。

图 1.18　检查字符类型

关键技术

本实例根据 ASCII 码的取值范围的不同，判断字符的类型。

ASCII 码值的取值范围与其所对应的字符类型情况如下：

☑ ASCII 码值在 65 ～ 90 之间，字符为大写字母。
☑ ASCII 码值在 97 ～ 122 之间，字符为小写字母。
☑ ASCII 码值在 48 ～ 57 之间，字符为数字。
☑ ASCII 码值不在上面的三个任意的范围内，字符为特殊字符。

实现过程

（1）在 VC++6.0 中选择“文件”→“新建”→“工程”→“Win32 Console Application”菜单项，创建一个工程，工程名称为“018”，单击“确定”按钮，选择“一个简单的程序”，单击“完成”按钮。

（2）在代码编辑界面中，单击“FileView”，双击打开“Source Files”文件夹下的“018.cpp”文件，删除系统默认创建的代码，开始编写本实例代码。

（3）具体代码如下：

018-1

```
01  #include "stdafx.h"
02  #include <stdio.h>
03
04  int main()
05  {
06      char c;                                  /*定义变量*/
07      printf("请输入一个字符:\n");              /*显示提示信息*/
08      scanf("%c",&c);                          /*要求输入一个字符*/
```

```
09      if(c >= 65 && c < = 90)                          /*表达式1的取值范围*/
10      {
11          printf("输入的字符是大写字母\n");
12      }
13      else if(c > = 97 && c <= 122)                    /*表达式2的取值范围*/
14      {
15          printf("输入的字符是小写字母\n");
16      }
17      else if(c >= 48 && c <= 57)                      /*表达式3的取值范围*/
18      {
19          printf("输入的是数字\n");
20      }
21      else                                             /*输入其他范围*/
22      {
23          printf("输入的是特殊符号\n");
24      }
25      return 0;
26  }
```

实例 019　模拟自动售货机

源码位置：Code\01\019

实例说明

扫一扫，看视频

设计一个自动售货机的程序，运行程序，提示用户输入要选择的选项，当用户输入以后，提示所选择的内容。本实例中使用了 switch 分支结构来解决程序中的选择问题。实例运行结果如图 1.19 所示。

图 1.19　模拟自动售货机

关键技术

本实例中主要用到 switch 语句，switch 语句是多分支选择语句。它的一般形式如下：

```
switch(表达式)
{
    case 常量表达式1：语句1;
```

```
    case 常量表达式2：语句2;
    ……
    case 常量表达式n：语句n;
    default：语句n+1;
}
```

其语义是：计算表达式的值。并逐个与其后的常量表达式值相比较，当表达式的值与某个常量表达式的值相等时，即执行其后的语句，然后不再进行判断，继续执行后面所有 case 后的语句。如表达式的值与所有 case 后的常量表达式均不相同时，则执行 default 后的语句。

switch 语句有以下几点说明：

☑ 每一个 case 的常量表达式的值必须互不相同，否则就会出现相互矛盾的现象。

☑ 各个 case 和 default 的出现次序不影响执行结果。

☑ 在执行一个 case 分支后，如果想使流程跳出 switch 结构，即终止 switch 语句的执行，可以在相应的语句后加 break 来实现。最后一个 default 可以不加 break 语句。

实现过程

（1）在 VC++6.0 中选择“文件”→“新建”→“工程”→“Win32 Console Application”菜单项，创建一个工程，工程名称为“019”，单击“确定”按钮，选择“一个简单的程序”，单击“完成”按钮。

（2）在代码编辑界面中，单击“FileView”，双击打开“Source Files”文件夹下的“019.cpp”文件，删除系统默认创建的代码，开始编写本实例代码。

（3）具体代码如下：

019-1

```
01  #include "stdafx.h"
02  #include <stdio.h>
03  #include <stdlib.h>
04
05  int main()
06  {
07      int button;                                  /*定义变量*/
08      system("cls");                               /*清屏*/
09      printf("*********************\n");          /*输出普通字符*/
10      printf("*  可选择的按键:      *\n");
11      printf("*  1. 巧克力          *\n");
12      printf("*  2. 蛋糕            *\n");
13      printf("*  3. 可口可乐        *\n");
14      printf("*********************\n");
15      printf("从1~3中选择按键:\n");                 /*输出提示信息*/
16      scanf("%d",&button);                         /*输入数据*/
17      switch(button)                               /*根据button决定输出结果*/
18      {
19      case 1:
20          printf("你选择了巧克力");
21          break;
22      case 2:
23          printf("你选择了蛋糕");
```

```
24            break;
25        case 3:
26            printf("你选择了可口可乐");
27            break;
28        default:
29            printf("\n 输入错误 !\n");                              /*其他情况*/
30            break;
31        }
32        printf("\n");
33        return 0;
34    }
```

实例 020　加油站加油

源码位置：Code\01\020

实例说明

扫一扫，看视频

某加油站有 a、b、c 三种汽油，售价分别为 5.75 元 / 升、6.00 元 / 升、7.15 元 / 升，也提供了“自己加”或“协助加”两个服务等级，这样用户可以分别得到 5% 或 10% 的优惠。编程实现针对用户输入加油量 x，汽油的品种 y 和服务的类型 z，输出用户应付的金额。实例运行结果如图 1.20 所示。

图 1.20　加油站加油

关键技术

本实例是通过 switch 循环来实现不同的选择。switch 分支解决问题的关键是在于确定 switch 分支表达式和 case 常量的关系。本实例常量的个数是一定的，汽油有 a、b、c 三种类型，服务种类也有三种情况，“不需要提供服务（n）”“自己加（m）”“协助加（e）”，变量输入的数据是规定好的常量。根据已知的条件和确定 switch 和 case 的关系就可以写出 switch 语句。

实现过程

（1）在 VC++6.0 中选择“文件”→“新建”→“工程”→“Win32 Console Application”菜单项，创建一个工程，工程名称为“020”，单击“确定”按钮，选择“一个简单的程序”，单击“完成”按钮。

（2）在代码编辑界面中，单击“FileView”，双击打开“Source Files”文件夹下的“020.cpp”文件，删除系统默认创建的代码，开始编写本实例代码。

（3）具体代码如下：

020-1

```
01    #include "stdafx.h"
02    #include <stdio.h>
03
04    void main()
05    {
```

```
06      float x, m1, m2, m;
07      char y, z;
08      scanf("%f,%c,%c", &x, &y, &z);                      /*输入选择油的升数、种类及服务*/
09      switch (y)                                          /*选择汽油种类*/
10      {
11          case 'a':
12              m1 = 5.75;
13              break;
14          case 'b':
15              m1 = 6.00;
16              break;
17          case 'c':
18              m1 = 7.15;
19              break;
20      }
21      switch (z)                                          /*选择服务种类*/
22      {
23          case 'a':                                       /*不需要提供服务*/
24              m2 = 0;
25              break;
26          case 'm':
27              m2 = 0.05;
28              break;
29          case 'e':
30              m2 = 0.1;
31              break;
32      }
33      m = x * m1 - x * m1 * m2;                           /*计算应付的钱数*/
34      printf("汽油种类是:%c\n", y);
35      printf("服务等级是:%c\n", z);
36      printf("用户应付金额是:%.3f\n", m);
37  }
```

实例 021　简单计算器

源码位置：Code\01\021

实例说明

从键盘上输入数据进行加、减、乘、除四则运算（“a 运算符 b”形式输入），判断输入数据是否可以进行计算，若能计算，则将计算结果输出。实例运行结果如图 1.21 所示。

图 1.21　简单计算器

关键技术

根据输入格式可以看出，具体输入的数据要求是两个数值型，一个字符型，字符型数据是四则运算的符号“+”“-”“*”“/”。由于运算符的个数是固定的，可以作为 case 后面的常量，所以本实例可用 switch 分支结构来解决问题。

注意 在进行除法操作时，不要忘记一种情况，就是除数不能是零，这种情况可以用 if 语句实现。

实现过程

（1）在 VC++6.0 中选择“文件”→“新建”→“工程”→“Win32 Console Application”菜单项，创建一个工程，工程名称为“021”，单击“确定”按钮，选择“一个简单的程序”，单击“完成”按钮。

（2）在代码编辑界面中，单击“FileView”，双击打开“Source Files”文件夹下的“021.cpp”文件，删除系统默认创建的代码，开始编写本实例代码。

（3）具体代码如下：

021-1

```
01  #include "stdafx.h"
02  #include <stdio.h>
03
04  void main()
05  {
06      float a,b;
07      char c;
08      printf("请输入运算格式: a + (-,*,/) b \n");
09      scanf("%f%c%f",&a,&c,&b);
10      switch(c)
11      {
12      case '+':printf("%f\n",a + b);break;
13      case '-':printf("%f\n",a - b);break;
14      case '*':printf("%f\n",a * b);break;
15      case '/':
16          if(!b)
17              printf("除数不能是零\n");
18          else
19              printf("%f\n",a/b);
20          break;
21      default:printf("输入有误！ \n");
22
23      }
24  }
```

实例 022　一元钱的兑换方案

源码位置：Code\01\022

实例说明

扫一扫，看视频

如果要将整钱换成零钱，那么将一元钱兑换成零钱有多少种兑换方案。实例运行结果如图 1.22 所示。

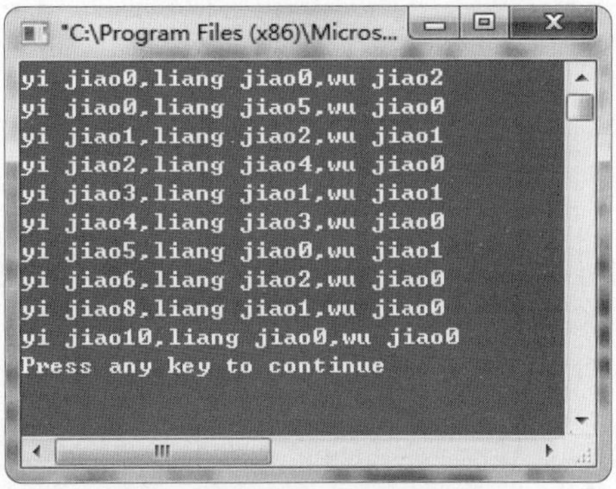

```
"C:\Program Files (x86)\Micros...
yi jiao0,liang jiao0,wu jiao2
yi jiao0,liang jiao5,wu jiao0
yi jiao1,liang jiao2,wu jiao1
yi jiao2,liang jiao4,wu jiao0
yi jiao3,liang jiao1,wu jiao1
yi jiao4,liang jiao3,wu jiao0
yi jiao5,liang jiao0,wu jiao1
yi jiao6,liang jiao2,wu jiao0
yi jiao8,liang jiao1,wu jiao0
yi jiao10,liang jiao0,wu jiao0
Press any key to continue
```

图 1.22　一元钱的兑换方案

关键技术

本实例中三次用到 for 语句，第一个 for 语句中变量 i 的范围从 1 到 10，这是如何确定的呢？根据题意知道可将一元钱兑换成一角硬币，那么我们就得考虑如果把一元钱全部兑换成一角硬币，将能兑换多少枚。答案显而易见是 10 枚。当然一元钱也可以兑换成二角硬币或五角硬币，而不只是兑换成一角，所以 i 的取值范围从 0 到 10，同理可知 j（两角）的取值范围从 0 到 5，k（五角）的取值范围从 0 到 2。

实现过程

（1）在 VC++6.0 中选择“文件”→“新建”→“工程”→“Win32 Console Application”菜单项，创建一个工程，工程名称为“022”，单击“确定”按钮，选择“一个简单的程序”，单击“完成”按钮。

（2）在代码编辑界面中，单击“FileView”，双击打开“Source Files”文件夹下的“022.cpp”文件，删除系统默认创建的代码，开始编写本实例代码。

（3）定义数据类型，本实例中 i，j，k 均为基本整型。

（4）嵌套的 for 循环的使用将所有在取值范围内的数全部组合一次，凡是能使 if 语句中的表达式为真的则将其输出。

（5）具体代码如下：

022-1

```
01  #include "stdafx.h"
02  #include <stdio.h>
03  main()
04  {
05      int i,j,k;                                          /*定义i，j，k为基本整型*/
06          for(i=0;i<=10;i++)                              /*i是一角钱兑换枚数，所以范围从1到10*/
07              for(j=0;j<=5;j++)                           /*j是二角钱兑换枚数，所以范围从0到5*/
08                  for(k=0;k<=2;k++)                       /*k是五角钱兑换枚数，所以范围从0到2*/
09                      if(i+j*2+k*5==10)                   /*三种钱数相加是否等于一元*/
10              printf(”yi jiao%d,liang jiao%d,wu jiao%d\n”,i,j,k); /*将每次可兑换的方案输出*/
11      return 0;
12  }
```

实例 023　打印乘法口诀表

源码位置：Code\01\023

实例说明

扫一扫，看视频

本实例要求打印出乘法口诀表，在乘法口诀表中有行数和列数相乘得出的乘法结果。根据这个特点，使用循环嵌套实现该输出结果。运行程序，实例运行结果如图 1.23 所示。

```
"C:\Program Files (x86)\Microsoft Visual Studio\MyProjects\cc\Debug...
1*1=1
2*1=2 2*2=4
3*1=3 3*2=6  3*3=9
4*1=4 4*2=8  4*3=12 4*4=16
5*1=5 5*2=10 5*3=15 5*4=20 5*5=25
6*1=6 6*2=12 6*3=18 6*4=24 6*5=30 6*6=36
7*1=7 7*2=14 7*3=21 7*4=28 7*5=35 7*6=42 7*7=49
8*1=8 8*2=16 8*3=24 8*4=32 8*5=40 8*6=48 8*7=56 8*8=64
9*1=9 9*2=18 9*3=27 9*4=36 9*5=45 9*6=54 9*7=63 9*8=72 9*9=81
Press any key to continue
```

图 1.23　打印乘法口诀表

关键技术

如何打印乘法口诀表关键是要分析程序的算法思想，本实例中两次用到 for 循环：第一次 for 循环即将它看成乘法口诀表的行数，同时也是每行进行乘法运算的第一个因子；第二次 for 循环范围的确定建立在第一次 for 循环的基础上，即第二次 for 循环的最大取值是第一次 for 循环中变量的值。

实现过程

（1）在 VC++6.0 中选择“文件”→“新建”→“工程”→“Win32 Console Application”菜单项，创建一个工程，工程名称为“023”，单击“确定”按钮，选择“一个简单的程序”，单击“完成”按钮。

（2）在代码编辑界面中，单击“FileView”，双击打开“Source Files”文件夹下的“023.cpp”文件，删除系统默认创建的代码，开始编写本实例代码。

（3）定义数据类型，本实例中的 i，j 均为基本整型。

（4）第一个 for 循环控制乘法口诀表的行数及每行乘法中的第一个因子。本实例为九九乘法口诀表，所以变量 i 的取值范围从 1 到 9。

（5）第二个 for 循环中变量 j 是每行乘法运算中的另一个因子，运行到第几行 j 的最大值也就为几。

（6）具体代码如下：

023-1

```
01  #include "stdafx.h"
02  #include <stdio.h>
03  main()
```

```
04  {
05      int i, j;                                /*定义i，j两个变量为基本整型*/
06      for (i = 1; i <= 9; i++)                 /*for循环i为乘法口诀表中的行数*/
07      {
08          for (j = 1; j <= i; j++)             /*乘法口诀表中的另一个因子，取值范围受一个因子i的影响*/
09          printf("%d*%d=%d ", i, j, i * j);    /*输出i，j及i*j的值*/
10          printf("\n");                        /*打完每行值后换行*/
11      }
12  }
```

实例 024　绘制余弦曲线

源码位置：Code\01\024

实例说明

编程实现用“*”绘制余弦曲线，实例运行结果如图 1.24 所示。

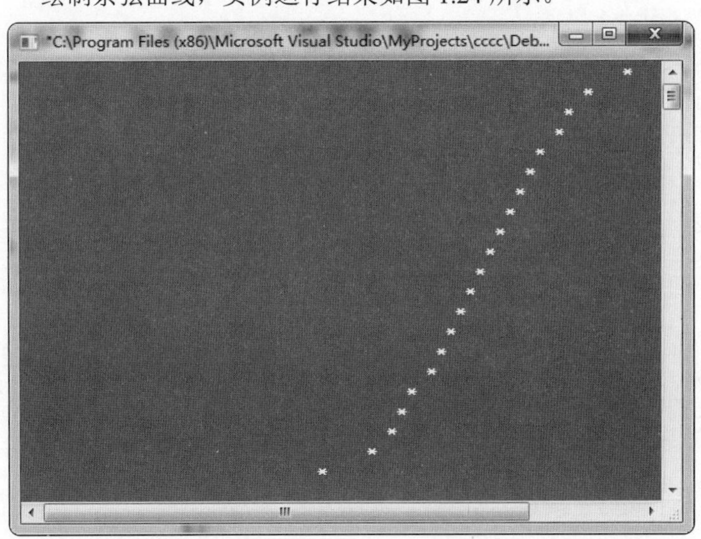

图 1.24　绘制余弦曲线

关键技术

绘制余弦曲线用到了反余弦函数 acos()，通过纵坐标的值来求出横坐标的值，确定横坐标的值后，其对称位置的横坐标值也就可以确定，即用 62 减去确定的横坐标值，这里的 62 是一个近似值，即 2π*10。

实现过程

（1）在 VC++6.0 中选择“文件”→“新建”→“工程”→“Win32 Console Application”菜单项，创建一个工程，工程名称为“024”，单击“确定”按钮，选择“一个简单的程序”，单击“完

成”按钮。

（2）在代码编辑界面中，单击“FileView”，双击打开“Source Files”文件夹下的“024.cpp”文件，删除系统默认创建的代码，开始编写本实例代码。

（3）调用 acos() 函数计算出相应的横坐标位置，使用 for 循环在未到该位置之前输出空格，直到达到指定位置再输出“*”，对称位置相同。

（4）具体代码如下：

024-1

```
01  #include "stdafx.h"
02  #include <stdio.h>
03  #include <math.h>
04
05  int main()
06  {
07      double y;
08      int x, m;
09      for (y = 1; y >=  - 1; y -= 0.1)                /*0到π，π到2π分别绘制21个点*/
10      {
11          m = acos(y) *10;                             /*求出对应的横坐标位置*/
12          for (x = 1; x < m; x++)
13              printf(" ");                             /*画*前输出空格*/
14          printf("*");                                 /*画**/
15          for (; x < 62-m; x++)                        /*画出对称面的**/
16              printf(" ");
17          printf("*\n");
18      }
19      getchar();
20      return 0;
21  }
```

实例 025　打印杨辉三角形　　源码位置：Code\01\025

实例说明

扫一扫，看视频

本实例将打印出以下的杨辉三角形（要求打印出 10 行）。

1

1 1

1 2 1

1 3 3 1

1 4 6 4 1

1 5 10 10 5 1

……

实例运行结果如图 1.25 所示。

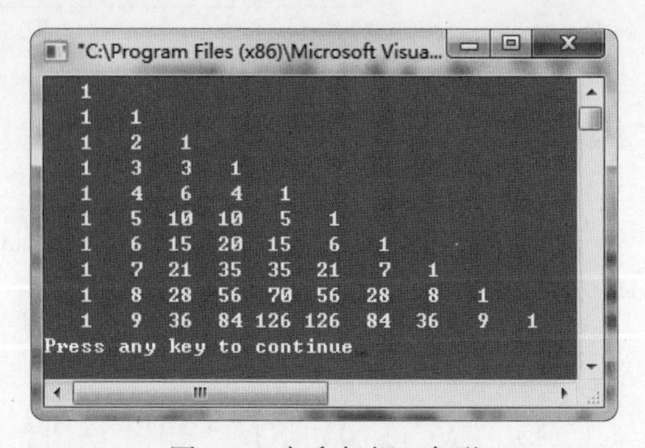

图 1.25　打印杨辉三角形

关键技术

要想打印出杨辉三角形首先得找出图形中数字间的规律，从图形中我们分析出这些数字间有以下规律：

☑ 每一行的第一列均为 1；

☑ 对角线上的数字也均为 1；

☑ 除每一行第一列和对角线上的数字外，其余数字均等于其上一行同列数字与其上一行前一列数字之和。

实现过程

（1）在 VC++6.0 中选择“文件”→“新建”→“工程”→“Win32 Console Application”菜单项，创建一个工程，工程名称为“025”，单击“确定”按钮，选择“一个简单的程序”，单击“完成”按钮。

（2）在代码编辑界面中，单击“FileView”，双击打开“Source Files”文件夹下的“025.cpp”文件，删除系统默认创建的代码，开始编写本实例代码。

（3）定义数据类型，本实例中 i、j、a[11][11] 均为基本整型。

（4）第一个 for 循环中变量 i 的取值范围为 1 ～ 10，循环体中语句 a[i][i] 将对角线元素置 1，语句 a[i][1]=1 将每行中的第一列置 1。

（5）用两个 for 循环实现除对角线和每行第一个元素外其他元素的赋值过程，即 a[i][j]= a[i−1][j−1]+a[i−1][j];

（6）再使用 for 循环的嵌套将数组 a 中的所有元素输出。

（7）具体代码如下：

025-1

```
01  #include "stdafx.h"
02  #include <stdio.h>
03  main()
04  {
05      int i, j, a[11][11];                       /*定义i, j, a[11][11]为基本整型*/
06      for (i = 1; i < 11; i++)                   /*for循环i的范围从1到10*/
07      {
08          a[i][i] = 1;                           /*对角线元素全为1*/
09          a[i][1] = 1;                           /*每行第一列元素全为1*/
10      }
11      for (i = 3; i < 11; i++)                   /*for循环范围从第3行开始到第10行*/
12          for (j = 2; j <= i - 1; j++)           /*for循环范围从第2列开始到该行行数减一列为止*/
13              /*第i行j列等于第i-1行j-1列的值加上第i-1行j列的值*/
14              a[i][j] = a[i - 1][j - 1] + a[i - 1][j];
15              for (i = 1; i < 11; i++)
16              {
17                  for (j = 1; j <= i; j++)
18                      printf("%4d", a[i][j]);    /*通过上面两次for循环将二维数组a中元素输出*/
19                  printf("\n");                  /*每输出完一行进行一次换行*/
20              }
21  }
```

扩展学习

从键盘中输入如下字母“a、b、c、d、e、f”，输出时的顺序如下：f→a→b→c→d→e。

实例 026　求总数问题

源码位置：Code\01\026

实例说明

集邮爱好者把所有的邮票存放在三个集邮册中，在 A 册内存放全部的十分之二，在 B 册内存放不知道是全部的七分之几，在 C 册内存放 303 张邮票，问这位集邮爱好者集邮总数是多少？以及每册中各有多少邮票？实例运行结果如图 1.26 所示。

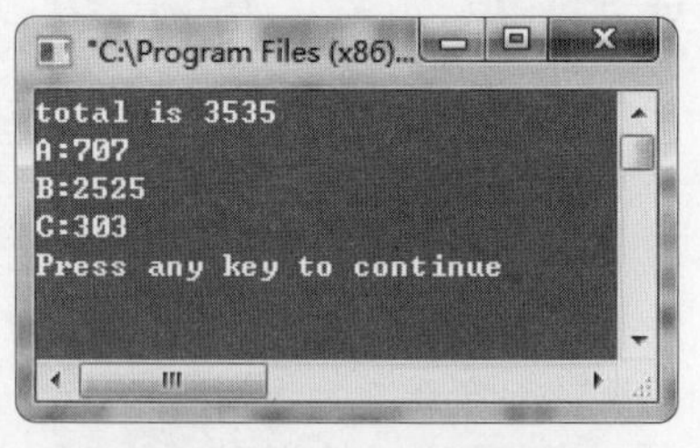

图 1.26　求总数问题

关键技术

根据题意可设邮票总数为 sum，A 册内存放全部的 2/10，B 册内存放全部的 x/7，C 册内存放 303 张邮票，则可列出

```
sum = 2 * sum / 10 + x * sum / 7 + 303
```

经化简可得 sum=10605/(28–5*x)；从化简的等式来看我们可以确定出 x 的取值范围是从 1 到 5，并且邮票的数量一定是整数，不可能出现小数或其他类型，这就要求 x 必须要满足 10605%（28–5*x）==0。

实现过程

（1）在 VC++6.0 中选择“文件”→“新建”→“工程”→“Win32 Console Application”菜单项，创建一个工程，工程名称为“026”，单击“确定”按钮，选择“一个简单的程序”，单击“完成”按钮。

（2）在代码编辑界面中，单击“FileView”，双击打开“Source Files”文件夹下的“026.cpp”文件，删除系统默认创建的代码，开始编写本实例代码。

（3）定义 a，b，c，x 及 sum 分别为基本整型。

（4）对 x 的值进行试探，满足“10605 %（28–5 * x）== 0”的 x 值即为所求，通过此值计算出邮票总数及各个集邮册中邮票的数量。

（5）具体代码如下：

026-1

```
01  #include "stdafx.h"
02  #include <stdio.h>
03  main()
04  {
05      int a, b, c, x, sum;
06      for (x = 1; x <= 5; x++)                          /*x的取值范围从1到5*/
07      {
08          if (10605 % (28 - 5 * x) == 0)                /*满足条件的x值即为所求*/
09          {
10              sum = 10605 / (28 - 5 * x);               /*计算出邮票总数*/
```

```
11              a = 2 * sum / 10;                         /*计算A集邮册中的邮票数*/
12              b = 5 * sum / 7;                          /*计算B集邮册中的邮票数*/
13              c = 303;                                  /*C集邮册中的邮票数*/
14              printf("total is %d\n", sum);             /*输出邮票的总数*/
15              printf("A:%d\n", a);                      /*输出A集邮册中的邮票数*/
16              printf("B:%d\n", b);                      /*输出B集邮册中的邮票数*/
17              printf("C:%d\n", c);                      /*输出C集邮册中的邮票数*/
18          }
19      }
20  }
```

实例 027　抽屉原理

源码位置：Code\01\027

实例说明

在一个袋子里装有三色彩球，其中红色球有 3 个，白色球也有 3 个，黑色球有 6 个，问当从袋子中取出 8 个球时共有多少种可能的方案。编程实现将所有可能的方案编号输出到屏幕上。实例运行结果如图 1.27 所示。

```
"C:\Program Files (x86)\Microsoft Visual ...
the result is:

time   red ball  white ball  black ball
  1       0          2          6
  2       0          3          5
  3       1          1          6
  4       1          2          5
  5       1          3          4
  6       2          0          6
  7       2          1          5
  8       2          2          4
  9       2          3          3
 10       3          0          5
 11       3          1          4
 12       3          2          3
 13       3          3          2
Press any key to continue
```

图 1.27　抽屉原理

关键技术

本实例要确定各种颜色球的范围，根据题意可知红球和白球的范围均大于或等于 0、小于或等于 3，不同的是本实例将黑球的范围作为 if 语句中的判断条件，即用要取出的球的总数目 8 减去红球及白球的数目所得的差应小于黑球的总数目 6。

实现过程

（1）在 VC++6.0 中选择“文件”→“新建”→“工程”→“Win32 Console Application”菜单

项，创建一个工程，工程名称为“027”，单击“确定”按钮，选择“一个简单的程序”，单击“完成”按钮。

（2）在代码编辑界面中，单击“FileView”，双击打开“Source Files”文件夹下的“027.cpp”文件，删除系统默认创建的代码，开始编写本实例代码。

（3）定义 i、j、count 分别为基本整型，count 赋初值为 1，这里起到计数的作用。

（4）使用 for 语句进行穷举，对满足 if 语句中条件的可能方案按指定格式进行输出，否则进行下一次循环。

（5）具体代码如下：

027-1

```
01  #include "stdafx.h"
02  #include <stdio.h>
03  main()
04  {
05      int i, j, count;
06      puts("the result is:\n");
07      printf("time  red ball  white ball  black ball\n");
08      count = 1;
09      for (i = 0; i <= 3; i++)                              /*红球数量范围0到3之间*/
10      {
11          for (j = 0; j <= 3; j++)                          /*白球的数量范围0到3之间*/
12          {
13              if ((8-i - j) <= 6)                           /*判断要取黑色球的数量是否在6个以内*/
14                  printf("%3d%8d%9d%10d\n", count++, i, j, 8-i - j); /*输出各种颜色球的数量*/
15          }
16      }
17      return 0;
18  }
```

实例 028　灯塔数量

源码位置：Code\01\028

实例说明

扫一扫，看视频

有一座八层灯塔，每层的灯数都是其上一层的 2 倍，这座灯塔共有 765 盏灯，编程求出最上层与最下层的灯数。实例运行结果如图 1.28 所示。

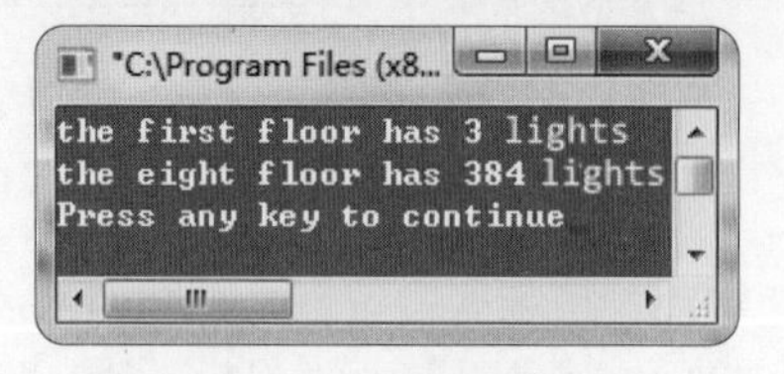

图 1.28　灯塔数量

关键技术

本实例通过对 n 的穷举，探测满足条件的 n 值。在计算灯的总数时我们先计算 2 楼到 8 楼灯的总数，再将计算出的和加上 1 楼灯的数量，这样就求出了总数，当然我们也可以将一楼灯的数量赋给 sum 之后再加上 2 楼到 8 楼灯的数量。

实现过程

（1）在 VC++6.0 中选择“文件”→“新建”→“工程”→“Win32 Console Application”菜单项，创建一个工程，工程名称为“028”，单击“确定”按钮，选择“一个简单的程序”，单击“完成”按钮。

（2）在代码编辑界面中，单击“FileView”，双击打开“Source Files”文件夹下的“028.cpp”文件，删除系统默认创建的代码，开始编写本实例代码。

（3）利用 while 循环对 n 的值从 1 开始进行穷举，在计算 2 楼到 8 楼灯的数目时程序中用到了 for 循环。

（4）具体代码如下：

028-1

```
01  #include "stdafx.h"
02  #include <stdio.h>
03  main()
04  {
05      int n = 1, m, sum, i;                                  /*定义变量为基本整形*/
06      while (1)
07      {
08          m = n;                                             /*m存储一楼灯的数量*/
09          sum = 0;
10          for (i = 1; i < 8; i++)
11          {
12              m = m * 2;                                     /*每层楼灯的数量是上一层的2倍*/
13              sum += m;                                      /*计算出除一楼外灯的总数*/
14          }
15          sum += n;                                          /*加上一楼灯的数量*/
16          if (sum == 765)                                    /*判断灯的总数量是否达到765*/
17          {
18              printf("the first floor has %d\n", n);         /*输出一楼灯的数量*/
19              printf("the eight floor has %d\n", m);         /*输出八楼灯的数量*/
20              break;                                         /*跳出循环*/
21          }
22          n++;                                               /*灯的数量加1，继续下次循环*/
23      }
24      return 0;
25  }
```

实例 029　输出 10~100 之间的素数

源码位置：Code\01\029

实例说明

本实例将输出 10 ～ 100 之间的全部素数。实例运行结果如图 1.29 所示。

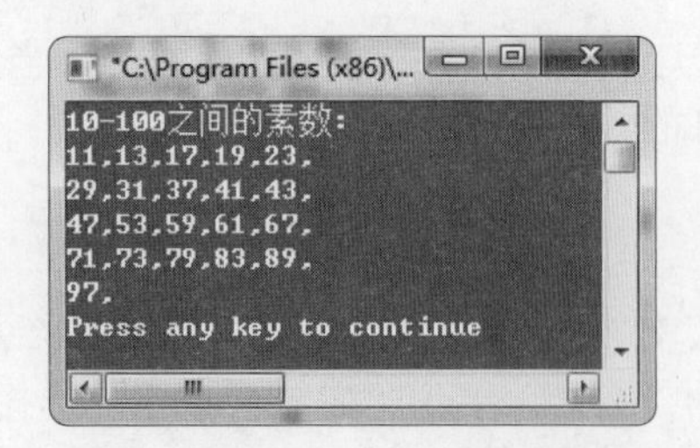

图 1.29　输出 10～100 之间的素数

关键技术

素数是大于 1 的整数，除了能被自身和 1 整除外，不能被其他正整数整除。本实例的算法：让 i 被 2 到根号 i 除，如果 i 能被 2 到根号 i 之中任何一个整数整除，则结束循环，若不能被整除则要判断 j 是否是最接近或等于根号 i 的，如果是则证明是素数，否则继续下次循环。

本实例中用到包含在头文件 math.h 中的函数 sqrt()，sqrt() 函数的一般形式为：

```
double sqrt(double x)
```

该函数的作用是返回 x 的平方根。

实现过程

（1）在 VC++6.0 中选择“文件”→“新建”→“工程”→“Win32 Console Application”菜单项，创建一个工程，工程名称为“029”，单击“确定”按钮，选择“一个简单的程序”，单击“完成”按钮。

（2）在代码编辑界面中，单击“FileView”，双击打开“Source Files”文件夹下的“029.cpp”文件，删除系统默认创建的代码，开始编写本实例代码。

（3）定义 i、j、n 为基本整型，并为 n 赋初值 0。

（4）第一个 for 语句对 10 到 100 之间所有数字进行遍历。第二个 for 语句实现对遍历到数字进行判断，看能否被 2 到根号 i 之间的整数整除。

（5）具体代码如下：

029-1

```
01  #include "stdafx.h"
02  #include <stdio.h>
03  #include <math.h>
04  #include <stdlib.h>
05  main()
06  {
07      int i, j, n = 0;                                /*定义变量为基本整型*/
08      system("cls");
09      printf("10-100之间的素数:\n");
10      for (i = 10; i <= 100; i++)
11      {
12          for (j = 2; j <= sqrt(i); j++)
13          {
14              if (i % j == 0)                     /*判断是否能被整除*/
15                  break;                          /*如果能被整除，就不需要接着判断，跳出循环*/
```

```
16              else
17              {
18                  if (j > sqrt(i) - 1)
19                  {
20                      printf("%d,", i);
21                      n++;                                   /*记录次数*/
22                      if (n % 5 == 0)                        /*5个一换行*/
23                          printf("\n");
24                  }
25                  else
26                      continue;
27              }
28          }
29      }
30      printf("\n");
31  }
```

实例 030　爱因斯坦阶梯问题

源码位置：Code\01\030

实例说明

著名的爱因斯坦阶梯问题：有一条长长的阶梯。如果你每步跨 2 阶，那么最后剩 1 阶；如果你每步跨 3 阶，那么最后剩 2 阶；如果你每步跨 5 阶，那么最后剩 4 阶；如果你每步跨 6 阶，那么最后剩 5 阶；只有当你每步跨 7 阶时，最后才正好走完，一阶也不剩。请问该阶梯至少有多少阶？（求所有三位阶梯数）实例运行结果如图 1.30 所示。

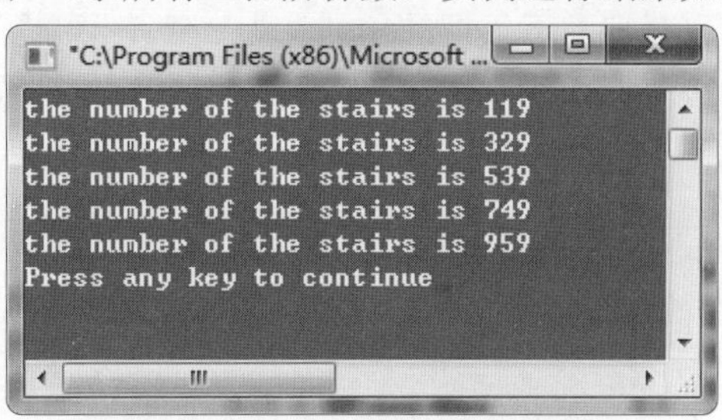

图 1.30　爱因斯坦阶梯问题

关键技术

本实例中关键是如何写 if 语句中的条件，如果这个条件大家能够顺利写出，那整个程序也基本上完成了。条件如何来写这主要是根据题意来看，“每步跨 2 阶，那么最后剩 1 阶……当每步跨 7 阶时，最后才正好走完，一阶也不剩”从这几句可以看出题的规律就是总的阶梯数对每步跨的阶梯数取余得的结果就是剩余阶梯数，这 5 种情况是逻辑与的关系，而且必须同时满足。

实现过程

（1）在 VC++6.0 中选择“文件”→“新建”→“工程”→“Win32 Console Application”菜单

项，创建一个工程，工程名称为“030”，单击“确定”按钮，选择“一个简单的程序”，单击“完成”按钮。

（2）在代码编辑界面中，单击“FileView”，双击打开“Source Files”文件夹下的“030.cpp”文件，删除系统默认创建的代码，开始编写本实例代码。

（3）用 for 循环对大于或等于 100、小于 1000 内的所有三位整数进行筛选。

（4）使用 if 语句根据题意设置相应的条件，如果满足条件则输出该结果，否则继续下次循环。

（5）具体代码如下：

030-1

```
01  #include "stdafx.h"
02  #include <stdio.h>
03  main()
04  {
05      int i;                                              /*定义基本整型变量i*/
06      for (i = 100; i < 1000; i++)                        /*for循环求一百到一千内的所有三位数*/
07          /*根据题意写出对应的条件*/
08          if (i % 2 == 1 && i % 3 == 2 && i % 5 == 4 && i % 6 == 5 && i % 7 == 0)
09              printf("the number of the stairs is %d\n", i); /*输出阶梯数*/
10      return 0;
11  }
```

实例 031　银行存款问题

源码位置：Code\01\031

实例说明

假设银行当前整存零取五年期的年利息为 2.5%，现在某人手里有一笔钱，预计在今后的五年当中每年年底取出 1000，到第五年的时候刚好取完，计算在最开始存钱的时候要存多少钱？实例运行结果如图 1.31 所示。

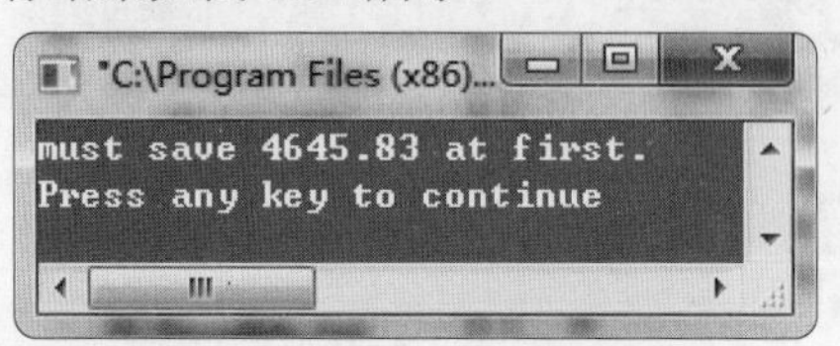

图 1.31　银行存款问题

关键技术

在分析这个取钱和存钱的过程时，可以采用倒推的方法。如果第五年年底本息共取出 1000，则要先求出第五年年初的存款，然后再递推第四年、第三年……的年初银行存款数：

第五年年初存款 =1000/（1+0.025）

第四年年初存款 =（第五年年初存款 +1000）/（1+0.025）

第三年年初存款 =（第四年年初存款 +1000）/（1+0.025）

第二年年初存款 =（第三年年初存款 +1000）/（1+0.025）

第一年年初存款 =（第二年年初存款 +1000）/（1+0.025）

实现过程

（1）在 VC++6.0 中选择“文件”→“新建”→“工程”→“Win32 Console Application”菜单项，创建一个工程，工程名称为“031”，单击“确定”按钮，选择“一个简单的程序”，单击“完成”按钮。

（2）在代码编辑界面中，单击“FileView”，双击打开“Source Files”文件夹下的“031.cpp”文件，删除系统默认创建的代码，开始编写本实例代码。

（3）具体代码如下：

031-1

```
01  #include "stdafx.h"
02  #include <stdio.h>
03  void main()
04  {
05      int i;                                          /*定义整型变量*/
06      float total=0;                                  /*定义实型变量，并初始化*/
07      for(i=0;i<5;i++)                                /*循环*/
08          total=(total+1000)/(1+0.025);               /*累计存款额*/
09      printf("must save %5.2f at first. \n",total);   /*输出存款额*/
10  }
```

实例 032　计算字符串中的单词个数　　源码位置：Code\01\032

实例说明

在本实例中输入一行字符，然后统计其中单词的个数，要求每个单词之间用空格分隔开，最后的字符不能为空格。实例运行结果如图 1.32 所示。

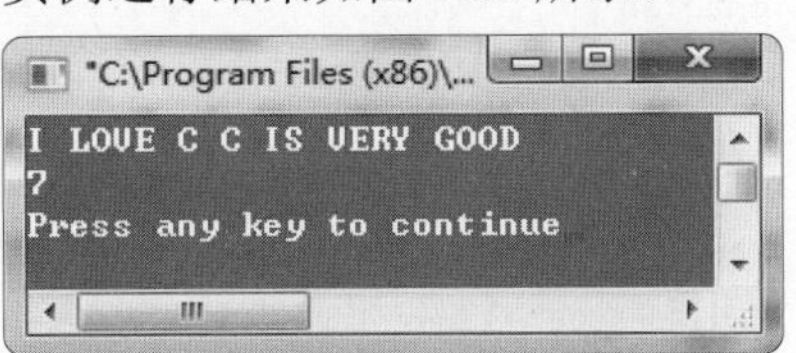

图 1.32　计算字符串中的单词个数

关键技术

字符串输入函数使用的是 gets() 函数，作用是将读取字符串保存在形式参数 str 变量中，读取过程直到出现新的一行为止。其中新的一行的换行字符将会转化为字符串中的空终止符 '\0'。gets() 函数的定义如下所示：

```
char *gets(char *str);
```

在使用 gets 字符串输入函数前，要为程序加入头文件 stdio.h。其中的 str 字符指针变量为形式参数。例如定义字符数组变量 cString，然后使用 gets() 函数获取输入字符的方式如下所示：

```
gets(cString);
```

在上面的代码中，cString 变量获取到了字符串，并将最后的换行符转化成了终止字符。

实现过程

（1）在 VC++6.0 中选择“文件”→“新建”→“工程”→“Win32 Console Application”菜单项，创建一个工程，工程名称为“032”，单击“确定”按钮，选择“一个简单的程序”，单击“完成”按钮。

（2）在代码编辑界面中，单击“FileView”，双击打开“Source Files”文件夹下的“032.cpp”文件，删除系统默认创建的代码，开始编写本实例代码。

（3）使用 gets() 函数将输入的字符串保存在 cString 字符数组中。

（4）首先要对输入的字符进行判断。在数组中的第一个输入字符如果是结束符或者空格，那么进行消息提示。如果不是则说明输入的字符串是正常的，这样就在 else 语句中进行处理。

（5）使用 for 循环进行判断每一个数组中的字符是否是结束符，如果为结束符则循环结束；如果不为结束符，则在循环语句中判断是否是空格，遇到一个空格则对单词计数变量 iWord 进行自加操作。

（6）具体代码如下：

032-1

```
01  #include "stdafx.h"
02  #include <stdio.h>
03  int main()
04  {
05      char cString[100];                                  /*定义保存字符串的数组*/
06      int iIndex, iWord=1;                                /*iWord表示单词的个数*/
07      char cBlank;                                        /*表示空格*/
08      gets(cString);                                      /*输入字符串*/
09      if(cString[0]=='\0')                                /*判断如果字符串为空的情况*/
10      {
11          printf("There is no char!\n");
12      }
13      else if(cString[0]==' ')                            /*判断第一个字符为空格的情况*/
14      {
15          printf("First char just is a blank!\n");
16      }
17      else
18      {
19          for(iIndex=0;cString[iIndex]!='\0';iIndex++)    /*循环判断每一个字符*/
20          {
21              cBlank=cString[iIndex];                     /*得到数组中的字符元素*/
22              if(cBlank==' ')                             /*判断是不是空格*/
23              {
24                  iWord++;                                /*如果是则加1*/
25              }
26          }
27          printf("%d\n",iWord);
28      }
29  }
```

实例 033　选票统计

源码位置：Code\01\033

实例说明

班级竞选班长，共有三个候选人，输入参加选举的人数及每个人选举的内容，输出三个候选人最终的得票数及无效选票数。实例运行结果如图 1.33 所示。

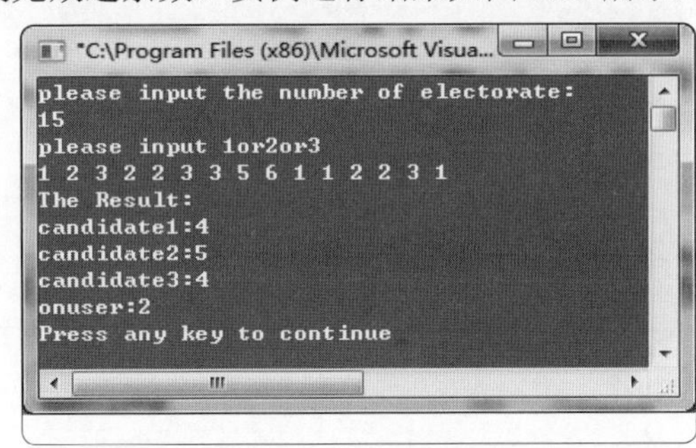

图 1.33　选票统计

关键技术

本实例是一个典型的一维数组应用，在此笔者强调一点：C 语言中规定，只能逐个引用数组中的元素，而不能一次引用整个数组。

本实例体现在对数组元素进行判断时只能通过 for 语句对数组中的元素逐个引用。

实现过程

（1）在 VC++6.0 中选择“文件”→“新建”→“工程”→“Win32 Console Application”菜单项，创建一个工程，工程名称为“033”，单击“确定”按钮，选择“一个简单的程序”，单击“完成”按钮。

（2）在代码编辑界面中，单击“FileView”，双击打开“Source Files”文件夹下的“033.cpp”文件，删除系统默认创建的代码，开始编写本实例代码。

（3）定义数组及变量为基本整型。

（4）输入参加选举的人数，再输入每个人的选举内容并将其存入数组中。对存入数组中的元素进行判断，统计出各个候选人的祟数和尢效的票数。

（5）输出最终统计出的结果。

（6）具体代码如下：

033-1

```
01  #include "stdafx.h"
02  #include <stdio.h>
03  main()
04  {
05      int i, v0 = 0, v1 = 0, v2 = 0, v3 = 0, n, a[50];
06      printf("please input the number of electorate:\n");
07      scanf("%d", &n);                                    /*输入参加选举的人数*/
```

```
08      printf("please input 1or2or3\n");
09      for (i = 0; i < n; i++)
10      {
11          scanf("%d", &a[i]);                         /*输入每个人所选的人*/
12      }
13      for (i = 0; i < n; i++)
14      {
15          if (a[i] == 1)
16          {
17              v1++;                                   /*统计1号候选人的票数*/
18          }
19          else if (a[i] == 2)
20          {
21              v2++;                                   /*统计2号候选人的票数*/
22          }
23          else if (a[i] == 3)
24          {
25              v3++;                                   /*统计三号候选人的票数*/
26          }
27          else
28          {
29              v0++;                                   /*统计无效票数*/
30          }
31      }
32      printf("The Result:\n");
33      /*将统计的结果输出*/
34      printf("candidate1:%d\ncandidate2:%d\ncandidate3:%d\nonuser:%d\n",v1,v2,v3,v0);
35      return 0;
36  }
```

实例 034　使用数组统计学生成绩

源码位置：Code\01\034

实例说明

扫一扫，看视频

输入学生的学号及语文、数学、英语成绩，输出学生各科成绩信息及平均成绩。实例运行结果如图 1.34 所示。

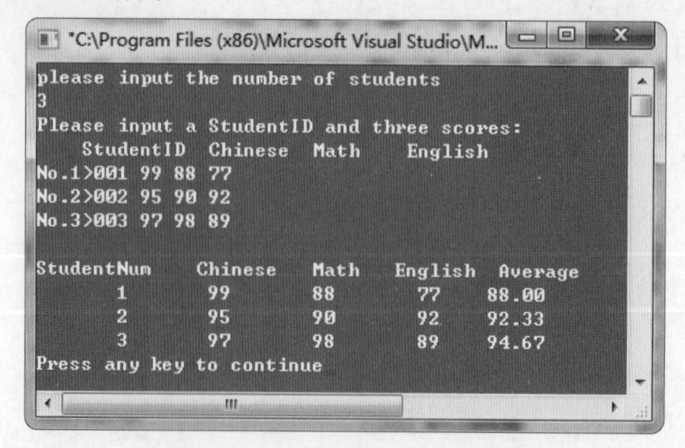

图 1.34　使用数组统计学生成绩

关键技术

（1）本实例的关键是用输入的学生数量来控制循环次数，也就是有多少学生就输入多少次三科成绩。输出成绩等相关信息时是根据学生数量来控制循环次数的。

（2）实例中用到符号常量 MAX。以下是和符号常量相关的知识：

☑ 符号常量不同于变量，它的值在其作用域内不能改变，也不能再被赋值。

☑ 使用符号常量的好处是在需要改变一个常量时能做到“一改全改”，要想把学生最大数量限制改为 100，只需将程序开始处的“#define MAX 50”改成“#define MAX 100”就可以了，不需将程序的每一处都更改。

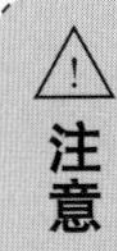
注意

程序中定义 average 数组是单精度型，所以在输出时要以 %f 形式输出，实例中是以 %8.2f 形式输出，那么这里说下它的具体含义是输出的数据占 m 列，其中有 n 位小数。如果数字长度小于 m，则左端补空格。%8ld 和 %8d 含义与此相似，即如果数据的位数小于 8，则左端补以空格，若大于 8，则按实际位数输出。

实现过程

（1）在 VC++6.0 中选择“文件”→“新建”→“工程”→“Win32 Console Application”菜单项，创建一个工程，工程名称为“034”，单击“确定”按钮，选择“一个简单的程序”，单击“完成”按钮。

（2）在代码编辑界面中，单击“FileView”，双击打开“Source Files”文件夹下的“034.cpp”文件，删除系统默认创建的代码，开始编写本实例代码。

（3）定义变量及数组的数据类型。

（4）输入学生数量。

（5）输入每个学生学号及三门学科的成绩。

（6）将输入的信息输出并同时输出每个学生三门学科的平均成绩。

（7）具体代码如下：

034-1

```
01  #include "stdafx.h"
02  #include <stdio.h>
03  #define MAX 50                                                /*定义MAX为常量50*/
04  main()
05  {
06      int i,num;                                                /*定义变量i，num为基本整型*/
07      int Chinese[MAX],Math[MAX],English[MAX];                  /*定义数组为基本整型*/
08      long StudentID[MAX];                                      /*定义StudentID为长整形*/
09      float average[MAX];
10      printf("please input the number of students");
11      scanf("%d",&num);                                         /*输入学生数*/
12      printf("Please input a StudentID and three scores:\n");
13      printf("    StudentID  Chinese  Math    English\n");
14      for( i=0; i<num; i++ )                                    /*根据输入的学生数量控制循环次数*/
15      {
16          printf("No.%d>",i+1);
17          scanf("%ld%d%d%d",&StudentID[i],&Chinese[i],&Math[i],&English[i]);
18          /*依次输入学号及语文、数学、英语学科的成绩*/
```

```
19          average[i] = (float)(Chinese[i]+Math[i]+English[i])/3;/*计算出平均成绩*/
20      }
21      puts("\nStudentNum    Chinese   Math   English  Average");
22      for( i=0; i<num; i++ )                              /*for循环将每个学生的成绩信息输出*/
23      {
24      printf("%8ld %8d %8d %8d %8.2f\n",StudentID[i],Chinese[i],Math[i],English[i],average[i]);
25      }
26      return 0;
27  }
```

实例 035　模拟比赛打分

源码位置：Code\01\035

实例说明

扫一扫，看视频

首先从键盘中输入选手人数，然后输入裁判对每个选手的打分情况，这里面假设裁判有五位，在输入完以上要求内容后，输出每个选手的总成绩。实例运行结果如图 1.35 所示。

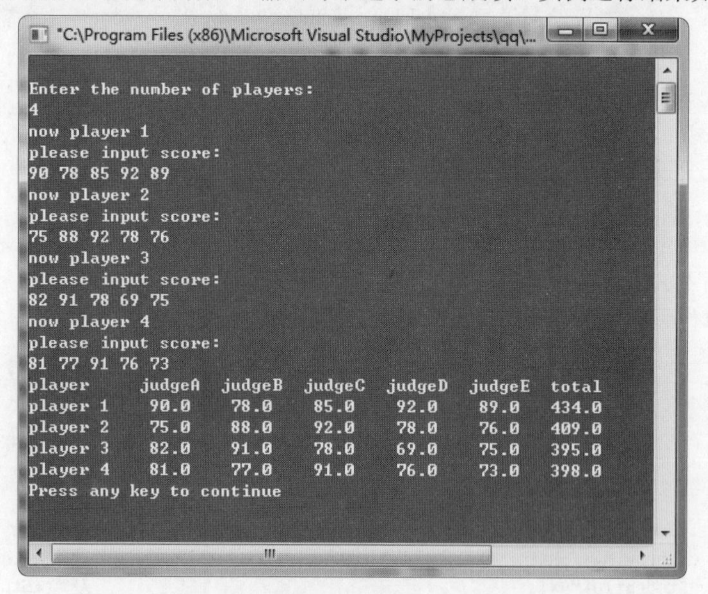

图 1.35　模拟比赛打分

关键技术

程序中使用了嵌套的 for 循环，外层的 for 循环是控制选手变化的，内层 for 循环是控制五位裁判打分情况的。这里要注意由于不知道选手的人数，所以存储裁判所打分数的数组的大小是随着选手人数变化的，因为有五位裁判，所以当数组下标能被 5 整除时则跳出内层 for 循环，此时计算出的总分是五名裁判给一名选手打分的结果，将此时计算出的总成绩存到另一个数组中。输出选手成绩时也要遵循上面的规律。

实现过程

（1）在 VC++6.0 中选择“文件”→“新建”→“工程”→“Win32 Console Application”菜单项，创建一个工程，工程名称为“035”，单击“确定”按钮，选择“一个简单的程序”，单击“完成”按钮。

（2）在代码编辑界面中，单击“FileView”，双击打开“Source Files”文件夹下的“035.cpp”文件，删除系统默认创建的代码，开始编写本实例代码。

（3）从键盘中输入选手人数及裁判给每个选手打分的情况，输入的分数存在数组 a 中，统计出每个选手的总分并存到数组 b 中，最终将统计出的结果按指定格式输出。

（4）具体代码如下：

035-1

```
01  #include "stdafx.h"
02  #include <string.h>
03  #include <stdio.h>
04  main()
05  {
06      int i, j = 1, n;
07      float a[100], b[100], sum = 0;
08      printf("\nEnter the number of players:\n");
09      scanf("%d", &n);                                /*从键盘中输入选手的人数*/
10      for (i = 1; i <= n; i++)
11      {
12          printf("now player %d\n", i);
13          printf("please input score:\n");
14          for (; j < 5 *n + 1; j++)
15          {
16              scanf("%f", &a[j]);                     /*输入5个裁判每个裁判所给的分数*/
17              sum += a[j];                            /*求出总分数*/
18              if (j % 5 == 0)                         /*一位选手有5个裁判给打分*/
19              {
20                  break;
21              }
22          }
23          b[i] = sum;                                 /*将每个选手的总分存到数组b中*/
24          sum = 0;                                    /*将总分重新置0*/
25          j++;                                        /*j自加*/
26      }
27      j = 1;
28      printf("player     judgeA  judgeB  judgeC  judgeD  judgeE  total\n");
29      for (i = 1; i <= n; i++)
30      {
31          printf("player %d", i);                     /*输出选手序号*/
32          for (; j < 5 *n + 1; j++)
33          {
34              printf("%8.1f", a[j]);                  /*输出裁判给每个选手对应的分数*/
35              if (j % 5 == 0)
36              {
37                  break;
38              }
```

```
39            }
40            printf("%8.1f\n", b[i]);                              /*输出每个选手的总成绩*/
41            j++;
42        }
43        return 0;
44    }
```

实例 036　设计魔方阵

源码位置：Code\01\036

实例说明

打印 5 阶幻方，即它的每一行、每一列和对角线上的各数之和均相等。实例运行结果如图 1.36 所示。

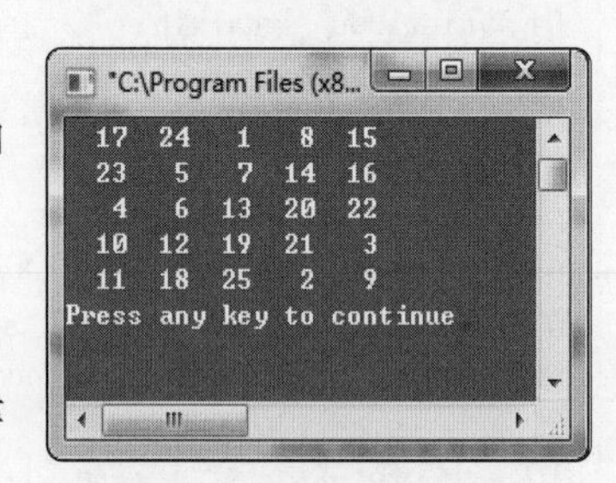

图 1.36　设计魔方阵

关键技术

本实例的技术要点是找出幻方中各数的排列规律，具体规律如下。

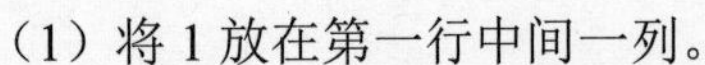

（1）将 1 放在第一行中间一列。

（2）从 2 开始直到 25 各数依次按下列规则存放：每一个数存放的行比前一个数的行数减 1，列数加 1。

（3）如果上一个数的行数为 1，则下一个数的行数为 5，列数加 1。

（4）当上一个数的列数为 5 时，下一个数的列数应为 1，行数减 1。

（5）如果按上面步骤确定的位置上已经有数（本实例中不为 0），或者上一个数是第 1 行第 5 列时，则把下一个数放在上一个数的下面。

注意　实例中我们使用数组时下标从 1 到 5（方便读者理解），所以数组的行列的长度应为 6。

实现过程

（1）在 VC++6.0 中选择“文件”→“新建”→“工程”→“Win32 Console Application”菜单项，创建一个工程，工程名称为“036”，单击“确定”按钮，选择“一个简单的程序”，单击“完成”按钮。

（2）在代码编辑界面中，单击“FileView”，双击打开“Source Files”文件夹下的“036.cpp”文件，删除系统默认创建的代码，开始编写本实例代码。

（3）定义变量及数组的数据类型。

（4）使用 for 语句按关键技术讲述的规律往数组 a 中相应的位置存放数据。

（5）用嵌套的 for 语句将二维数组 a 输出并且每输出一行进行换行。

（6）具体代码如下：

036-1

```
01  #include "stdafx.h"
02  #include <stdio.h>
03  main()
04  {
05      int i,j,x=1,y=3,a[6][6]={0};                /*因为数组下标要用1到5，所以数组长度是6*/
06      for(i=1;i<=25;i++)
07      {
08          a[x][y] =i;                             /*将1到25所有数存到数组相应位置*/
09          if(x==1&&y==5)
10          {
11              x=x+1;                              /*当上一个数是第1行第五列时，下一个数放在它的下一行*/
12              continue;                           /*结束本次循环*/
13          }
14          if(x==1)                                /*当上一个数在第1行时，则下一个数行数是5*/
15              x=5;
16          else
17              x--;                                /*否则行数减1*/
18          if(y==5)                                /*当上一个数列数是第5列时，则下一个数列数是1*/
19              y=1;
20          else
21              y++;                                /*否则列数加1*/
22          if(a[x][y]!=0)                          /*判断经过上面步骤确定的位置上是否有非零数*/
23          {
24              x=x+2;                              /*表达式为真则行数加2列数减1*/
25              y=y-1;
26          }
27      }
28      for(i=1;i<=5;i++)                           /*将二维数组输出*/
29      {
30          for(j=1;j<=5;j++)
31              printf("%4d",a[i][j]);
32              printf("\n");                       /*输出一行回车*/
33      }
34  }
```

扩展学习

根据本实例，请尝试：

☑ 在本实例的基础上编程实现输入 n 阶幻方，n 的值由用户从键盘中输入。

☑ 先读入一个整数 n（n<15），再读入一个 n 行 n 列的整数矩阵 A，编程计算矩阵 A 的每一行的元素之和。

实例 037　递归解决年龄问题

源码位置：Code\01\037

实例说明

有 5 个人坐在一起，问第五个人的年龄，他说比第 4 个人大 2 岁。问第 4 个人的年龄，他说比第 3 个人大 2 岁。问第三个人，又说比第 2 人大两岁。问第 2 个人，他说比第 1 个人大两岁。最后问第 1 个人，他说是 10 岁。编写程序，当输入 5 个人当中的某一个人的序号时，输出其对应年龄。实例运行结果如图 1.37 所示。

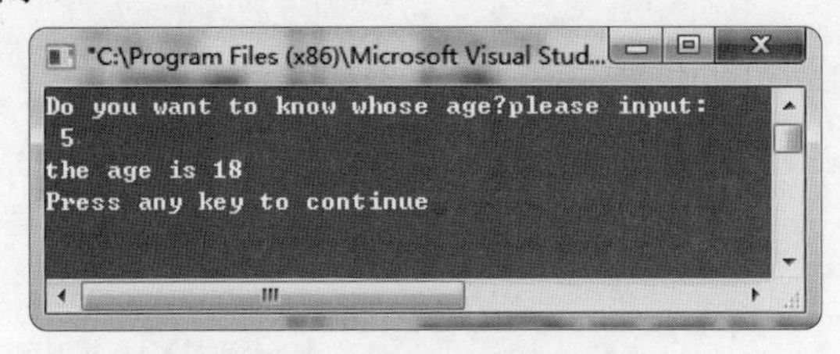

图 1.37　递归解决年龄问题

关键技术

本实例中 age() 函数被递归调用，这里详细分析下递归调用的过程。

递归的过程分为两个阶段：第一阶段是“回推”，由题可知，要想求第 5 个人的年龄必须知道第 4 个人的年龄，要想知道第 4 个人的年龄必须知道第 3 个人的年龄……直到第 1 个人的年龄，这时 age(1) 的年龄已知，就不用再推。第二阶段是“递推”，从第 2 个人推出第 3 个人的年龄……一直推到第 5 个人的年龄为止。这里要注意必须要有一个结束递归过程的条件，本实例中就是当 n=1 时，f=10，也就是 age(1)=10，否则递归过程会无限制进行下去。总之递归就是在调用一个函数的过程中又出现直接或间接第调用该函数本身。

实现过程

（1）在 VC++6.0 中选择“文件”→“新建”→“工程”→“Win32 Console Application”菜单项，创建一个工程，工程名称为“037”，单击“确定”按钮，选择“一个简单的程序”，单击“完成”按钮。

（2）在代码编辑界面中，单击“FileView”，双击打开“Source Files”文件夹下的“037.cpp”文件，删除系统默认创建的代码，开始编写本实例代码。

（3）自定义函数 age()，用递归调用函数本身的方式来求年龄，代码如下：

037-1

```
01  int age(int n)                                    /*自定义函数age()*/
02  {
03      int f;
04      if(n==1)
05      f=10;                                         /*当n等于1时，f等于10*/
06      else
07      f=age(n-1)+2;                                 /*递归调用age()函数*/
08      return f;                                     /*将f值返回*/
09  }
```

（4）主函数编写，输入想要知道的年龄，调用 age() 函数，求出相应的年龄并将其输出。

（5）具体代码如下：

037-2

```
01  main()
02  {
03      int i,j;                                      /*定义变量i，j为基本整型*/
```

```
04      printf("Do you want to know whose age?please input:\n");
05      scanf("%d",&i);                                          /*输入i的值*/
06      j=age(i);                                                /*调用age()函数，求年龄*/
07      printf("the age is %d",j);                               /*将求出的年龄输出*/
08      printf("\n");
09  }
```

实例 038　分鱼问题

源码位置：Code\01\038

实例说明

A、B、C、D、E 五个人在某天合伙去捕鱼，到傍晚时大家都疲惫不堪，于是各自找地方睡觉。第二天，A 第一个醒来，他将鱼分成五份，把多余的一条鱼扔掉，拿走自己的一份；B 第二个醒来，也将鱼分为五份，把多余的一条扔掉，拿走自己的一份；C、D、E 依次醒来，也按同样的方法拿鱼。问他们合伙至少捕了多少条鱼？实例运行结果如图 1.38 所示。

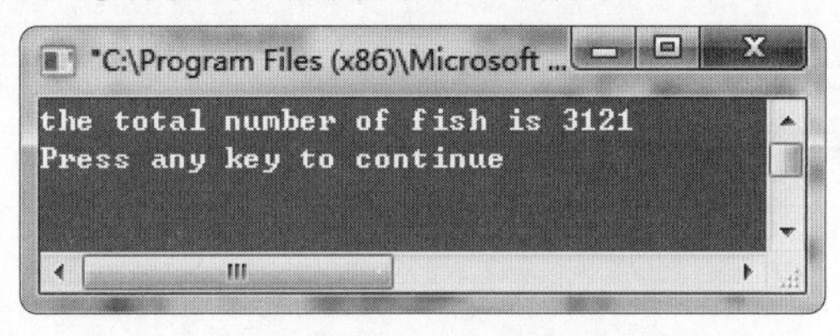

图 1.38　分鱼问题

关键技术

根据题意假设鱼的总数是 x，那么第一次每人分到的鱼的数量可用（x–1）/5 表示，余下的鱼数为 4*（x–1）/5，将余下的数量重新赋值给 x，依然调用（x–1）/5，如果连续五次 x–1 后均能被 5 整除，则说明最初的 x 值便是本题目的解。

注意　本实例采用了递归的方法来求解鱼的总数，这里有一点需要强调，用递归求解时一定要注意要有递归结束的条件。本实例中 n=1 时便是递归程序的出口。

实现过程

（1）在 VC++6.0 中选择“文件”→“新建”→“工程”→“Win32 Console Application”菜单项，创建一个工程，工程名称为“038”，单击“确定”按钮，选择“一个简单的程序”，单击“完成”按钮。

（2）在代码编辑界面中，单击“FileView”，双击打开“Source Files”文件夹下的“038.cpp”文件，删除系统默认创建的代码，开始编写本实例代码。

（3）自定义 fish() 函数，用递归实现求鱼的总数，代码如下：

038-1

```
01  int sub(int n)                         /*定义函数递归求鱼的总数*/
02  {
```

```
03      if (n == 1)                                    /*当n等于1时递归结束*/
04      {
05          static int i = 0;
06          do
07          {
08              i++;
09          }
10          while (i % 5 != 0);
11          return (i + 1);                            /*5人平分后多出一条*/
12      }
13      else
14      {
15          int t;
16           do
17           {
18               t = sub(n - 1);
19           }
20           while (t % 4 != 0);
21           return (t / 4 * 5+1);
22      }
23  }
```

（4）main() 函数作为程序的入口函数，代码如下：

038-2

```
01  main()
02  {
03      int total;
04      total=sub(5);                                  /*调用递归函数*/
05      printf("the total number of fish is %d\n",total);
06      return 0;
07  }
```

实例 039　分数计算器程序

源码位置：Code\01\039

实例说明

在实际应用中有很多时候我们希望计算机给出的结果是分数而不是小数，本实例在这个前提下产生的，具体要求如下：如果用户输入形式是 1，2，+，1，3 则代表 1/2+1/3，要求运算结果以分数形式体现。实例运行结果如图 1.39 所示。

```
"C:\Program Files (x8...
1,2,+,1,3
the result is 5/6
Press any key to continue
```

图 1.39　分数计算器程序

关键技术

本实例需要大家掌握函数的嵌套调用。

C 语言规定一个函数内不能包含另一个函数，也就是说不能嵌套定义函数，但是可以在调用一个函数的过程中调用另一个函数，简言之可嵌套调用函数。从本实例来看在执行 main() 函数的过程中，当遇到调用 add() 函数的操作语句时，流程转向 add() 函数，add() 函数用 gbs() 函数的操作语句后，流程转向 gbs() 函数；在 gbs() 函数调用 gys() 函数的操作语句时，流程转向 gys() 函数；当 gys() 函数完成全部操作后返回到 gbs() 函数中，当 gbs() 函数完成剩下的全部操作后返回到 add() 函数中执行剩余操作，直到 add() 函数结束后返回到 main() 函数中，继续执行 main() 函数剩余部分直到结束（如中间过程中再遇到函数就照上面模式执行）。

实现过程

（1）在 VC++6.0 中选择“文件”→“新建”→“工程”→“Win32 Console Application”菜单项，创建一个工程，工程名称为“039”，单击“确定”按钮，选择“一个简单的程序”，单击“完成”按钮。

（2）在代码编辑界面中，单击“FileView”，双击打开“Source Files”文件夹下的“039.cpp”文件，删除系统默认创建的代码，开始编写本实例代码。

（3）自定义函数 gys()，求两个数的最大公约数，返回值类型为基本整型，代码如下：

039-1

```
01  int gys(int x,int y)                        /*定义求最大公约数函数*/
02  {
03      return y?gys(y,x%y):x;                  /*递归调用gys()，利用条件语句返回最大公约数*/
04  }
```

（4）自定义函数 gbs()，求两个数的最小公倍数，返回值类型为基本整型，代码如下：

039-2

```
01  int gbs(int x,int y)                        /*定义求最小公倍数函数*/
02  {
03      return x/gys(x,y)*y;
04  }
```

（5）自定义函数 yuefen()，实现两个数约分，此函数不带返回值，代码如下：

039-3

```
01  void yuefen(int fz,int fm)                  /*定义约分函数*/
02  {
03      int s=gys(fz,fm);
04      fz/=s;
05      fm/=s;
06      printf("the result is %d/%d\n",fz,fm);
07  }
```

（6）自定义函数 add()、sub()、mul()、div()，实现分数的加法、减法、乘法、除法运算。这 4 个函数均不带返回值，代码如下：

039-4

```
01  void add(int a,int b,int c,int d)           /*定义加法函数*/
02  {
03      int u1,u2,v=gbs(b,d),fz1,fm1;
04      u1=v/b*a;
05      u2=v/d*c;
06      fz1=u1+u2;
07      fm1=v;
08      yuefen(fz1,fm1);
```

```
09 }
10 void mul(int a,int b,int c,int d)                /*定义乘法函数*/
11 {
12     int u1,u2;
13     u1=a*c;
14     u2=b*d;
15     yuefen(u1,u2);
16 }
17 void sub(int a,int b,int c,int d)                /*定义减法函数*/
18 {
19     int u1,u2,v=gbs(b,d),fz1,fm1;
20     u1=v/b*a;
21     u2=v/d*c;
22     fz1=u1-u2;
23     fm1=v;
24     yuefen(fz1,fm1);
25 }
26 void div(int a,int b,int c,int d)                /*定义除法函数*/
27 {
28     int u1,u2;
29     u1=a*d;
30     u2=b*c;
31     yuefen(u1,u2);
32 }
```

（7）主函数编写，按要求输入要运算的内容，使用 switch 语句，根据输入的运算符号决定调用哪个函数。

（8）具体代码如下：

039-5

```
01 void main()
02 {
03     char op;
04     int a,b,c,d;
05     scanf("%ld,%ld,%c,%ld,%ld",&a,&b,&op,&c,&d);
06     switch(op)                                   /*根据输入的符号选择不同函数的调用*/
07     {
08         case '+':add(a,b,c,d);break;             /*调用加法函数*/
09         case '*':mul(a,b,c,d);break;             /*调用乘法函数*/
10         case '-':sub(a,b,c,d);break;             /*调用减法函数*/
11         case '/':div(a,b,c,d);break;             /*调用除法函数*/
12     }
13 }
```

扩展学习

根据本实例，请尝试：

☑ 实现简单的计算器功能。

☑ 编写函数 month()，输出 2017 年日历。

实例 040　字符升序排列

源码位置：Code\01\040

实例说明

将已按升序排好的字符串 a 和字符串 b 按升序归并到字符串 c 中并输出。实例运行结果如图 1.40 所示。

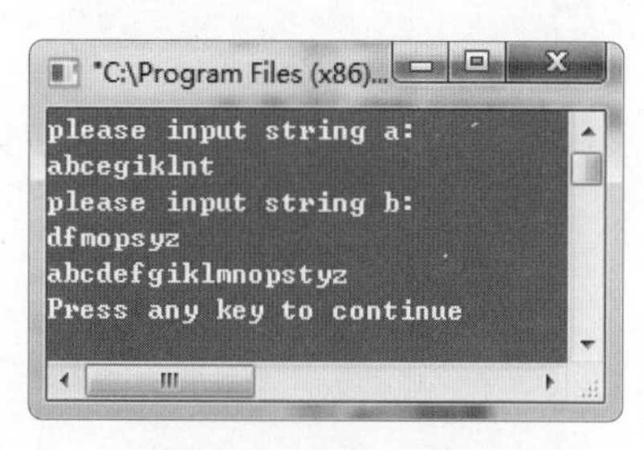

图 1.40　字母升序排列

关键技术

本实例的算法如下：因为输入的字符串 a 和 b 是有序字符串，所以对数组 a 和 b 中的元素逐个比较，将较小的字符先放到数组 c 中，直到 a 或 b 中有一个字符串全部放到 c 中，再判断哪一个字符串全部复制到 c 中，对没有全部复制到 c 中的字符串，从未复制的位置开始将未复制到 c 中的字符串全部连接到 c 中。这样就完成将字符串 a 和字符串 b 按升序归并到字符串 c 中。

实现过程

（1）在 VC++6.0 中选择“文件”→“新建”→“工程”→“Win32 Console Application”菜单项，创建一个工程，工程名称为“040”，单击“确定”按钮，选择“一个简单的程序”，单击“完成”按钮。

（2）在代码编辑界面中，单击“FileView”，双击打开“Source Files”文件夹下的“040.cpp”文件，删除系统默认创建的代码，开始编写本实例代码。

（3）用 while 循环将至少一个字符串全部复制到 c 中，用 if 条件语句进行判断，将未复制到 c 中的字符串连接到 c 中。

（4）具体代码如下：

040-1

```
01  #include "stdafx.h"
02  #include <stdio.h>
03  #include <string.h>
04  void main()
05  {
06      char a[100], b[100], c[200],  *p;
07      int i = 0, j = 0, k = 0;
08      printf("please input string a:\n");
09      scanf("%s", a);                          /*输入字符串1放入a数组中*/
10      printf("please input string b:\n");
11      scanf("%s", b);                          /*输入字符串2放入b数组中*/
12      while (a[i] != '\0' && b[j] != '\0')
13      {
14          if (a[i] < b[j])                     /*判断a中字符是否小于b中字符*/
15          {
16              c[k] = a[i];                     /*如果a中字符小于b中字符，将a中字符放到数组c中*/
17              i++;                             /*i自加*/
18          }
```

```
19          else
20          {
21              c[k] = b[j];                            /*如不小于，将b中字符放到c中*/
22              j++;                                    /*j自加*/
23          }
24          k++;                                        /*k自加*/
25      }
26      c[k] = '\0';                                    /*将两个字符串合并到c中后加结束符*/
27      if (a[i] == '\0')                               /*判断a中字符是否全都复制到c中*/
28          p = b + j;                                  /*p指向数组b中未复制到c的位置*/
29      else
30          p = a + i;                                  /*p指向数组a中未复制到c的位置*/
31      strcat(c, p);                                   /*将p指向位置开始的字符串连接到c中*/
32      puts(c);                                        /*将c输出*/
33  }
```

扩展学习

根据本实例，请尝试：

☑ 将已按升序排好的字符串 a 和字符串 b 按降序归并到字符串 c 中并输出。

☑ 输入两个字符串，找出字符串中相同的字符并将相同的字符输出。

实例 041　在指定的位置后插入字符串

源码位置：Code\01\041

实例说明

用户先输入两个字符串 str1 和 str2，再输入数值来确定将字符串 2 插在字符串 1 的相应字符后面，最后将插入后的字符串输出。实例运行结果如图 1.41 所示。

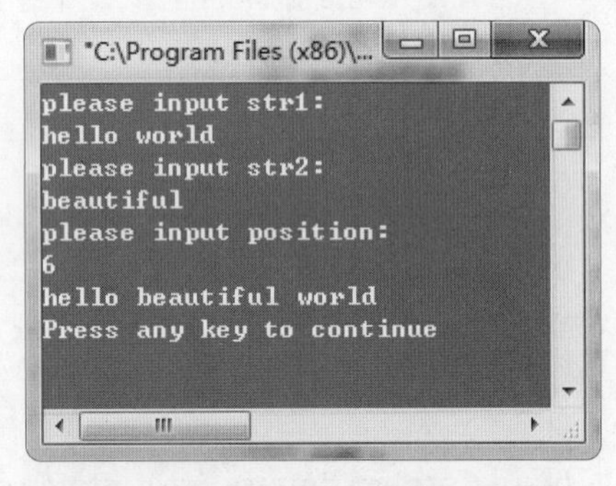

图 1.41　在指定的位置后插入字符串

关键技术

本实例中使用了多个字符串处理函数，下面具体介绍 strcpy()、strncpy() 及 strcat() 的使用要点。

☑ strcpy(字符数组 1, 字符串 2)

作用是将字符串 2 复制到字符数组 1 中去。

> **说明：**（1）字符数组1的长度不应小于字符串2的长度，应足够的大，以便容纳被复制的字符串2。
>
> （2）“字符数组 1”必须写成数组名形式，“字符串 2”可以是字符数组名，也可以是一个字符串常量。
>
> （3）复制时连同字符串后面的“\0”一起复制到字符数组 1 中。

☑ strncpy(字符数组 1, 字符串 2, size_t maxlen)

作用是复制字符串 2 中前 maxlen 个字符到字符数组 1 中。

☑ strcat (字符数组 1, 字符数组 2)

作用是连接两个字符数组中的字符串，把字符串 2 接到字符串 1 的后面，结果放在字符数组 1 中，函数调用后得到一个函数值即字符数组 1 的地址。

说明：（1）字符数组1必须足够大，才能容纳连接后的新字符串。
（2）连接前两个字符串的后面都有一个“\0”，连接时将字符串 1 后面的“\0”取消，只在新字符串最后保留一个“\0”。

实现过程

（1）在 VC++6.0 中选择“文件”→“新建”→“工程”→“Win32 Console Application”菜单项，创建一个工程，工程名称为“041”，单击“确定”按钮，选择“一个简单的程序”，单击“完成”按钮。

（2）在代码编辑界面中，单击“FileView”，双击打开“Source Files”文件夹下的“041.cpp”文件，删除系统默认创建的代码，开始编写本实例代码。

（3）自定义插入函数，实现将字符串 2 插入到字符串 1 中的指定位置的后面。在该过程中借助数组 string 作为临时变量来实现连接。

（4）主函数的编写，首先通过 gets() 函数分别获得 str1 和 str2，然后调用自定义的 insert() 函数，最后将新得到的字符串用 puts() 函数输出。

（5）具体代码如下：

041-1

```
01  #include "stdafx.h"
02  #include <stdio.h>
03  #include <string.h>
04  #include <windows.h>
05  char* insert (char s[],  char  t[],  int i)     /*自定义函数insert()*/
06  {
07      char string[100];                           /*定义数组string作为中间变量*/
08      if  (i < 0||i > (int)strlen (s))            /*当i超出输入字符串的长度将输出error*/
09      {
10          printf ( "error!!\n");
11          exit (1);
12      }
13      if  (!strlen (s))
14          strcpy (s,  t);                         /*若s数组长度为0，则直接将t数组内容复制到s中*/
15          else   if (strlen (t))                  /*若长度不为空，执行以下语句*/
16              {
17                  strncpy (string,s,i);           /*将s数组中的前i个字符复制到string中*/
18                  string[i]='\0';
19                  strcat (string,t) ;             /*将t中字符串连接到string*/
20                  strcat (string,(s+i));          /*将s中剩余字符串连接到string*/
21                  strcpy (s,string);              /*将string中字符串复制到s中*/
22                  return s;                       /*返回值为s*/
23              }
24  }
25  void main ()
26  {
27      char str1[100],str2[100];                   /*定义str1，str2两个字符型数组*/
28      int position;                               /*定义变量position为基本整型*/
29      printf("please input str1:\n");
```

```
30      gets(str1);                                  /*gets()函数获得第一个字符串*/
31      printf("please input str2:\n");
32      gets(str2);                                  /*gets()函数获得第二个字符串*/
33      printf("please input position:\n");
34      scanf("%d",&position);                       /*输入字符串二插入字符串一的位置*/
35      insert(str1,str2,position);                  /*调用insert()函数*/
36      puts(str1);                                  /*输出最终得到的字符串*/
37  }
```

扩展学习

根据本实例，请尝试：

☑ 输入一个字符串，删去字母表中 k 后面的所有字母，将剩下的字母保留并输出在屏幕上。

☑ 在任意字符串 str 中，将与字符 c 相等的所有元素的下标存到数组 a 中并输出。

实例 042　计算学生平均身高

源码位置：Code\01\042

实例说明

输入学生人数并逐个输入每个学生的身高，输出身高的平均值。实例运行结果如图 1.42 所示。

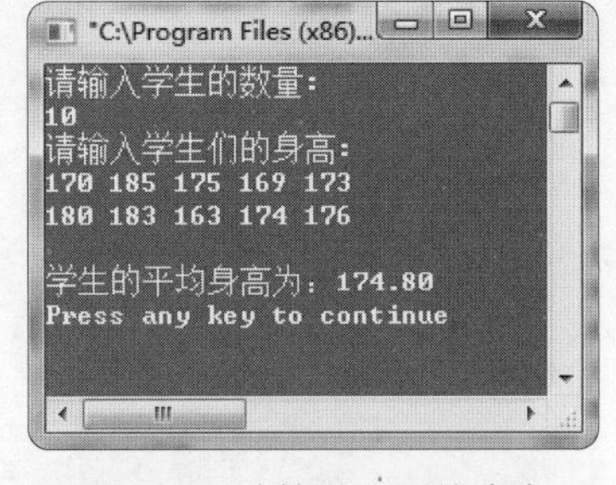

图 1.42　计算学生平均身高

关键技术

本实例主要采用了数组名做函数参数，需要注意以下几点：

（1）用数组名作参数，应该在主调函数和被调用函数中分别定义数组，像本实例中主调函数定义的数组为 height，被调用函数定义的数组为 array。

（2）实参数组与形参数组类型应一致，本实例中都为 float。

（3）形参数组也可以不指定大小，在定义数组时在数组名后面跟一个空的方括号。本实例中没有指定形参数组的大小。

（4）用数组名做函数实参时，不是把数组元素的值传递给形参，而是把实参数组的起始地址传递给形参数组。

实现过程

（1）在 VC++6.0 中选择“文件”→“新建”→“工程”→“Win32 Console Application”菜单项，创建一个工程，工程名称为“042”，单击“确定”按钮，选择“一个简单的程序”，单击“完成”按钮。

（2）在代码编辑界面中，单击“FileView”，双击打开“Source Files”文件夹下的“042.cpp”文件，删除系统默认创建的代码，开始编写本实例代码。

（3）自定义函数 average()，用 for 语句实现各个元素值相加，最终求出平均数。代码如下：

042-1

```
01  float average(float array[],int n)              /*自定义average()函数*/
02  {
03      int i;
```

```
04      float aver,sum=0;
05      for(i=0;i<n;i++)
06          sum+=array[i];                    /*用for语句实现sum累加求和*/
07          aver=sum/n;                       /*总和除以人数求出平均值*/
08          return(aver);                     /*返回平均值*/
09  }
```

（4）主要代码如下：

042-2

```
01  int main()
02  {
03      float average(float array[],int n);          /*函数声明*/
04      float height[100],aver;
05      int i,n;
06      printf("请输入学生的数量:\n");
07      scanf("%d",&n);                               /*输入学生数量*/
08      printf("请输入学生们的身高:\n");
09      for(i=0;i<n;i++)
10      scanf("%f",&height[i]);                       /*逐个输入学生的身高*/
11      printf("\n");
12      aver=average(height,n);                       /*调用average()函数求出平均身高*/
13      printf("学生的平均身高为: %6.2f\n",aver);      /*将平均身高输出*/
14      return 0;
15  }
```

实例 043　用宏定义实现值互换

源码位置：Code\01\043

实例说明

试定义一个带参数的宏 swap（a，b），以实现两个整数之间的交换，并利用它将一维数组 a 和 b 的值进行交换。实例运行结果如图 1.43 所示。

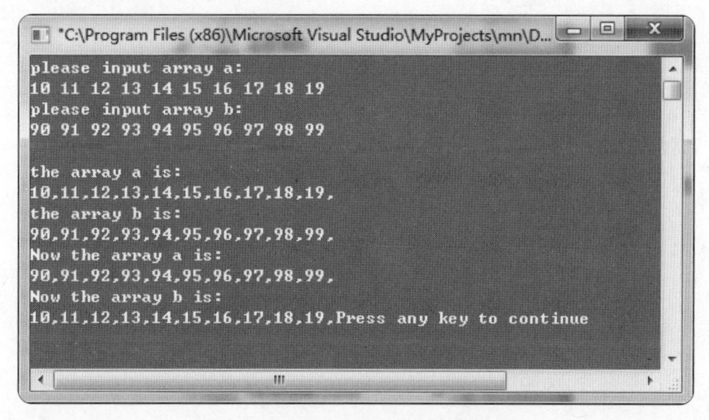

图 1.43　用宏定义实现值互换

关键技术

本实例中带参数的宏定义的一般形式为：

```
#define 宏名(参数表)字符串
```

说明：（1）对带参数的宏的展开只是将语句中的宏名后面括号内的实参字符串代替#define命令行中的形参。

（2）在宏定义时，在宏名与带参数的括号之间不可以加空格，否则空格以后的字符都将作为替代字符串的一部分。

（3）在带参宏定义中，形式参数不分配内存单元，因此不必作类型定义。

实现过程

（1）在VC++6.0中选择“文件”→“新建”→“工程”→“Win32 Console Application”菜单项，创建一个工程，工程名称为“043”，单击“确定”按钮，选择“一个简单的程序”，单击“完成”按钮。

（2）在代码编辑界面中，单击“FileView”，双击打开“Source Files”文件夹下的“043.cpp”文件，删除系统默认创建的代码，开始编写本实例代码。

（3）进行带参数的宏swap（a,b）的定义。

043-1

```
01  #define swap(a,b) {int c;c=a;a=b;b=c;}                    /*定义一个带参的宏swap*/
```

（4）具体代码如下：

043-2

```
01  main()
02  {
03      int i,j,a[10],b[10];                                  /*定义数组及变量为基本整型*/
04      printf("please input array a:\n");
05      for(i=0;i<10;i++)
06          scanf("%d",&a[i]);                                /*输入一组数据存到数组a中*/
07          printf("please input array b:\n");
08      for(j=0;j<10;j++)
09          scanf("%d",&b[j]);                                /*输入一组数据存到数组b中*/
10          printf("\nthe array a is:\n");
11      for(i=0;i<10;i++)
12          printf("%d,",a[i]);                               /*输出数组a中的内容*/
13          printf("\nthe array b is:\n");
14      for(j=0;j<10;j++)
15          printf("%d,",b[j]);                               /*输出数组b中的内容*/
16      for(i=0;i<10;i++)
17          swap(a[i],b[i]);                                  /*实现数组a与数组b对应值互换*/
18          printf("\nNow the array a is:\n");
19      for(i=0;i<10;i++)
20          printf("%d,",a[i]);                               /*输出互换后数组a中的内容*/
21          printf("\nNow the array b is:\n");
22      for(j=0;j<10;j++)
23          printf("%d,",b[j]);                               /*输出互换后数组b中的内容*/
24  }
```

扩展学习

根据本实例，请尝试：

☑ 输入两个整数，求它们相加的和，用带参的宏实现。

☑ 输入两个整数，求它们相减的差，用带参的宏实现。

第2章

指针与链表操作

使用指针实现数据交换

使用指针实现整数排序

指向结构体变量的指针

使用指针输出数组元素

使用指针查找数组中的最大值和最小值

……

实例 044　使用指针实现数据交换

源码位置：Code\02\044

实例说明

本实例实现使用指针变量交换两个变量（a 和 b）的值。运行后，输入两个整型数值，将变量 a，b 中的值交换，然后输出到窗体上。实例运行结果如图 2.1 所示。

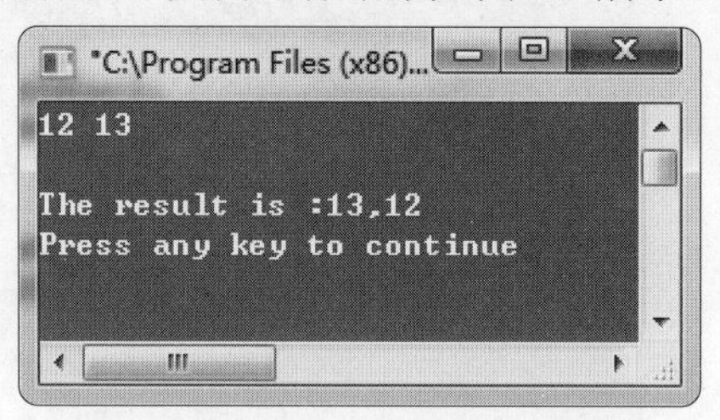

图 2.1　使用指针实现数据交换

关键技术

本实例利用指针变量实现数据的交换。变量的指针就是变量的地址，存放地址的变量就是指针变量，用来指向另一个变量。在程序中使用一个“*”表示“指向”，定义指针变量的一般形式为：

```
基类型 *指针变量名
```

下面定义指针变量的语句都是正确的。

```
int *p;
char *s;
float *lp;
```

因为指针变量是指向一个变量的地址，所以将一个变量的地址值赋给这个指针变量后，这个指针变量就“指向”了该变量。例如，将变量 i 的地址存放到指针变量 p 中，p 就指向 i，其关系如图 2.2 所示。

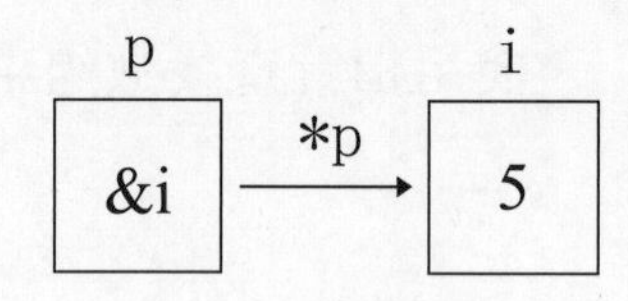

图 2.2　指针变量

指针变量前面的“*”必不可少，表示该变量的类型为指针型变量，指针变量的名称为 p。

注意

定义指针变量时必须指定基类型，因为要根据指定的类型决定分配的空间。例如，定义指针类型为整型，当指针移动一个位置时，其地址值加 2；如果指针指向一个实型变量，则增加值为 4。

本实例创建了一个自定义函数 swap()，用于实现交换两个变量的值。swap() 函数包括两个指针型的形参 p1、p2，在主函数中定义了两个指针型的实参 pointer1 和 pointer2。在函数调用时，将实参变量的值传递给形参变量，交换完成之后，p1 和 pointer1 都指向变量 a，p2 和 pointer2 都指向 b。在主函数中输出的变量 a 和变量 b 的值是已经交换过的值。

for 循环体中有多个语句要执行而不是一句，所以“{}”要加在适当的位置，不要忘记写。

实现过程

（1）在 VC++6.0 中选择“文件”→“新建”→“工程”→“Win32 Console Application”菜单项，创建一个工程，工程名称为“044”，单击“确定”按钮，选择“一个简单的程序”，单击“完成”按钮。

（2）在代码编辑界面中，单击“FileView”，双击打开“Source Files”文件夹下的“044.cpp”文件，删除系统默认创建的代码，开始编写本实例代码。

（3）创建自定义函数 swap()，用来实现数据的交换，实现代码如下：

044-1

```
01  swap(int *p1, int *p2)
02  {
03      int temp;                                   /*声明整型变量*/
04      temp =  *p1;
05      *p1 =  *p2;
06      *p2 = temp;
07  }
```

（4）创建 main() 函数作为程序的入口程序，并在该函数中调用 swap() 函数，实现对输入数据的交换。代码如下：

044-2

```
01  int main()
02  {
03      int a, b;
04      int *pointer1,  *pointer2;                  /*声明两个指针变量*/
05      scanf("%d%d", &a, &b);                      /*输入两个数*/
06      pointer1 = &a;
07      pointer2 = &b;
08      swap(pointer1, pointer2);
09      printf("\nThe result is :%d,%d\n", a, b);   /*输出交换后的结果*/
10  }
```

扩展学习

根据本实例，请尝试：

☑ 按照由小到大的顺序输出变量值。

☑ 使用指针比较两个数的大小。

实例 045　使用指针实现整数排序

源码位置：Code\02\045

实例说明

本实例实现输入三个整数，将这三个整数按照由大到小的顺序输出并显示在屏幕上。实例运行结果如图 2.3 所示。

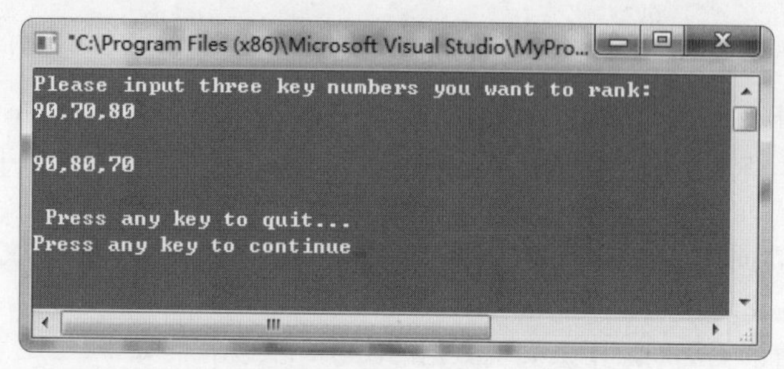

图 2.3　使用指针实现整数排序

关键技术

本实例用到了函数的嵌套调用，自定义函数 swap() 用来实现两个数的互换；自定义函数 exchange() 用来完成三个数的位置交换，它的内部嵌套使用了自定义函数 swap()。这两个函数的参数都是指针变量，实现了传址的功能，即改变形参的同时，实参也被改变。

实现过程

（1）在 VC++6.0 中选择“文件”→“新建”→“工程”→“Win32 Console Application”菜单项，创建一个工程，工程名称为“045”，单击“确定”按钮，选择“一个简单的程序”，单击“完成”按钮。

（2）在代码编辑界面中，单击“FileView”，双击打开“Source Files”文件夹下的“045.cpp”文件，删除系统默认创建的代码，开始编写本实例代码。

（3）创建自定义函数 swap()，用来实现数据的交换。实现代码如下：

045-1

```
01  swap(int *p1, int *p2)                      /*交换两个数据*/
02  {
03      int temp;                                /*声明整型变量，用于存储数据*/
04      temp =  *p1;
05      *p1 =  *p2;
06      *p2 = temp;
07  }
```

（4）创建自定义函数 exchange()，用于实现比较数值大小，并调用自定义函数 swap()，交换数据的位置。代码如下：

045-2

```
01  exchange(int *pt1, int *pt2, int *pt3)      /*比较数值大小，并进行交换*/
02  {
03      if (*pt1 <  *pt2)
```

```
04          swap(pt1, pt2);
05      if (*pt1 <  *pt3)
06          swap(pt1, pt3);
07      if (*pt2 <  *pt3)
08          swap(pt2, pt3);
09  }
```

（5）创建 main() 函数作为程序的入口程序，并在该函数中调用 exchange() 函数，实现对输入的三个数据比较大小并交换位置。代码如下：

045-3

```
01  void main()
02  {
03      int a, b, c,  *q1,  *q2,  *q3;                              /*声明变量*/
04      puts("Please input three key numbers you want to rank:");
05      scanf("%d,%d,%d", &a, &b, &c);                              /*输入三个数*/
06      q1 = &a;
07      q2 = &b;
08      q3 = &c;
09      exchange(q1, q2, q3);                                       /*文件大小，交换位置*/
10      printf("\n%d,%d,%d\n", a, b, c);                            /*输出交换后的值*/
11      puts("\n Press any key to quit...");
12  }
```

实例 046　指向结构体变量的指针

源码位置：Code\02\046

实例说明

本实例通过指向结构体指针变量实现在窗体上显示学生的信息。运行程序后，将学生信息输出在窗体上。实例运行结果如图 2.4 所示。

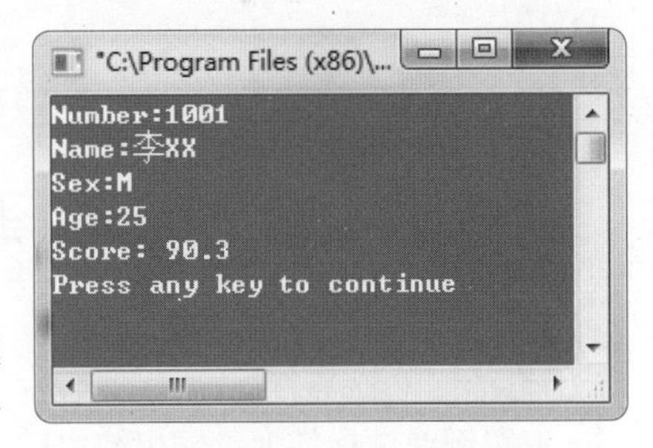

图 2.4　指向结构体变量的指针

关键技术

一个结构体变量的指针就是该变量所占据的内存段的起始地址。用一个指针变量指向一个结构体变量，此时该指针变量的值是该结构体变量的起始地址。

实现过程

（1）在 VC++6.0 中选择“文件”→“新建”→“工程”→“Win32 Console Application”菜单项，创建一个工程，工程名称为“046”，单击“确定”按钮，选择“一个简单的程序”，单击“完成”按钮。

（2）在代码编辑界面中，单击“FileView”，双击打开“Source Files”文件夹下的“046.cpp”

文件，删除系统默认创建的代码，开始编写本实例代码。

（3）声明 struct student 类型：

046-1

```
01  struct student
02  {
03      int num;
04      char name[20];
05      char sex;
06      int age;
07      float score;
08  };
```

（4）创建 main() 函数作为程序的入口程序，在 main() 函数中定义 struct student 类型的变量。定义一个指针变量指向 struct student 类型的数据。实现代码如下：

046-2

```
01  void main()
02  {
03      struct student student1 =
04      {
05          1001, "李XX", 'M', 25, 90.3
06      };
07      struct student *p;
08      p = &student1;
09      printf("Number:%d\n", p->num);
10      printf("Name:%s\n", p->name);
11      printf("Sex:%c\n", p->sex);
12      printf("Age:%d\n", p->age);
13      printf("Score:%5.1f\n", p->score);
14  }
```

实例 047　使用指针输出数组元素

源码位置：Code\02\047

实例说明

本实例通过指针变量输出数组的各元素值，运行程序，然后输入 10 个数字，运行后，可以看到输出的数组元素值。实例运行结果如图 2.5 所示。

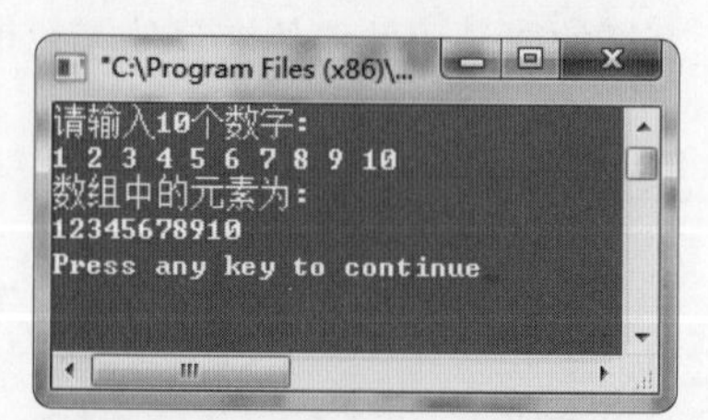

图 2.5　使用指针输出数组元素

关键技术

本实例应用指向数组的指针实现输出数组元素。定义一个指向数组元素的指针变量的方法，与定义指向变量的指针变量相同。例如：

```
int a[10];                          /*定义一个包含10个整型数据的数组*/
int *p;                             /*定义整型指针变量p*/
p=&a[0];                            /*对指针变量赋值*/
```

上面第三句代码把数组 a 中的 a[0] 元素的地址赋给指针变量 p。也就是说，p 指向数组 a 的首元素，如图 2.6 所示。指针变量 p 中存放 a[0] 的地址，因此 p 指向 a[0]。在 C 语言中，数组名代表数组的首地址，也就是数组第一个元素的地址。因此，下面两个语句等价：

```
p=&a[0];
p=a;
```

使用指针指向数组之后，就要通过指针引用数组元素。在 C 语言中，如果指针变量 P 指向数组中的一个元素，则 P+1 指向同一数组中的下一个元素。如图 2.7 所示，如果 p 的初值为 &a[0]，则 p+1 的值就是 &a[1]，也可以表示为 a+1。同理，p+i 和 a+i 就是 a[i] 的地址，或者说，它们都指向 a 数组的第 i 个元素。则 *（p+i）就是 p+i 所指向的数组元素，即 a[i]。

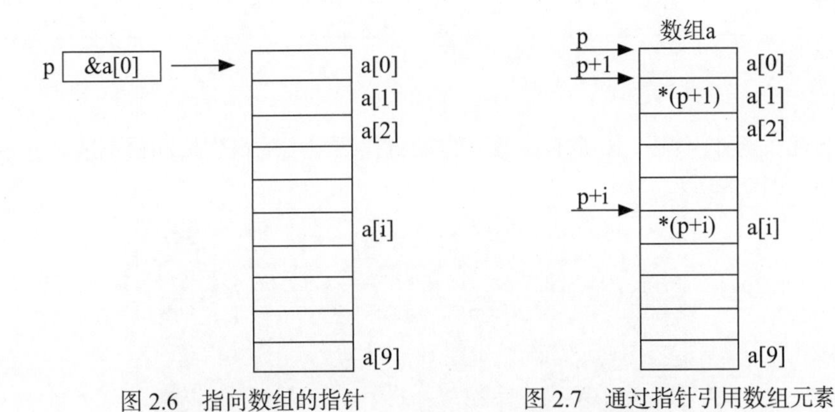

图 2.6　指向数组的指针　　　　图 2.7　通过指针引用数组元素

本实例使用指针变量指向一个数组，使 p 的初始值为数组元素的首地址，使用 p+1 移动指针，使指针指向数组的每个元素值。

实现过程

（1）在 VC++6.0 中选择“文件”→“新建”→“工程”→“Win32 Consolc Application”菜单项，创建一个工程，工程名称为“047”，单击“确定”按钮，选择“一个简单的程序”，单击“完成”按钮。

（2）在代码编辑界面中，单击“FileView”，双击打开“Source Files”文件夹下的“047.cpp”文件，删除系统默认创建的代码，开始编写本实例代码。

（3）具体代码如下：

047-1

```
01  #include "stdafx.h"
02  #include <stdio.h>
```

```
03  int main()
04  {
05      int *p,a[10],i;
06      p=&a[0];
07      printf("请输入10个数字:\n");
08      for(i=0;i<10;i++)
09          scanf("%d",&a[i]);                        /*为数组a中的元素赋初值*/
10
11      printf("数组中的元素为:\n");
12      for(i=0;i<10;i++)
13          printf("%d",*(p+i));                      /*输出数组a中的元素*/
14      printf("\n");
15  }
```

实例 048 使用指针查找数组中的最大值和最小值 源码位置：Code\02\048

实例说明

本实例实现在窗体上输入 10 个整型数，自动查找数组中的最大值和最小值，并显示在窗体上。实例运行结果如图 2.8 所示。

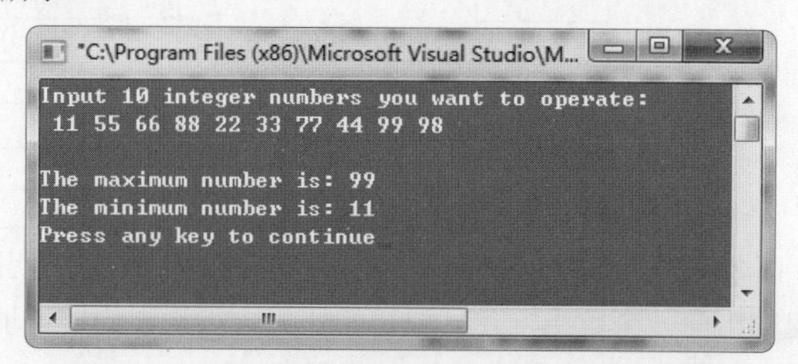

图 2.8 使用指针查找数组中的最大值和最小值

关键技术

本实例使用指向一维数组的指针，遍历一维数组中数据，从而实现查找数组中的最大值和最小值。

在本实例中，自定义函数 max_min() 用于将求得的最大值和最小值分别存放在这两个变量 max 和 min 中。变量 max 和 min 是在 main() 函数中定义的局部变量，将这两个变量的地址作为函数参数传递给被调用函数 max_min()，函数执行后将数组中最大值和最小值存储在 max 和 min 中并返回。这是数值的传递过程。

下面介绍如何实现查找数组中最大值和最小值。在自定义函数 max_min() 中，定义了指针变量 p 指向数组，其初值为 a+1，也就是使 p 指向 a[1]。循环执行 p++，使 p 指向下一个元素。每次循环都将 *p 和 *max 与 *min 比较，将较大值存放在 max 所指地址中，将较小值存放在 min 所指地址中。

实现过程

（1）在 VC++6.0 中选择“文件”→“新建”→“工程”→“Win32 Console Application”菜单项，创建一个工程，工程名称为“048”，单击“确定”按钮，选择“一个简单的程序”，单击“完成”按钮。

（2）在代码编辑界面中，单击“FileView”，双击打开“Source Files”文件夹下的“048.cpp”文件，删除系统默认创建的代码，开始编写本实例代码。

（3）创建 max_min() 自定义函数实现查找数组中最大值和最小值。

048-1

```
01  int max_min(int a[], int n, int *max, int *min)
02  {
03      int *p;
04      *max =  *min =  *a;                                 /*初始化最大值和最小值指针变量*/
05      for (p = a + 1; p < a + n; p++)
06      if (*p >  *max)
07          *max =  *p;                                     /*最大值*/
08      else if (*p <  *min)
09          *min =  *p;                                     /*最小值*/
10      return 0;
11  }
```

（4）创建 main() 函数，在此函数中调用 max_min() 函数，并将所得结果输出在窗体上。

（5）代码如下：

048-2

```
01  void main()
02  {
03      int i, a[10];
04      int max, min;
05      printf("Input 10 int eger numbers you want to operate:\n ");
06      for (i = 0; i < 10; i++)
07          scanf("%d", &a[i]);                                      /*输入数组元素*/
08      max_min(a, 10, &max, &min);                                  /*返回最大值和最小值*/
09      printf("\nThe maximum number is: %d\n", max);                /*输出最大值*/
10      printf("The minimum number is: %d\n", min);                  /*输出最小值*/
11  }
```

实例 049　使用返回指针的函数查找最大值　　源码位置：Code\02\049

实例说明

本实例实现在窗体上输入 10 个整数后，在窗体上输出这些整数中的最大值。实例运行结果如图 2.9 所示。

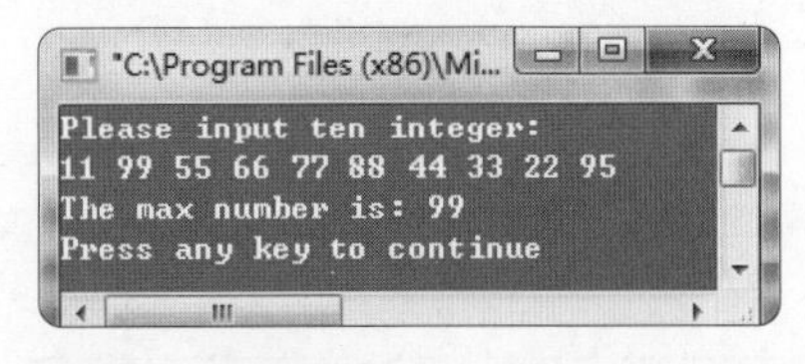

图 2.9　使用返回指针的函数查找最大值

关键技术

函数返回值可以是整型、字符型、实型等，也可以是指针型数值，即一个地址。

返回指针的函数的定义形式为：

```
int * fun(int x,int y)
```

在调用 fun() 函数时，直接写函数名加上参数即可，返回一个指向整型数据的指针，其值为一个地址。x、y 是函数 fun() 的形参。在函数名前面直接添加 *，表示次函数是指针型函数，即函数值是指针。最前面的 int 表示返回的指针指向整型变量。

实现过程

（1）在 VC++6.0 中选择“文件”→“新建”→“工程”→“Win32 Console Application”菜单项，创建一个工程，工程名称为“049”，单击“确定”按钮，选择“一个简单的程序”，单击“完成”按钮。

（2）在代码编辑界面中，单击“FileView”，双击打开“Source Files”文件夹下的“049.cpp”文件，删除系统默认创建的代码，开始编写本实例代码。

（3）创建自定义函数 FindMax() 实现返回输入的整数中的最大值。

（4）创建 main() 函数，在此函数中调用指针函数 FindMax()，将得到的最大值显示在窗体上。

（5）代码如下：

049-1

```
01  #include "stdafx.h"
02  #include <stdio.h>
03  int *FindMax(int *p, int n)
04  {
05      int i,  *max;
06      max = p;
07      for (i = 0; i < n; i++)
08          if (*(p + i) >  *max)
09              max = p + i;
10      return max;
11  }
12
13  void main()
14  {
15      int a[10],  *max, i;
16      printf("Please input ten integer:\n");
17      for (i = 0; i < 10; i++)
18      {
19          scanf("%d", &a[i]);
20      }
21      max = FindMax(a, 10);
22      printf("The max number is: %d\n",  *max);
23  }
```

实例 050　使用指针连接两个字符串

源码位置：Code\02\050

实例说明

本实例实现将两个已知的字符串连接，放到另外一个字符串数组中，并将连接后的字符串输出到屏幕上。实例运行结果如图 2.10 所示。

图 2.10　使用指针连接两个字符串

关键技术

本实例应用字符型指针变量和指向字符串的指针做函数的参数实现字符串的连接。

实现过程

（1）在 VC++6.0 中选择“文件”→“新建”→“工程”→“Win32 Console Application”菜单项，创建一个工程，工程名称为“050”，单击“确定”按钮，选择“一个简单的程序”，单击“完成”按钮。

（2）在代码编辑界面中，单击“FileView”，双击打开“Source Files”文件夹下的“050.cpp”文件，删除系统默认创建的代码，开始编写本实例代码。

（3）具体代码如下：

050-1

```
01  #include "stdafx.h"
02  #include <stdio.h>
03  #define N 20
04
05  char * MyStrcat(char *dstStr,char *srcStr)        /*声明一个返回指针指的函数，前面多一个*/
06  {
07      char *pStr = dstStr;                          /*保存字符串首地址指针*/
08      while(*dstStr != '\0')                        /*将指针移到字符串尾*/
09      {
10          dstStr++;
11      }
12
13      for(;*srcStr!='\0';dstStr++,srcStr++)         /*将字符串2移到1后面*/
14      {
15          *dstStr = *srcStr;
16      }
17      *dstStr = '\0';
18      return pStr;                                  /*返回连接后的字符串*/
19  }
20
21  int main()
22  {
23      char first[2*N];
24      char second[N];
```

```
25        char *result = NULL;
26        printf("输入第一组：");
27        gets(first);
28        printf("输入第二组：");
29        gets(second);
30        result = MyStrcat(first,second);
31        printf("结果：%s\n",result);
32        return 0;
33    }
```

实例 051　用指针实现逆序存放数组元素值　源码位置：Code\02\051

实例说明

本实例实现使用指针将数组中的元素逆置，并将结果输出。实例运行结果如图 2.11 所示。

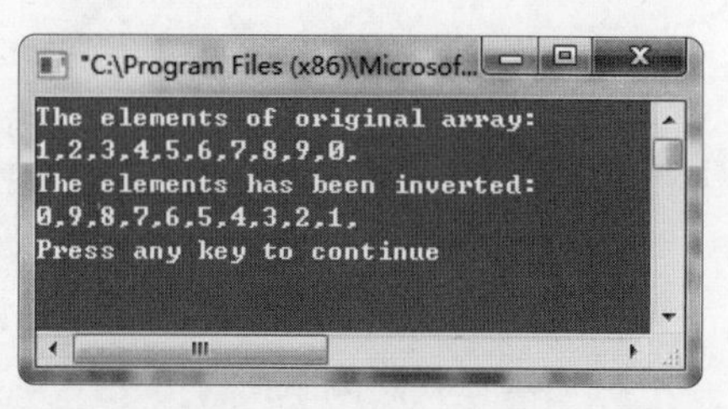

图 2.11　用指针实现逆序存放数组元素值

关键技术

本实例自定义创建了一个函数 inverte() 用来实现对数组元素的逆序存放。自定义函数的形参为一个指向数组的指针变量 x，x 初始值指向数组 a 的首元素的地址，x+n 是 a[n] 元素的地址。声明指针变量 i、j 和 p，i 初始值为 x，即指向数组首元素地址，j 的初始值为 x+n−1，即指向数组最后一个元素的地址，使 p 指向数组中间元素的地址。交换 *i 与 *j 的值，即交换 a[i] 与 a[j] 的值。移动 i 和 j，使 i 指向数组第二个元素，j 指向倒数第二个元素，继续交换，直到中间值，这样就实现了数组元素的逆序存放。

实现过程

（1）在 VC++6.0 中选择"文件"→"新建"→"工程"→"Win32 Console Application"菜单项，创建一个工程，工程名称为"051"，单击"确定"按钮，选择"一个简单的程序"，单击"完成"按钮。

（2）在代码编辑界面中，单击"FileView"，双击打开"Source Files"文件夹下的"051.cpp"文件，删除系统默认创建的代码，开始编写本实例代码。

（3）创建自定义函数 inverte ()，实现用于将数组中的元素值逆序存放，代码如下：

051-1

```
01    int inverte(int *x, int n);
02    void main()
03    {
04        /*void inverte(int *x,int n);*/
05        int i, a[10] =
06        {
```

```
07          1, 2, 3, 4, 5, 6, 7, 8, 9, 0
08      };
09      printf("The elements of original array:\n");
10      for (i = 0; i < 10; i++)
11          printf("%d,", a[i]);
12      printf("\n");
13      inverte(a, 10);
14      printf("The elements has been inverted:\n");
15      for (i = 0; i < 10; i++)
16          printf("%d,", a[i]);
17      printf("\n");
18  }
```

（4）在主函数中定义一个数组并初始化，调用 inverte () 函数实现数组中元素逆置，并输出。代码如下：

051-2

```
01  int inverte(int *x, int n)
02  {
03      int *p, temp,  *i,  *j, m = (n - 1) / 2;
04      i = x;
05      j = x + n - 1;
06      p = x + m;
07      for (; i <= p; i++, j--)
08      {
09          temp =  *i;
10          *i =  *j;
11          *j = temp;
12      }
13      return 0;
14  }
```

实例 052　用指针数组构造字符串数组

源码位置：Code\02\052

实例说明

本实例实现输入一个星期中对应的第几天，则可显示出其英文写法。例如，输入“4”，则显示星期四所对应的英文名。实例运行结果如图 2.12 所示。

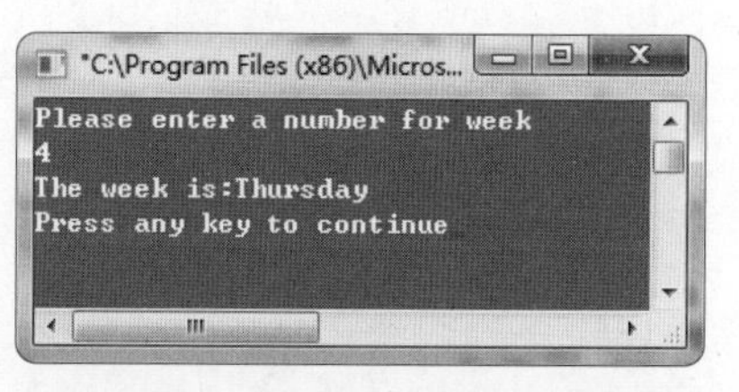

图 2.12　用指针数组构造字符串数组

关键技术

本实例主要通过指针数组来构造一个字符串数组，并显示指定的数组元素值。指针数组，即数组中的元素都是指针类型的数据。一维指针数组的定义形式为：

```
类型名 *数组名[数组长度];
```

“类型名”为指针所指向的数据的类型，“数组长度”为该数组中可以存放的指针个数。

例如：

```
int *p[4];
```

表示 p 是一个指针数组，该数组由 4 个数组元素组成，每个元素都相当于一个指针变量，都可以指向一个整型变量。

注意

p[4] 与（*p）[4] 不要混淆。（*p）[4] 中的 p 是一个指向一维数组的指针变量。

指针数组比较适用于构造字符串数组。字符串相当于一个字符数组，可以用指向字符串第一个字符的指针表示，字符串数组是由指向字符串第一个字符的指针组成的数组。

实现过程

（1）在 VC++6.0 中选择“文件”→“新建”→“工程”→“Win32 Console Application”菜单项，创建一个工程，工程名称为“052”，单击“确定”按钮，选择“一个简单的程序”，单击“完成”按钮。

（2）在代码编辑界面中，单击“FileView”，双击打开“Source Files”文件夹下的“052.cpp”文件，删除系统默认创建的代码，开始编写本实例代码。

（3）创建 main() 函数，实现使用指针数组构造一个字符串数组，使用指针数组中的元素指向星期几的英文名字符串。

（4）具体代码如下：

052-1

```
01  #include "stdafx.h"
02  #include <stdio.h>
03  int main(void)
04  {
05      char *Week[] =
06      {
07          "Monday", "Tuesday", "Wednesday", "Thursday", "Friday", "Saturday",
08              "Sunday",
09      };
10      int i;
11      printf("Please enter a number for week\n");
12      scanf("%d", &i);
13      printf("The week is:");
14      printf("%s\n", Week[i - 1]);
15      return 0;
16  }
```

实例 053　用指针函数输出学生成绩

源码位置：Code\02\053

实例说明

本实例实现了在窗体上输入学生序号，将在窗体上输出该序号对应的学生的成绩。实例运行结果如图 2.13 所示。

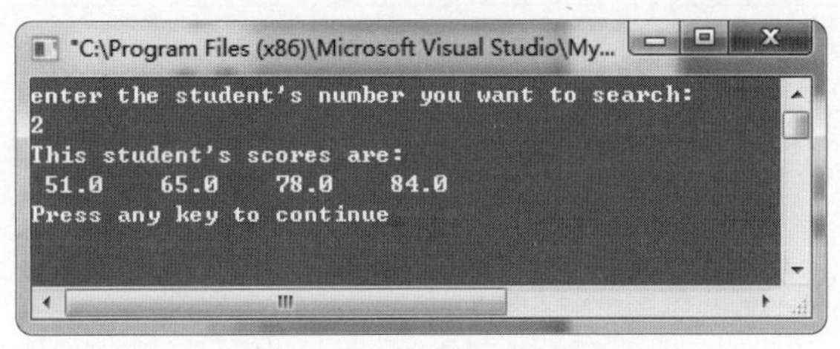

图 2.13　用指针函数输出学生成绩

关键技术

指向函数的指针变量的一般形式为：

数据类型 (* 指针变量名)()；

这里的数据类型是指函数返回值的类型。

例如：

```
int (*pmin)();
```

(*p)() 表示定义一个指向函数的指针变量，它用来存放函数的入口地址，在程序设计过程中，将一个函数地址赋值给它，它就指向那个函数。函数指针变量赋值可按如下方式进行书写：

```
p=min;
```

可见在赋值时，只给出函数名称即可，不必给出函数的参数。

在使用函数指针变量调用函数时，要写出函数的参数，可按如下写法：

```
m=(*p)(a,b);
```

实现过程

（1）在 VC++6.0 中选择“文件”→“新建”→“工程”→“Win32 Console Application”菜单项，创建一个工程，工程名称为“053”，单击“确定”按钮，选择“一个简单的程序”，单击“完成”按钮。

（2）在代码编辑界面中，单击“FileView”，双击打开“Source Files”文件夹下的“053.cpp”文件，删除系统默认创建的代码，开始编写本实例代码。

（3）创建自定义指针函数 search()，实现按照学生序号进行查找，代码如下：

053-1

```
01  float *search(float(*p)[4], int n)
02  {
03      float *pt;
```

```
04        pt = *(p + n);
05        return (pt);
06
07    }
```

（4）创建 main() 函数，在此函数中调用指针函数 search()，将得到的结果输出在窗体上。实现代码如下：

053-2

```
01    void main()
02    {
03        float score[][4]={{60,75,82,91},{75,81,91,90},{51,65,78,84},{65,51,78,72}};
04        float *p;
05        int i, j;
06        printf("enter the student's number you want to search:");
07        scanf("%d", &j);
08        printf("This student's scores are:\n");
09        p = search(score, j);
10        for (i = 0; i < 4; i++)
11            printf("%5.1f\t", *(p + i));
12        printf("\n");
13    }
```

实例 054　寻找相同元素的指针

源码位置：Code\02\054

实例说明

本实例实现比较两个有序数组中的元素，输出两个数组中第一个相同的元素值。实例运行结果如图 2.14 所示。

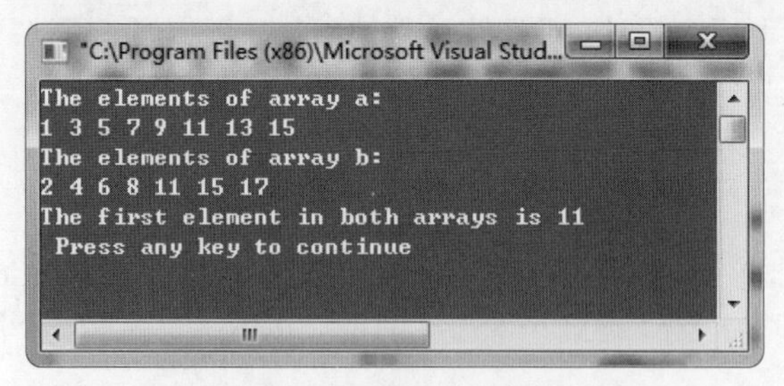

图 2.14　寻找相同元素的指针

关键技术

函数返回值可以是整型、字符型、实型等，也可以是指针型数值，即一个地址。

返回指针的函数的定义形式为：

```
int * fun(int x,int y)
```

在调用 fun() 函数时，直接写函数名加上参数即可，返回一个指向整型数据的指针，其值为一个地址。x、y 是函数 fun() 的形参。在函数名前直接添加 *，表示此函数是指针型函数，最前面的 int 表示返回的指针指向整型变量。

实现过程

（1）在 VC++6.0 中选择“文件”→“新建”→“工程”→“Win32 Console Application”菜单项，创建一个工程，工程名称为“054”，单击“确定”按钮，选择“一个简单的程序”，单击“完成”按钮。

（2）在代码编辑界面中，单击“FileView”，双击打开“Source Files”文件夹下的“054.cpp”文件，删除系统默认创建的代码，开始编写本实例代码。

（3）创建自定义函数 find()，实现查找两个数组中第一个相同的元素值，代码如下：

054-1

```
01  int *find(int *pa, int *pb, int an, int bn)
02  {
03      int *pta,  *ptb;
04      pta = pa;
05      ptb = pb;
06      while (pta < pa + an && ptb < pb + bn)
07      {
08          if (*pta <  *ptb)
09              pta++;
10          else if (*pta >  *ptb)
11              ptb++;
12          else
13              return pta;
14      }
15      return 0;
16  }
```

（4）创建 main() 函数，在此函数中调用 find() 函数，将得到的结果输出在窗体上。实现代码如下：

054-2

```
01  void main()
02  {
03      int *p, i;
04      int a[] =
05      {
06          1, 3, 5, 7, 9, 11, 13, 15
07      };
08      int b[] =
09      {
10          2, 4, 6, 8, 11, 15, 17
11      };
12      printf("The elements of array a:\n");
13      for (i = 0; i < sizeof(a) / sizeof(a[0]); i++)
```

```
14          printf("%d ", a[i]);
15      printf("\nThe elements of array b:\n");
16      for (i = 0; i < sizeof(b) / sizeof(b[0]); i++)
17          printf("%d ", b[i]);
18      p = find(a, b, sizeof(a) / sizeof(a[0]), sizeof(b) / sizeof(b[0]));
19      if (p)
20          printf("\nThe first element in both arrays is %d\n ",  *p);
21      else
22          printf("Doesn't found the same element!\n");
23  }
```

实例 055　查找成绩不及格的学生

源码位置：Code\02\055

实例说明

有 4 名学生的 4 科考试成绩，找出至少有一科不及格的学生，将成绩列表输出。实例运行结果如图 2.15 所示。

图 2.15　查找成绩不及格的学生

关键技术

本实例应用指针函数实现查找成绩不及格学生的程序。关于指针函数的相关知识参见实例 053 的介绍。

实现过程

（1）在 VC++6.0 中选择“文件”→“新建”→“工程”→“Win32 Console Application”菜单项，创建一个工程，工程名称为“055”，单击“确定”按钮，选择“一个简单的程序”，单击“完成”按钮。

（2）在代码编辑界面中，单击“FileView”，双击打开“Source Files”文件夹下的“055.cpp”文件，删除系统默认创建的代码，开始编写本实例代码。

（3）创建自定义函数 age()，实现用递归调用函数本身的方式来求成绩，代码如下：

055-1

```
01  float *search(float(*p)[4])
02  {
03      int i;                                  /*声明变量*/
04      float *pt;                              /*声明指针变量*/
05      pt = *(p + 1);                          /*获取下一行的首地址*/
```

```
06      for(i=0;i<4;i++)
07      {
08          if(*(*p+i)<60)                                          /*判断分数是否小于60*/
09          {
10              pt=*p;                                              /*指向本行首地址*/
11          }
12      }
13      return (pt);                                                /*返回首地址*/
14  }
```

（4）主函数编写，输入想要知道学生的成绩，调用 age() 函数，找出相应的成绩并将其输出。

（5）具体代码如下：

```
01  void main()
02  {
03  float score[][4]={{60,75,82,91},{75,81,91,90},{51,65,78,84},{65,72,78,72}}; /*声明数组*/
04      float *p;                                                   /*声明指针变量*/
05      int i, j;                                                   /*声明计数变量*/
06      for(i=0;i<4;i++)
07      {
08          p=search(score+i);                                      /*查找有不及格的行*/
09          if (p==*(score+i))
10          {
11              printf("The student NO.%d list:",i+1);
12              for (j=0;j<4;j++,p++)                               /*输出成绩*/
13              {
14                  printf("%5.1f",*p);
15              }
16          }
17      }
18  }
```

实例 056　使用指针的指针输出字符串

源码位置：Code\02\056

实例说明

本实例实现使用指针输出字符串。首先使用指针数组创建一个字符串数组，然后定义指向指针的指针，使其指向字符串数组，并使用其将数组中字符串输出。实例运行结果如图 2.16 所示。

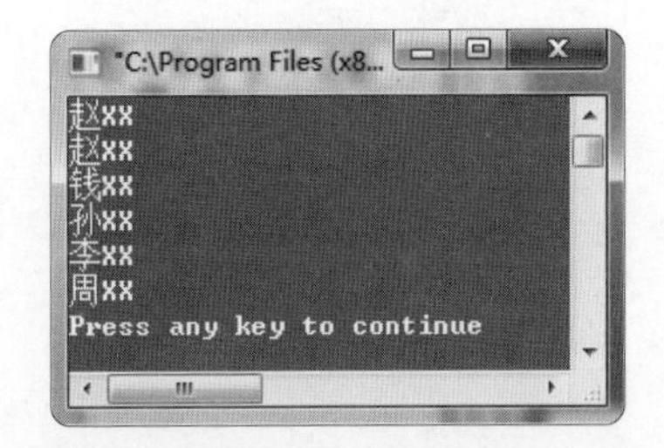

图 2.16　使用指针的指针输出字符串

关键技术

本实例使用指针的指针实现对字符串数组中字符串的输出。指向指针的指针是指向指针数据的指针变量。这里创建一个指针数组 strings，它的每个数组元素相当于一个指针变量，都可以指向一个整型变量，其值为地址，示意图如图 2.17 所示。strings 是一个数组，它的每个元素都有相应的地址。数组名 strings 代表该指针数组的首单元的指针，就是说指针数组首单元中存放的也是一个指针。strings+i 是 strings[i] 的地址。strings+i 就是指向指针型数据的指针。

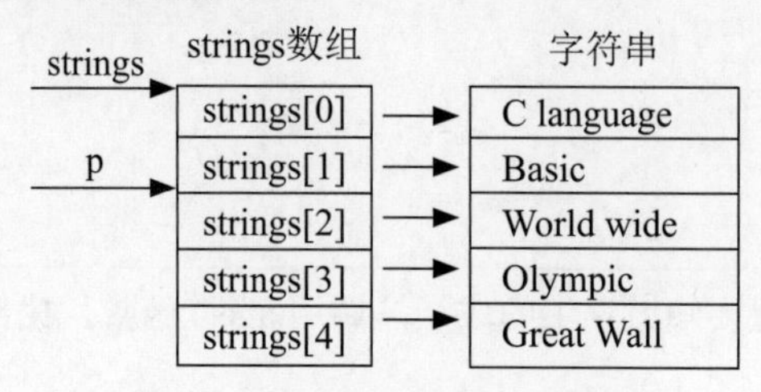

图 2.17　指针数组结构示意图

实现过程

（1）在 VC++6.0 中选择“文件”→“新建”→“工程”→“Win32 Console Application”菜单项，创建一个工程，工程名称为“056”，单击“确定”按钮，选择“一个简单的程序”，单击“完成”按钮。

（2）在代码编辑界面中，单击“FileView”，双击打开“Source Files”文件夹下的“056.cpp”文件，删除系统默认创建的代码，开始编写本实例代码。

（3）创建 main() 函数，在此函数中使用指针数组创建字符串数组，并使用指向指针的指针将字符串数组中的字符串输出。

（4）具体代码如下：

056-1

```
01  #include "stdafx.h"
02  #include <stdio.h>
03  int main()
04  {
05      char *strings[]={"赵XX",
06                  "钱XX",
07                  "孙XX",
08                  "李XX",
09                  "周XX"};                          /*使用指针数组创建字符串数组*/
10      char **p,i;                                  /*声明变量*/
11      p=strings;
12      printf("%s\n",strings[0]);                   /*指针指向字符串数组首地址*/
13      for(i=0;i<5;i++)                             /*循环输出字符串*/
14      {
15          printf("%s\n",*(p+i));
16      }
17      return 0;
18  }
```

实例 057　使用指向指针的指针对字符串排序　源码位置：Code\02\057

实例说明

本实例使用指向指针的指针实现对字符串数组中的字符串排序输出，输出是按照汉字的首字母进行排序的。实例运行结果如图 2.18 所示。

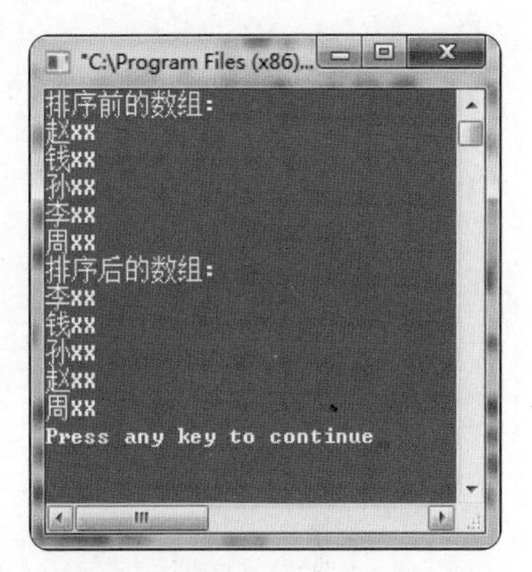

图 2.18　使用指向指针的指针对字符串排序

关键技术

本实例使用指向指针的指针实现对字符串数组中的字符串排序，这里定义了自定义函数 sort()，使用函数 strcmp() 实现对给定字符串的比较，并进行排序。

实现过程

（1）在 VC++6.0 中选择“文件”→“新建”→“工程”→“Win32 Console Application”菜单项，创建一个工程，工程名称为“057”，单击“确定”按钮，选择“一个简单的程序”，单击“完成”按钮。

（2）在代码编辑界面中，单击“FileView”，双击打开“Source Files”文件夹下的“057.cpp”文件，删除系统默认创建的代码，开始编写本实例代码。

（3）创建自定义函数 sort()，实现对字符串排序，代码如下：

```
057-1
01  sort(char *strings[], int n)
02  {
03      char *temp;                                       /*声明字符型指针变量*/
04      int i, j;                                         /*声明整型变量*/
05      for (i = 0; i < n; i++)                           /*外层循环*/
06      {
07          for (j = i + 1; j < n; j++)
08          {
09              if (strcmp(strings[i], strings[j]) > 0)   /*比较两个字符*/
10              {
11                  temp = strings[i];                    /*交换字符位置*/
12                  strings[i] = strings[j];
13                  strings[j] = temp;
14              }
15          }
16      }
17  }
```

（4）创建 main() 函数，在此函数中调用 sort() 函数对字符串数组中字符串排序，并将排序结果显示在窗体上。代码如下：

057-2

```
01  void main()
02  {
03      int n = 5;
04      int i;
05      char **p;                                          /*指向指针的指针变量*/
06      char *strings[] =
07      {
08          "赵XX", "钱XX", "孙XX", "李XX", "周XX"
09      };                                                 /*初始化字符串数组*/
10      p = strings;                                       /*指针指向数组首地址*/
11      printf("排序前的数组:\n");
12      for(i=0;i<n;i++)
13      {
14          printf("%s\n",strings[i]);
15      }
16      sort(p, n);                                        /*调用排序自定义过程*/
17      printf("排序后的数组:\n");
18      for (i = 0; i < n; i++)                            /*循环输出排序后的数组元素*/
19      {
20          printf("%s\n", strings[i]);
21      }
22  }
```

实例 058　输入月份号输出英文月份名

源码位置：Code\02\058

实例说明

使用指针数组创建一个含有月份英文名的字符串数组，并使用指向指针的指针指向这个字符串数组，实现输出数组中的指定字符串。运行程序后，输入指定月份，将输出该月份对应的英文名。实例运行结果如图 2.19 所示。

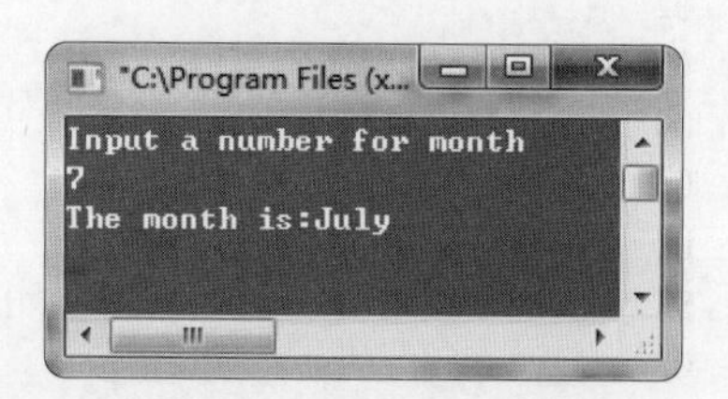

图 2.19　输入月份号输出英文月份名

关键技术

使用指针的指针实现对字符串数组中字符串的输出。首先定义了一个包含月份英文名的字符串数组，并定义了一个指向指针的指针变量指向该数组，使用该变量输出字符串数组的字符串。

实现过程

（1）在 VC++6.0 中选择“文件”→“新建”→“工程”→“Win32 Console Application”菜单项，创建一个工程，工程名称为“058”，单击“确定”按钮，选择“一个简单的程序”，单击“完成”按钮。

（2）在代码编辑界面中，单击“FileView”，双击打开“Source Files”文件夹下的“058.cpp”

文件，删除系统默认创建的代码，开始编写本实例代码。

（3）具体代码如下：

058-1

```
01  #include "stdafx.h"
02  #include <stdio.h>
03  #include <conio.h>
04  int main()
05  {
06      char *Month[]={                                    /*定义字符串数组*/
07                  "January",
08                  "February",
09                  "March",
10                  "April",
11                  "May",
12                  "June",
13                  "July",
14                  "August",
15                  "September",
16                  "October",
17                  "November",
18                  "December"
19      };
20      int i;
21      char **p;                                          /*声明指向指针的指针变量*/
22      p=Month;                                           /*将数组首地址值赋给指针变量*/
23      printf("Input a number for month\n");
24      scanf("%d",&i);                                    /*输入要显示的月份号*/
25      printf("The month is:");
26      printf("%s\n",*(p+i-1));                           /*使用指向指针的指针输出对应的字符串数组中的字符串*/
27      getch();
28      return 0;
29  }
```

实例 059　寻找指定元素的指针

源码位置：Code\02\059

实例说明

本实例实现寻找指定元素的指针，实例运行结果如图 2.20 所示。

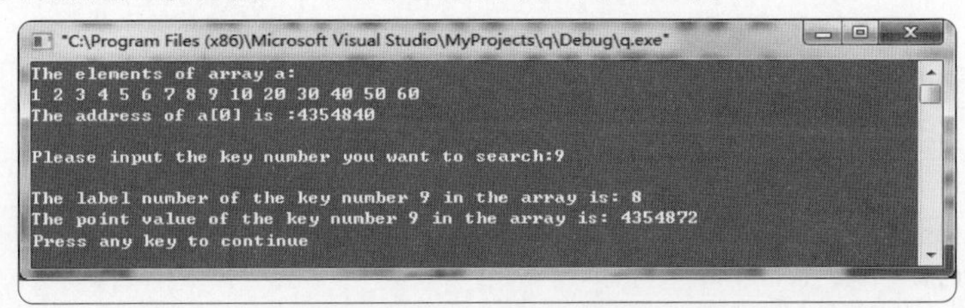

"C:\Program Files (x86)\Microsoft Visual Studio\MyProjects\q\Debug\q.exe"
The elements of array a:
1 2 3 4 5 6 7 8 9 10 20 30 40 50 60
The address of a[0] is :4354840
Please input the key number you want to search:9
The label number of the key number 9 in the array is: 8
The point value of the key number 9 in the array is: 4354872
Press any key to continue

图 2.20　寻找指定元素的指针

关键技术

本实例应用返回指针的函数实现返回指定元素的指针，详细请参考实例049。

实现过程

（1）在VC++6.0中选择“文件”→“新建”→“工程”→“Win32 Console Application”菜单项，创建一个工程，工程名称为“059”，单击“确定”按钮，选择“一个简单的程序”，单击“完成”按钮。

（2）在代码编辑界面中，单击“FileView”，双击打开“Source Files”文件夹下的“059.cpp”文件，删除系统默认创建的代码，开始编写本实例代码。

（3）声明数组，实现代码如下：

059-1

```
01  #include "stdafx.h"
02  #include <stdio.h>
03  int search(int *pt, int n, int key)
04  {
05      int *p;
06      for (p = pt; p < pt + n; p++)
07          if (*p == key)                          /*如果指针指向的值等于指定值，返回在数组中的位置*/
08              return p - pt;
09      return 0;
10  }
```

（4）创建自定义函数search()，实现查找指定值在数组中位置；创建自定义函数find()实现返回指定值的指针，即返回指定值的地址。实现代码如下：

059-2

```
01  int *find(int *pt, int n, int key)
02  {
03      int *p;
04      for (p = pt; p < pt + n; p++)              /*如果指针指向的值等于指定值，返回地址*/
05          if (*p == key)
06              return p;
07      return 0;
08  }
09
10  int a[] =
11  {
12      1, 2, 3, 4, 5, 6, 7, 8, 9, 10, 20, 30, 40, 50, 60
13  };
```

（5）创建main()函数，在此函数中调用search()函数和find()函数，将得到的结果输出在窗体上。实现代码如下：

059-3

```
01  main()
02  {
03      int i, key;
04      int *j;
05      printf("The elements of array a:\n");
```

```
06      for (i = 0; i < sizeof(a) / sizeof(a[0]); i++)                     /*输入数组a的元素*/
07          printf("%d ", a[i]);
08      printf("\nThe address of a[0] is :%d\n", &a[0]);
09      printf("\nPlease input the key number you want to search:");       /*输入要查找的值*/
10      scanf("%d", &key);
11      i = search(a, sizeof(a) / sizeof(a[0]), key);
12      /*输出查找值在数组中位置*/
13      printf("\nThe label number of the key number %d in the array is: %d", key,i);
14      j = find(a, sizeof(a) / sizeof(a[0]), key);
15      /*输出查找值所在位置*/
16      printf("\nThe point value of the key number %d in the array is: %d", key, j);
17  }
```

实例 060　字符串的匹配

源码位置：Code\02\060

实例说明

本实例实现对两个字符串进行匹配操作，即在第一个字符串中查找是否存在第二个字符串。如果字符串完全匹配，则提示匹配的信息，并显示第二个字符串在第一个字符串中的开始位置，否则提示不匹配。实例运行结果如图 2.21 所示。

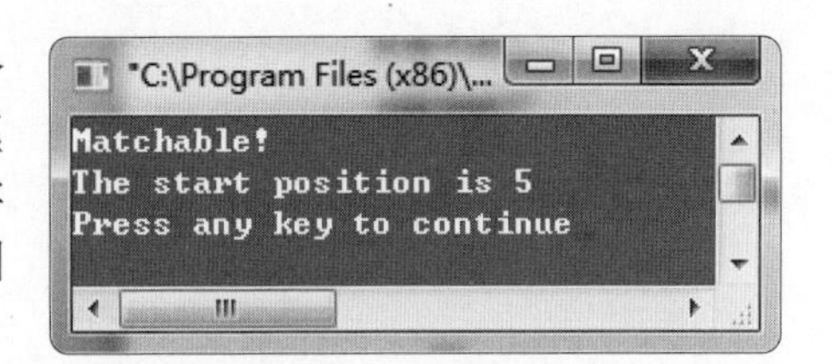

图 2.21　字符串的匹配

关键技术

本实例定义了自定义函数 match() 进行字符串的匹配操作。match() 函数包含两个参数，参数 B 为要进行匹配操作的字符串，其类型为字符型指针；参数 A 为用来匹配的字符串。使用循环语句比较 A 字符串最后一个字符是否与 B 中字符相同，如果相同，使用循环语句比较 A 与 B 是否匹配。

实现过程

（1）在 VC++6.0 中选择“文件”→“新建”→“工程”→“Win32 Console Application”菜单项，创建一个工程，工程名称为“060”，单击“确定”按钮，选择“一个简单的程序”，单击“完成”按钮。

（2）在代码编辑界面中，单击“FileView”，双击打开“Source Files”文件夹下的“060.cpp”文件，删除系统默认创建的代码，开始编写本实例代码。

（3）创建自定义函数 match()，实现字符串匹配操作，代码如下：

060-1

```
01  #include "stdafx.h"
02  #include <stdio.h>
03  #include <string.h>
04  int match(char *B, char *A)                      /*此函数实现字符串的匹配操作*/
05  {
```

```
06        int i, j, start = 0;
07        int lastB = strlen(B) - 1;
08        int lastA = strlen(A) - 1;
09        int endmatch = lastA;
10        for (j = 0; endmatch <= lastB; endmatch++, start++)
11        {
12            if (B[endmatch] == A[lastA])
13                for (j = 0, i = start; j < lastA && B[i] == A[j];)
14                    i++, j++;
15            if (j == lastA)
16            {
17                return (start + 1);                          /*成功*/
18            }
19
20        }
21        if (endmatch > lastB)
22        {                                                    /*循环输出*/
23            printf("The string is not matchable!");
24            return  - 1;
25        }
26    }
27
28    void main()
29    {
30        char s[] = "One world,one dream";                    /*原字符串*/
31        char t[] = "world";                                  /*要测试匹配的字符串*/
32        int p = match(s, t);
33        if (p !=  - 1)                                       /*如果匹配成功，则输出位置*/
34        {
35            printf("Matchable!\n");
36            printf("The start position is %d", p);
37        }
38        printf("\n");
39    }
```

实例 061　比较计数

源码位置：Code\02\061

实例说明

用“比较计数”法对结构数组 a 按字段 num 进行升序排序，num 的值从键盘中输入。实例运行结果如图 2.22 所示。

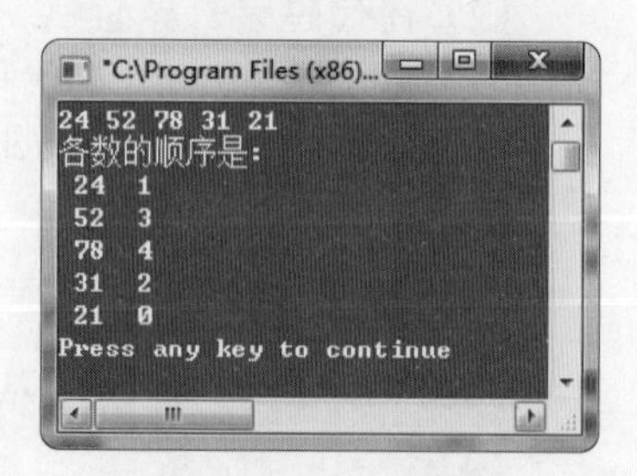

图 2.22　比较计数

关键技术

本实例使用定义结构体存储输入的数据及其最后排序，对数组中的元素逐个比较并用结构体中成员变量 con 记录该元素大于其他元素的次数，次数越大证明该数据越大。

实现过程

（1）在 VC++6.0 中选择“文件”→“新建”→“工程”→“Win32 Console Application”菜单项，创建一个工程，工程名称为“061”，单击“确定”按钮，选择“一个简单的程序”，单击“完成”按钮。

（2）在代码编辑界面中，单击“FileView”，双击打开“Source Files”文件夹下的“061.cpp”文件，删除系统默认创建的代码，开始编写本实例代码。

（3）定义结构体 order 用来存储数据及其排序，并定义结构体数组 a。

（4）具体代码如下：

061-1

```
01  #include "stdafx.h"
02  #include <stdio.h>
03  #define N 5
04  struct order                                        /*定义结构体用来存储数据及其排序*/
05  {
06      int num;
07      int con;
08  }a[20];                                             /*定义结构体数组a*/
09  void main()
10  {
11      int i,j;
12      for(i=0;i<N;i++)
13      {
14          scanf("%d",&a[i].num);                      /*输入要进行排序的5个数字*/
15          a[i].con=0;
16      }
17      for(i=N-1;i>=1;i--)
18          for(j=i-1;j>=0;j--)
19              if(a[i].num<a[j].num)                   /*将数组中的每个元素和其他元素进行比较*/
20                  a[j].con++;                         /*记录排序号*/
21              else
22                  a[i].con++;
23       printf("各数的顺序是:\n");
24          for(i=0;i<N;i++)
25              printf("%3d%3d\n",a[i].num,a[i].con); /*将数据及其排序输出*/
26  }
```

实例 062　找出最高分

源码位置：Code\02\062

实例说明

通过结构体变量记录学生成绩，比较得到记录中的最高成绩，输出该学生的信息。实例运行结果如图 2.23 所示。

图 2.23　找出最高分

关键技术

本实例应用了结构体数组实现存储学生信息记录，下面介绍结构体数组的相关知识。

一个结构体变量中可以存放一组数据（如一名学生的学号、姓名、年龄等数据）。如果要记录的学生数量很多，定义多个结构体变量显然很麻烦，这时就要应用数组，数据元素为结构体类型的数组称为结构体数组。与一般数组不同的是，结构体数组元素都是一个结构体类型的数据，而且各自还包含成员。

结构体数组的定义与一般结构体变量的定义类似，只需说明其为数组即可，例如：

```
struct student stu[5];
```

表示定义了一个名为 stu 的数组，数组有 5 个元素，它的每个元素都是一个 struct student 类型数据。与定义结构体变量一样，也可以直接定义结构体数组，例如：

```
struct student
{
    int num;
    char name[20];
    float score;
} stu[5] ;
```

或者

```
struct
{
    int num;
    char name[20];
    float score;
} stu[5] ;
```

实现过程

（1）在 VC++6.0 中选择“文件”→“新建”→“工程”→“Win32 Console Application”菜单项，创建一个工程，工程名称为“062”，单击“确定”按钮，选择“一个简单的程序”，单击“完成”按钮。

（2）在代码编辑界面中，单击“FileView”，双击打开“Source Files”文件夹下的“062.cpp”文件，删除系统默认创建的代码，开始编写本实例代码。

（3）声明 struct student 类型，其成员为学生信息，代码如下：

062-1

```
01  struct student
02  {
03      /*结构体成员*/
04      int num;
05      char name[20];
06      float score;
07  };
```

（4）在 main() 函数中定义 struct student 类型的数组。查找数组中各学生记录的最高分，并显示在窗体上，代码如下：

062-2

```
01  void main()
02  {
03      int i, m;
04      float maxscore;
05      struct student stu[5] =
06      {
07          {101, "李明", 89},
08          {102, "苑达", 95},
09          {103, "孙佳", 89},
10          {104, "王子川", 85},
11          {105, "刘春月", 75}
12      };                                          /*声明结构体类型数组*/
13      m = 0;
14      maxscore = stu[0].score;                    /*初始化最高成绩*/
15      for (i = 1; i < 5; i++)
16      {
17          if (stu[i].score > maxscore)
18          {
19              maxscore = stu[i].score;            /*记录最高成绩*/
20              m = i;                              /*记录最高成绩下标*/
21          }
22      }
23      printf("最高分是:%5.1f\n", maxscore);        /*输出最高成绩*/
24      printf("最高分学生的学号: %d\n", stu[m].num);  /*最高成绩的学号*/
25      printf("最高分学生的姓名: %s\n", stu[m].name); /*最高成绩的姓名*/
26
27  }
```

实例 063 信息查询

源码位置：Code\02\063

实例说明

从键盘中输入姓名和电话号码，以“#”结束，编程实现输入姓名、查询电话号码的功能。实例运行结果如图 2.24 所示。

图 2.24 信息查询

关键技术

本实例首先定义一个结构体用来存储姓名及电话号码，再分别定义两个函数，一个函数的功能是将输出的姓名及电话号码存储到结构体数组中，另一个函数的功能是根据输入的姓名查找电话号码，最后在主函数中分别调用这两个函数就能实现题目要求的功能。

实现过程

（1）在 VC++6.0 中选择“文件”→“新建”→“工程”→“Win32 Console Application”菜单项，创建一个工程，工程名称为“063”，单击“确定”按钮，选择“一个简单的程序”，单击“完成”按钮。

（2）在代码编辑界面中，单击“FileView”，双击打开“Source Files”文件夹下的“063.cpp”文件，删除系统默认创建的代码，开始编写本实例代码。

（3）定义结构体 aa，用来储存姓名和电话号码，代码如下：

063-1

```
01  struct aa                          /*定义结构体aa，用来存储姓名和电话号码*/
02  {
03      char name[15];
04      char tel[15];
05  };
```

（4）自定义函数 readin()，用来实现姓名和电话号码存储的过程，代码如下：

063-2

```
01  int readin(struct aa *a)           /*自定义函数readin()，用来存储姓名及电话号码*/
02  {
03      int i=0,n=0;
04      while(1)
05      {
06          scanf("%s",a[i].name);     /*输入姓名*/
07          if(!strcmp(a[i].name,"#"))
08              break;
09          scanf("%s",a[i].tel);      /*输入电话号码*/
10          i++;
11          n++;                       /*记录的条数*/
12      }
13      return n;                      /*返回条数*/
14  }
```

（5）自定义函数 search()，用来查询输入的姓名所对应的电话号码，代码如下：

063-3

```
01  void search(struct aa *b,char *x,int n) /*自定义函数search()，查找姓名所对应的电话号码*/
02  {
03      int i;
04      i=0;
05      while(1)
06      {
07          if(!strcmp(b[i].name,x))                      /*查找与输入姓名相匹配的记录*/
08          {
09          printf("姓名:%s  电话:%s\n",b[i].name,b[i].tel); /*输出查找到的姓名所对应的电话号码*/
10              break;
11          }
12          else
13              i++;
14              n--;
15          if(n==0)
16          {
17              printf("没有找到!");                      /*若没查找到记录输出提示信息*/
18              break;
19          }
20      }
21  }
```

（6）具体代码如下：

063-4

```
01  void main()
02  {
03      struct aa s[MAX];                    /*定义结构体的数组s*/
04      int num;
05      char name[15];
06      num=readin(s);                       /*调用函数readin()*/
07      printf("输入姓名:");
08      scanf("%s",name);                    /*输入要查找的姓名*/
09      search(s,name,num);                  /*调用函数search()*/
10  }
```

实例 064　候选人计票程序

源码位置：Code\02\064

实例说明

设计一个进行候选人的计票程序。假设有三位候选人，在屏幕上输入要选择的候选人姓名，有 10 次投票机会，最后输出每个人的得票结果。实例运行结果如图 2.25 所示。

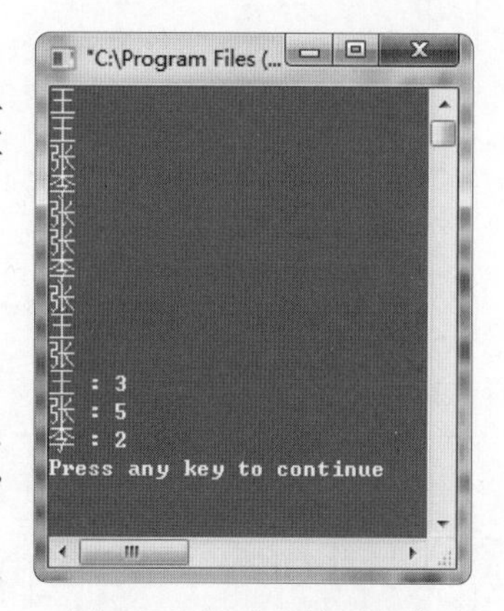

图 2.25　候选人计票程序

关键技术

为候选人设定数据类型可以描述候选人的姓名以及票数信息，因此结构类型名为 candidate，成员字符数组 name 表示候选人姓名，以及 count 描述候选人得票数目。设定数组 cndt，存放 3 个元素，初始化候选人姓名以及票数 0。在主函数中设定循环输入 10 位候选人姓名，如果输入的姓名和某位候选人姓名相同，那么相应的候选人的票数增加计数。

注意

比较姓名时，因为是字符串之间的比较，不能利用关系运算符进行比较，必须用 strcmp 进行比较。

实现过程

（1）在 VC++6.0 中选择“文件”→“新建”→“工程”→“Win32 Console Application”菜单项，创建一个工程，工程名称为“064”，单击“确定”按钮，选择“一个简单的程序”，单击“完成”按钮。

（2）在代码编辑界面中，单击“FileView”，双击打开“Source Files”文件夹下的“064.cpp”文件，删除系统默认创建的代码，开始编写本实例代码。

（3）声明结构体类型并定义结构体变量。

（4）具体代码如下：

064-1

```
01  #include "stdafx.h"
02  #include <stdio.h>
03  #include <string.h>
04
05  struct candidate                                              /*声明结构体类型*/
06  {
07      char name[20];                                            /*存储姓名*/
08      int count;                                                /*存储得票数*/
09  } cndt[3]={{"王",0},{"张",0},{"李",0}};                       /*定义结构体数组*/
10
11  void main()
12  {
13      int i,j;                                                  /*声明变量*/
14      char Ctname[20];                                          /*声明数组*/
15      for(i=1;i<=10;i++)                                        /*进行10次投票*/
16      {
17          scanf("%s",&Ctname);                                  /*输入候选人姓名*/
18          for(j=0;j<3;j++)
19          {
20              if(strcmp(Ctname,cndt[j].name)==0)                /*对字符串进行比较*/
21                  cndt[j].count++;                              /*给相应的候选人票数加一*/
22          }
23      }
24      for(i=0;i<3;i++)
25      {
26          printf("%s : %d\n",cndt[i].name,cndt[i].count);       /*输出投票结果*/
27      }
28  }
```

实例 065　使用 malloc() 函数分配内存　　源码位置：Code\02\065

实例说明

编写程序，要求创建一个结构体类型的指针，其中包含两个成员，一个是整型，另一个是结构体指针。使用 malloc() 函数分配一个结构体的内存空间，然后给这两个成员赋值，并显示出来。实例运行结果如图 2.26 所示。

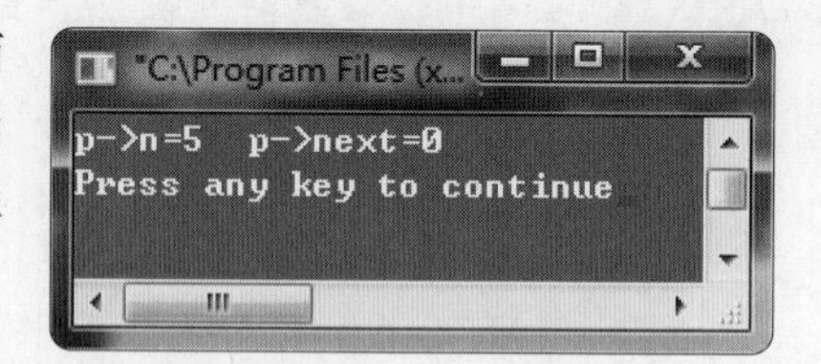

图 2.26　使用 malloc() 函数分配内存

关键技术

malloc() 函数的原型是：

```
void *malloc(unsigned int size);
```

该函数的功能是在内存中动态存储区域中动态分配一个长度为指定长度的连续存储空间。函数的返回值是一个指针，它指向所分配存储空间的起始地址。如果返回值是 0，那么表示没有成功地申请到内存空间。函数类型为 void*，表示返回的指针不指向任何具体的类型。本实例利用 malloc() 函数分配一个结构体内存空间。

```
struct st *p;
p=(struct st*)malloc(sizeof(struct st));
```

指针 p 指向系统分配空间的首地址，利用指针变量访问空间的数据。

实现过程

（1）在 VC++6.0 中选择"文件"→"新建"→"工程"→"Win32 Console Application"菜单项，创建一个工程，工程名称为"065"，单击"确定"按钮，选择"一个简单的程序"，单击"完成"按钮。

（2）在代码编辑界面中，单击"FileView"，双击打开"Source Files"文件夹下的"065.cpp"文件，删除系统默认创建的代码，开始编写本实例代码。

（3）引用头文件，代码如下：

065-1

```
01  #include "stdafx.h"
02  #include <stdio.h>
03  #include <malloc.h>
```

（4）具体代码如下：

065-2

```
01  void main()
02  {
03      struct st
04      {
05          int n;
06          struct st *next;                            /*成员结构体类型指针*/
07      }*p;
08      p=(struct st*)malloc(sizeof(struct st));        /*分配一个结构体所需要的空间*/
09      p->n=5;                                         /*给成员赋值*/
10      p->next=NULL;                                   /*给成员赋值*/
11      printf("p->n=%d\tp->next=%x\n",p->n,p->next);   /*输出成员的值*/
12  }
```

实例 066　使用共用体存放老师和学生信息　　源码位置：Code\02\066

实例说明

根据输入的职业标识，区分是老师还是学生，然后根据输入的信息，将对应的信息输出。如果是学生则输出班级，如果是老师则输出职位。其中"s"表示学生，"t"表示老师。实例运行结果如图 2.27 所示。

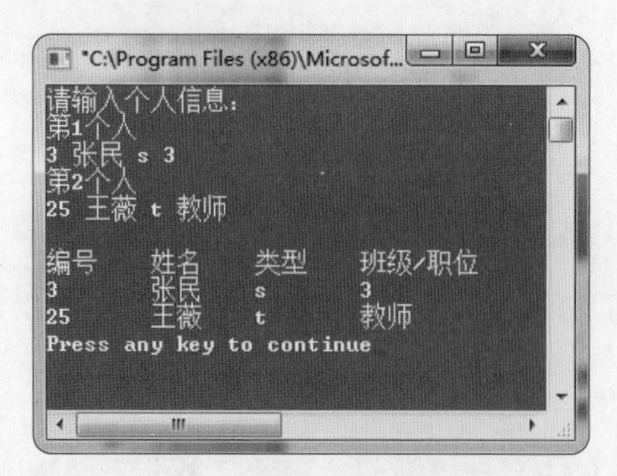

图 2.27　使用共用体存放老师和学生信息

关键技术

本实例使用了包含共用体的结构体，其中有四个成员，一个整型成员，一个字符数组成员，一个字符成员，一个共用体成员。共用体的两个成员存放老师和学生的级别信息，即班级和职位。通过输入对代表工作类型的字符“s”或“t”进行判断，输出相应的个人信息。

实现过程

（1）在 VC++6.0 中选择“文件”→“新建”→“工程”→“Win32 Console Application”菜单项，创建一个工程，工程名称为“066”，单击“确定”按钮，选择“一个简单的程序”，单击“完成”按钮。

（2）在代码编辑界面中，单击“FileView”，双击打开“Source Files”文件夹下的“066.cpp”文件，删除系统默认创建的代码，开始编写本实例代码。

（3）声明包含共用体类型的结构体类型，并声明一个变量，代码如下：

```
066-1
01  struct
02  {
03      int num;
04      char name[10];
05      char tp;
06      union                                           /*声明共用体类型*/
07      {
08          int inclass;
09          char position[10];
10      }job;                                           /*共用体变量*/
11  }person[2];                                         /*结构体变量*/
```

（4）main() 函数作为程序的入口函数，代码如下：

```
066-2
01  void main()
02  {
03      int i;
04      printf("请输入个人信息：\n");
05      for(i=0;i<2;i++)
```

```
06      {
07
08          printf("第%d个人\n",i+1);
09
10          scanf("%d %s %c",&person[i].num,person[i].name,&person[i].tp); /*输入信息*/
11          if(person[i].tp=='s')                          /*根据类型值判断是老师还是学生*/
12              scanf("%d",&person[i].job.inclass);        /*输入工作类型*/
13          else if(person[i].tp=='t')
14              scanf("%s",person[i].job.position);
15          else
16              printf("输入有误");
17      }
18      printf("\n编号    姓名    类型    班级/职位\n");
19      for(i=0;i<2;i++)
20      {
21          if(person[i].tp=='s')                          /*根据工作类型输出结果*/
22  printf("%d\t%s\t%c\t%d",person[i].num,person[i].name,person[i].tp,person[i].job.inclass);
23          else if(person[i].tp=='t')
24  printf("%d\t%s\t%c\t%s",person[i].num,person[i].name,person[i].tp,person[i].job.position);
25          printf("\n");
26      }
27  }
```

实例 067　共用体处理任意类型数据　　源码位置：Code\02\067

实例说明

设计一个共用体类型，使其成员包含多种数据类型，根据不同的类型，输出不同的数据。实例运行结果如图 2.28 所示。

图 2.28　共用体处理任意类型数据

关键技术

本实例中的数据类型首先是设定各种基本类型的变量，因为这些变量不是一次全部处理的，所以设定各种基本类型的变量组成共用体类型。在主函数中，定义字符变量 TypeFlag，当输入的 TypeFlag 的值不同时，就会处理不同的 temp 成员中的数据。

实现过程

（1）在 VC++6.0 中选择“文件”→“新建”→“工程”→“Win32 Console Application”菜单项，创建一个工程，工程名称为“067”，单击“确定”按钮，选择“一个简单的程序”，单击“完成”按钮。

（2）在代码编辑界面中，单击“FileView”，双击打开“Source Files”文件夹下的“067.cpp”文件，删除系统默认创建的代码，开始编写本实例代码。

（3）定义包含学生信息的结构体类型，代码如下：

067-1

```
01  union {                                             /*定义共用体*/
02      int i;                                          /*共用体成员*/
03      char c;
04      float f;
05      double d;
06  }temp;                                              /*声明共用体类型的变量*/
```

（4）具体代码如下：

067-2

```
01  void main()
02  {
03      char TypeFlag;
04      printf("输入成员类型:\n");
05      scanf("%c",&TypeFlag);                          /*输入类型符*/
06      printf("输入数字:\n");
07      switch(TypeFlag)                                /*多分支选择语句判断输入*/
08      {
09      case 'i':scanf("%d",&temp.i);break;
10      case 'c':scanf("%c",&temp.c);;break;
11      case 'f':scanf("%f",&temp.f);break;
12      case 'd':scanf("%lf",&temp.d);
13      }
14      switch(TypeFlag)                                /*多分支选择语句判断输出*/
15      {
16      case 'i':printf("%d",temp.i);break;
17      case 'c':printf("%c",temp.c);break;
18      case 'f':printf("%f",temp.f);break;
19      case 'd':printf("%lf",temp.d);
20      }
21      printf("\n");
22  }
```

实例 068　创建单链表

源码位置：Code\02\068

实例说明

本实例实现创建一个简单的链表，并将这个链表中数据输出到窗体上。实例运行结果如图 2.29 所示。

图 2.29　创建单链表

关键技术

链表是动态分配存储空间的链式存储结构，其包括一个“头指针”变量，头指针中存放一个地址，该地址指向一个元素。链表中每一个元素称为“结点”，每个结点都由两部分组成：存储数据元素的数据域和存储直接后继存储位置的指针域。指针域中存储的即是链表的下一个结点的存储位置，是一个指针，多个结点结成一个链表。链表的结构示意图如图 2.30 所示。

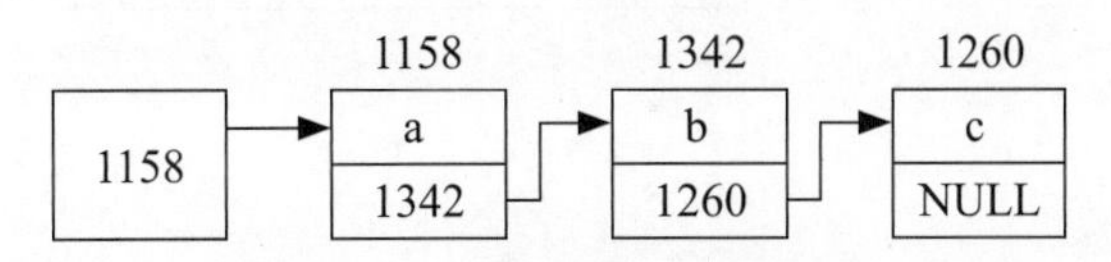

图 2.30 链表的结构示意图

其中第 0 个结点称为整个链表的头结点，它一般不存放具体数据，只是存放第一个结点的地址，也称为“头指针”。最后一个结点的指针域设置为空（NULL），作为链表的结束标志，表示它没有后继结点。

注意 从图 2.30 可以看出，链表并不一定是连续存放的存储结点，并且只要获得链表的头结点，就可以通过指针变量的整条链表。

使用结构体变量作为链表中的结点，因为结构体变量成员可以是数值类型、字符类型、数组类型，也可以是指针类型，这样就可以使用指针类型成员来存放下一个结点的地址，使用其他类型成员存放数据信息。例如，一个结构体类型如下：

```
struct LNode
{
    int data;
    struct LNode *next;
};
```

上面的结构体类型中成员 data 用来存放结点中的数据，相当于图 2.30 中的 a，b，c。next 是指针类型的成员，它指向 struct LNode 类型数据，就是本结构体类型的数据。

注意 上面只是定义了一个结构体类型，并未实际分配存储空间，只有定义了变量才分配存储空间。

在创建链表时要动态的为链表分配空间，C 语言的库函数提供了几种函数实现动态的开辟存储单元。这里使用 malloc() 函数实现动态的开辟存储单元，下面进行介绍。

malloc() 函数原型为：

```
void *malloc(unsigned int size);
```

其作用是在内存的动态存储区中分配一个长度为 size 的连续空间。函数返回值是一个指向分配域起始地址的指针（类型为 void）。如果分配空间失败（例如，内存空间不足），则返回空指针（NULL）。

实现过程

（1）在 VC++6.0 中选择“文件”→“新建”→“工程”→“Win32 Console Application”菜单项，创建一个工程，工程名称为“068”，单击“确定”按钮，选择“一个简单的程序”，单击“完成”按钮。

（2）在代码编辑界面中，单击“FileView”，双击打开“Source Files”文件夹下的“068.cpp”

文件，删除系统默认创建的代码，开始编写本实例代码。

（3）声明 struct LNode 类型，代码如下：

068-1

```
01  struct LNode
02  {
03      int data;
04      struct LNode *next;
05  };
```

（4）创建 create() 自定义函数，实现创建一个链表，将此函数定义为指针类型，使其返回值为指针值，返回值指向一个 struct LNode 类型数据，实际上是返回链表的头指针，代码如下：

068-2

```
01  struct LNode *create(int n)
02  {
03      int i;
04      struct LNode *head,  *p1,  *p2;
05      int a;
06      head = NULL;
07      printf("输入整数:\n");
08      for (i = n; i > 0; --i)
09      {
10          p1 = (struct LNode*)malloc(sizeof(struct LNode));          /*分配空间*/
11          scanf("%d", &a);                                           /*输入数据*/
12          p1->data = a;                                              /*数据域赋值*/
13          if (head == NULL)                                          /*指定头结点*/
14          {
15              head = p1;
16              p2 = p1;
17          }
18          else
19          {
20              p2->next = p1;                                         /*指定后继指针*/
21              p2 = p1;
22          }
23      }
24      p2->next = NULL;
25      return head;
26  }
```

（5）在 main() 函数中调用 create() 自定义函数，实现创建一个链表，并将链表中的数据输出。代码如下：

068-3

```
01  void main()
02  {
03      int n;
04      struct LNode *q;
05      printf("输入你想创建的结点个数:");
06      scanf("%d", &n);                                               /*输入链表结点个数*/
```

```
07        q = create(n);
08        printf("结果是:\n");
09        while (q)
10        {
11            printf("%d  ", q->data);                                    /*输出链表*/
12            q = q->next;
13        };
14        printf("\n");
15    }
```

实例 069　创建双链表

源码位置：Code\02\069

实例说明

本实例实现创建一个双链表，并将这个链表中数据输出到窗体上，输入要查找的学生姓名，将查找的姓名从链表中删除，并显示删除后的链表。实例运行结果如图 2.31 所示。

图 2.31　创建双链表

关键技术

单链表结点的存储结构只有一个指向直接后继的指针域，所以，从单链表的某个结点出发只能顺指针查找其他结点。使用双链表可以避免单链表这种单向性的缺点。

顾名思义，双链表的结点有两个指针域，一个指向其直接后继，另一个指向其直接前驱，在 C 语言中，可描述如下：

```
typedef struct DulNode
{
    char name[20];
    struct node *prior;                                          /*直接前驱指针*/
    struct node *next;                                           /*直接后继指针*/
}DNode;
```

其结构如图 2.32 所示。

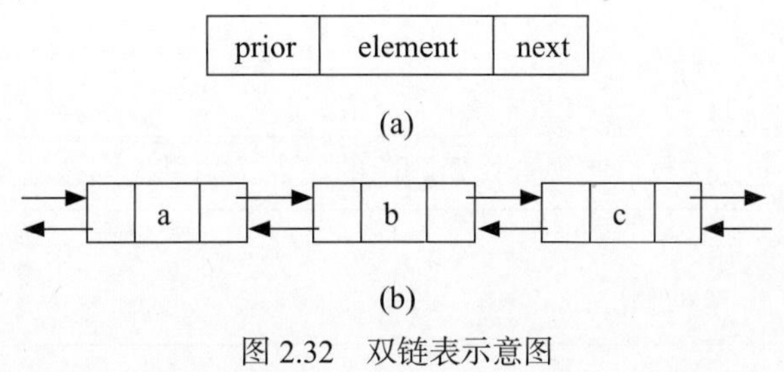

图 2.32　双链表示意图

如图 2.32（a）所示，双链表包括三个域，即两个指针域和一个数据域。如图 2.32（b）所示，可以看出双链表结点间的关系。

实现过程

（1）在 VC++6.0 中选择“文件”→“新建”→“工程”→“Win32 Console Application”菜单项，创建一个工程，工程名称为“069”，单击“确定”按钮，选择“一个简单的程序”，单击“完成”按钮。

（2）在代码编辑界面中，单击“FileView”，双击打开“Source Files”文件夹下的“069.cpp”文件，删除系统默认创建的代码，开始编写本实例代码。

（3）声明 struct LNode 类型，代码如下：

069-1

```
01  typedef struct node
02  {
03      char name[20];
04      struct node *prior,  *next;
05  } stud;                                              /*双链表的结构定义*/
```

（4）创建 create() 自定义函数，实现创建一个双链表，将此函数定义为指针类型，使其返回值为指针值，返回值指向一个 struct node 类型数据，实际上是返回链表的头指针，代码如下：

069-2

```
01  stud *creat(int n)
02  {
03      stud *p,  *h,  *s;
04      int i;
05      h = (stud*)malloc(sizeof(stud));                 /*申请结点空间*/
06      h->name[0] = '\0';
07      h->prior = NULL;
08      h->next = NULL;
09      p = h;
10      for (i = 0; i < n; i++)
11      {
12          s = (stud*)malloc(sizeof(stud));
13          p->next = s;                                 /*指定后继结点*/
14          printf("输入第%d个学生的姓名：", i + 1);
15          scanf("%s", s->name);
16          s->prior = p;                                /*指定前驱结点*/
17          s->next = NULL;
18          p = s;
19      }
20      p->next = NULL;
21      return (h);
22  }
```

（5）创建 serch() 自定义函数，实现查找要删除的结点，如果找到该结点则返回该结点的地址。

069-3

```
01  /*查找*/
02  stud *search(stud *h, char *x)
```

```
03  {
04      stud *p;                                /*指向结构体类型的指针*/
05      char *y;
06      p = h->next;
07      while (p)
08      {
09          y = p->name;
10          if (strcmp(y, x) == 0)              /*如果是要删除的结点，则返回该结点地址*/
11              return (p);
12          else
13              p = p->next;
14      }
15      printf("没有找到数据!\n");
16  }
```

（6）创建 del() 自定义函数，实现删除链表中指定的结点。

```
069-4
01  /*删除*/
02  void del(stud *p)
03  {
04      p->next->prior = p->prior;              /*p的下一个结点的前驱指针指向p的前驱结点*/
05      p->prior->next = p->next;               /*p的前驱结点的后继指针指向p的后继结点*/
06      free(p);
07  }
```

（7）在 main() 函数中调用 create() 自定义函数，实现创建一个链表，并将该链表中的数据输出。调用 serch() 自定义函数和 del() 自定义函数实现查找指定结点并从链表中将该结点删除。代码如下：

```
069-5
01  void main()
02  {
03      int number;
04      char sname[20];
05      stud *head,  *sp;
06      puts("请输入链表的大小:");
07      scanf("%d", &number);                   /*输入链表结点数*/
08      head = creat(number);                   /*创建双链表*/
09      sp = head->next;
10      printf("\n现在这个双链表是:\n");
11      while (sp)                              /*输出双链表中数据*/
12      {
13          printf("%s ", &*(sp->name));
14          sp = sp->next;
15      }
16      printf("\n请输入你想查找的姓名:\n");
17      scanf("%s", sname);
18      sp = search(head, sname);               /*查找指定结点*/
19      printf("你想查找的姓名是:%s\n",  * &sp->name);
20      del(sp);                                /*删除结点*/
21      sp = head->next;
```

```
22        printf("\n现在这个双链表是:\n");
23        while (sp)
24        {
25            printf("%s ", &*(sp->name));                          /*输出当前双链表中数据*/
26            sp = sp->next;
27        }
28        printf("\n");
29        puts("\n 按任意键退出...");
30    }
```

实例 070　创建循环链表

源码位置：Code\02\070

实例说明

本实例实现创建一个循环链表。这里只创建一个简单的循环链表来演示循环链表的创建和输出方法。实例运行结果如图 2.33 所示。

图 2.33　创建循环链表

关键技术

循环链表是另外一种链式存储结构。只是链表中最后一个结点的指针域指向头结点，使链表形成一个环。从表中任一结点出发均可找到表中其他结点，如图 2.34 所示为单链表的循环链表结构示意图。也可以有双链表的循环链表。

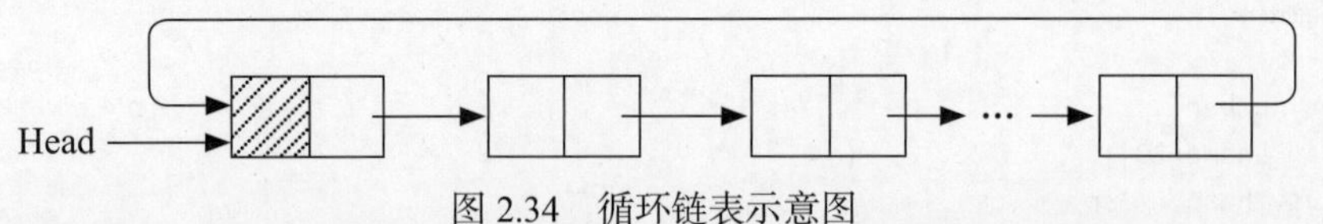

图 2.34　循环链表示意图

循环链表与普通链表的操作基本一致，只是在算法中循环遍历链表结点时判断条件不再是 p->next 是否为空，而是是否等于链表的头指针。

实现过程

（1）在 VC++6.0 中选择"文件"→"新建"→"工程"→"Win32 Console Application"菜单项，创建一个工程，工程名称为"070"，单击"确定"按钮，选择"一个简单的程序"，单击"完成"按钮。

（2）在代码编辑界面中，单击"FileView"，双击打开"Source Files"文件夹下的"070.cpp"文件，删除系统默认创建的代码，开始编写本实例代码。

（3）声明 struct student 类型，代码如下：

070-1

```
01    typedef struct student
02    {
```

```
03      int num;
04      struct student *next;
05  } LNode,  *LinkList;
```

（4）创建 create() 自定义函数，实现创建一个循环链表，其返回值为指针值，返回值指向一个 struct node 类型数据，实际上是返回链表的头指针，代码如下：

070-2

```
01  LinkList create(void)
02  {
03      LinkList head;
04      LNode *p1,  *p2;
05      char a;
06      head = NULL;
07      a = getchar();
08      while (a != '\n')
09      {
10          p1 = (LNode*)malloc(sizeof(LNode));                /*分配空间*/
11          p1->num = a;                                       /*数据域赋值*/
12          if (head == NULL)
13              head = p1;
14          else
15              p2->next = p1;
16          p2 = p1;
17          a = getchar();
18      }
19      p2->next = head;                                       /*尾结点指向头结点*/
20      return head;
21  }
22
23  void main()
24  {
25      LinkList L1, head;
26      printf("请输入循环链表:\n");
27      L1 = create();                                         /*创建循环链表*/
28      head = L1;
29      printf("这个合成的链表是:\n");
30      printf("%c ", L1->num);
31      L1 = L1->next;                                         /*指向下一个结点*/
32      while (L1 != head)
33      {
34          /*判断条件为循环到头结点结束*/
35          printf("%c ", L1->num);
36          L1 = L1->next;
37      }
38      printf("\n");
39  }
```

实例 071　使用头插入法建立单链表

源码位置：Code\02\071

实例说明

本实例实现使用头插入法创建一个单链表，并将单链表输出在窗体上。实例运行结果如图 2.35 所示。

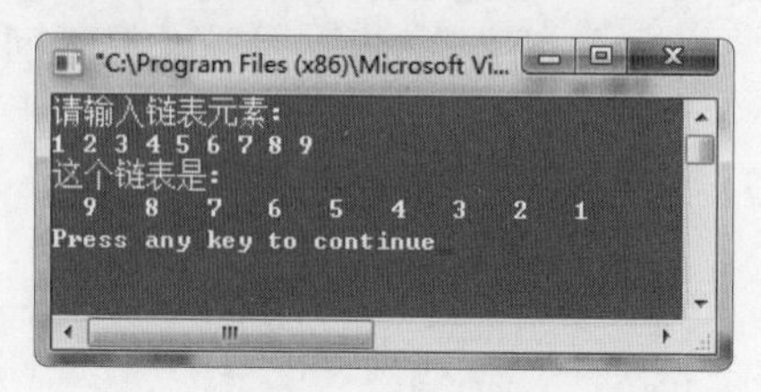

图 2.35　使用头插入法建立单链表

关键技术

使用头插入法创建单链表的算法思想是：先创建一个空表，生成一个新结点，再将新结点插入到当前链表的表头结点之后，直到插入完成。

使用头插入法创建的链表的逻辑顺序与在屏幕上输入数据的顺序相反，所以头插入法也可以说成是逆序建表法。

实现过程

（1）在 VC++6.0 中选择“文件”→“新建”→“工程”→“Win32 Console Application”菜单项，创建一个工程，工程名称为“071”，单击“确定”按钮，选择“一个简单的程序”，单击“完成”按钮。

（2）在代码编辑界面中，单击“FileView”，双击打开“Source Files”文件夹下的“071.cpp”文件，删除系统默认创建的代码，开始编写本实例代码。

（3）声明 struct student 类型，代码如下：

071-1

```
01  typedef struct student
02  {
03      char num;
04      struct student *next;
05  } LNode,  *LinkList;
```

（4）创建 create() 自定义函数，实现创建一个链表，返回创建的链表的头结点地址，代码如下：

071-2

```
01  LinkList create(void)
02  {
03      LinkList head;
04      LNode *p1;
05      char a;
06      head = NULL;
07      printf("请输入链表元素:\n");
08      a = getchar();
09      while (a != '\n')
10      {
11          p1 = (LinkList)malloc(sizeof(LNode));          /*分配空间*/
12          p1->num = a;                                   /*数据域赋值*/
13          p1->next = head;
14          head = p1;
```

```
15          a = getchar();
16      }
17      return head;                                    /*返回头结点*/
18  }
```

（5）main() 函数作为程序的入口函数，代码如下：

071-3

```
01  void main()
02  {
03      LinkList L1;
04      L1 = create();
05      printf("这个链表是:\n");
06      while (L1)
07      {
08          printf("%c ", L1->num);
09          L1 = L1->next;
10      }
11      printf("\n");
12  }
```

实例 072　调用 calloc() 函数动态分配内存　源码位置：Code\02\072

实例说明

调用 calloc() 函数动态分配内存存放若干个数据。该函数返回值为分配域的起始地址；如果分配不成功，则返回值为 0。实例运行结果如图 2.36 所示。

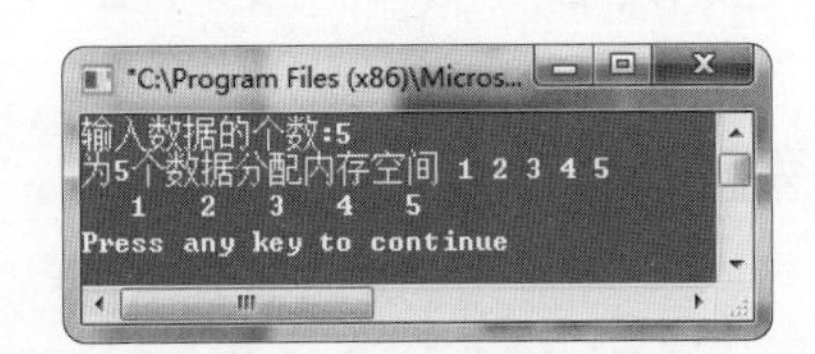

图 2.36　调用 calloc() 函数动态分配内存

关键技术

calloc() 函数的原型是：

```
void * calloc(unsigned n, unsigned size);
```

该函数的功能是在内存中动态分配 n 个长度为 size 的连续内存空间数组。calloc() 函数会返回一个指针，该指针指向动态分配的连续内存空间地址。当分配空间错误时，则返回 0。

本实例利用 calloc() 函数分配 5 个整型变量的内存空间，然后录入数据，再将这 5 个数据输出。

实现过程

（1）在 VC++6.0 中选择“文件”→“新建”→“工程”→“Win32 Console Application”菜单项，创建一个工程，工程名称为“072”，单击“确定”按钮，选择“一个简单的程序”，单击“完成”按钮。

（2）在代码编辑界面中，单击“FileView”，双击打开“Source Files”文件夹下的“072.cpp”

文件，删除系统默认创建的代码，开始编写本实例代码。

（3）引用头文件，代码如下：

072-1

```
01  #include "stdafx.h"
02  #include <stdio.h>
03  #include <malloc.h>
```

（4）主函数代码如下：

072-2

```
01  void main()
02  {
03      int n,*p,*q;                                  /*定义整型变量*/
04      printf("输入数据的个数:");                     /*输出提示信息，提示用户输入数据的个数*/
05      scanf("%d",&n);                               /*接收数据*/
06      p=(int *)calloc(n,2);                         /*分配内存空间*/
07      printf("为%d个数据分配内存空间",n);            /*提示用户已经分配了内存空间*/
08      for(q=p;q<p+n;q++)                            /*循环*/
09      {
10          scanf("%d",q);                            /*接收数据，并赋值*/
11          printf("%4d",*q);                         /*输出数据*/
12      }
13      printf("\n");                                 /*输出回行*/
14  }
```

实例 073　输出约瑟夫环

源码位置：Code\02\073

实例说明

本实例使用循环链表实现约瑟夫环。给定一组编号分别是：4,7,5,9,3,2,6,1,8。报数初始值由用户输入，这里输入 4，如图 2.37 所示，按照约瑟夫环原理打印输出的队列。

图 2.37　输出约瑟夫环

关键技术

约瑟夫环算法是：n 个人围成一圈，每个人都有一个互不相同的密码，该密码是一个整数值，选择一个人作为起点，然后顺时针从 1 到 k（k 为起点人手中的密码值）数数。数到 k 的人退出圈子，然后从下一个人开始继续从 1 到 j（刚退出圈子的人的密码）数数，数到 j 的人退出圈子。重复上面的过程，直到剩下最后一个人。

实现过程

（1）在 VC++6.0 中选择“文件”→“新建”→“工程”→“Win32 Console Application”菜单项，创建一个工程，工程名称为“073”，单击“确定”按钮，选择“一个简单的程序”，单击“完

成”按钮。

（2）在代码编辑界面中，单击“FileView”，双击打开“Source Files”文件夹下的“073.cpp”文件，删除系统默认创建的代码，开始编写本实例代码。

（3）声明结构体和自定义函数，代码如下：

073-1

```
01  #include "stdafx.h"
02  #include <stdio.h>
03  #include <stdlib.h>
04  #define N 9
05  #define OVERFLOW 0
06  #define OK 1
07  int KeyW[N]={4,7,5,9,3,2,6,1,8};
```

（4）声明 struct LNode 类型，代码如下：

073-2

```
01  typedef struct LNode{
02      int keyword;
03      struct LNode *next;
04  }LNode,*LinkList;
```

（5）创建 Joseph() 自定义函数，实现使用循环链表实现约瑟夫环算法，根据给定数获得一个数列，代码如下：

073-3

```
01  void Joseph(LinkList p,int m,int x){
02      LinkList q;                                            /*声明变量*/
03      int i;
04      if(x==0)return;
05      q=p;
06      m%=x;
07      if(m==0)m=x;
08      for(i=1;i<=m;i++){                                     /*找到下一个结点*/
09          p=q;
10          q=p->next;
11      }
12      p->next=q->next;
13      i=q->keyword;
14      printf("%d ",q->keyword);
15      free(q);
16      Joseph(p,i,x-1);                                       /*递归调用*/
17  }
```

（6）创建 main() 函数作为程序的入口函数，调用 Joseph() 自定义函数实现约瑟夫环算法，并将得到的数列输出。代码如下：

073-4

```
01  int main()
02  {
03      int i,m;
04      LinkList Lhead,p,q;
05      Lhead=(LinkList)malloc(sizeof(LNode));                 /*申请结点空间*/
06      if(!Lhead) return OVERFLOW;
```

```
07      Lhead->keyword=KeyW[0];                                   /*数据域赋值*/
08      Lhead->next=NULL;
09      p=Lhead;
10      for(i=1;i<9;i++){                                         /*创建循环链表*/
11          if(!(q=(LinkList)malloc(sizeof(LNode))))return OVERFLOW;
12          q->keyword=KeyW[i];
13          p->next=q;
14          p=q;
15      }
16      p->next=Lhead;
17      printf("请输入第一次计数值m: \n");
18      scanf("%d",&m);
19      printf("输出的数列是:\n");
20      Joseph(p,m,N);
21      return OK;
22  }
```

实例 074　创建顺序表并插入元素

源码位置：Code\02\074

实例说明

本实例实现创建一个顺序表，在顺序表中插入元素，并输出到窗体上。实例运行结果如图 2.38 所示。

图 2.38　创建顺序表并插入元素

关键技术

顺序表是用一组地址连续的存储单元依次存储线性表的数据元素。线性表是最常用且最简单的一种数据结构，一个线性表是 n 个数据元素的有限序列。

假设顺序表的每个元素需要占用 L 个存储单元，并以所占的第一个单元的存储地址作为数据元素的存储位置，则顺序表中第 i+1 个数据元素的存储位置 Loci+1 和第 i 个数据元素的存储位置 Loci 之间的关系如下：

```
Loci+1=Loci+L
```

顺序表的第 i 个数据元素的存储位置为：

```
Loci+1=Loc1+(i-1)*L
```

上面的代码中，Loc1 是顺序表的第一个元素的存储位置，通常称为顺序表的起始位置或是基地址。

实现过程

（1）在 VC++6.0 中选择“文件”→“新建”→“工程”→“Win32 Console Application”菜单项，创建一个工程，工程名称为“074”，单击“确定”按钮，选择“一个简单的程序”，单击“完

成”按钮。

（2）在代码编辑界面中，单击“FileView”，双击打开“Source Files”文件夹下的“074.cpp”文件，删除系统默认创建的代码，开始编写本实例代码。

（3）声明 struct sqlist 类型，代码如下：

074-1
```
01  struct sqlist
02  {
03      int data[Listsize];
04      int length;
05  };
```

（4）创建 InsertList () 自定义函数，在顺序表中插入元素，代码如下：

074-2
```
01  void InsertList(struct sqlist *l, int t, int i)
02  {
03      int j;
04      if (i < 0 || i > l->length)
05      {
06          printf("位置错误");
07          exit(1);
08      }
09      if (l->length >= Listsize)                          /*如果超出顺序表范围，则溢出*/
10      {
11          printf("溢出");
12          exit(1);
13      }
14      for (j = l->length - 1; j >= i; j--)                /*插入元素*/
15          l->data[j + 1] = l->data[j];
16      l->data[i] = t;
17      l->length++;
18  }
```

（5）具体代码如下：

074-3
```
01  void main()
02  {
03      struct sqlist *sq;
04      int i, n, t;
05      sq = (struct sqlist*)malloc(sizeof(struct sqlist));     /*分配空间*/
06      sq->length = 0;
07      printf("请输入链表大小:");
08      scanf("%d", &n);
09      printf("请输入链表的元素:\n");
10      for (i = 0; i < n; i++)
11      {
12          scanf("%d", &t);
13          InsertList(sq, t, i);                               /*插入元素*/
14      } printf("这个链表现在是:\n");
15      for (i = 0; i < sq->length; i++)
```

```
16      {
17          printf("%d ", sq->data[i]);
18      }
19  }
```

实例 075　合并两个链表

源码位置：Code\02\075

实例说明

本实例实现将两个链表合并，合并后的链表为原来两个链表的连接，即将第二个链表直接连接到第一个链表的尾部，合成为一个链表。实例运行结果如图 2.39 所示。

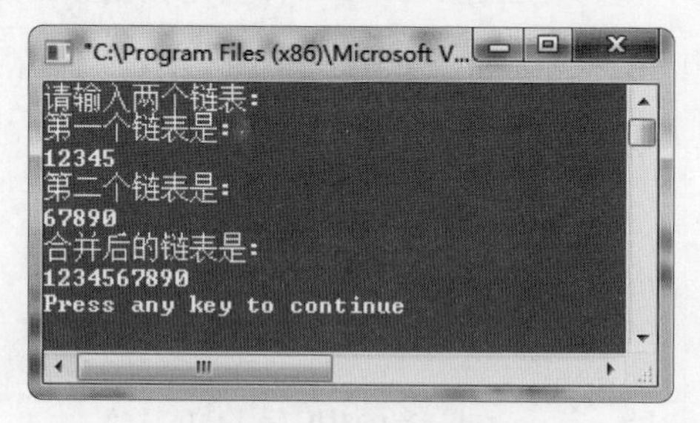

图 2.39　合并两个链表

关键技术

本实例将两个链表合并，即将两个链表连接起来，其主要的思想是先找到第一个链表的尾结点，使其指针域指向下一个链表的头结点。

实现过程

（1）在 VC++6.0 中选择“文件”→“新建”→“工程”→“Win32 Console Application”菜单项，创建一个工程，工程名称为“075”，单击“确定”按钮，选择“一个简单的程序”，单击“完成”按钮。

（2）在代码编辑界面中，单击“FileView”，双击打开“Source Files”文件夹下的“075.cpp”文件，删除系统默认创建的代码，开始编写本实例代码。

（3）声明 struct student 类型，代码如下：

```
075-1
01  typedef struct student
02  {
03      int num;
04      struct student *next;
05  } LNode,  *LinkList;
```

（4）创建 create() 自定义函数，实现创建一个链表，其返回值为指针值，返回值指向一个 structnode 类型数据，实际上是返回链表的头指针，代码如下：

```
075-2
01  LinkList create(void)
02  {
03      LinkList head;
04      LNode *p1,  *p2;
05      char a;
06      head = NULL;
07      a = getchar();
```

```
08      while (a != '\n')
09      {
10          p1 = (LNode*)malloc(sizeof(LNode));          /*分配空间*/
11          p1->num = a;                                  /*数据域赋值*/
12          if (head == NULL)
13              head = p1;
14          else
15              p2->next = p1;
16          p2 = p1;
17          a = getchar();
18      }
19      p2->next = NULL;
20      return head;
21  }
```

（5）创建 coalition() 自定义函数，实现将创建的两个链表合并，程序代码如下：

075-3

```
01  LinkList coalition(LinkList L1, LinkList L2)
02  {
03      LNode *temp;
04      if (L1 == NULL)
05          return L2;
06      else
07      {
08          if (L2 != NULL)
09          {
10              for (temp = L1; temp->next != NULL; temp = temp->next);
11              temp->next = L2;                          /*遍历L1中结点直到尾结点*/
12          }
13      }
14      return L1;
15  }
```

（6）创建 main() 函数作为程序的入口函数，调用 create() 自定义函数实现创建两个链表，调用 coalition() 自定义函数实现将两个链表合并，并将合并后的链表输出。程序代码如下：

075-4

```
01  void main()
02  {
03      LinkList L1, L2, L3;
04      printf("请输入两个链表:\n");
05      printf("第一个链表是:\n");
06      L1 = create();                                    /*创建一个链表*/
07      printf("第二个链表是:\n");
08      L2 = create();                                    /*创建第二个链表*/
09      coalition(L1, L2);                                /*连接两个链表*/
10      printf("合并后的链表是:\n");
11      while (L1)                                        /*输出合并后的链表*/
12      {
13          printf("%c", L1->num);
14          L1 = L1->next;
15      }
16  }
```

实例 076　单链表就地逆置

源码位置：Code\02\076

实例说明

本实例实现创建一个单链表，并将链表中的结点逆置，将逆置后的链表输出在窗体上。实例运行结果如图 2.40 所示。

图 2.40　单链表就地逆置

关键技术

本实例实现单链表的逆置。主要算法思想是：将单链表的结点按照从前往后的顺序依次输出，并依次插入到头结点的位置。

实现过程

（1）在 VC++6.0 中选择“文件”→“新建”→“工程”→“Win32 Console Application”菜单项，创建一个工程，工程名称为“076”，单击“确定”按钮，选择“一个简单的程序”，单击“完成”按钮。

（2）在代码编辑界面中，单击“FileView”，双击打开“Source Files”文件夹下的“076.cpp”文件，删除系统默认创建的代码，开始编写本实例代码。

（3）声明 struct student 类型，代码如下：

076-1

```
01  struct student
02  {
03      int num;
04      struct student *next;
05  };
```

（4）创建 create() 自定义函数，实现创建一个循环链表，其返回值为指针值，返回值指向一个 struct node 类型数据，实际上是返回链表的头指针，代码如下：

076-2

```
01  struct student *create(int n)
02  {
03      int i;
04      struct student *head,  *p1,  *p2;
05      int a;
06      head = NULL;
07      printf("链表元素:\n");
08      for (i = n; i > 0; --i)
09      {
10          p1 = (struct student*)malloc(sizeof(struct student));    /*分配空间*/
11          scanf("%d", &a);
12          p1->num = a;                                             /*数据域赋值*/
13          if (head == NULL)
```

```
14          {
15              head = p1;
16              p2 = p1;
17          }
18          else
19          {
20              p2->next = p1;                              /*指定后继指针*/
21              p2 = p1;
22          }
23      }
24      p2->next = NULL;
25      return head;                                        /*返回头结点指针*/
26  }
```

（5）创建 reverse() 自定义函数，实现将单链表逆置，程序代码如下：

```
076-3
01  struct student *reverse(struct student *head)
02  {
03      struct student *p,  *r;
04      if (head->next && head->next->next)
05      {
06          p = head;                                       /*获取头结点地址*/
07          r = p->next;
08          p->next = NULL;
09          while (r)
10          {
11              p = r;
12              r = r->next;
13              p->next = head;
14              head = p;
15          } return head;
16      }
17      return head;                                        /*返回头结点*/
18  }
```

（6）创建 main() 函数，作为程序的入口函数，调用 create() 自定义函数实现创建单链表，调用 reverse() 自定义函数实现将单链表逆置。程序代码如下：

```
076-4
01  void main()
02  {
03      int n, i;
04      int x;
05      struct student *q;
06      printf("输入你想创建的结点个数:");
07      scanf("%d", &n);
08      q = create(n);                                      /*创建单链表*/
09      q = reverse(q);                                     /*单链表逆置*/
10      printf("逆置后的单链表是:\n");
11      while (q)                                           /*输出逆置后的单链表*/
```

```
12      {
13          printf("%d ", q->num);
14          q = q->next;
15      }
16  }
```

实例 077　使用指针交换两个数组中的最大值　源码位置：Code\02\077

实例说明

在屏幕上输入两个分别带有 5 个元素的数组，使用指针实现将两个数组中的最大值交换，并输入交换最大值之后的两个数组。实例运行结果如图 2.41 所示。

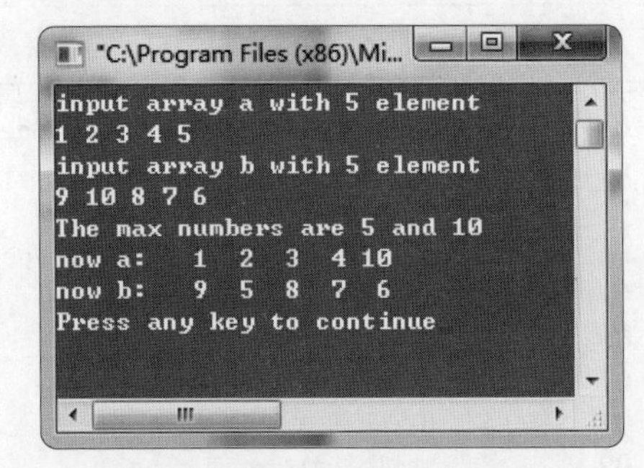

图 2.41　使用指针交换两个数组中的最大值

关键技术

本实例实现使用指针交换两个数组中的最大值，首先分别找出两个数组中最大值的地址，然后使用指针将两个数组中最大值的地址中值进行交换。

实现过程

（1）在 VC++6.0 中选择“文件”→“新建”→“工程”→“Win32 Console Application”菜单项，创建一个工程，工程名称为“077”，单击“确定”按钮，选择“一个简单的程序”，单击“完成”按钮。

（2）在代码编辑界面中，单击“FileView”，双击打开“Source Files”文件夹下的“077.cpp”文件，删除系统默认创建的代码，开始编写本实例代码。

（3）引用头文件，进行宏定义，代码如下：

077-1

```
01  #include "stdafx.h"
02  #include <stdio.h>
03  #define N 5
```

（4）自定义函数 max() 用于获取数组中最大值的位置，并返回这个位置，max() 函数的返回值为指针型数据，代码如下：

077-2

```
01  int *max(int *a, int n)                  /*自定义函数返回数组最大值地址*/
02  {
03      int *p, *q;                          /*定义指针变量*/
04      q=a;                                 /*获取首地址*/
05      for(p=a+1;p<a+n;p++)                 /*判断查找最大值*/
06      {
07          if(*p>*q)
```

```
08            q=p;                                    /*将最大值地址保存在q中*/
09        }
10        return q;                                   /*返回最大值地址*/
11    }
```

（5）自定义函数 swap() 用于将两个数组元素值交换，这里的参数为指针型，表示要交换数据的两个数组元素的地址。代码如下：

```
077-3
01    void swap(int *pa, int *pb)                     /*交换两个数值的自定义函数*/
02    {
03        int temp;                                   /*定义变量*/
04        temp=*pa;                                   /*进行交换*/
05        *pa=*pb;
06        *pb=temp;
07    }
```

（6）在 main() 函数中，实现输入两个数组，调用自定义函数实现查找数组中最大值并将两个最大值交换。代码如下：

```
077-4
01    void main()
02    {
03        int a[N], b[N];                             /*定义两个数组*/
04        int *pa, *pb, *p;                           /*定义指针变量*/
05        printf("input array a with 5 element\n");
06        for(p=a;p<a+N;p++)                          /*输入数组元素*/
07        {
08            scanf("%d",p);
09        }
10        printf("input array b with 5 element\n");
11        for(p=b;p<b+N;p++)                          /*输入数组b的元素*/
12        {
13            scanf("%d",p);
14        }
15        pa=max(a,N);                                /*获取数组a中的最大值地址*/
16        pb=max(b,N);                                /*获取数组b中的最大值地址*/
17        printf("The max numbers are %d and %d\n",*pa,*pb);
18        swap(pa,pb);                                /*交换两个元素值*/
19        printf("now a: ");
20        for(p=a;p<a+N;p++)                          /*输出数组*/
21        {
22            printf ("%3d",*p);
23        }
24        printf("\nnow b: ");
25        for(p=b;p<b+N;p++)                          /*输出数组*/
26        {
27            printf ("%3d",*p);
28        }
29        printf("\n");
30    }
```

实例078 输出今天星期几

源码位置：Code\02\078

实例说明

利用枚举类型表示一周的每一天，通过输入数字来输出对应的是星期几。实例运行结果如图2.42所示。

图2.42 输出今天星期几

关键技术

本实例使用栈来设置密码，应用到了栈的定义、初始化、进栈、出栈等功能。这里将这些功能设置成了单个的自定义函数，并在相应的位置进行调用。本实例首先定义一个密码字符串，将键盘上输入的密码压到栈中，将栈中数据与密码字符串进行比较，看密码是否正确，输入错误3次则退出。

实现过程

（1）在VC++6.0中选择“文件”→“新建”→“工程”→“Win32 Console Application”菜单项，创建一个工程，工程名称为“078”，单击“确定”按钮，选择“一个简单的程序”，单击“完成”按钮。

（2）在代码编辑界面中，单击“FileView”，双击打开“Source Files”文件夹下的“078.cpp”文件，删除系统默认创建的代码，开始编写本实例代码。

（3）具体代码如下：

078-1

```
01  #include "stdafx.h"
02  #include <stdio.h>
03  enum week{Sunday,Monday,Tuesday,Wednesday,Thursday,Friday,Saturday};  /*定义枚举结构*/
04
05  void main()
06  {
07      int day;                                                   /*定义整型变量*/
08      printf("输入星期数(0~6):");
09      scanf("%d",&day);                                          /*输入0~6的值*/
10      switch(day)                                                /*根据数值进行判断*/
11      {
12      case Sunday: printf("今天是星期天"); break;                    /*根据枚举类型进行判断*/
13      case Monday: printf("今天是星期一"); break;
14      case Tuesday: printf("今天是星期二"); break;
15      case Wednesday: printf("今天是星期三"); break;
16      case Thursday: printf("今天是星期天四"); break;
17      case Friday: printf("今天是星期五"); break;
18      case Saturday: printf("今天是星期六"); break;
19      }
20      printf("\n");
21  }
```

实例 079　图的广度优先搜索

源码位置：Code\02\079

实例说明

编程实现对如图 2.43 所示的无向图进行广度优先搜索，实例运行结果如图 2.44 所示。

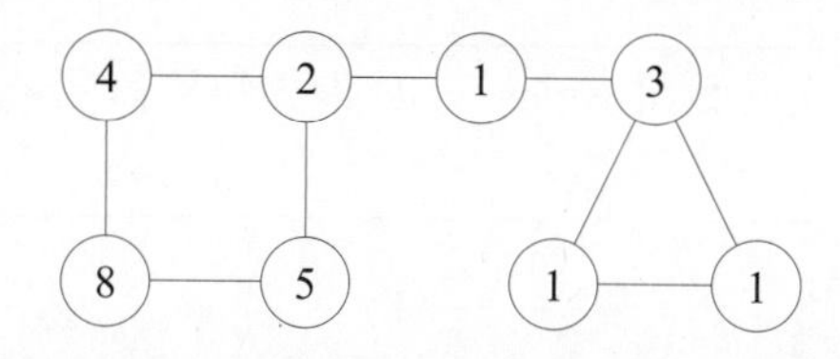

图 2.43　无向图

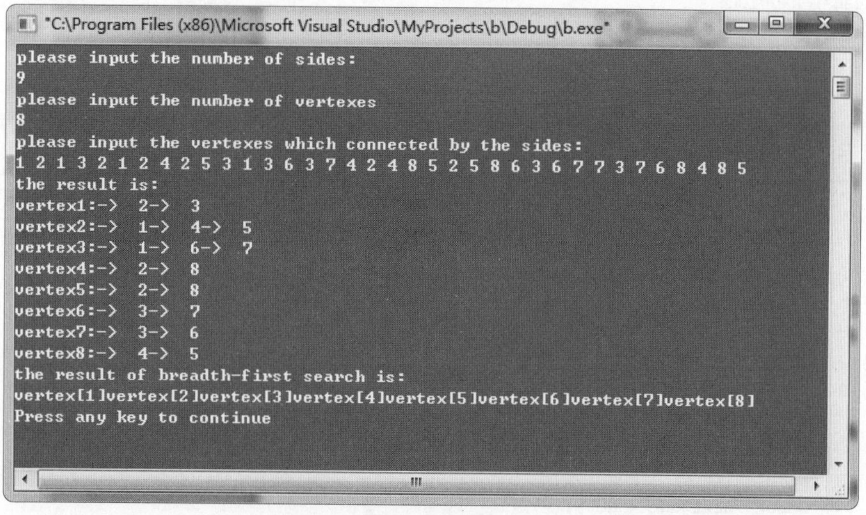

```
"C:\Program Files (x86)\Microsoft Visual Studio\MyProjects\b\Debug\b.exe"
please input the number of sides:
9
please input the number of vertexes
8
please input the vertexes which connected by the sides:
1 2 1 3 2 1 2 4 2 5 3 1 3 6 3 7 4 2 4 8 5 2 5 8 6 3 6 7 7 3 7 6 8 4 8 5
the result is:
vertex1:->  2->  3
vertex2:->  1->  4->  5
vertex3:->  1->  6->  7
vertex4:->  2->  8
vertex5:->  2->  8
vertex6:->  3->  7
vertex7:->  3->  6
vertex8:->  4->  5
the result of breadth-first search is:
vertex[1]vertex[2]vertex[3]vertex[4]vertex[5]vertex[6]vertex[7]vertex[8]
Press any key to continue
```

图 2.44　图的广度优先搜索

关键技术

假设初始时图中所有顶点未被访问，则广度优先搜索从图中某个顶点 V 出发，访问此顶点，然后依次访问 V 的各个未被访问的邻接点，再分别从这些邻接点出发一次访问它们的各个未被访问的邻接点，邻接点出发的次序按“先被访问的先出发”的原则，直到图中前面已被访问的顶点的邻接点都被访问到。若此时图中还有顶点未被访问，则另选图中一个未曾被访问的顶点作始点，重复上面的过程。

实现过程

（1）在 VC++6.0 中选择“文件”→“新建”→“工程”→“Win32 Console Application”菜单项，创建一个工程，工程名称为“079”，单击“确定”按钮，选择“一个简单的程序”，单击“完成”按钮。

（2）在代码编辑界面中，单击“FileView”，双击打开“Source Files”文件夹下的“079.cpp”文件，删除系统默认创建的代码，开始编写本实例代码。

（3）引用头文件。

079-1

```
01  #include "stdafx.h"
02  #include <stdio.h>
03  #include <stdlib.h>
```

（4）定义图的顶点结构并定义数组 vertex_node 为该结构体变量，同时也定义 graph 为结点类型，同时声明代码如下：

079-2

```
01  typedef struct node *graph;
02  struct node vertex_node[10];
03  #define MAXQUEUE 100
04  int queue[MAXQUEUE];
05  int front =  - 1;
06  int rear =  - 1;
07  int visited[10];
```

（5）自定义 creat_graph() 函数，用于构造邻接表，代码如下：

079-3

```
01  void creat_graph(int *node, int n)
02  {
03      graph newnode, p;                                     /*定义一个新结点及指针*/
04      int start, end, i;
05      for (i = 0; i < n; i++)
06      {
07          start = node[i *2];                               /*边的起点*/
08          end = node[i *2+1];                               /*边的终点*/
09          newnode = (graph)malloc(sizeof(struct node));
10          newnode->vertex = end;                            /*新结点的内容为边终点处顶点的内容*/
11          newnode->nextnode = NULL;
12          p = &(vertex_node[start]);                        /*设置指针位置*/
13          while (p->nextnode != NULL)
14              p = p->nextnode;
15          /*寻找链尾*/
16          p->nextnode = newnode;                            /*在链尾处插入新结点*/
17      }
18  }
```

（6）自定义 enqueue() 和 dequeue() 函数，用于实现元素入队和出队，代码如下：

079-4

```
01  int enqueue(int value)                                    /*元素入队列*/
02  {
03      if (rear >= MAXQUEUE)
04          return  - 1;
05      rear++;                                               /*移动队尾指针*/
06      queue[rear] = value;
07  }
```

```
08
09  int dequeue()                                    /*元素出队列*/
10  {
11      if (front == rear)
12          return  - 1;
13      front++;                                     /*移动队头指针*/
14      return queue[front];
15  }
```

（7）自定义 bfs() 函数，实现图的广度优先遍历，代码如下：

079-5

```
01  void bfs(int k)                                  /*广度优先搜索*/
02  {
03      graph p;
04      enqueue(k);                                  /*元素入队列*/
05      visited[k] = 1;
06      printf("vertex[%d]", k);
07      while (front != rear)
08      /*判断是否为空*/
09      {
10          k = dequeue();                           /*元素出队列*/
11          p = vertex_node[k].nextnode;
12          while (p != NULL)
13          {
14              if (visited[p->vertex] == 0)
15              /*判断其是否被访问过*/
16              {
17                  enqueue(p->vertex);
18                  visited[p->vertex] = 1;          /*访问过的元素置1*/
19                  printf("vertex[%d]", p->vertex);
20              }
21              p = p->nextnode;                     /*访问下一个元素*/
22          }
23      }
24  }
```

（8）主函数代码如下：

079-6

```
01  main()
02  {
03      graph p;
04      int node[100], i, sn, vn;
05      printf("please input the number of sides:\n");
06      scanf("%d", &sn);                            /*输入无向图的边数*/
07      printf("please input the number of vertexes\n");
08      scanf("%d", &vn);
09      printf("please input the vertexes which connected by the sides:\n");
10      for (i = 0; i < 4 *sn; i++)
11          scanf("%d", &node[i]);
```

```
12      /*输入每条边所连接的两个顶点，起始及结束位置不同，每边输入两次*/
13      for (i = 1; i <= vn; i++)
14      {
15          vertex_node[i].vertex = i;                              /*将每个顶点的信息存入数组中*/
16          vertex_node[i].nextnode = NULL;
17      }
18      creat_graph(node, 2 *sn);                                   /*调用函数创建邻接表*/
19      printf("the result is:\n");
20      for (i = 1; i <= vn; i++)
21      /*将邻接表内容输出*/
22      {
23          printf("vertex%d:", vertex_node[i].vertex);            /*输出顶点内容*/
24          p = vertex_node[i].nextnode;
25          while (p != NULL)
26          {
27              printf("->%3d", p->vertex);                         /*输出邻接顶点的内容*/
28              p = p->nextnode;                                    /*指针指向下个邻接顶点*/
29          }
30          printf("\n");
31      }
32      printf("the result of breadth-first search is:\n");
33      bfs(1);                                                     /*调用函数进行深度优先遍历*/
34      printf("\n");
35  }
```

实例 080　用栈及递归计算多项式

源码位置：Code\02\080

实例说明

已知如下多项式，试编写计算 $f_n(x)$ 值的递归算法。

$$f_n(x)=\begin{cases}1 & n=0\\ 2x & n=1\\ 2xf_{n-1}(x)-2(n-1)f_{n-2}(x) & n>2\end{cases}$$

实例运行结果如图 2.45 所示。

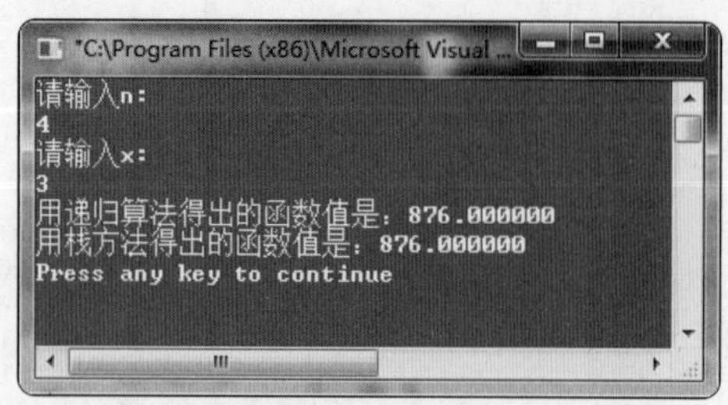

图 2.45　用栈及递归计算多项式

关键技术

本实例要求用栈及递归的方法来求解多项式的值，首先说下递归方法如何来求。

用递归的方法来求解本题关键要找出能让递归结束的条件，否则程序将进入死循环，从题中所给的多项式来看 $f_0(x)=1$ 及 $f_1(x)=2x$ 便是递归结束的条件。那么当 n>0 时所对应的函数便是递归计算的公式。

下面介绍如何用栈来求该多项式的值，利用了栈后进先出的特性将 n 由大到小入栈，再由小到大出栈，每次出栈时求出该数所对应的多项式的值为求下一个出栈的数所对应的多项式的值做基础。

实现过程

（1）在 VC++6.0 中选择“文件”→“新建”→“工程”→“Win32 Console Application”菜单项，创建一个工程，工程名称为“080”，单击“确定”按钮，选择“一个简单的程序”，单击“完成”按钮。

（2）在代码编辑界面中，单击“FileView”，双击打开“Source Files”文件夹下的“080.cpp”文件，删除系统默认创建的代码，开始编写本实例代码。

（3）自定义 f1() 函数用来实现递归求解多项式的值。代码如下：

```
080-1
01  double f1(int n, int x)                                   /*自定义函数f1()，递归的方法*/
02  {
03      if (n == 0)
04          return 1;                                         /*当n为0时，返回值为1*/
05      else if (n == 1)
06          return 2 *x;                                      /*当n为1时，返回值为2与x的乘积*/
07      else
08          return 2 *x * f1(n - 1, x) - 2 *(n - 1) *f1(n - 2, x); /*当n大于2时，递归求值*/
09  }
```

（4）自定义 f2() 函数来实现用栈的方法求解多项式的值。代码如下：

```
080-2
01  double f2(int n, int x)                                   /*自定义函数f2()，栈的方法*/
02  {
03      struct STACK
04      {
05          int num;                                          /*num用来存放n值*/
06          double data;                                      /*data存放不同n所对应的不同结果*/
07      } stack[100];
08      int i, top = 0;                                       /*变量数据类型为基本整型*/
09      double sum1 = 1, sum2;                                /*多项式的结果为双精度型*/
10      sum2 = 2 * x;                                         /*当n是1时，结果是2*/
11      for (i = n; i >= 2; i--)
12      {
13          top++;                                            /*栈顶指针上移*/
14          stack[top].num = i;                               /*i进栈*/
15      }
16      while (top > 0)
17      {
```

```
18         /*求出栈顶元素对应的函数值*/
19         stack[top].data = 2 * x * sum2 - 2 *(stack[top].num - 1) *sum1;
20             sum1 = sum2;                                /*sum2赋给sum1*/
21             sum2 = stack[top].data;                     /*刚算出的函数值赋给sum2*/
22             top--;                                      /*栈顶指针下移*/
23         }
24     return sum2;                                        /*最终返回sum2的值*/
25 }
```

（5）主函数代码如下：

```
080-3
01 void main()
02 {
03     int x, n;                                           /*定义x、n为基本整型*/
04     double sum1, sum2;                                  /*sum1、sum2为双精度型*/
05     printf("请输入n:\n");
06     scanf("%d", &n);                                    /*输入n值*/
07     printf("请输入x:\n");
08     scanf("%d", &x);                                    /*输入x的值*/
09     sum1 = f1(n, x);                                    /*调用f1，算出递归求多项式的值*/
10     sum2 = f2(n, x);                                    /*调用f2，算出栈求多项式的值*/
11     printf("用递归算法得出的函数值是：%f\n", sum1);       /*将递归方法算出的函数值输出*/
12     printf("用栈方法得出的函数值是：%f\n", sum2);         /*将使用栈方法算出的函数值输出*/
13 }
```

实例 081　输出二维数组的一个元素

源码位置：Code\02\081

实例说明

本实例实现在窗体上输出一个 3 行 4 列的数组，输入要显示数组元素的所在行数和列数，将在窗体上显示该数组的元素值。实例运行结果如图 2.46 所示。

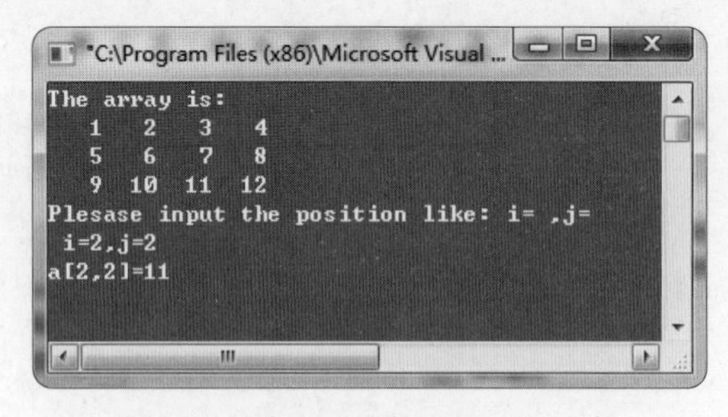

图 2.46　输出二维数组的一个元素

关键技术

本实例使用指向由 m 个元素组成的一维数组的指针变量，实现输出二维数组中指定的数值元素。当指针变量指向一个包含 m 个元素的一维数组时，如果 p 初始指向了 a[0]，即 p=&a[0]，则 p+1 指向 a[1]，而不是 a[0][1]。其示意图如图 2.47 所示。

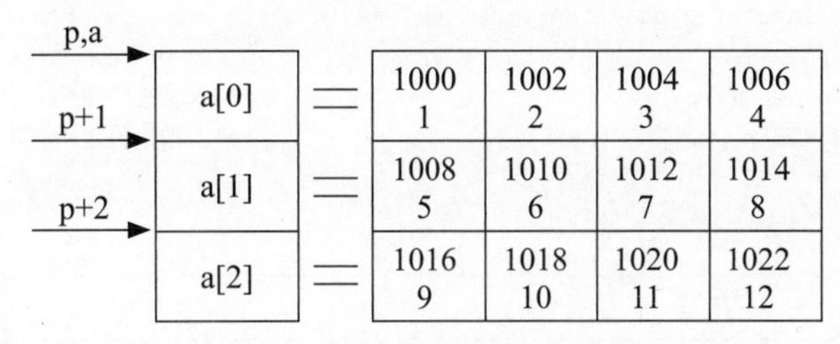

图 2.47　数组与指针关系示意图

定义一个指向一维数组的指针变量可以按如下方式书写：

```
int (*p)[4]
```

上面语句表示定义一个指针变量 p，它指向包含 4 个整型元素的一维数组。也就是 p 所指的对象是有 4 个整型元素的数组，其值为该一维数组的首地址。可以将 p 看成是二维数组中的行指针，p+i 表示二维数组第 i 行的地址，如图 2.47 所示。因为 p+i 表示二维数组第 i 行的地址，所以 *(p+i)+j 表示二维数组第 i 行第 j 列的元素地址。*（*（p+i）+j）则表示二维数组第 i 行第 j 列的值，即 a[i][j] 的值。

实现过程

（1）在 VC++6.0 中选择“文件”→“新建”→“工程”→“Win32 Console Application”菜单项，创建一个工程，工程名称为“081”，单击“确定”按钮，选择“一个简单的程序”，单击“完成”按钮。

（2）在代码编辑界面中，单击“FileView”，双击打开“Source Files”文件夹下的“081.cpp”文件，删除系统默认创建的代码，开始编写本实例代码。

（3）引用头文件。

081-1

```
01  #include "stdafx.h"
02  #include <stdio.h>
03  #include <conio.h>
```

（4）创建main()函数，实现在窗体上显示一个3行4列的数组，并能够输出指定位置的数组元素。

（5）主函数代码如下：

081-2

```
01  main()
02  {
03      int a[3][4]={1,2,3,4,5,6,7,8,9,10,11,12};            /*定义数组*/
04      int *p,(*pt)[4],i,j;                                  /*声明指针、指针型数组等变量*/
05      printf("The array is:");
06      for(p=a[0];p<a[0]+12;p++)
07      {
08          if((p-a[0])%4==0)printf("\n");                    /*每行输出4个元素*/
09          printf("%4d",*p);                                 /*输出数组元素*/
```

```
10         }
11         printf("\n");
12         printf("Plesase input the position like: i= ,j= \n ");
13         pt=a;
14         scanf("i=%d,j=%d",&i,&j);                        /*输入元素位置*/
15         printf("a[%d,%d]=%d\n",i,j,*(*(pt+i)+j));        /*输出指定位置的数组元素*/
16         getch();
17     }
```

实例 082　取出整型数据的高字节数据

源码位置：Code\02\082

实例说明

设计一个共用体，实现提取 int 变量中的高字节中的数值，并改变这个值。输入十六进制的数，实例运行结果如图 2.48 所示。

图 2.48　取出整型数据的高字节数据

关键技术

通常，整型变量在内存中占 2 个字节，取出高字节数据需要访问存储空间。有两种访问方法，全部访问和分字节访问。本实例使用后一种访问存储空间，这样可以设定共用体结构，然后将数据读出。

实现过程

（1）在 VC++6.0 中选择“文件”→“新建”→“工程”→“Win32 Console Application”菜单项，创建一个工程，工程名称为“082”，单击“确定”按钮，选择“一个简单的程序”，单击“完成”按钮。

（2）在代码编辑界面中，单击“FileView”，双击打开“Source Files”文件夹下的“082.cpp”文件，删除系统默认创建的代码，开始编写本实例代码。

（3）引用头文件，代码如下：

```
082-1
01  #include "stdafx.h"
02  #include <stdio.h>
```

（4）定义包含两个成员的共用体类型，一个为字符数组型，分别用于保存数据的高字节位和低字节位数据；另一个为 int 型，用于存储一个数据。代码如下：

```
082-2
01  union {                                   /*定义共用体*/
02      char ch[2];                           /*共用体成员*/
03      int num;
04  }word;                                    /*共用体变量*/
```

（5）主要代码如下：

082-3

```
01   void main()
02   {
03       word.num=0x1234;                            /*以十六进制方式为数据成员赋值*/
04       printf("十六进制数是: %x\n",word.num);        /*以十六进制输出数据*/
05       printf("高字节位数据是: %x\n",word.ch[1]);    /*以十六进制输出高字节位数据*/
06       word.ch[1]='b';                             /*修改高字节位数据*/
07       printf("现在这个数变为: %x\n",word.num);      /*查看结果*/
08   }
```

实例 083　简单的文本编辑器

源码位置：Code\02\083

实例说明

要求实现 3 个功能：对指定行输入字符串，删除指定行的字符串，显示输入字符串的内容。实例运行结果如图 2.49 和图 2.50 所示。

```
"C:\Program Files (x86)\Microsoft Visual Studi...
 1. Input
 2. Delete
 3. List
 4. Exit
please choose
1
input the number of line(0~100),101-exit:
2
please input,#-end
mingri book#
input the number of line(0~100),101-exit:
3
please input,#-end
your good friend!#
input the number of line(0~100),101-exit:
101
```

图 2.49　输入字符串

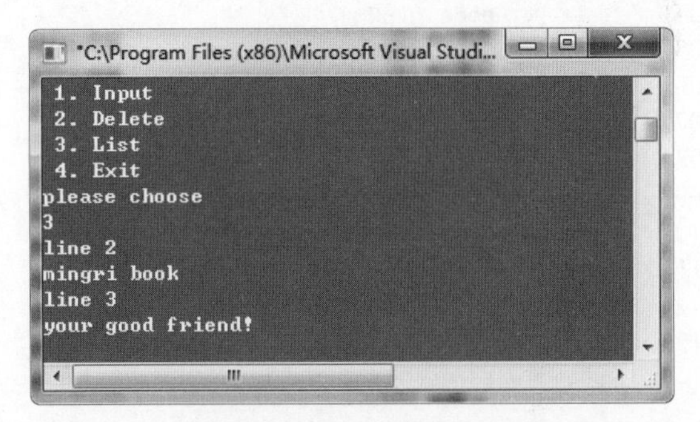

图 2.50　列表显示字符串

关键技术

串是由零个或多个字符组成的有限序列，对串的存储可以有两种方式：一种是静态存储，另一种是动态存储；其中动态存储结构有两种方式：一种是链式存储结构，另一种是堆结构存储方式；这里着重说一下链式存储结构。

串的链式存储结构是包含数据域和指针域的结点结构。因为每个结点仅存放一个字符，这样比较浪费空间，为了节省空间，可使每个结点存放若干个字符，这种结构叫块链结构，本实例就是采用这种块链结构来实现的。

实现过程

（1）在 VC++6.0 中选择“文件”→“新建”→“工程”→“Win32 Console Application”菜单项，创建一个工程，工程名称为“083”，单击“确定”按钮，选择“一个简单的程序”，单击“完成”按钮。

（2）在代码编辑界面中，单击“FileView”，双击打开“Source Files”文件夹下的“083.cpp”文件，删除系统默认创建的代码，开始编写本实例代码。

（3）引用头文件进行宏定义并对自定义函数进行声明。

083-1

```
01  #include "stdafx.h"
02  #include <stdio.h>
03  #include <stdlib.h>
04  #include <string.h>
05  #define MAX 100
06  void Init();
07  void input();
08  void Delline();
09  void List();
10  int Menu();
```

（4）定义结构体用来存储每行字符串的相关信息并声明结构体类型数组 Head。代码如下：

083-2

```
01  typedef struct node                              /*定义存放字符串的结点*/
02  {
03      char data[50];
04      struct node *next;
05  }strnode;
06
07  typedef struct head                              /*定义每行的头结点*/
08  {
09      int number;                                  /*行号*/
10      int length;                                  /*字符串的长度*/
11      strnode *next;
12  }headnode;
13
14  headnode Head[MAX];                              /*定义有100行*/
```

（5）自定义 init() 函数来实现每行头结点的初始化。代码如下：

083-3

```
01  void Init()                                      /*定义初始化函数*/
02  {
03      int i;
04      for(i=0;i<MAX;i++)
05      {
06          Head[i].length=0;
07      }
08  }
```

（6）自定义 Menu() 函数来实现选择菜单，并将选择的菜单所对应的序号返回。代码如下：

083-4

```
01  int Menu()                                       /*定义菜单*/
02  {
03      int i;
04      i=0;
05      printf(" 1. Input\n");
```

```
06      printf(" 2. Delete\n");
07      printf(" 3. List\n");
08      printf(" 4. Exit\n");
09      while(i<=0||i>4)
10      {
11          printf("please choose\n");
12          scanf("%d",&i);
13      }
14      return i;
15  }
```

（7）自定义 input() 函数来实现向指定行中输入字符串。代码如下：

083-5

```
01  void input()                                /*自定义输入字符串函数*/
02  {
03      strnode *p,*find();
04      int i,j,LineNum;
05      char ch;
06      while(1)
07      {j=-1;
08          printf("input the number of line(0~100),101-exit:\n");
09              scanf("%d",&LineNum);            /*输入要输入的字符串所在的行号*/
10          if(LineNum<0||LineNum>=MAX)
11              return;
12          printf("please input,#-end\n");
13          i=LineNum;
14          Head[i].number=LineNum;
15          Head[i].next=(strnode *)malloc(sizeof(strnode)); /*分配内存空间*/
16          p=Head[i].next;
17          ch=getchar();
18          while(ch!='#')
19          {j++;                               /*计数*/
20          if(j>=50)                           /*如果字符串长度超过50，则需要再分配一个结点空间*/
21          {
22              p->next=(strnode *)malloc(sizeof(strnode));
23                  p=p->next;                  /*p指向新分配的结点*/
24          }
25          p->data[j%50]=ch;                   /*将输入的字符串放入data中*/
26          ch=getchar();
27          }
28          Head[i].length =j+1;                /*长度*/
29      }
30  }
```

（8）自定义 Delline() 函数来实现对指定行的删除。代码如下：

083-6

```
01  void Delline()                              /*自定义删除行函数*/
02  {
03      strnode *p,*q;
04      int i,LineNum;
```

```
05      while(1)
06      {
07
08          printf("input the number of line which do you want to delete(0~100),101-exit:\n");
09          scanf("%d",&LineNum);                       /*输入要删除的行号*/
10          if(LineNum<0||LineNum>=MAX)                 /*如果超出行的范围，则返回菜单界面*/
11              return;
12          i = LineNum;
13          p=Head[i].next;
14          if(Head[i].length>0)
15              while(p!=NULL)
16          {
17              q=p->next;
18              free(p);                                /*将p的空间释放*/
19              p=q;
20          }
21          Head[i].length=0;
22          Head[i].number=0;
23      }
24  }
```

（9）自定义 list() 函数来实现将输入的内容显示在屏幕上。代码如下：

083-7

```
01  void List()
02  {
03      strnode *p;
04      int i,j,m,n;
05      for(i=0;i<MAX;i++)
06      {
07          if(Head[i].length>0)
08          {
09              printf("line %d",Head[i].number);
10              n=Head[i].length;
11              m=1;
12              p=Head[i].next;
13              for(j=0;j<n;j++)
14                  if(j>=50*m)                         /*以50为准，超过一个，则指向下一个结点*/
15                  {
16                      p=p->next;
17                      m++;                            /*结点个数*/
18                  }
19                  else
20                  printf("%c",p->data[j%50]);         /*将结点中内容输出*/
21                  printf("\n");
22          }
23      }
24      printf("\n");
25  }
```

（10）主要代码如下：

083-8

```
01  main()
02  {
03      int sel;
04      Init();                                         /*初始化*/
05      while(1)
06      {
07          sel= Menu();
08          switch (sel)                                /*输入对应数字进行选择*/
09          {
10              case 1:input();
11                  break;
12              case 2:Delline();
13                  break;
14              case 3:List();
15                  break;
16              case 4:exit(0);
17          }
18      }
19  }
```

实例 084　为具有三个数组元素的数组分配内存

源码位置：Code\02\084

实例说明

为一个具有三个元素的数组动态分配内存，为元素赋值并将其输出。实例运行结果如图 2.51 所示。

图 2.51　为具有三个数组元素的数组分配内存

关键技术

本实例主要是使用 malloc() 函数为具有三个数组元素的整型数组动态的分配存储空间，利用 for 循环为数组赋值，并使用 printf() 函数输出数组的值。

实现过程

（1）在 VC++6.0 中选择"文件"→"新建"→"工程"→"Win32 Console Application"菜单项，创建一个工程，工程名称为"084"，单击"确定"按钮，选择"一个简单的程序"，单击"完成"按钮。

（2）在代码编辑界面中，单击"FileView"，双击打开"Source Files"文件夹下的"084.cpp"文件，删除系统默认创建的代码，开始编写本实例代码。

（3）使用 malloc() 函数为具有三个数组元素的数组分配内存空间，然后为其赋值，并将值输出。

（4）具体代码如下：

084-1

```
01  #include "stdafx.h"
02  #include <stdio.h>
03  #include <stdlib.h>
04
05  int main()
06  {
07      int* p;
08      int i;
09      p=(int*)malloc(sizeof(int[3]));                    /*分配内存空间*/
10      for(i=0;i<3;i++)
11      {
12          *(p+i)=10*(1+i);                               /*给数组赋值*/
13          printf("%d\n",*(p+i));                         /*输出数组的值*/
14      }
15      return 0;
16  }
```

实例 085　为二维数组动态分配内存

源码位置：Code\02\085

实例说明

设计一个程序，为二维数组进行动态分配并且释放内存空间。数组元素的赋值结果如图 2.52 所示。

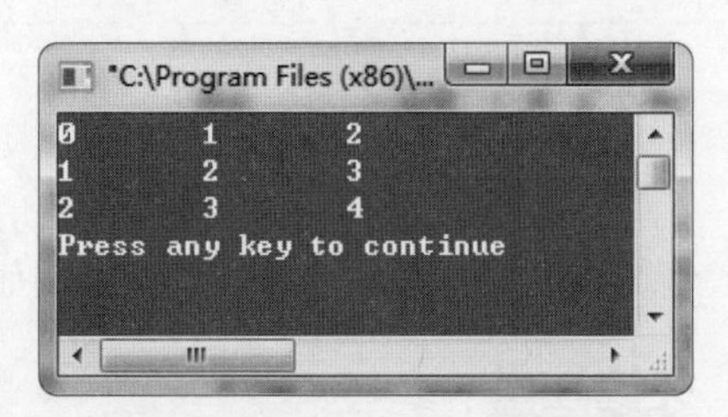

图 2.52　为二维数组动态分配内存

关键技术

在 C 语言中，一维数组是通过 malloc() 动态分配空间来实现的，动态的二维数组也能够通过 malloc() 动态分配空间来实现。实际上，C 语言中没有二维数组，至少对二维数组没有直接的支持，取而代之的是“数组的数组”，二维数组能够看成是由指向数组的指针构成的数组。

对于一个二维数组 p[i][j]，编译器通过公式 *(*(p i) j) 求出数组元素的值，其中，p i 表示计算行指针；*(p i) 表示具体的行，是一个指针，指向该行首元素地址；*(p i) j 表示得到具体元素的地址；*(*(p i) j) 表示得到元素的值。基于这个原理，通过分配一个指针数组，再对指针数组的每一个元素分配空间实现动态的分配二维数组。

实现过程

（1）在 VC++6.0 中选择“文件”→“新建”→“工程”→“Win32 Console Application”菜单项，创建一个工程，工程名称为“085”，单击“确定”按钮，选择“一个简单的程序”，单击“完成”按钮。

（2）在代码编辑界面中，单击“FileView”，双击打开“Source Files”文件夹下的“085.cpp”文件，删除系统默认创建的代码，开始编写本实例代码。

（3）使用 malloc() 函数为二维数组动态分配存储空间，然后赋值，接着将值输出。

（4）具体代码如下：

085-1

```
01  #include "stdafx.h"
02  #include <stdio.h>
03  #include <stdlib.h>
04
05  int main()
06  {
07      int **pArray2;                                      /*二维数组指针*/
08      int iIndex1,iIndex2;                                /*循环控制变量*/
09      pArray2=(int**)malloc(sizeof(int*[3]));             /*指向指针的指针*/
10      for(iIndex1=0;iIndex1<3;iIndex1++)
11      {
12          *(pArray2+iIndex1)=(int*)malloc(sizeof(int[3]));
13          for(iIndex2=0;iIndex2<3;iIndex2++)
14          {
15              *(*(pArray2+iIndex1)+iIndex2)=iIndex1+iIndex2;
16          }
17      }
18      /*输出二维数组中的数据内容*/
19      for(iIndex1=0;iIndex1<3;iIndex1++)
20      {
21          for(iIndex2=0;iIndex2<3;iIndex2++)
22          {
23              printf("%d\t",*(*(pArray2+iIndex1)+iIndex2));
24          }
25          printf("\n");
26      }
27      return 0;
28  }
```

实例 086　商品信息的动态存放

源码位置：Code\02\086

实例说明

动态分配一块内存区域，并存放一个商品信息。实例运行结果如图 2.53 所示。

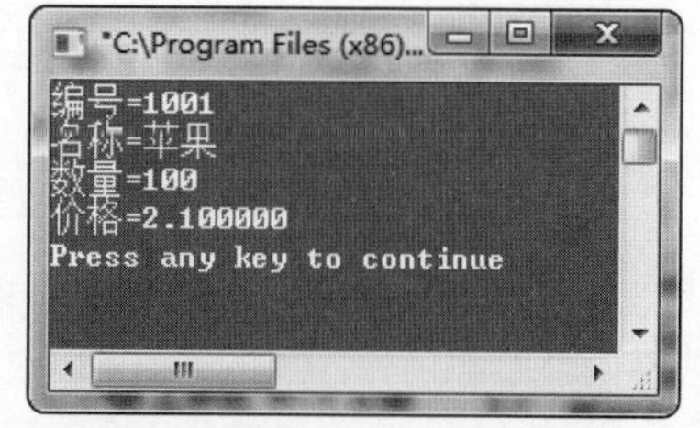

图 2.53　商品信息的动态存放

关键技术

首先需要定义一个商品信息的结构体类型，同时声明一个结构体类型的指针，调用 malloc() 函数分配空间，地址存放到指针变量中，利用指针变量访问该地址空间中的每个成员数据，并为成员赋值，使用 printf() 函数输出各成员值。

实现过程

（1）在 VC++6.0 中选择“文件”→“新建”→“工程”→“Win32 Console Application”菜单

项，创建一个工程，工程名称为“086”，单击“确定”按钮，选择“一个简单的程序”，单击“完成”按钮。

（2）在代码编辑界面中，单击“FileView”，双击打开“Source Files”文件夹下的“086.cpp”文件，删除系统默认创建的代码，开始编写本实例代码。

（3）使用 malloc 函数为具有三个数组元素的数组分配内存空间，然后为其赋值，并将值输出。

（4）具体代码如下：

086-1

```
01  #include "stdafx.h"
02  #include <stdio.h>
03  #include <stdlib.h>
04
05  void main()
06  {
07      struct com                                                  /*定义商品信息的结构体*/
08      {
09          int num;                                                /*编号*/
10          char *name;                                             /*商品名称*/
11          int count;                                              /*数量*/
12          double price;                                           /*单价*/
13      }*commodity;
14      commodity=(struct com*)malloc(sizeof(struct com));          /*分配内存空间*/
15      commodity->num=1001;                                        /*赋值商品编号*/
16      commodity->name="苹果";                                     /*赋值商品名称*/
17      commodity->count=100;                                       /*赋值商品数量*/
18      commodity->price=2.1;                                       /*赋值单价*/
19      printf("编号=%d\n名称=%s\n数量=%d\n价格=%f\n",
20          commodity->num,commodity->name,commodity->count,commodity->price);
21  }
```

实例 087　编写头文件包含圆面积的计算公式　源码位置：Code\02\087

实例说明

编写程序，将计算圆面积的宏定义存储在一个头文件中，输入半径便可得到圆的面积。实例运行结果如图 2.54 所示。

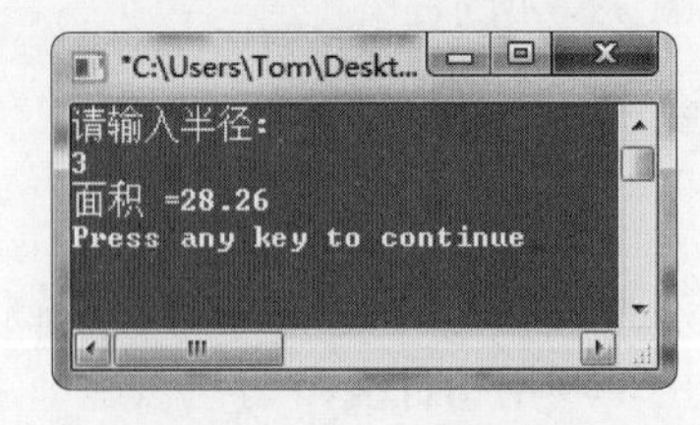

图 2.54　编写头文件包含圆面积的计算公式

关键技术

使用不同的文件需要利用 #include 指令，它有两种格式：

```
#include  <文件名>
#include  "文件名"
```

一种用尖括号 <> 括起，另一种用双引号括起。

需要注意这两种格式的区别：用尖括号时，系统到存放 C 库函数头文件所在的目录中寻找要包含的文件，这种称为标准方式；用双引号时，系统先在用户当前目录中寻找要包含的文件，若找不到，再到存放 C 库函数头文件所在的目录中寻找要包含的文件。

通常，如果为调用库函数用 #include 命令来包含相关的头文件，则用尖括号，可以节省查找的时间。如果要包含的是用户自己编写的文件，一般用双引号，用户自己编写的文件通常是在当前目录中。如果文件不在当前目录中，双引号可给出文件路径。

注意

在本实例中，自定义头文件 Area.H，因为存储在程序当前路径下，因此在引用时使用 #include “Area.H” 的格式，而非 #include <Area.H> 的格式。

实现过程

（1）在 VC++6.0 中创建一个 H 文件，命名为 Area.H，代码如下：

```
087-1
01  #define PI 3.14
02  #define Area(r) PI*(r)*(r)
```

（2）创建一个 C 文件，引用头文件，代码如下：

```
087-2
01  #include "stdafx.h"
02  #include <stdio.h>
```

（3）将定义的头文件 Area.H 引用到 C 文件中：

```
087-3
01  #include "Area.H"
```

（4）具体代码如下：

```
087-4
01  void main()
02  {
03      float r;                                  /*定义浮点型变量，存储圆的半径*/
04      printf("请输入半径:\n");                   /*提示用户输入圆的半径*/
05      scanf("%f",&r);                           /*接收用户的输入*/
06      printf("面积 =%.2f\n",Area(r));            /*输出圆的面积*/
07  }
```

实例 088　利用宏定义求偶数和

源码位置：Code\02\088

实例说明

编写程序实现利用宏定义求 1 ～ 100 的偶数和，定义一个宏判断一个数是否为偶数。实例运行结果如图 2.55 所示。

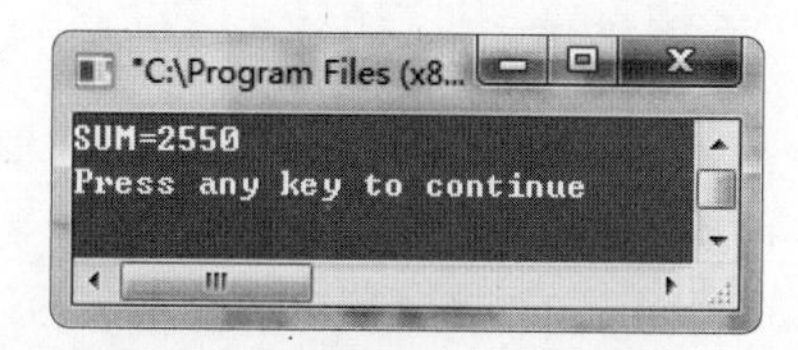

图 2.55　利用宏定义求偶数和

关键技术

本实例在累加求和过程中需要不断地判断数据是否为偶数，

因此要创建带参数的宏，把判断偶数的过程定义为常量，由于 C 语言中不提供逻辑常量，因此自定义宏 TRUE 和 FALSE，表示 1 和 0。因此，判断偶数的宏又可以演变为下面的形式：

```
#define EVEN(x) (((x)%2==0)?TRUE:FALSE)
```

实现过程

（1）在 VC++6.0 中选择“文件”→“新建”→“工程”→“Win32 Console Application”菜单项，创建一个工程，工程名称为“088”，单击“确定”按钮，选择“一个简单的程序”，单击“完成”按钮。

（2）在代码编辑界面中，单击“FileView”，双击打开“Source Files”文件夹下的“088.cpp”文件，删除系统默认创建的代码，开始编写本实例代码。

（3）定义带参数的宏，代码如下：

088-1

```
01  #define TRUE 1
02  #define FALSE 0
03  #define EVEN(x) (((x)%2==0)?TRUE:FALSE)
```

（4）具体代码如下：

088-2

```
01  void main()
02  {
03      int sum,i;                              /*定义整型变量，分别为存储累计和、循环计数变量*/
04      sum=0;                                  /*给累加和初始化*/
05      for(i=1;i<=100;i++)                     /*1~100做循环*/
06      {
07          if(EVEN(i))                         /*如果是偶数*/
08              sum+=i;                         /*累加*/
09      }
10      printf("SUM=%d\n",sum);                 /*输出累加和*/
11  }
```

实例 089　输出二维数组有关值

源码位置：Code\02\089

实例说明

本实例实现在窗体上输出二维数组的有关值，指向二维数组的指针变量的应用。实例运行结果如图 2.56 所示。

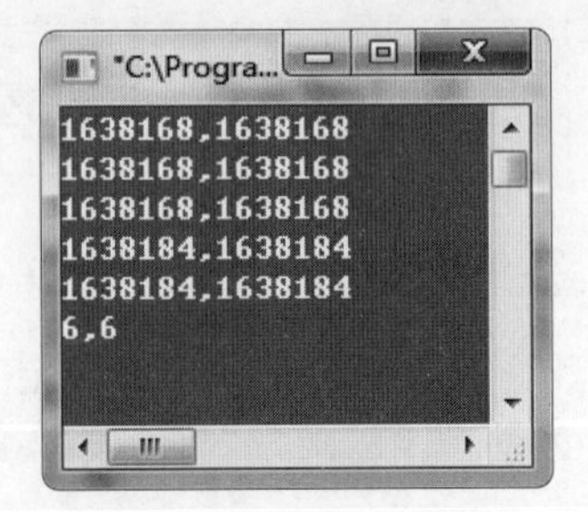

图 2.56　输出二维数组有关值

关键技术

要更清楚地了解二维数组的指针，首先要掌握二维数组数据结构的特性。二维数组可以看成是元素值为一维数组的数组。假设有一个 3 行 4 列的二维数组 a，它定义为：

```
int a[3][4]={{1,2,3,4},{5,6,7,8},{9,10,11,12}};
```

a 是数组名。a 数组包含 3 行，即 3 个元素：即 a[0]、a[1]、a[2]。而每个元素又是一个包含 4 个元素的一维数组。同一维数组一样，a 的值为数组首元素地址值，而这里的首元素为 4 个元素组成的一维数组。因此，从二维数组角度看，a 代表的是首行的首地址，a+1 代表的是第一行的首地址。a[0]+0 可表示为&a[0][0]，即首行首元素的地址；a[0]+1 可表示为&a[0][1]，即首行第二个元素的地址。

使用指针指向数组时，在一维数组中 a[0] 与 *a[0] 等价，a[1] 与 *a(+1) 等价。因此，在二维数组中 a[0]+1 和 *(a+0)+1 的值都是 &a[0][1]，如图 2.57 所示中的地址 1002，a[1]+2 和 *(a+1)+2 的值都是 &a[1][2]，如图 2.57 所示中的地址 1012。

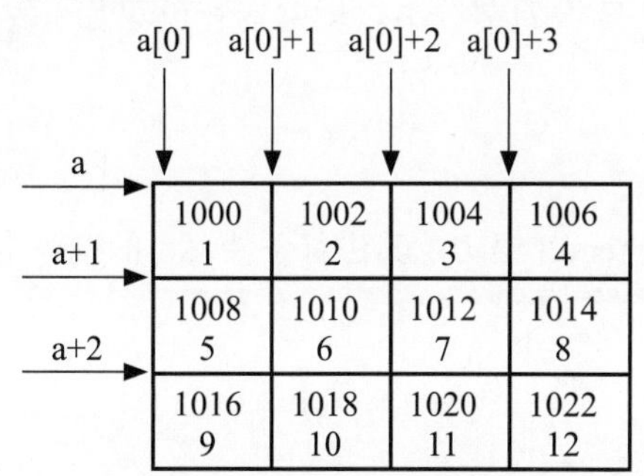

图 2.57　二维数组地址描述

实现过程

（1）在 VC++6.0 中选择“文件”→“新建”→“工程”→“Win32 Console Application”菜单项，创建一个工程，工程名称为“089”，单击“确定”按钮，选择“一个简单的程序”，单击“完成”按钮。

（2）在代码编辑界面中，单击“FileView”，双击打开“Source Files”文件夹下的“089.cpp”文件，删除系统默认创建的代码，开始编写本实例代码。

（3）引用头文件，代码如下：

```
089-1
01  #include "stdafx.h"
02  #include <stdio.h>
03  #include <conio.h>
```

（4）创建 main() 函数，实现输出与二维数组有关的值。

（5）主函数代码如下：

```
089-2
01  void main()
02  {
03      int a[3][4]={1,2,3,4,5,6,7,8,9,10,11,12};           /*声明数组*/
04      printf("%d,%d\n",a,*a);                             /*输出第0行首地址和0行0列元素地址*/
05      printf("%d,%d\n",a[0],*(a+0));                      /*输出0行0列地址*/
06      printf("%d,%d\n",&a[0],&a[0][0]);                   /*0行首地址和0行0列地址*/
07      printf("%d,%d\n",a[1],a+1);                         /*输出1行0列地址和1行首地址*/
08      printf("%d,%d\n",&a[1][0],*(a+1)+0);                /*输出1行0列地址*/
09      printf("%d,%d\n",a[1][1],*(*(a+1)+1));              /*输出1行1列元素值*/
10      getch();
11  }
```

实例 090　使用条件编译隐藏密码

源码位置：Code\02\090

实例说明

一般输入密码时都会用星号“*”来替代，用以增强安全性。要求设置一个宏，规定宏体为 1，在正常情况下密码显示为 * 号的形式，在某些特殊的时候，显示为字符串。实例运行结果如图 2.58 所示。

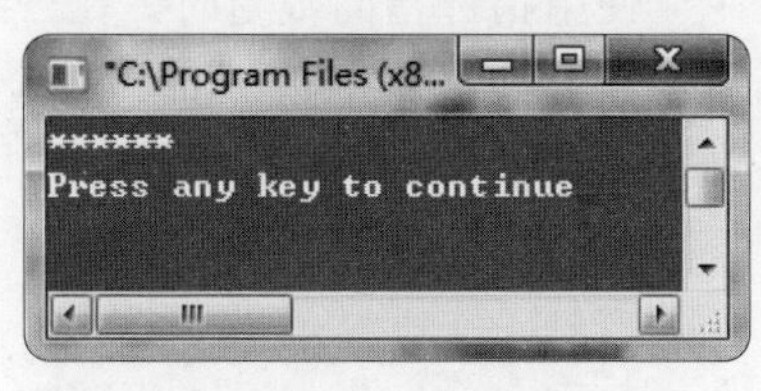

图 2.58　使用条件编译隐藏密码

关键技术

条件编译使用 #if…#else…#endif 语句，其进行条件编译的指令格式为：

```
#if 常数表达式
    语句段1
#else
    语句段2
#endif
```

如果常数表达式为真，则编译语句段 1，否则编译语句段 2。

本实例中，要求一个字符串有两种输出形式，一种是原样输出，另一种是用相同数目的“*”号输出，可以通过选择语句来实现，但是使用条件编译指令可以在编译阶段就决定要怎样操作。

实现过程

（1）在 VC++6.0 中选择“文件”→“新建”→“工程”→“Win32 Console Application”菜单项，创建一个工程，工程名称为“090”，单击“确定”按钮，选择“一个简单的程序”，单击“完成”按钮。

（2）在代码编辑界面中，单击“FileView”，双击打开“Source Files”文件夹下的“090.cpp”文件，删除系统默认创建的代码，开始编写本实例代码。

（3）定义宏，代码如下：

090-1

```
01  #define PWD 1
```

（4）具体代码如下：

090-2

```
01  void main()
02  {
03      char *s="mrsoft";                  /*定义字符变量，将其设置为密码*/
04  #if PWD                                /*如果是密码*/
05      printf("******\n");                /*输出星号的形式*/
06  #else                                  /*否则*/
07      printf("%s\n",s);                  /*输出字符串*/
08  #endif
09  }
```

第3章

文件操作

读取磁盘文件

将数据写入磁盘文件

格式化读写文件

成块读写操作

随机读写文件

……

实例 091 读取磁盘文件

源码位置：Code\03\091

实例说明

要求在程序执行前在任意路径下新建一个文本文档，文档内容为：“不登高山，不知天之高也；不临深谷，不知地之厚也。”编程实现从键盘中输入文件路径及名称，在屏幕上显示出该文件的内容。实例运行结果如图 3.1 所示。

图 3.1 读取磁盘文件

关键技术

本实例用到了几个与文件操作相关的函数，下面逐一介绍：

☑ fopen() 文件的打开函数

```
FILE *fp
fp=fopen(文件名, 使用文件方式)
```

例如：

```
fp=fopen("123.txt","r");
```

它表示要打开名称为 123 的文本文档，使用文件方式为“只读”，fopen() 函数带回指向 123.txt 文件的指针并赋给 fp，也就是说 fp 指向 123.txt 文件。

使用文件方式如表 3.1 所示：

表 3.1 使用文件方式

文件使用方式	含 义
“r”（只读）	打开一个文本文件，只允许读数据
“w”（只写）	打开或建立一个文本文件，只允许写数据
“a”（追加）	打开一个文本文件，并在文件末尾写数据
“rb”（只读）	打开一个二进制文件，只允许读数据
“wb”（只写）	打开或建立一个二进制文件，只允许写数据
“ab”（追加）	打开一个二进制文件，并在文件末尾写数据
“r+”（读写）	打开一个文本文件，允许读和写

续表

文件使用方式	含 义
"w+"（读写）	打开或建立一个文本文件，允许读写
"a+"（读写）	打开一个文本文件，允许读，或在文件末尾追加数据
"rb+"（读写）	打开一个二进制文件，允许读和写
"wb+"（读写）	打开或建立一个二进制文件，允许读和写
"ab+"（读写）	打开一个二进制文件，允许读，或在文件末尾追加数据

☑ fclose() 文件的关闭函数

```
fclose(文件指针)
```

作用是通过文件指针将该文件关闭。

☑ fgetc() 函数

```
ch=fgetc(fp);
```

该函数的作用是从指定的文件（fp 指向的文件）读入一个字符赋给 ch。注意该文件必须是以读或读写方式打开的。

实现过程

（1）在 VC++6.0 中选择"文件"→"新建"→"工程"→"Win32 Console Application"菜单项，创建一个工程，工程名称为"091"，单击"确定"按钮，选择"一个简单的程序"，单击"完成"按钮。

（2）在代码编辑界面中，单击"FileView"，双击打开"Source Files"文件夹下的"091.cpp"文件，删除系统默认创建的代码，开始编写本实例代码。

（3）用 while 循环实现字符的输出。

（4）具体代码如下：

091-1

```
01  #include "stdafx.h"
02  #include <stdio.h>
03  main()
04  {
05      FILE *fp;                                   /*定义一个指向FILE类型结构体的指针变量*/
06      char ch, filename[50];                      /*定义变量及数组为字符型*/
07      printf("please input file`s name;\n");
08      gets(filename);                             /*输入文件所在路径及名称*/
09      fp = fopen(filename, "r");                  /*以只读方式打开指定文件*/
10      ch = fgetc(fp);                             /*fgetc()函数带回一个字符赋给ch*/
11      while (ch != EOF)                           /*当读入的字符值等于EOF时，结束循环*/
12      {
13          putchar(ch);                            /*将读入的字符输出在屏幕上*/
14          ch = fgetc(fp);                         /*fgetc()函数继续带回一个字符赋给ch*/
```

```
15      }
16      fclose(fp);                                          /*关闭文件*/
17      printf("\n");
18  }
```

实例 092　将数据写入磁盘文件　　　源码位置：Code\03\092

实例说明

将数据写入磁盘文件，即在任意路径下新建一个文本文档，向该文档中写入：“好好学习，天天向上，充满信心，成功有望！”以“#”结束字符串的输入。实例运行结果如图 3.2 和图 3.3 所示。

图 3.2　将数据写入磁盘文件

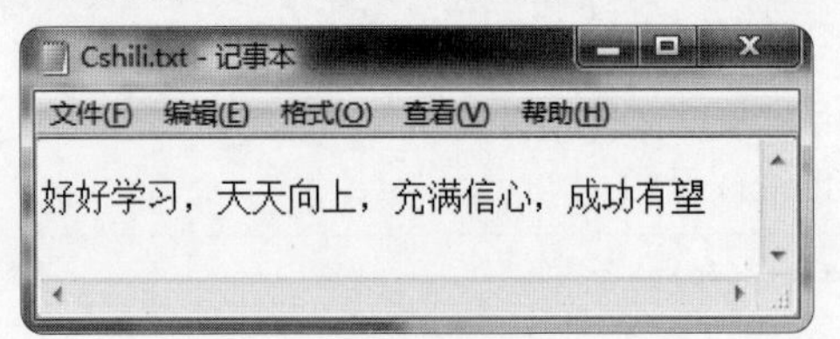

图 3.3　打开 Cshili.txt 文件

关键技术

本实例中用到了 fputc() 函数，具体函数使用说明如下：

```
ch=fputc(ch,fp);
```

该函数的作用是把一个字符写到磁盘文件（fp 所指向的是文件）中。其中 ch 是要输出的字符，它可以是一个字符常量，也可以是一个字符变量。fp 是文件指针变量。

实现过程

（1）在 VC++6.0 中选择“文件”→“新建”→“工程”→“Win32 Console Application”菜单项，创建一个工程，工程名称为“092”，单击“确定”按钮，选择“一个简单的程序”，单击“完成”按钮。

（2）在代码编辑界面中，单击“FileView”，双击打开“Source Files”文件夹下的“092.cpp”文件，删除系统默认创建的代码，开始编写本实例代码。

（3）用 while 循环来实现字符的读入。

（4）main() 函数作为程序的入口函数，代码如下：

```
092-1
01  #include "stdafx.h"
02  #include <stdio.h>
03  #include <stdlib.h>
04  void main()
05  {
06      FILE *fp;                                /*定义一个指向FILE类型结构体的指针变量*/
```

```
07      char ch, filename[50];                          /*定义变量及数组为字符型*/
08      printf("please input filename:\n");
09      scanf("%s", filename);                          /*输入文件所在路径及名称*/
10      if ((fp = fopen(filename, "w")) == NULL)        /*以只写方式打开指定文件*/
11      {
12          printf("cannot open file\n");
13          exit(0);
14      }
15      ch = getchar();                                 /*fgetc()函数带回一个字符赋给ch*/
16      while (ch != '#')                               /*当输入“#”时，结束循环*/
17      {
18          fputc(ch, fp);                              /*将读入的字符写到磁盘文件上去*/
19          ch = getchar();                             /*fgetc()函数继续带回一个字符赋给ch*/
20      }
21      fclose(fp);                                     /*关闭文件*/
22  }
```

实例 093 格式化读写文件

源码位置：Code\03\093

实例说明

本实例实现将输入的小写字母串写入磁盘文件，再将刚写入磁盘文件的内容读出并以大写字母的形式显示在屏幕上。实例运行结果如图 3.4 所示。

图 3.4 格式化读写文件

关键技术

本实例中用到了 fprintf() 函数及 fscanf() 函数，具体函数使用说明如下：

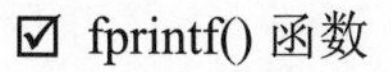

☑ fprintf() 函数

```
ch=fprintf(文件指针, 格式字符串, 输出列表);
```

例如：

```
fprintf(fp,"%d",i);
```

它的作用是将整型变量 i 的值按 %d 的格式输出到 fp 指向的文件上。

☑ fscanf() 函数

```
fscanf(文件指针, 格式字符串, 输入列表)
```

例如：

```
fscanf(fp,"%d",&i);
```

注意

fprintf() 函数和 fscanf() 函数的读写对象不是终端，而是磁盘文件。

实现过程

（1）在 VC++6.0 中选择“文件”→“新建”→“工程”→“Win32 Console Application”菜单项，创建一个工程，工程名称为“093”，单击“确定”按钮，选择“一个简单的程序”，单击“完成”按钮。

（2）在代码编辑界面中，单击“FileView”，双击打开“Source Files”文件夹下的“093.cpp”文件，删除系统默认创建的代码，开始编写本实例代码。

（3）用 while 循环来实现字符串的读入，通过设置的标志位 (flag) 来判断是否结束字符串读入，当 flag 为 1 时继续读入字符串，当 flag 为 0 时停止读入字符串。

（4）实现将读入的小写字母转换为大写字母，只需将读入的小写字母的 ASCII 码值减 32 即可实现。

（5）main() 函数作为程序的入口函数，代码如下：

093-1

```
01  #include "stdafx.h"
02  #include <stdio.h>
03  #include <stdlib.h>
04  main()
05  {
06      int i, flag = 1;                                /*定义变量为基本整型*/
07      char str[80], filename[50];                     /*定义数组为字符型*/
08      FILE *fp;                                       /*定义一个指向FILE类型结构体的指针变量*/
09      printf("please input filename:\n");
10      scanf("%s", filename);                          /*输入文件所在路径及名称*/
11      if ((fp = fopen(filename, "w")) == NULL)        /*以只写方式打开指定文件*/
12      {
13          printf("cannot open!");
14          exit(0);
15      }
16      while (flag == 1)
17      {
18          printf("\nInput string:\n");
19          scanf("%s", str);                           /*输入字符串*/
20          fprintf(fp, "%s", str);                     /*将str字符串内容以%s形式写到fp所指文件上*/
21          printf("\nContinue:?");
22          if ((getchar() == 'N') || (getchar() == 'n'))   /*输入n结束输入*/
23              flag = 0;                               /*标志位置0*/
24      }
25      fclose(fp);                                     /*关闭文件*/
26      fp = fopen(filename, "r");                      /*以只读方式打开指定文件*/
27      while (fscanf(fp, "%s", str) != EOF)            /*从fp所指的文件中以%s形式读入字符串*/
28      {
29          for (i = 0; str[i] != '\0'; i++)
30              if ((str[i] >= 'a') && (str[i] <= 'z'))
31                  str[i] -= 32;                       /*将小写字母转换为大写字母*/
```

```
32          printf("\n%s\n", str);                    /*输出转换后的字符串*/
33      }
34      fclose(fp);                                   /*关闭文件*/
35  }
```

实例 094　成块读写操作

源码位置：Code\03\094

实例说明

统计学生成绩信息，从键盘中输入学生成绩信息，保存到指定磁盘文件中，输入全部信息后将磁盘文件中保存的信息输出到屏幕上。实例运行结果如图 3.5 所示。

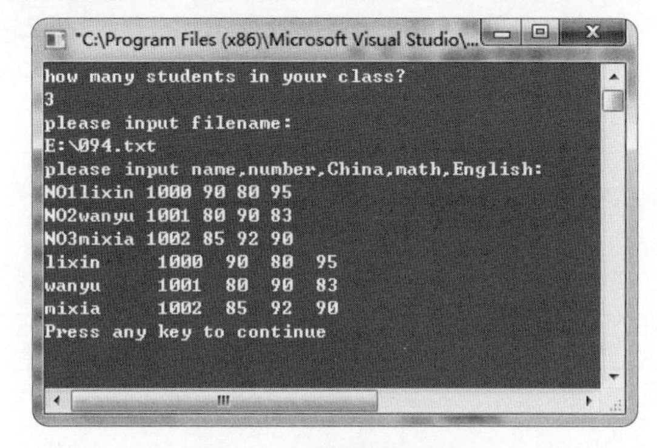

图 3.5　成块读写操作

关键技术

本实例中用到了 fwrite() 函数及 fread() 函数，具体函数使用说明如下：

☑ fwrite() 函数

```
fwrite(buffer,size,count,fp);
```

它的作用是将 buffer 地址开始的信息，输出 count 次，每次写 size 字节到 fp 所指的文件中。

参数说明：

buffer：是一个指针，是要输出数据的地址（起始地址）。

size：要读写的字节数。

count：要进行读写多少个 size 字节的数据项。

fp：文件型指针。

☑ fread() 函数

```
fread(buffer,size,count,fp)
```

它的作用是从 fp 所指的文件中读入 count 次，每次读 size 字节，读入的信息存在 buffer 地址中。

参数说明与 fwrite() 函数基本相同，唯一不同的是 buffer 是读入数据的存放地址。

实现过程

（1）在 VC++6.0 中选择“文件”→“新建”→“工程”→“Win32 Console Application”菜单项，创建一个工程，工程名称为“094”，单击“确定”按钮，选择“一个简单的程序”，单击“完成”按钮。

（2）在代码编辑界面中，单击“FileView”，双击打开“Source Files”文件夹下的“094.cpp”文件，删除系统默认创建的代码，开始编写本实例代码。

（3）引用头文件，代码如下：

```
094-1
01  #include "stdafx.h"
02  #include <stdlib.h>
03  #include <stdio.h>
```

（4）定义结构体类型数组，代码如下：

```
094-2
01  struct student_score                          /*定义结构体存储学生成绩信息*/
02  {
03      char name[10];
04      int num;
05      int China;
06      int Math;
07      int English;
08  } score[100];
```

（5）自定义 save() 函数，作用是将输入的一组数据输出到指定的磁盘文件中去。代码如下：

```
094-3
01  void save(char *name, int n)                  /*自定义函数save()*/
02  {
03      FILE *fp;                                 /*定义一个指向FILE类型结构体的指针变量*/
04      int i;
05      if ((fp = fopen(name, "wb")) == NULL)     /*以只写方式打开指定文件*/
06      {
07          printf("cannot open file\n");
08          exit(0);
09      }
10      for (i = 0; i < n; i++)
11          /*将一组数据输出到fp所指的文件中*/
12          if (fwrite(&score[i], sizeof(struct student_score), 1, fp) != 1)
13              printf("file write error\n");     /*如果写入文件不成功，则输出错误*/
14          fclose(fp);                           /*关闭文件*/
15  }
```

（6）自定义 show() 函数，作用是将从指定的文件中读入的一组输出显示到屏幕上。代码如下：

```
094-4
01  void show(char *name, int n)                  /*自定义函数show()*/
02  {
03      int i;
04      FILE *fp;                                 /*定义一个指向FILE类型结构体的指针变量*/
05      if ((fp = fopen(name, "rb")) == NULL)     /*以只读方式打开指定文件*/
06      {
07          printf("cannot open file\n");
```

```
08            exit(0);
09        } for (i = 0; i < n; i++)
10        {
11            /*从fp所指向的文件读入数据存到数组score中*/
12            fread(&score[i], sizeof(struct student_score), 1, fp);
13            printf("%-10s%4d%4d%4d%4d\n", score[i].name, score[i].num,
14                    score[i].China, score[i].Math, score[i].English);
15        }
16        fclose(fp);                                      /*以只写方式打开指定文件*/
17    }
```

（7）main() 函数作为程序的入口函数，代码如下：

094-5

```
01    main()
02    {
03        int i, n;                                        /*变量类型为基本整型*/
04        char filename[50];                               /*数组为字符型*/
05        printf("how many students in your class?\n");
06        scanf("%d", &n);                                 /*输入学生数*/
07        printf("please input filename:\n");
08        scanf("%s", filename);                           /*输入文件所在路径及名称*/
09        printf("please input name,number,China,math,English:\n");
10        for (i = 0; i < n; i++)                          /*输入学生成绩信息*/
11        {
12            printf("NO%d", i + 1);
13            scanf("%s%d%d%d%d", score[i].name, &score[i].num, &score[i].China,
14              &score[i].Math, &score[i].English);
15            save(filename, n);                           /*调用函数save()*/
16        } show(filename, n);                             /*调用函数show()*/
17    }
```

扩展学习

根据本实例，请尝试：

☑ 实现十进制数（基本整型中的负数部分）转换成二进制数。

☑ 实现二进制数、十六进制数或八进制数转换成十进制数。

实例 095 随机读写文件

源码位置：Code\03\095

实例说明

输入若干名学生的信息，保存到指定磁盘文件中，要求将奇数条学生信息从磁盘中读入并显示在屏幕上。实例运行结果如图 3.6 所示。

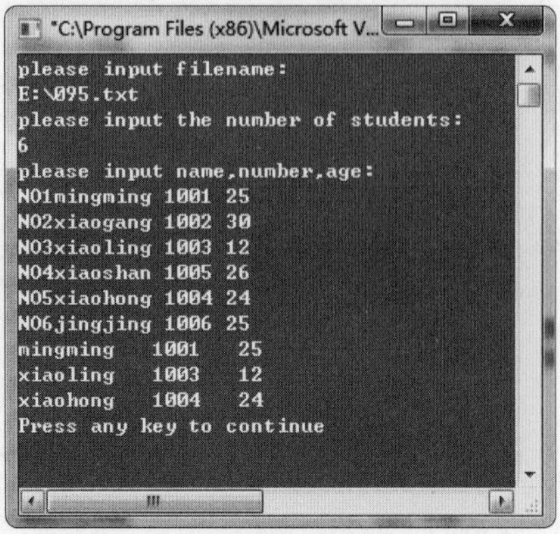

```
"C:\Program Files (x86)\Microsoft V...
please input filename:
E:\095.txt
please input the number of students:
6
please input name,number,age:
N01mingming 1001 25
N02xiaogang 1002 30
N03xiaoling 1003 12
N04xiaoshan 1005 26
N05xiaohong 1004 24
N06jingjing 1006 25
mingming   1001   25
xiaoling   1003   12
xiaohong   1004   24
Press any key to continue
```

图 3.6　随机读写文件

关键技术

本实例中用到了 fseek() 函数，具体函数使用说明如下：

☑ fseek() 函数

```
fseek(文件类型指针, 位移量, 起始点);
```

它的作用是用来移动文件内部位置指针，其中参数“起始点”表示从何处开始计算位移量。规定的起始点有 3 种：文件首、文件当前位置和文件尾。其表示方法如表 3.2 所示。

表 3.2　起始点表示法

起 始 点	表 示 符 号	数 字 表 示
文件首	SEEK–SET	0
当前位置	SEEK–CUR	1
文件末尾	SEEK–END	2

例如：

```
fseek(fp,-20L,1);
```

表示将位置指针从当前位置向后退 20 字节。

实现过程

（1）在 VC++6.0 中选择“文件”→“新建”→“工程”→“Win32 Console Application”菜单项，创建一个工程，工程名称为“095”，单击“确定”按钮，选择“一个简单的程序”，单击“完成”按钮。

（2）在代码编辑界面中，单击“FileView”，双击打开“Source Files”文件夹下的“095.cpp”文件，删除系统默认创建的代码，开始编写本实例代码。

（3）引用头文件，代码如下：

```
095-1
01  #include "stdafx.h"
02  #include <stdlib.h>
03  #include <stdio.h>
```

（4）定义结构体类型数组，代码如下：

```
095-2
01  struct student_type                                  /*定义结构体存储学生信息*/
02  {
03      char name[10];
04      int num;
05      int age;
06  }stud[10];
```

（5）自定义 save() 函数，作用是将输入的一组数据输出到指定的磁盘文件中去。代码如下：

```
095-3
01  void save(char *name, int n)                         /*自定义函数save()*/
02  {
03      FILE *fp;
04      int i;
05      if ((fp = fopen(name, "wb")) == NULL)            /*以只写方式打开指定文件*/
06      {
07          printf("cannot open file\n");
08          exit(0);
09      }
10      for (i = 0; i < n; i++)
11          /*将一组数据输出到fp所指的文件中*/
12          if (fwrite(&stud[i], sizeof(struct student_type), 1, fp) != 1)
13              printf("file write error\n");            /*如果写入文件不成功，则输出错误*/
14      fclose(fp);                                      /*关闭文件*/
15  }
```

（6）main() 函数作为程序的入口函数，代码如下：

```
095-4
01  main()
02  {
03      int i, n;                                        /*变量类型为基本整型*/
04      FILE *fp;                                        /*定义一个指向FILE类型结构体的指针变量*/
05      char filename[50];                               /*数组为字符型*/
06      printf("please input filename:\n");
07      scanf("%s", filename);                           /*输入文件所在路径及名称*/
08      printf("please input the number of students:\n");
09      scanf("%d", &n);                                 /*输入学生数*/
10      printf("please input name,number,age:\n");
11      for (i = 0; i < n; i++)                          /*输入学生信息*/
12      {
13          printf("NO%d", i + 1);
14          scanf("%s%d%d", stud[i].name, &stud[i].num, &stud[i].age);
15          save(filename, n);                           /*调用函数save()*/
16      } if ((fp = fopen(filename, "rb")) == NULL)      /*以只读方式打开指定文件*/
17      {
18          printf("can not open file\n");
```

```
19          exit(0);
20      }
21      for (i = 0; i < n; i += 2)
22      {
23          fseek(fp, i *sizeof(struct student_type), 0);        /*随着i的变化从文件开始处随机读文件*/
24          /*从fp所指向的文件读入数据存到数组stud中*/
25          fread(&stud[i], sizeof(struct student_type), 1, fp);
26          printf("%-10s%5d%5d\n", stud[i].name, stud[i].num, stud[i].age);
27      }
28      fclose(fp);                                              /*关闭文件*/
29  }
```

扩展学习

根据本实例，请尝试：

☑ 从键盘中输入公司职工信息（姓名、年龄、工资），保存到指定磁盘文件中，读取该信息中奇数条的信息。

☑ 从键盘中输入公司职工信息（姓名、年龄、工资），保存到指定磁盘文件中，读取该信息中偶数条的信息。

实例 096　以“行”为单位读写文件

源码位置：Code\03\096

实例说明

通过键盘输入字符串“同一个世界，同一个梦想！”使用 fputs() 函数将字符串内容输出到磁盘文件中，使用 fgets() 函数从磁盘文件中读取字符串到数组 s 中，最终将其输出在屏幕上。实例运行结果如图 3.7 所示。

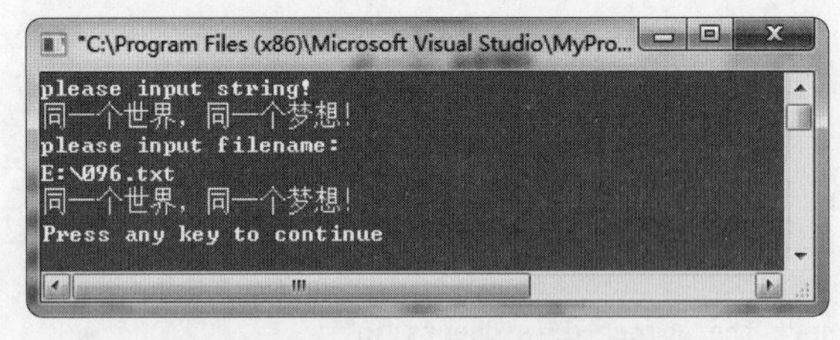

图 3.7　以“行”为单位读写文件

关键技术

本实例中用到了 fputs() 函数和 fgets() 函数，具体函数使用说明如下：

☑ fputs() 函数

```
fputs(字符串, 文件指针)
```

该函数的作用是向指定的文件写入一个字符串，其中字符串可以是字符串常量，也可以是字符数组名、指针或变量。

☑ fgets() 函数

```
fgets(字符数组名, n, 文件指针);
```

该函数的作用是从指定的文件中读一个字符串到字符数组中。n 表示所得到的字符串中字符的个数（包含“\0”）。

实现过程

（1）在 VC++6.0 中选择“文件”→“新建”→“工程”→“Win32 Console Application”菜单项，创建一个工程，工程名称为“096”，单击“确定”按钮，选择“一个简单的程序”，单击“完成”按钮。

（2）在代码编辑界面中，单击“FileView”，双击打开“Source Files”文件夹下的“096.cpp”文件，删除系统默认创建的代码，开始编写本实例代码。

（3）使用 gets() 函数将获得的字符串存到数组 str 中，使用 fputs() 函数将字符串存到 fp 所指向的文件中，使用 fgets() 函数从 fp 所指向的文件中读入字符串存到数组 s 中。最终使用 printf() 函数将字符数组 s 中的字符串输出。

（4）具体代码如下：

096-1

```
01  #include "stdafx.h"
02  #include <stdlib.h>
03  #include <stdio.h>
04  main()
05  {
06      FILE *fp;                                   /*定义一个指向FILE类型结构体的指针变量*/
07      char str[100], s[100], filename[50];        /*定义数组为字符型*/
08      printf("please input string!\n");
09      gets(str);                                  /*获取字符串*/
10      printf("please input filename:\n");
11      scanf("%s", filename);                      /*输入文件所在路径及名称*/
12      if ((fp = fopen(filename, "wb")) != NULL)
13      /*以只写方式打开指定文件*/
14      {
15          fputs(str, fp);                         /*把字符数组str中的字符串输出到fp指向的文件*/
16          fclose(fp);
17      }
18      else
19      {
20          printf("cannot open!");
21          exit(0);
22      }
23      if ((fp = fopen(filename, "rb")) != NULL)
24      {
25          while (fgets(s, sizeof(s), fp))
26          /*从fp所指的文件中读入字符串存入数组s中*/
27          printf("%s", s);
28          /*将字符串输出*/
29          fclose(fp);                             /*关闭文件*/
30      }
31  }
```

实例 097 将文件内容复制到另一文件

源码位置：Code\03\097

实例说明

本实例实现将一个现有的文本文档的内容复制到新建的文本文档中。实例运行结果如图 3.8 ～图 3.10 所示。

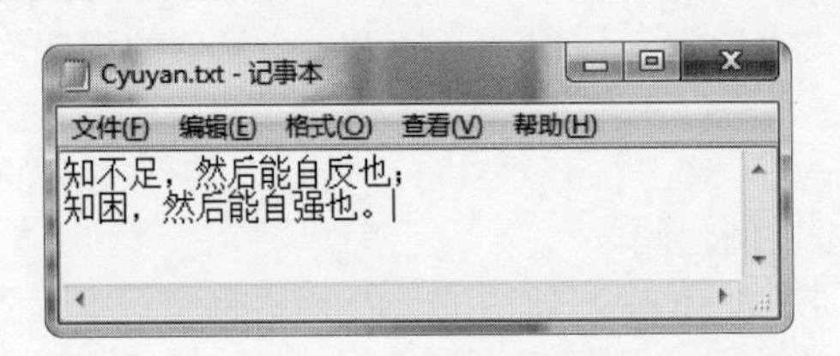

图 3.8 现有的 Cyuyan.txt 文本文档中的内容

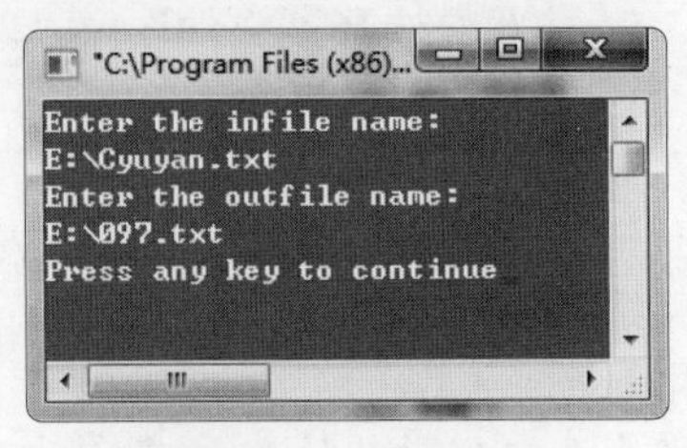

图 3.9 程序运行界面

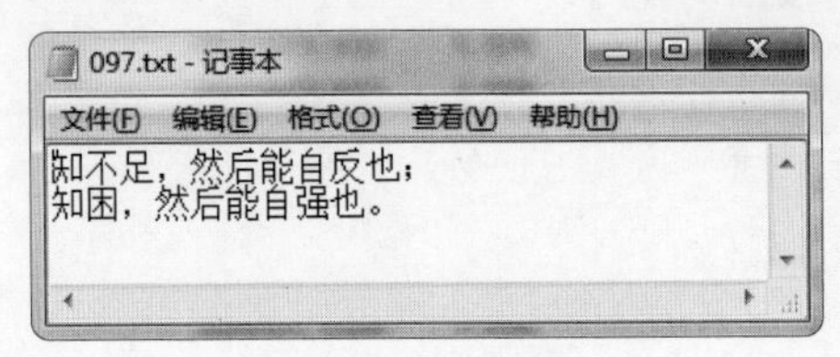

图 3.10 运行结果

关键技术

本实例中实现复制的过程并不复杂，在写程序时要注意，在实现复制的过程中无论是复制的文件还是被复制的文件都应该是打开的状态，复制完成后再将两个文件分别关闭。

实现过程

（1）在 VC++6.0 中选择“文件”→“新建”→“工程”→“Win32 Console Application”菜单项，创建一个工程，工程名称为“097”，单击“确定”按钮，选择“一个简单的程序”，单击“完成”按钮。

（2）在代码编辑界面中，单击“FileView”，双击打开“Source Files”文件夹下的“097.cpp”文件，删除系统默认创建的代码，开始编写本实例代码。

（3）使用 while 循环从被复制的文件中逐个读取字符到另一个文件中。

（4）main() 函数作为程序的入口函数，代码如下：

097-1

```
01  #include "stdafx.h"
02  #include <stdlib.h>
03  #include <stdio.h>
04  main()
05  {
06      FILE *in,*out;                          /*定义两个指向FILE类型结构体的指针变量*/
07      char ch, infile[50], outfile[50];       /*定义数组及变量为基本整型*/
```

```
08      printf("Enter the infile name:\n");
09      scanf("%s", infile);                          /*输入将要被复制的文件所在路径及名称*/
10      printf("Enter the outfile name:\n");
11      scanf("%s", outfile);                         /*输入新建的将用于复制的文件所在路径及名称*/
12      if ((in = fopen(infile, "r")) == NULL)        /*以只读方式打开指定文件*/
13      {
14          printf("cannot open infile\n");
15          exit(0);
16      }
17      if ((out = fopen(outfile, "w")) == NULL)
18      {
19          printf("cannot open outfile\n");
20          exit(0);
21      }
22      ch = fgetc(in);
23      while (ch != EOF)
24      {
25          fputc(ch, out);                           /*将in指向的文件内容复制到out所指向的文件中*/
26          ch = fgetc(in);
27      }
28      fclose(in);
29      fclose(out);
30  }
```

实例 098　合并两个文件信息

源码位置：Code\03\098

实例说明

有两个文本文档，第一个文本文档的内容是：“书中自有黄金屋，书中自有颜如玉。”第二个文本文档的内容是：“不登高山，不知天之高也；不临深谷，不知地之厚也。”编程实现合并两文件信息，即将文档二的内容合并到文档一内容的后面。实例运行结果如图 3.11 ～图 3.13 所示。

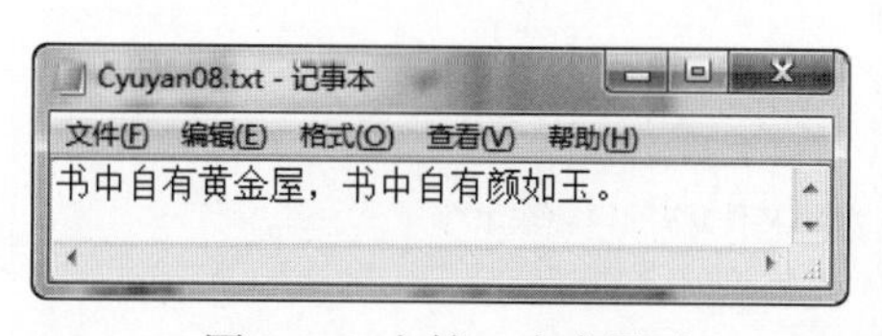

图 3.11　文档 1 内容展示

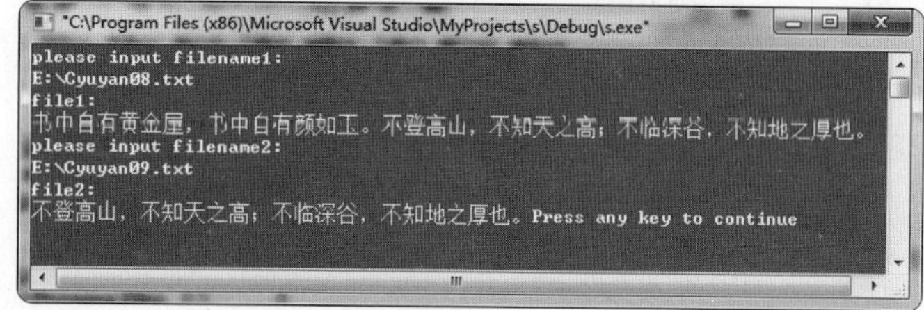

图 3.12　合并两个文件信息

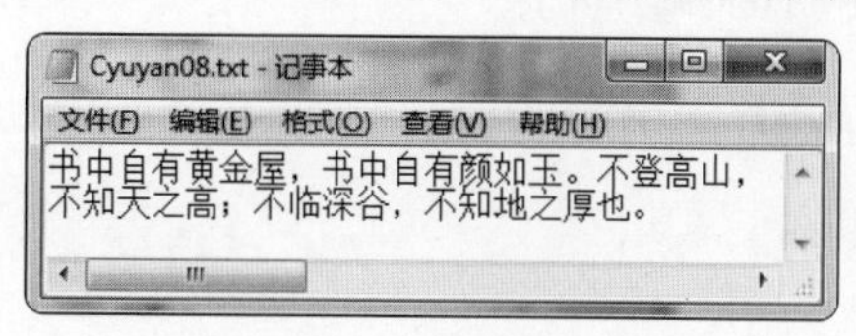

图 3.13　合并后内容展示

关键技术

本实例中实现文件合并有一个技术要点需要强调一下，程序代码如下：

```
fseek(fp2, 0L, 0);
```

在实例中实现将文件 2 中的内容逐个读取并显示到屏幕上。将文件 2 中的全部内容读取后，位置指针 fp2 也就指到了文件末尾处，若想实现将文件 2 中的内容逐个合并到文件 1 中时，必须将文件 2 中的位置指针 fp2 重新移到文件开始处。

实现过程

（1）在 VC++6.0 中选择“文件”→“新建”→“工程”→“Win32 Console Application”菜单项，创建一个工程，工程名称为“098”，单击“确定”按钮，选择“一个简单的程序”，单击“完成”按钮。

（2）在代码编辑界面中，单击“FileView”，双击打开“Source Files”文件夹下的“098.cpp”文件，删除系统默认创建的代码，开始编写本实例代码。

（3）本实例中三次使用 while 循环，前两次使用 while 循环是为了将两文件中原有内容显示在屏幕上，第三次使用 while 循环的目的是将文件 2 中的内容逐个写入文件 1 中，从而实现合并。

（4）主要代码如下：

098-1

```
01  #include "stdafx.h"
02  #include <stdlib.h>
03  #include <stdio.h>
04  main()
05  {
06      char ch, filename1[50], filename2[50];              /*数组和变量的数据类型为字符型*/
07      FILE *fp1,  *fp2;                                   /*定义两个指向FILE类型结构体的指针变量*/
08      printf("please input filename1:\n");
09      scanf("%s", filename1);                             /*输入文件所在路径及名称*/
10      if ((fp1 = fopen(filename1, "a+")) == NULL)         /*以读写方式打开指定文件*/
11      {
12          printf(" cannot open\n");
13          exit(0);
14      }
15      printf("file1:\n");
16      ch = fgetc(fp1);
17      while (ch != EOF)
18      {
19          putchar(ch);                                    /*将文件1中的内容输出*/
20          ch = fgetc(fp1);
21      }
22      printf("\nplease input filename2:\n");
23      scanf("%s", filename2);                             /*输入文件所在路径及名称*/
24      if ((fp2 = fopen(filename2, "r")) == NULL)          /*以只读方式打开指定文件*/
25      {
26          printf("cannot open\n");
27          exit(0);
```

```
28          }
29          printf("file2:\n");
30          ch = fgetc(fp2);
31          while (ch != EOF)
32          {
33              putchar(ch);                              /*将文件2中的内容输出*/
34              ch = fgetc(fp2);
35          }
36          fseek(fp2, 0L, 0);                            /*将文件2中的位置指针移到文件开始处*/
37          ch = fgetc(fp2);
38          while (!feof(fp2))
39          {
40              fputc(ch, fp1);                           /*将文件2中的内容输出到文件1中*/
41              ch = fgetc(fp2);                          /*继续读取文件2中的内容*/
42          }
43          fclose(fp1);                                  /*关闭文件1*/
44          fclose(fp2);                                  /*关闭文件2*/
45      }
```

实例 099　统计文件内容

源码位置：Code\03\099

实例说明

本实例将实现对指定文件中的内容进行统计。具体要求如下：输入要进行统计的文件的路径及名称，统计出该文件中字符、空格、数字及其他字符的个数，并将统计结果存到指定的磁盘文件中。实例运行结果如图 3.14 和图 3.15 所示。

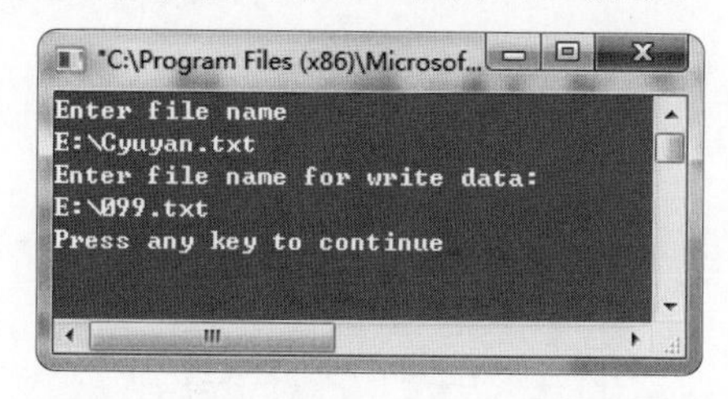

图 3.14　输入进行统计的文件的路径及名称

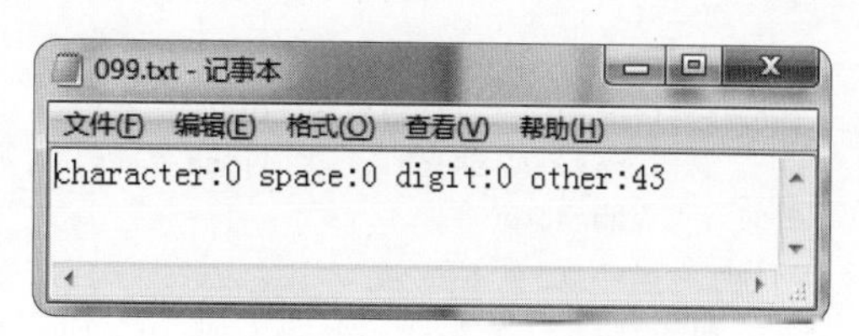

图 3.15　保存统计结果

关键技术

本实例需要输入进行统计的文件的路径及名称，统计的过程同字符统计程序的过程基本相同，主要是靠条件判断实现的，最后将统计结果存到指定的磁盘文件中即可。

实现过程

（1）在 VC++6.0 中选择“文件”→“新建”→“工程”→“Win32 Console Application”菜单项，创建一个工程，工程名称为“099”，单击“确定”按钮，选择“一个简单的程序”，单击“完

成”按钮。

（2）在代码编辑界面中，单击“FileView”，双击打开“Source Files”文件夹下的“099.cpp”文件，删除系统默认创建的代码，开始编写本实例代码。

（3）程序中使用while循环遍历要统计的文件中的每个字符，用条件判断语句对读入的字符进行判断并在相应的用于统计的变量数上加1。

（4）main()函数作为程序的入口函数，代码如下：

099-1

```
01  #include "stdafx.h"
02  #include <stdlib.h>
03  #include <stdio.h>
04  main()
05  {
06      FILE *fp1,  *fp2;                                   /*定义两个指向FILE类型结构体的指针变量*/
07      char filename1[50], filename2[50], ch;              /*定义数组及变量为字符型*/
08      long character, space, other, digit;               /*定义变量为长整型*/
09      character = space = digit = other = 0;              /*长整型变量的初值均为0*/
10      printf("Enter file name \n");
11      scanf("%s", filename1);                             /*输入要进行统计的文件的路径及名称*/
12      if ((fp1 = fopen(filename1, "r")) == NULL)
13      /*以只读方式打开指定文件*/
14      {
15          printf("cannot open file\n");
16          exit(1);
17      }
18      printf("Enter file name for write data:\n");
19      scanf("%s", filename2);                             /*输入文件名，即将统计结果放到那个文件中*/
20      if ((fp2 = fopen(filename2, "w")) == NULL)          /*以只写方式存放统计结果的文件*/
21      {
22          printf("cannot open file\n");
23          exit(1);
24      }
25      while ((ch = fgetc(fp1)) != EOF)                    /*直到文件内容结束处停止while循环*/
26          if (ch >= 'A' && ch <= 'Z' || ch >= 'a' && ch <= 'z')
27              character++;                                /*当遇到字母时，字符个数加1*/
28      else if (ch == ' ')
29          space++;                                        /*当遇到空格时，空格数加1*/
30      else if (ch >= '0' && ch <= '9')
31          digit++;                                        /*当遇到数字时，数字数加1*/
32      else
33          other++;                                        /*当是其他字符时，其他字符数加1*/
34      fclose(fp1);                                        /*关闭fp1指向的文件*/
35      fprintf(fp2, "character:%ld space:%ld digit:%ld other:%ld\n", character,
36          space, digit, other);                           /*将统计结果写入fp指向的磁盘文件中*/
37      fclose(fp2);                                        /*关闭fp2指向的文件*/
38  }
```

实例 100　文件的错误处理

源码位置：Code\03\100

实例说明

本实例实现将文件中的制表符换成恰当数目的空格，要求每次读写操作后都调用 ferror() 函数检查错误。实例运行结果如图 3.16～图 3.18 所示。

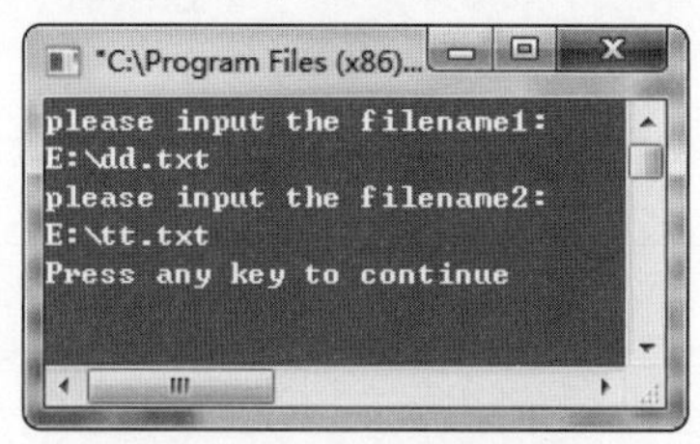

图 3.16　文件的错误处理

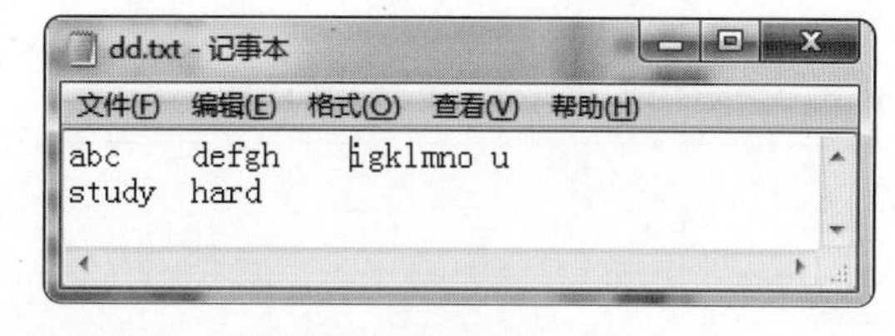

图 3.17　dd.txt 文档

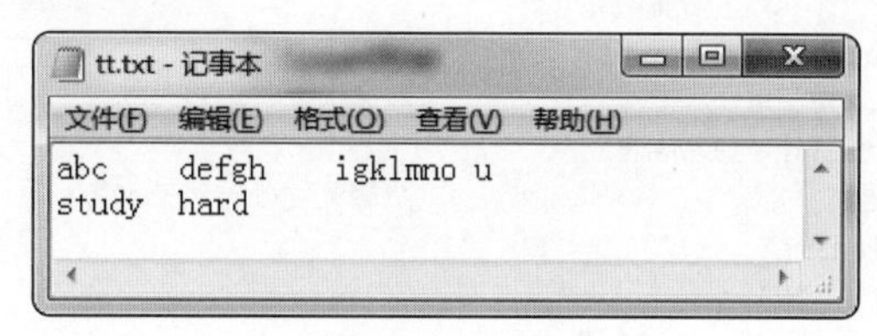

图 3.18　tt.txt 文档

关键技术

本实例中用到 ferror() 函数，其语法格式如下：

```
int ferror(FILE *stream)
```

该函数的作用是检测参数 stream 所指定的文件流是否发生了错误情况。当返回值为 0 时，表示没有出现错误；当返回值为非零值时，表示有错误。

与 stream 相关联的出错标记给出后，一直要保持到该文件被关闭，或调用了 rewind() 函数或者 clearerr() 函数为止。使用 perror() 函数可以确定该错误的确切性质。

实现过程

（1）在 VC++6.0 中选择“文件”→“新建”→“工程”→“Win32 Console Application”菜单项，创建一个工程，工程名称为“100”，单击“确定”按钮，选择“一个简单的程序”，单击“完成”按钮。

（2）在代码编辑界面中，单击“FileView”，双击打开“Source Files”文件夹下的“100.cpp”文件，删除系统默认创建的代码，开始编写本实例代码。

（3）引用头文件。

100-1

```
01	#include "stdafx.h"
02	#include <stdio.h>
03	#include <stdlib.h>
```

（4）自定义 error() 函数，作用是判断输出错误的性质，代码如下：

100-2

```
01  void error(int e)                                  /*自定义error()函数判断出错的性质*/
02  {
03      if(e == 0)
04          printf("input error\n");
05      else
06          printf("output error\n");
07      exit(1);                                       /*跳出程序*/
08  }
```

（5）main() 函数作为程序的入口函数，代码如下：

100-3

```
01  main()
02  {
03      FILE *in,  *out;                               /*文件类型指针in和out*/
04      int tab, i;
05      char ch, filename1[30], filename2[30];
06      printf("please input the filename1:");
07      scanf("%s", filename1);                        /*输入文件路径及名称*/
08      printf("please input the filename2:");
09      scanf("%s", filename2);                        /*输入文件路径及名称*/
10      if ((in = fopen(filename1, "rb")) == NULL)
11      {
12          printf("can not open the file %s。\n", filename1);
13          exit(1);
14      }
15      if ((out = fopen(filename2, "wb")) == NULL)
16      {
17          printf("can not open the file %s。\n", filename2);
18          exit(1);
19      }
20      tab = 0;
21      ch = fgetc(in);                                /*从指定的文件中读取字符*/
22      while (!feof(in))
23      /*检测是否有读入错误*/
24      {
25          if (ferror(in))
26              error(0);
27          if (ch == '\t')
28          /*如果发现制表符，则输出相同数目的空格符*/
29          {
30              for (i = tab; i < 8; i++)
31              {
32                  putc(' ', out);
33                  if (ferror(out))
34                      error(1);
35              }
36              tab = 0;
37          }
38          else
39          {
```

```
40             putc(ch, out);
41             if (ferror(out))
42             /*检查是否有输出错误*/
43                 error(1);
44             tab++;
45             if (tab == 8)
46                 tab = 0;
47             if (ch == '\n' || ch == '\r')
48                 tab = 0;
49         }
50         ch = fgetc(in);
51     }
52     fclose(in);
53     fclose(out);
54 }
```

实例 101 创建文件

源码位置：Code\03\101

实例说明

本实例将实现创建文件，具体要求如下：从键盘中输入要创建的文件所在的路径及名称，无论创建成功与否均输出提示信息。实例运行结果如图 3.19 所示。

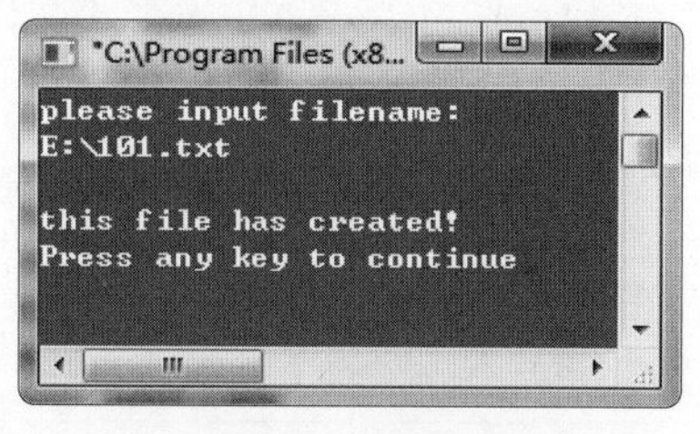

图 3.19 创建文件

关键技术

在实现本实例时，首先，定义一个字符数组用来存储所要创建文件的文件名。然后，利用格式输入函数 scanf() 输入文件名及路径。再利用 creat() 函数创建文件，根据 creat() 函数返回的值判断文件是否创建成功。若创建未成功，则输出创建失败的提示，并跳到输入提示处重新输入。若创建成功，则输出成功的提示。程序结束。

创建文件主要用到的技术是 creat() 函数，其语法格式如下：

```
int creat (const char *path, int amode)
```

该函数在头文件“io.h”中，参数 path 是所需文件名称的字符串。参数 amode 用来指定访问的模式和标明该文件为二进制文件还是文本文件。一般情况下，生成一个标准存档文件时 amode 的值为 0。amode 取值及含义如表 3.3 所示。

表 3.3 amode 取值及含义

位 号	值	含 义
0	1	只读文件

续表

位 号	值	含 义
1	2	隐含文件
2	4	系统文件
3	8	卷标号名
4	16	子目录名
5	32	数据档案
6	64	未定义
7	128	未定义

函数 creat() 的作用是生成一个新文件。如果函数执行成功，返回一个句柄给文件；如果出错，函数返回 -1。但是仅仅根据返回值还不能检测出错的原因。可以通过检测全局变量 errno 的值得到基本出错的原因。比如 errno 的值为 ENOENT 时表示没有找到创建文件的文件夹。

实现过程

（1）在 VC++6.0 中选择“文件”→“新建”→“工程”→“Win32 Console Application”菜单项，创建一个工程，工程名称为“101”，单击“确定”按钮，选择“一个简单的程序”，单击“完成”按钮。

（2）在代码编辑界面中，单击“FileView”，双击打开“Source Files”文件夹下的“101.cpp”文件，删除系统默认创建的代码，开始编写本实例代码。

（3）本实例的主体代码如下：

101-1

```
01  #include "stdafx.h"
02  #include <stdio.h>
03  #include <io.h>
04  void main()
05  {
06      int h;
07      char filename[20];                                  /*定义字符数组存储文件名*/
08      LOOP:
09      printf("please input filename:\n");
10      scanf("%s",&filename);                              /*输入文件名及路径*/
11      if(h=creat(filename,0)==-1)
12      {
13          printf("\n Error! Cannot vreat!\n");            /*错误提示*/
14          goto LOOP;                                      /*跳到LOOP处*/
15      }
16      else
17      {
18          printf("\nthis file has created!\n");           /*成功提示*/
19          close(h);
```

```
20        }
21    }
```

实例 102　创建临时文件

源码位置：Code\03\102

实例说明

本实例将实现创建临时文件，并将“hello world hello mingri”输出到临时文件之后再读取临时文件上的内容并将其显示在屏幕上。实例运行结果如图 3.20 所示。

图 3.20　创建临时文件

关键技术

本实例使用了 tmpfile() 函数和 rewind() 函数，具体使用说明如下：

☑ tmpfile() 函数

```
FILE *tmpfile()
```

该函数的作用是创建一个临时文件。如果函数执行成功，它以读和写模式打开文件，返回一个文件指针。如果出错，返回 NULL。

☑ rewind() 函数

```
void rewind(FILE *fp)
```

该函数的作用是将文件指针重新设置到该文件的起点。

实现过程

（1）在 VC++6.0 中选择“文件”→“新建”→“工程”→“Win32 Console Application”菜单项，创建一个工程，工程名称为“102”，单击“确定”按钮，选择“一个简单的程序”，单击“完成”按钮。

（2）在代码编辑界面中，单击“FileView”，双击打开“Source Files”文件夹下的“102.cpp”文件，删除系统默认创建的代码，开始编写本实例代码。

（3）调用 tmpfile() 函数实现临时文件的创建，程序代码如下：

102-1

```
01    #include "stdafx.h"
```

```
02  #include <stdio.h>
03  main()
04  {
05      FILE *temp;                                          /*定义一个指向FILE类型结构体的指针变量*/
06      char c;                                              /*定义变量c为字符型*/
07      if ((temp = tmpfile()) != NULL)
08          fputs(“\nhello world\nhello mingri”, temp);     /*向临时文件中写入要求内容*/
09      rewind(temp);                                        /*文件指针返回文件首*/
10      while ((c = fgetc(temp)) != EOF)                     /*读取临时文件中的内容*/
11          printf(“%c”, c);                                 /*将读取的内容输出在屏幕上*/
12      fclose(temp);                                        /*关闭临时文件*/
13  }
```

实例 103　重命名文件

源码位置：Code\03\103

实例说明

本实例将实现重命名文件，具体要求如下：从键盘中输入要重命名的文件的路径及名称，文件打开成功后输入新的路径及名称。实例运行结果如图 3.21 所示。

```
"C:\Program Files (x86)\Microsoft Visual Studio\MyProjects\...
please input the file name which do you want to change:
E:\Cyuyan.txt
E:\Cyuyan.txt open successfully
please input new name!E:\Cyuyan103.txt
Press any key to continue
```

图 3.21　重命名文件

关键技术

本实例使用了 rename() 函数，具体使用说明如下：

```
int rename(char *oldfname,char *newfname)
```

该函数的作用是把文件的名字从 oldfname（旧文件名）改为 newfname（新文件名）。oldfname 和 newfname 中的目录可以不同，因此可用 rename() 把文件从一个目录移到另一个目录，该函数的原型在“stdio.h”中。函数调用成功时返回 0，出错时返回非零值。

实现过程

（1）在 VC++6.0 中选择“文件”→“新建”→“工程”→“Win32 Console Application”菜单项，创建一个工程，工程名称为“103”，单击“确定”按钮，选择“一个简单的程序”，单击“完成”按钮。

（2）在代码编辑界面中，单击“FileView”，双击打开“Source Files”文件夹下的“103.cpp”文件，删除系统默认创建的代码，开始编写本实例代码。

（3）调用 rename() 函数给文件重命名，程序代码如下：

103-1

```
01  #include "stdafx.h"
02  #include <stdlib.h>
03  #include <stdio.h>
04  main()
05  {
06      FILE *fp;                                  /*定义一个指向FILE类型结构体的指针变量*/
07      char filename1[20], filename2[20]; /*定义数组为字符型*/
08      printf("please input the file name which do you want to change:\n");
09      scanf("%s", filename1);                    /*输入要重命名的文件所在的路径及名称*/
10      printf("please input new name!\n");
11      scanf("%s", filename2);                    /*输入新的文件路径及名称*/
12      if(rename(filename1, filename2) == 0)      /*调用rename()函数进行重命名*/
13      {
14          printf("successfully!\n");
15      }
16      else
17      {
18          printf("failed");
19          exit(0);
20      }
21  }
```

实例 104　删除文件

源码位置：Code\03\104

实例说明

编程实现文件的删除，具体要求如下：从键盘中输入要删除的文件的路径及名称，无论是否删除成功都在屏幕中给出提示信息。实例运行结果如图 3.22 所示。

图 3.22　删除文件

关键技术

本实例使用了 remove() 函数，具体使用说明如下：

```
int remove(char *filename)
```

该函数的作用是删除 filename 所指定的文件。删除成功返回 0，出现错误返回 -1，remove() 函数的原型在“stdio.h”中。

实现过程

（1）在 VC++6.0 中选择“文件”→“新建”→“工程”→“Win32 Console Application”菜单项，创建一个工程，工程名称为“104”，单击“确定”按钮，选择“一个简单的程序”，单击“完成”按钮。

（2）在代码编辑界面中，单击“FileView”，双击打开“Source Files”文件夹下的“104.cpp”文件，删除系统默认创建的代码，开始编写本实例代码。

（3）调用 remove() 函数删除指定文件。

（4）具体代码如下：

104-1

```
01  #include "stdafx.h"
02  #include <stdlib.h>
03  #include <stdio.h>
04  main()
05  {
06      FILE *fp;                                   /*定义一个指向FILE类型结构体的指针变量*/
07      char filename[50];                          /*定义数组为字符型*/
08      printf("please input the name of the file which do you want to delete:\n");
09      scanf("%s", filename);                      /*输入要删除的文件的路径及名称*/
10      if ((fp = fopen(filename, "r")) != NULL)    /*以只读方式打开指定文件*/
11      {
12          printf("%s open successfully!", filename);   /*文件打开成功，输出提示信息*/
13          fclose(fp);                             /*关闭文件*/
14      }
15      else
16      {
17          printf("%s cannot open!", filename);    /*文件打开失败，输出提示信息*/
18          exit(0);
19      }
20      remove(filename);                           /*调用函数删除文件*/
21      if ((fp = fopen(filename, "r")) == NULL)
22          printf("\n%s has removed!", filename);  /*若要打开的文件不存在，则删除成功，输出提示信息*/
23      else
24          printf("error");                        /*若要打开的文件存在，则删除不成功，输出提示信息*/
25  }
```

实例 105　删除文件中的内容

源码位置：Code\03\105

实例说明

本实例将实现对记录中职工工资信息的删除，具体要求如下：输入路径及文件名打开文件，录入员工姓名及工资，录入完毕显示文件中的内容，输入要删除的员工姓名，进行删除操作，最后将删除后的内容显示在屏幕上。实例运行结果如图 3.23 所示。

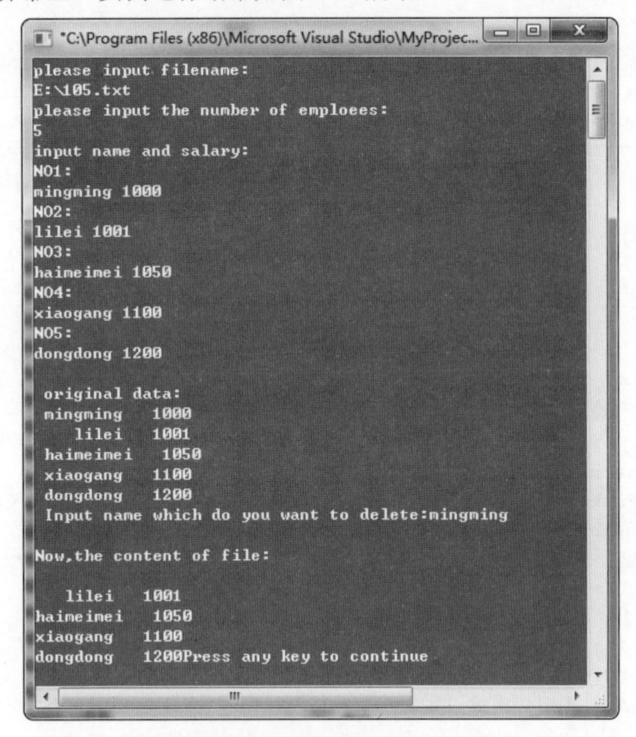

图 3.23　删除文件中的内容

关键技术

本实例思路如下：

首先打开一个二进制文件，此时应以追加的方式打开，若是以只写的方式打开会使文件中的原有内容丢失，向该文件中输入员工工资信息，输入完毕将文件中的内容全部输出。

然后输入要删除员工的姓名，使用 strcmp() 函数查找相匹配的姓名来确定要删除记录的位置，将该位置后的记录分别前移一位，也就是将要删除的记录用后面的记录覆盖了。

最后将删除后剩余的记录使用 fwrite() 函数再次输出到磁盘文件中，使用 fread() 函数读取文件内容到 emp 数组中并显示在屏幕上。

实现过程

（1）在 VC++6.0 中选择“文件”→“新建”→“工程”→“Win32 Console Application”菜单项，创建一个工程，工程名称为“105”，单击“确定”按钮，选择“一个简单的程序”，单击“完成”按钮。

（2）在代码编辑界面中，单击“FileView”，双击打开“Source Files”文件夹下的“105.cpp”文件，删除系统默认创建的代码，开始编写本实例代码。

（3）引用头文件，代码如下：

105-1

```
01  #include "stdafx.h"
02  #include <stdlib.h>
03  #include <stdio.h>
04  #include <string.h>
```

（4）定义结构体 emploee，用来存储员工工资信息，代码如下：

105-2

```
01  struct emploee                                           /*定义结构体，存放员工工资信息*/
02  {
03      char name[10];
04      int salary;
05  } emp[20];
06  main()
07  {
08      FILE *fp1,  *fp2;
09      int i, j, n, flag, salary;
10      char name[10], filename[50];                         /*定义数组为字符类型*/
11      printf("please input filename:\n");
12      scanf("%s", filename);                               /*输入文件所在路径及名称*/
13      printf("please input the number of emploees:\n");
14      scanf("%d", &n);                                     /*输入要录入的人数*/
15      printf("input name and salary:\n");
16      for (i = 0; i < n; i++)
17      {
18          printf("NO%d:\n", i + 1);
19          scanf("%s%d", emp[i].name, &emp[i].salary);      /*输入员工姓名及工资*/
20      }
21      if ((fp1 = fopen(filename, "ab")) == NULL)           /*以追加方式打开指定的二进制文件*/
22      {
23          printf("Can not open the file.");
24          exit(0);
25      }
26      for (i = 0; i < n; i++)
27         if (fwrite(&emp[i], sizeof(struct emploee), 1, fp1) != 1) /*将输入的员工信息输出到磁盘文件上*/
28             printf("error\n");
29      fclose(fp1);
30      if ((fp2 = fopen(filename, "rb")) == NULL)
31      {
32          printf("Can not open file.");
33          exit(0);
34      } printf("\n original data:");
35      /*读取磁盘文件上的信息到emp数组中*/
36      for (i = 0; fread(&emp[i], sizeof(struct emploee), 1, fp2) != 0; i++)
37          printf("\n %8s%7d", emp[i].name, emp[i].salary);
38      n = i;
39      fclose(fp2);
40      printf("\n Input name which do you want to delete:");
41      scanf("%s", name);                                   /*输入要删除的员工姓名*/
42      for (flag = 1, i = 0; flag && i < n; i++)
43      {
```

```
44          if (strcmp(name, emp[i].name) == 0)               /*查找与输入姓名相匹配的位置*/
45          {
46              for (j = i; j < n - 1; j++)
47              {
48                  strcpy(emp[j].name, emp[j + 1].name);     /*查找到要删除信息的位置后将后面信息前移*/
49                  emp[j].salary = emp[j + 1].salary;
50              } flag = 0;                                   /*标志位置0*/
51          }
52      }
53      if (!flag)
54          n = n - 1;                                        /*记录个数减1*/
55      else
56          printf("\nNot found");
57      printf("\nNow,the content of file:\n");
58      fp2 = fopen(filename, "wb");                          /*以只写方式打开指定文件*/
59      for (i = 0; i < n; i++)
60      fwrite(&emp[i], sizeof(struct emploee), 1, fp2);      /*将数组中的员工工资信息输出到磁盘文件上*/
61      fclose(fp2);
62      fp2 = fopen(filename, "rb");                          /*以只读方式打开指定二进制文件*/
63      for (i = 0; fread(&emp[i], sizeof(struct emploee), 1, fp2) != 0; i++)
64          printf("\n%8s%7d", emp[i].name, emp[i].salary); /*输出员工工资信息*/
65      fclose(fp2);
66  }
```

实例 106　关闭打开的所有文件

源码位置：Code\03\106

实例说明

在程序中打开 3 个磁盘上已有的文件，读取文件中的内容并显示在屏幕上，要求调用 fcloseall() 函数一次关闭打开的 3 个文件。实例运行结果如图 3.24 所示。

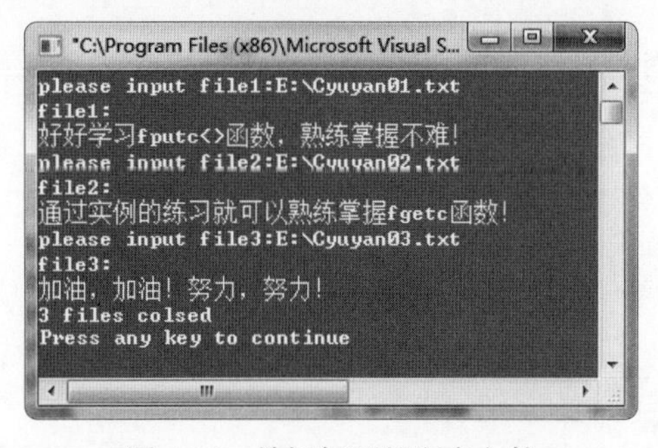

图 3.24　关闭打开的所有文件

关键技术

程序中用到 fcloseall() 函数，具体使用说明如下：

```
int fcloseall (void)
```

该函数的作用是一次关闭所有被打开的文件。如果函数执行成功，它将返回成功关闭文件的数目；如果出错，则返回 EOF 常量。该函数原型在 stdio.h 中。

实现过程

（1）在 VC++6.0 中选择“文件”→“新建”→“工程”→“Win32 Console Application”菜单项，创建一个工程，工程名称为“106”，单击“确定”按钮，选择“一个简单的程序”，单击“完成”按钮。

（2）在代码编辑界面中，单击“FileView”，双击打开“Source Files”文件夹下的“106.cpp”文件，删除系统默认创建的代码，开始编写本实例代码。

（3）使用 while 循环来读取每个文件中的内容，调用 fcloseall() 函数关闭打开的所有文件，并将关闭的文件数输出。

（4）主函数代码如下：

106-1

```
01  #include "stdafx.h"
02  #include <stdlib.h>
03  #include <stdio.h>
04  main()
05  {
06      FILE *fp1,  *fp2,  *fp3;                            /*定义文件类型指针fp1、fp2、fp3*/
07      char file1[20], file2[20], file3[20], ch;
08      int file_number;                                    /*关闭的文件数目*/
09      printf("please input file1:");
10      scanf("%s", file1);                                 /*输入文件1的路径及名称*/
11      printf("file1:\n");
12      if ((fp1 = fopen(file1, "rb")) != NULL)
13      {
14          ch = fgetc(fp1);                                /*读取文件1中内容*/
15          while (ch != EOF)
16          {
17              putchar(ch);
18              ch = fgetc(fp1);
19          }
20      }
21      else
22      {
23          printf("can not open!");                        /*若文件未打开，则输出提示信息*/
24          exit(1);
25      }
26      printf("\nplease input file2:");
27      scanf("%s", file2);                                 /*输入文件2的路径及名称*/
28      printf("file2:\n");
29      if ((fp2 = fopen(file2, "rb")) != NULL)
30      {
31          ch = fgetc(fp2);                                /*读取文件2中的内容*/
```

```
32            while (ch != EOF)
33            {
34                putchar(ch);
35                ch = fgetc(fp2);
36            }
37        }
38        else
39        {
40            printf("can not open!");
41            exit(1);
42        }
43        printf("\nplease input file3:");
44        scanf("%s", file3);                  /*输入文件3的路径及名称*/
45        printf("file3:\n");
46        if ((fp3 = fopen(file3, "rb")) != NULL)
47        {
48            ch = fgetc(fp3);                  /*读取文件3中的内容*/
49            while (ch != EOF)
50            {
51                putchar(ch);
52                ch = fgetc(fp3);
53            }
54        }
55        else
56        {
57            printf("can not open!");
58            exit(1);
59        }
60        file_number = fcloseall();/*调用fcloseall()函数关闭打开的文件，将返回值赋给file_number*/
61        printf("\n%d files colsed", file_number);
62    }
```

实例 107　同时显示两个文件的内容

源码位置：Code\03\107

实例说明

本实例实现将两个不同文件的内容在屏幕中的指定位置显示出来。实例运行结果如图 3.25 所示。

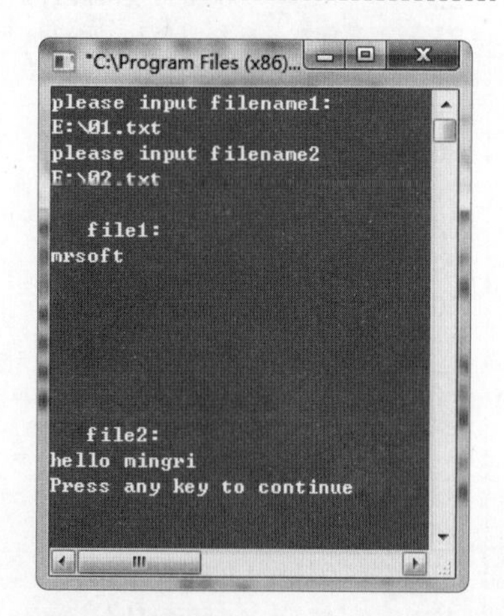

图 3.25　同时显示两个文件的内容

关键技术

本实例中没有太多难点，唯一值得注意的是，程序中使用了 gotoxy() 函数来指定文件要输出的位置，具体使用说明如下：

```
void gotoxy(int x,int y)
```

该函数的作用是将字符屏幕上的光标移动到由 (x,y) 所指定的位置，如果其中有一个坐标是无效的，则光标不移动。

实现过程

（1）在 VC++6.0 中选择“文件”→“新建”→“工程”→“Win32 Console Application”菜单项，创建一个工程，工程名称为“107”，单击“确定”按钮，选择“一个简单的程序”，单击“完成”按钮。

（2）在代码编辑界面中，单击“FileView”，双击打开“Source Files”文件夹下的“107.cpp”文件，删除系统默认创建的代码，开始编写本实例代码。

（3）程序中使用 gotoxy() 函数指定文件 1 开始输出的位置是第五行第三列，文件 2 开始输出的位置是第十三行第三列。

（4）main() 函数作为程序的入口函数，代码如下：

107-1

```
01  #include "stdafx.h"
02  #include <stdlib.h>
03  #include <stdio.h>
04  #include<conio.h>
05  #include <windows.h>
06  HANDLE hOut;                                          /*控制台句柄*/
07  void gotoxy(int x, int y)
08  {
09      COORD pos;
10      pos.X = x;                                        /*横坐标*/
11      pos.Y = y;                                        /*纵坐标*/
12      SetConsoleCursorPosition(GetStdHandle(STD_OUTPUT_HANDLE), pos);
13  }
14  main()
15  {
16      FILE *fp1,  *fp2;                                 /*定义两个指向FILE类型结构体的指针变量*/
17      char filename1[50], filename2[50], a;             /*定义数组和变量为字符型*/
18      printf("please input filename1:\n");
19      scanf("%s", filename1);                           /*输入第一个文件所在路径及名称*/
20      printf("please input filename2\n");
21      scanf("%s", filename2);                           /*输入第二个文件所在路径及名称*/
22      fp1 = fopen(filename1, "r");                      /*以只读方式打开输入的第一个文件*/
23      fp2 = fopen(filename2, "r");                      /*以只读方式打开输入的第二个文件*/
24      gotoxy(3, 5);                                     /*将光标定位*/
25      printf("file1:\n");
26      a = fgetc(fp1);
27      while (!feof(fp1))
28      {
29          printf("%c", a);                              /*输出第一个文件中的内容*/
30          a = fgetc(fp1);
31      }
32      gotoxy(3, 13);                                    /*将光标定位*/
33      printf("file2:\n");
34      a = fgetc(fp2);
35      while (!feof(fp2))
36      {
37          printf("%c", a);                              /*输出第二个文件中的内容*/
38          a = fgetc(fp2);
```

```
39      }
40      fclose(fp1);                                          /*关闭第一个文件*/
41      fclose(fp2);                                          /*关闭第二个文件*/
42  }
```

实例 108　文件分割

源码位置：Code\03\108

实例说明

本实例实现将一个较大的文件分割成若干个较小的文件，要求分割成的文件不改变原有文件内容。实例运行结果如图 3.26 和图 3.27 所示。

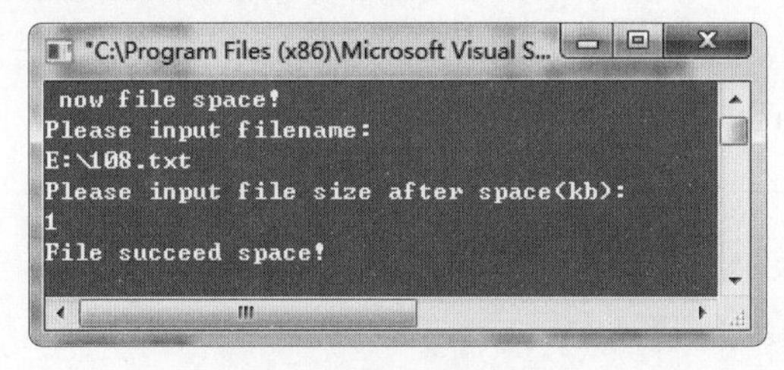

图 3.26　程序运行界面

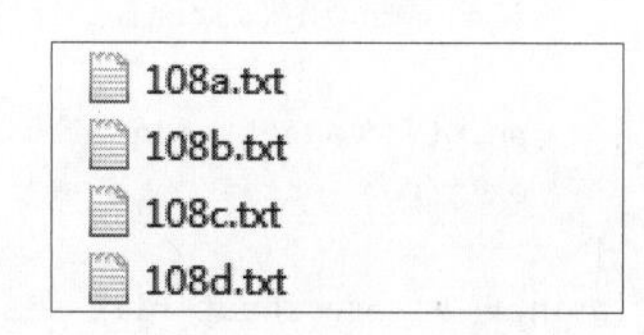

图 3.27　将文件 108.txt 分割成了 4 个文件

关键技术

本实例在编写程序时有以下几点需要注意：

（1）文件的扩展名问题：要生成新的文件就要给新的文件命名，命名的过程中就要注意一方面不能重复命名，另一方面新文件要与原文件的扩展名一致。程序中使用了数组 ext 来存储带扩展名的文件名用来与输入的文件名连接以保证文件名不同，但文件类型一致。

（2）ftell() 函数的使用。该函数的作用是得到流式文件中的当前位置，用相对于文件开头的位移量来表示。

（3）ftell() 函数与 fseek() 函数结合使用，用来统计要进行分割的文件共有多少字节。

实现过程

（1）在 VC++6.0 中选择“文件”→“新建”→“工程”→“Win32 Console Application”菜单项，创建一个工程，工程名称为“108”，单击“确定”按钮，选择“一个简单的程序”，单击“完成”按钮。

（2）在代码编辑界面中，单击“FileView”，双击打开“Source Files”文件夹下的“108.cpp”文件，删除系统默认创建的代码，开始编写本实例代码。

（3）引用头文件并定义全局变量，代码如下：

108-1

```
01  #include "stdafx.h"
02  #include <stdio.h>
03  #include <string.h>
```

```
04  #include <stdlib.h>
05  FILE *in,  *out;                                    /*定义两个指向FILE类型结构体的指针变量*/
06  char filename[50], ch, cfilename[50];
```

（4）自定义 space() 函数，用来实现文件的分割，代码如下：

108-2

```
01  void space()                                    /*分隔文件函数*/
02  {
03      char ext[6][6] =
04      {
05          "a.txt", "b.txt", "c.txt", "d.txt", "e.txt", "f.txt"
06      };                                          /*分割出来的文件扩展名*/
07      unsigned long int n = 1, k, byte = 0;       /*定义变量类型为无符号的长整型变量*/
08      unsigned int j = 0, i = 0;
09      printf("Please input filename:\n");
10      scanf("%s", filename);                      /*输入文件所在路径及名称*/
11      strcpy(cfilename, filename);                /*输入文件所在路径及名称并复制到cfilename中*/
12      if ((in = fopen(filename, "r")) == NULL)    /*以只读方式打开输入文件*/
13      {
14          printf("Cannot open file\n");
15          exit(0);
16      }
17      printf("Please input file size after space(kb):\n");
18      scanf("%d", &n);                            /*输入分割后单个文件的大小*/
19      n = n * 1024;
20      while (filename[j] != '.')
21          j++;
22      filename[j] = '\0';                         /*遇“.”时,在该处加字符串结束符*/
23      if ((out = fopen(strcat(filename, ext[i]), "w")) == NULL) /*生成分割后文件所在路径及名称*/
24      {
25          printf("Cannot open file\n");
26          exit(0);
27      }
28      fseek(in, 0, 2);                            /*将位置指针移到文件末尾*/
29      k = ftell(in);                              /*k存放当前位置，也就是整个文件的大小*/
30      fseek(in, 0, 0);
31      while (k > 0)
32      {
33          ch = fgetc(in);
34          fputc(ch, out);
35          byte++;                                 /*字节数增加*/
36          k--;                                    /*大小减1*/
37          if (byte == n)                          /*当为要求的大小时，执行括号内的语句*/
38          {
39              fclose(out);                        /*完成一个分割出的文件*/
40              byte = 0;                           /*byte重新置0*/
41              strcpy(filename, cfilename);        /*filename恢复初始状态*/
42              while (filename[j] != '.')
43                  j++;
```

```
44              filename[j] = '\0';                    /*遇“.”时,在该处加字符串结束符*/
45              i++;
46              if ((out = fopen(strcat(filename, ext[i]), "w")) == NULL)
47                                                     /*生成分割后文件所在路径及名称*/
48              {
49                  printf("Cannot open file\n");
50                  exit(0);
51              }
52          }
53      }
54      fclose(in);                                    /*关闭文件*/
55      printf("File succeed space!\n\n\n");
56  }
57  main()                                             /*程序主函数*/
58  {
59      printf(" now file space!\n");
60      space();
61  }
```

实例 109　文件加密

源码位置：Code\03\109

实例说明

本实例将实现文件加密，具体要求如下：先从键盘中输入要加密操作的文件所在的路径及名称，再输入密码，最后输入加密后的文件要存储的路径及名称。实例运行结果如图 3.28 ～图 3.30 所示。

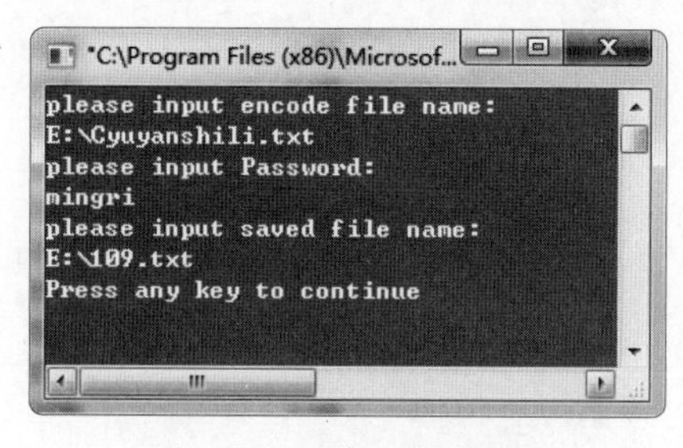

图 3.28　程序运行界面

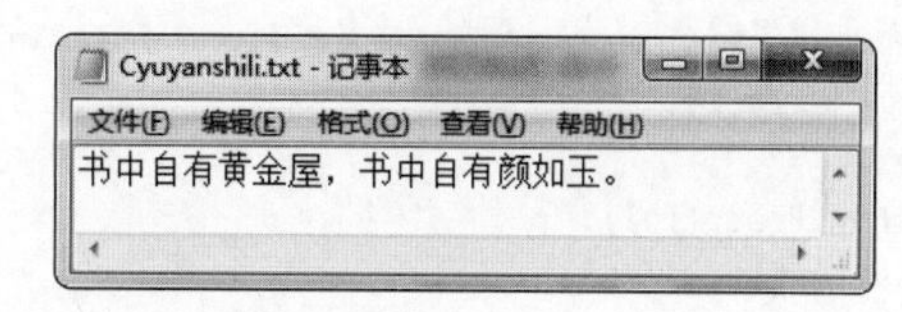

图 3.29　加密前文档中的内容

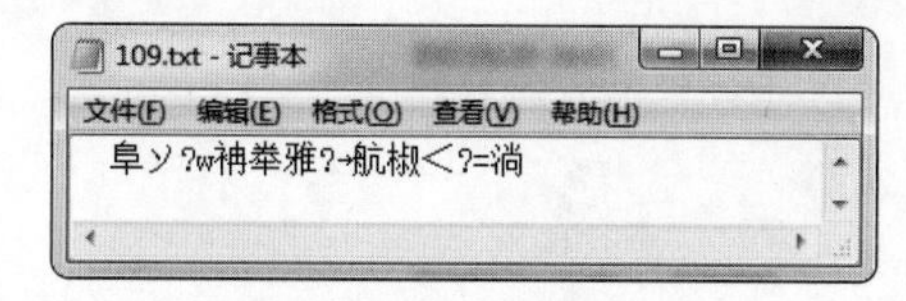

图 3.30　加密后文档中的内容

关键技术

加密的算法思想如下：对文本文档中的内容进行加密，实质上就是读取该文档中的内容，对读出的每个字符与输入的密码进行异或，再将异或后的内容重新写入指定的磁盘文件中即可。

实现过程

（1）在 VC++6.0 中选择“文件”→“新建”→“工程”→“Win32 Console Application”菜单项，创建一个工程，工程名称为“109”，单击“确定”按钮，选择“一个简单的程序”，单击“完成”按钮。

（2）在代码编辑界面中，单击“FileView”，双击打开“Source Files”文件夹下的“109.cpp”文件，删除系统默认创建的代码，开始编写本实例代码。

（3）引用头文件并进行函数声明，代码如下：

109-1

```
01  #include "stdafx.h"
02  #include <stdio.h>                                              /*标准输入输出头文件*/
03  #include <stdlib.h>
04  #include <string.h>
05  void encrypt(char *soucefile, char *pwd, char *codefile);      /*对文件进行加密的具体函数*/
```

（4）自定义 encrypt() 函数，作用是实现对指定文件进行加密，代码如下：

109-2

```
01  void encrypt(char *s_file, char *pwd, char *c_file)            /*自定义函数encrypt()用于加密*/
02  {
03      int i = 0;
04      FILE *fp1,  *fp2;                                           /*定义fp1和fp2是指向结构体变量的指针*/
05      register char ch;
06      fp1 = fopen(s_file, "rb");
07      if (fp1 == NULL)
08      {
09          printf("cannot open s_file.\n");
10          exit(1);                                                /*如果不能打开要加密的文件，便退出程序*/
11      }
12      fp2 = fopen(c_file, "wb");
13      if (fp2 == NULL)
14      {
15          printf("cannot open or create c_file.\n");
16          exit(1);                                                /*如果不能建立加密后的文件，便退出程序*/
17      }
18      ch = fgetc(fp1);
19      while (!feof(fp1))                                          /*测试文件是否结束*/
20      {
21          ch = ch ^ *(pwd + i);                                   /*采用异或方法进行加密*/
22          i++;
23          fputc(ch, fp2);                                         /*异或后写入fp2文件*/
24          ch = fgetc(fp1);
25          if (i > 9)
26              i = 0;
27      }
28      fclose(fp1);                                                /*关闭源文件*/
29      fclose(fp2);                                                /*关闭目标文件*/
30  }
```

```
31  main(int argc, char *argv[])                              /*定义main()函数的命令行参数*/
32  {
33      char sourcefile[50];                                  /*用户输入的要加密的文件名*/
34      char codefile[50];
35      char pwd[10];                                         /*用来保存密码*/
36      if (argc != 4)                                        /*容错处理*/
37      {
38          printf("please input encode file name:\n");
39          gets(sourcefile);                                 /*获取要加密的文件名*/
40          printf("please input Password:\n");
41          gets(pwd);                                        /*获取密码*/
42          printf("please input saved file name:\n");
43          gets(codefile);                                   /*获取加密后的文件名*/
44          encrypt(sourcefile, pwd, codefile);
45      }
46      else
47      {
48          strcpy(sourcefile, argv[1]);
49          strcpy(pwd, argv[2]);
50          strcpy(codefile, argv[3]);
51          encrypt(sourcefile, pwd, codefile);
52      }
53  }
```

实例 110　明码序列号保护

源码位置：Code\03\110

实例说明

采用明码序列号保护是通过使用序列号对应用程序进行保护的最初级的方法。通过使用序列号对程序进行注册，获取到使用程序某些功能的权限。采用明码序列号保护的方式是通过对用户输入的序列号与程序自动生成的合法序列号或内置序列号进行比较，采用这种方式并不是很安全，容易被截获到合法的序列号。运行本实例编译后的可执行文件，输入序列号后按 Enter 键，实例运行结果如图 3.31 所示。

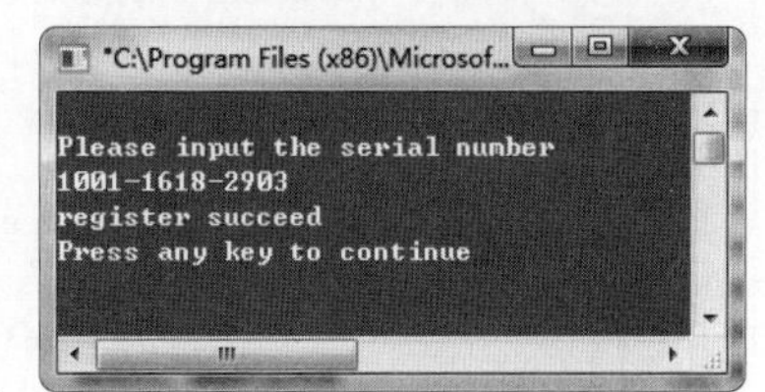

图 3.31　明码序列号保护

关键技术

明码序列号验证主要通过进行字符串比较实现的，判断用户输入的序列号与程序自动生成的或内置的序列号是否相同。字符串的比较通过使用函数 strcmp() 来实现。函数 strcmp() 的原型在 <string.h> 中，其语法如下：

```
int strcmp(char *str1, char *str2);
```

功能：比较字符串 s1 与 s2 的大小，并返回 s1-s2 的值。

说明：

当 str1<str2 时，返回值 <0。

当 str1=str2 时，返回值 =0。

当 str1>str2 时，返回值 >0。

实现过程

（1）在 VC++6.0 中选择“文件”→“新建”→“工程”→“Win32 Console Application”菜单项，创建一个工程，工程名称为“110”，单击“确定”按钮，选择“一个简单的程序”，单击“完成”按钮。

（2）在代码编辑界面中，单击“FileView”，双击打开“Source Files”文件夹下的“110.cpp”文件，删除系统默认创建的代码，开始编写本实例代码。

（3）引用头文件，代码如下：

```
110-1
01  #include "stdafx.h"
02  #include <stdlib.h>
03  #include <stdio.h>
04  #include <string.h>
```

（4）本实例将用户输入的序列号与程序内置的序列号 1001-1618-2903 进行比对，验证序列号的合法性，代码如下：

```
110-2
01  void main()
02  {
03      char ysn[15];                                          /*声明字符指针*/
04      char sn[15]="1001-1618-2903";                          /*指定合法序列号*/
05      int k;
06      printf("\nPlease input the serial number\n");
07      gets(ysn);
08      k=strcmp(ysn,sn);
09      if(k==0)
10          printf("register succeed\n");                      /*提示注册成功*/
11      else
12          printf("register lose\n");                         /*注册失败*/
13
14  }
```

实例 111　非明码序列号保护

源码位置：Code\03\111

实例说明

采用非明码序列号保护的方式验证序列号比采用明码序列号保护的方式安全。因为，非明码序列号保护是通过将输入的序列号进行算法验证实现的，而明码序列号保护是通过将输入的序列号与计算生成的合法序列号进行字符串比较实现的。采用明码序列号保护的程序在注册时会生成合法的序列号，该序列号可以通过内存设置断点的方式获取。而采用非明码序列号保护的方式是无法通过内存设置断点的方式获取。运行本实例编译后的可执行文件，输入序列号后按 Enter 键，实例运行结果如图 3.32 所示。

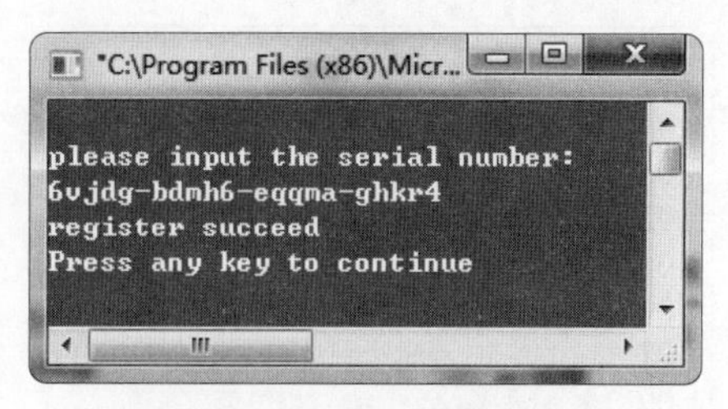

图 3.32 非明码序列号保护

关键技术

1. 获取字符 ASCII 码

本实例在序列号验证过程中需要通过使用函数 toascii() 获取字符的 ASCII 码。函数 toascii() 的原型在 ctype.h 中，其语法格式如下：

```
int toascii (int c);
```

函数说明：

toascii() 会将参数 c 转换成 7 位的 unsigned char 位，第 8 位则会被清除。此字符即会被转换成 ASCII 码字符。

2. 验证算法

本实例的验证算法是将序列号分为 4 段，每段 5 个字符，每段之间以字符“-”分隔。计算每段所有 ASCII 码的和，如果第一段 ASCII 码的和模 6 的值为 1，第二段 ASCII 码的和模 8 的值为 1，第三段 ASCII 码的和模 9 的值为 2，第四段 ASCII 码的和模 3 的值为 0，那么该序列号视为合法，否则非法。

实现过程

（1）在 VC++6.0 中选择“文件”→“新建”→“工程”→“Win32 Console Application”菜单项，创建一个工程，工程名称为“111”，单击“确定”按钮，选择“一个简单的程序”，单击“完成”按钮。

（2）在代码编辑界面中，单击“FileView”，双击打开“Source Files”文件夹下的“111.cpp”文件，删除系统默认创建的代码，开始编写本实例代码。

（3）引用头文件及定义变量，代码如下：

111-1

```
01    #include "stdafx.h"
02    #include <stdlib.h>
03    #include <stdio.h>
04    #include <string.h>
05    #include "ctype.h"
06    int getsn1(char str[]);
07    int getsn2(char str[]);
08    int getsn3(char str[]);
09    int getsn4(char str[]);
```

（4）创建函数 getsn1()，用于验证序列号第一段的合法性，代码如下：

111-2

```
01    int getsn1(char str[])
```

```
02  {
03      int i;
04      int sum;
05      sum=0;
06      for(i=0;i<5;i++)                                    /*0至4循环*/
07      {
08          sum=sum+toascii(str[i]);                        /*累加字符ASCII码*/
09      }
10      return sum;                                         /*返回第一段的返回值*/
11  }
```

（5）创建函数 getsn2()，用于验证序列号第二段的合法性，代码如下：

111-3

```
01  int getsn2(char str[])
02  {
03      int i;
04      int sum;
05      sum=0;
06      for(i=6;i<11;i++)                                   /*6至10循环*/
07      {
08          sum=sum+toascii(str[i]);                        /*累加字符ASCII码*/
09      }
10      return sum;                                         /*返回第二段的返回值*/
11  }
```

（6）创建函数 getsn3()，用于验证序列号第三段的合法性，代码如下：

111-4

```
01  int getsn3(char str[])
02  {
03      int i;
04      int sum;
05      sum=0;
06      for(i=12;i<17;i++)                                  /*12至16循环*/
07      {
08          sum=sum+toascii(str[i]);                        /*累加字符ASCII码*/
09      }
10      return sum;                                         /*返回第三段的返回值*/
11  }
```

（7）创建函数 getsn4()，用于验证序列号第四段的合法性，代码如下：

111-5

```
01  int getsn4(char str[])
02  {
03      int i;
04      int sum;
05      sum=0;
06      for(i=18;i<23;i++)                                  /*18至22循环*/
07      {
08          sum=sum+toascii(str[i]);                        /*累加字符ASCII码*/
09      }
10      return sum;                                         /*返回第四段的返回值*/
11  }
```

（8）在主函数 main() 中，获取用户输入的序列号，并调用 getsn1、getsn2、getsn3、getsn4 这 4 个函数进行序列号的合法性验证，代码如下：

111-6

```
01  void main()
02  {
03      char str[23];
04      printf("\nplease input the serial number:\n");
05      scanf("%s",str);
06      if(strlen(str)==23 && str[5]=='-' && str[11]=='-' && str[17]=='-')
07      {
08      if(getsn1(str)%6==1 && getsn2(str)%8==1 && getsn3(str)%9==2 && getsn4(str)%3==0)
09      {
10          printf("%s\n","register succeed");
11      }
12      }
13      else
14      printf("%s\n","register Lose");
15  }
```

实例 112 凯撒加密

源码位置：Code\03\112

实例说明

凯撒密码据传是古罗马凯撒大帝用来保护重要军情的加密系统。它是一种置换密码，通过将字母顺序推后起到加密作用。如字母顺序推后 3 位，字母 A 将被推为字母 D，字母 B 将被推为字母 E。本实例用于介绍使用 C 语言实现凯撒加密的方法。运行本实例编译后的可执行文件，输入字符串 mingrikeji，选择 1，指定字母推后的位数为 3，实例运行结果如图 3.33。

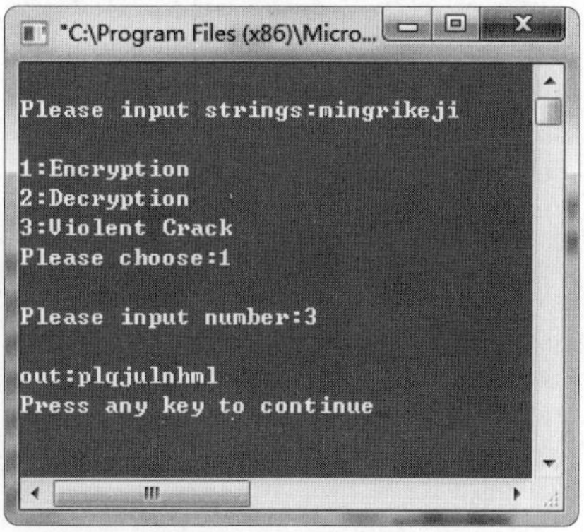

图 3.33 凯撒加密

关键技术

1．本加密方法是通过将字母顺序推后，起到加密作用。下面介绍字母顺序推后的方法。

（1）当字母是小写字母时，字母的置换方法如下：

```
if(c+n%26<='z') str[i]=(char)(c+n%26);
else str[i]=(char)('a'+((n-('z'-c)-1)%26));
```

（2）当字母是大写字母时，字母的置换方法如下：

```
if(c+n%26<='Z') str[i]=(char)(c+n%26);
else str[i]=(char)('A'+((n-('Z'-c)-1)%26));
```

2．解密方法是通过将字母顺序前移，起到解密作用。下面介绍字母顺序前移的方法。

（1）当字母是小写字母时，字母的置换方法如下：

```
if(c-n%26>='a') str[i]=(char)(c-n%26);
else str[i]=(char)('z'-(n-(c-'a')-1)%26);
```

（2）当字母是大写字母时，字母的置换方法如下：

```
if(c-n%26>='A') str[i]=(char)(c-n%26);
else str[i]=(char)('Z'-(n-(c-'A')-1)%26);
```

实现过程

（1）在 VC++6.0 中选择“文件”→“新建”→“工程”→“Win32 Console Application”菜单项，创建一个工程，工程名称为“112”，单击“确定”按钮，选择“一个简单的程序”，单击“完成”按钮。

（2）在代码编辑界面中，单击“FileView”，双击打开“Source Files”文件夹下的“112.cpp”文件，删除系统默认创建的代码，开始编写本实例代码。

（3）引用头文件，代码如下：

```
112-1
01  #include <stdafx.h>
02  #include <stdio.h>
03  #include <string.h>
```

（4）创建函数 encode()，用于将字母顺序推后 n 位，实现加密的功能。代码如下：

```
112-2
01  void encode(char str[], int n)
02  {
03      char c;
04      int i;
05      for (i = 0; i < strlen(str); i++)
06      {
07          c = str[i];
08          if (c >= 'a' && c <= 'z')
09              if (c + n % 26 <= 'z')
10                  str[i] = (char)(c + n % 26);
11              else
12                  str[i] = (char)('a' + ((n - ('z' - c) - 1) % 26));
13              else if (c >= 'A' && c <= 'Z')
14                  if (c + n % 26 <= 'Z')
15                      str[i] = (char)(c + n % 26);
16                  else
17                      str[i] = (char)('A' + ((n - ('Z' - c) - 1) % 26));
18                  else
19                      str[i] = c;
20      }
21      printf("\nout:");
22      puts(str);
23  }
```

（5）创建函数 decode()，用于将字母顺序前移 n 位，实现解密的功能。代码如下：

112-3

```
01  void decode(char str[], int n)
02  {
03      char c;
04      int i;
05      for (i = 0; i < strlen(str); i++)
06      {
07          c = str[i];
08          if (c >= 'a' && c <= 'z')
09              if (c - n % 26 >= 'a')
10                  str[i] = (char)(c - n % 26);
11              else
12                  str[i] = (char)('z' - (n - (c - 'a') - 1) % 26);
13              else if (c >= 'A' && c <= 'Z')
14                  if (c - n % 26 >= 'A')
15                      str[i] = (char)(c - n % 26);
16                  else
17                      str[i] = (char)('Z' - (n - (c - 'A') - 1) % 26);
18                  else
19                      str[i] = c;
20      }
21      printf("\nout:");
22      puts(str);
23  }
```

（6）在主函数 main() 中，用于输入被加密或被解密的字符串以及提供“加密”“解密”“暴力破解”的选项和字母顺序移动的位数。代码如下：

112-4

```
01  void main()
02  {
03      void encode(char str[], int n);
04      void decode(char str[], int n);
05      char str[30];
06      int k = 0, n = 0, i = 1;
07      printf("\nPlease input strings:");
08      scanf("%s", str);
09      printf("\n1:Encryption");
10      printf("\n2:Decryption");
11      printf("\n3:Violent Crack");
12      printf("\nPlease choose:");
13      scanf("%d", &k);
14      if (k == 1)
15      {
16          printf("\nPlease input number:");
17          scanf("\n%d", &n);
18          encode(str, n);
19      }
20      else if (k == 2)
21      {
```

```
22          printf("\nPlease input number:");
23          scanf("%d", &n);
24          decode(str, n);
25      }
26      else if (k == 3)
27      {
28          for (i = 1; i <= 25; i++)
29          {
30              printf("%d ", i);
31              decode(str, 1);
32          }
33      }
34  }
```

实例 113　RSA 加密

源码位置：Code\03\113

实例说明

RSA 算法是非对称加密的代表。RSA 算法是第一个同时用于数值前面并加密的算法，易于理解和操作。本实例用于介绍 RSA 加密的方法，运行本实例编译后的可执行文件，指定 p 的值为 5，q 的值为 11，e 的值为 3，选择 1，指定 m 的值 14，实例运行结果如图 3.34 所示。

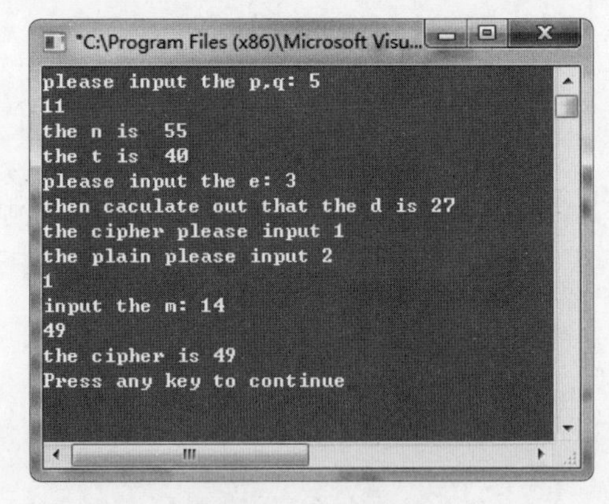

图 3.34　RSA 加密

关键技术

RSA 算法是一种非对称密码算法，所谓非对称，就是指该算法需要一组密钥，其中包括公钥和私钥。RSA 加密或解密步骤如下：

1．获取公钥与私钥

（1）随意选择两个大的质数 p 和 q，p 不等于 q，计算 n=pq。

（2）计算不大于 n 且与 n 互质的整数个数 f，公式为 f=（p−1）（q−1）。

（3）选择一个整数 e 与（p−1）（q−1）互质，并且 e 小于（p−1）（q−1）。

（4）计算 d，公式：de mod (p−1)(q−1)=1。

（5）d 和 n 是私钥，p、q、e 是公钥。

2．加密过程

设 e 为加密密钥，明文为 m，密文为 c，则加密公式如下：

```
c = (m ^ e) mod n
```

3．解密过程

设 e 为加密密钥，明文为 m，密文为 c，d 为解密密钥，则解密公式如下：

```
m= (c ^ d) mod n
```

实现过程

（1）在 VC++6.0 中选择“文件”→“新建”→“工程”→“Win32 Console Application”菜单项，创建一个工程，工程名称为“113”，单击“确定”按钮，选择“一个简单的程序”，单击“完成”按钮。

（2）在代码编辑界面中，单击“FileView”，双击打开“Source Files”文件夹下的“113.cpp”文件，删除系统默认创建的代码，开始编写本实例代码。

（3）引用头文件，代码如下：

```
113-1
01  #include "stdafx.h"
02  #include <stdlib.h>
03  #include <stdio.h>
```

（4）创建自定义函数 candp()，用于进行加密获取密文或进行解密获取明文，代码如下：

```
113-2
01  int candp(int a,int b,int c)
02  {
03      int r=1;
04      b=b+1;
05      while(b!=1)
06      {
07          r=r*a;
08          r=r%c;
09          b--;
10      }
11      printf("%d\n",r);
12      return r;
13  }
```

（5）输入 p、q、e 的数值。根据输入的数值计算 p 与 q 的乘积 n，并调用函数 candp() 进行加密或解密操作。代码如下：

```
113-3
01  void main()
02  {
03      int p,q,e,d,m,n,t,c,r;
04      char s;
05      printf("please input the p,q: ");
06      scanf("%d%d",&p,&q);
07      n=p*q;
08      printf("the n is %3d\n",n);
09      t=(p-1)*(q-1);
10      printf("the t is %3d\n",t);
```

```
11      printf("please input the e: ");
12      scanf("%d",&e);
13      if(e<1||e>t)
14      {
15          printf("e is error,please input again: ");
16          scanf("%d",&e);
17      }
18      d=1;
19      while(((e*d)%t)!=1)   d++;
20      printf("then caculate out that the d is %d\n",d);
21      printf("the cipher please input 1\n");
22      printf("the plain please input 2\n");
23      scanf("%d",&r);
24      switch(r)
25      {
26          case 1: printf("input the m: ");                        /*输入要加密的明文数字*/
27                  scanf("%d",&m);
28                  c=candp(m,e,n);
29                  printf("the cipher is %d\n",c);break;
30          case 2: printf("input the c: ");                        /*输入要解密的密文数字*/
31                  scanf("%d",&c);
32                  m=candp(c,d,n);
33                  printf("the cipher is %d\n",m);break;
34      }
35  }
```

第4章

系统相关

固定格式输出当前时间

当前时间转换

显示程序运行时间

设置 DOS 系统日期

设置 DOS 系统时间

实例 114 固定格式输出当前时间

源码位置：Code\04\114

实例说明

本实例实现将当前时间用以下形式输出：星期/月/日/小时/分/秒/年，实例运行结果如图4.1所示。

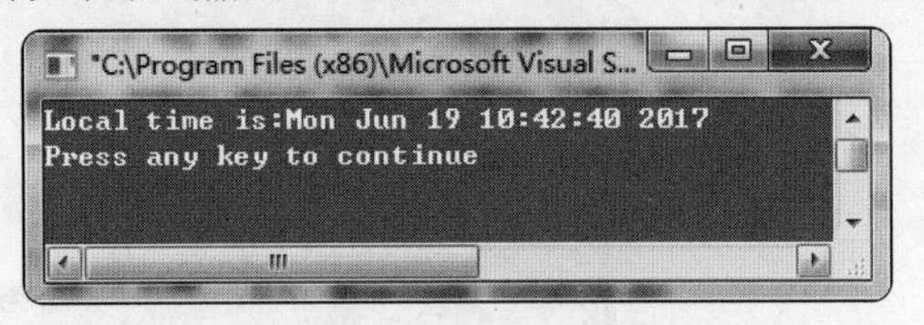

图 4.1 固定格式输出当前时间

关键技术

本实例中用到 3 个与时间相关的函数，下面逐一介绍：

☑ time() 函数

```
time_t  time(time_t *t)
```

该函数的作用是获取以格林尼治时间 1970 年 1 月 1 日 00：00：00 开始计时的当前时间值作为 time() 函数的返回值，并把它存在 t 所指的区域中（在不需要存储的时候通常为 NULL）。该函数的原型在 time.h 中。

☑ localtime() 函数

```
struct tm *localtime(const time_t *t)
```

该函数的作用是返回一个指向从 tm 形式定义的分解时间的结构指针。t 的值一般情况下通过调用 time() 函数来获得，该函数的原型在 time.h 中。

☑ asctime() 函数

```
char *asctime(struct tm *p)
```

该函数的作用是返回指向一个字符串的指针。p 指针所指向的结构中的时间信息被转换成如下格式：

星期 月 日 小时 分 秒 年

该函数的原型在 time.h 中。

实现过程

（1）在 TC 中创建一个 C 文件。

（2）引用头文件，代码如下：

114-1

```
01  #include <stdio.h>
02  #include <stdlib.h>
03  #include <time.h>
```

（3）调用 time() 函数获取当前时间信息，再调用 localtime() 函数分解时间，最后使用 asctime() 函数将时间以指定格式输出。

（4）主函数代码如下：

114-2

```
01  int main()
02  {
03      time_t Time;                              /*定义Time为time_t类型*/
04      struct tm *t;                             /*定义指针t为tm结构类型*/
05      Time = time(NULL);                        /*将time()函数返回值存到Time中*/
06      t = localtime(&Time);                     /*调用localtime()函数*/
07      printf("Local time is:%s", asctime(t));   /*调用asctime()函数，以固定格式输出当前时间*/
08      return 0;
09  }
```

实例 115　当前时间转换为格林尼治时间　　源码位置：Code\04\115

实例说明

编程实现将当前时间转换为格林尼治时间，同时将当前时间和格林尼治时间输出到屏幕上。实例运行结果如图 4.2 所示。

图 4.2　当前时间转换

关键技术

本实例中用到了 gmtime() 函数，具体使用说明如下：

```
struct tm *gmtime(const time_t *t)
```

该函数的作用是将日期和时间转换为格林尼治时间。该函数的原型在 time.h 中。gmtime() 函数返回指向分解时间的结构指针，该结构是静态变量，每次调用 gmtime() 函数都要重写该结构。

实现过程

（1）在 TC 中创建一个 C 文件。

（2）引用头文件。

115-1

```
01  #include <time.h>
02  #include <stdio.h>
03  #include <dos.h>
```

（3）调用 time() 函数获取当前时间信息，再调用 localtime() 函数和 gmtime() 函数分解时间及将当前时间转换为格林尼治时间，最后使用 asctime() 函数分别将当前时间及格林尼治时间以指定格式输出。

（4）主函数代码如下：

115-2

```
01  main()
02  {
03      time_t Time;                              /*定义Time为time_t类型*/
04      struct tm *t,  *gt;                       /*定义指针t和gt为tm结构类型*/
05      Time = time(NULL);                        /*将time()函数返回值存到Time中*/
06      t = localtime(&Time);                     /*调用localtime()函数*/
07      printf("Local time is:%s", asctime(t));   /*调用asctime()函数，以固定格式输出当前时间*/
08      gt = gmtime(&Time);                       /*调用gmtime()函数，将当前时间转换为格林尼治时间*/
09      /*调用asctime()函数，以固定格式输出格林尼治时间*/
10      printf("Greenwich Time is:%s", asctime(gt));
11      getch();
12      return 0;
13  }
```

实例 116 显示程序运行时间

源码位置：Code\04\116

实例说明

本实例实现求一个程序运行时间，以秒为单位。实例运行结果如图 4.3 所示。

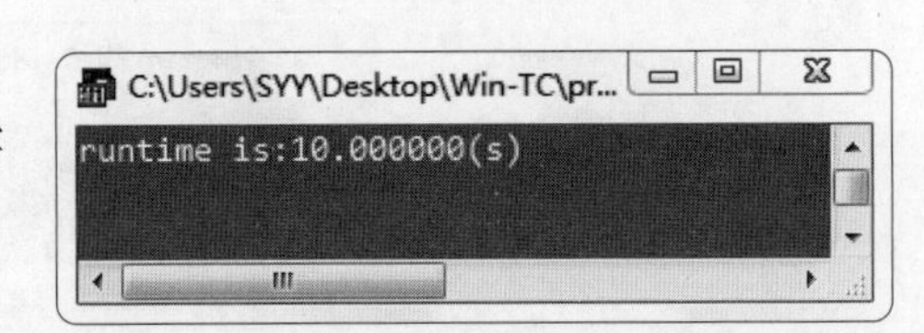

图 4.3　显示程序运行时间

关键技术

本实例中用到了 difftime() 函数，具体使用说明如下：

```
double difftime(time_t time2,time_t time1)
```

该函数计算从参数 time1 到 time2 所经历的时间，用秒表示。该函数的原型在 time.h 中。

实现过程

（1）在 TC 中创建一个 C 文件。

（2）引用头文件。

116-1

```
01  #include <time.h>
02  #include <stdio.h>
03  #include <dos.h>
```

（3）首先将当前时间赋给 start，调用 sleep() 函数，程序中断 10 秒后，再将中断后的当前时间赋给 end，最后调用 difftime() 函数输出从 start 到 end 所经历的时间。

（4）主函数代码如下：

116-2

```
01  main()
02  {
03      time_t start, end;                          /*定义time_t类型变量start，end*/
04      start = time(NULL);                         /*将当前时间赋给start*/
05      sleep(10);                                  /*程序中断10秒*/
06      end = time(NULL);                           /*将中断后的当前时间赋给end*/
07      /*调用difftime()函数，从start到end所经历的时间*/
08      printf("runtime is:%f(s)\n", difftime(end, start));
09      getch();
10      return 0;
11  }
```

实例 117 设置 DOS 系统日期

源码位置：Code\04\117

实例说明

编程实现将系统当前日期改为 2008 年 10 月 23 日，要求将原来日期和修改后的日期均显示在屏幕上。实例运行结果如图 4.4 所示。

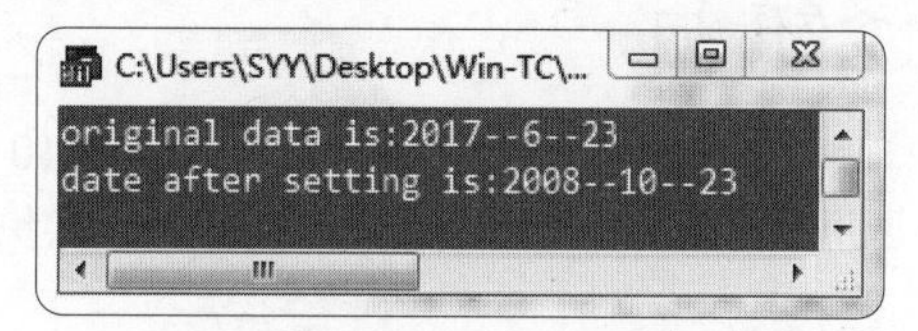

图 4.4 设置 DOS 系统日期

关键技术

本实例中用到了 setdate() 函数，具体使用说明如下：

```
void setdate(struct date *d)
```

该函数的作用是按照 d 指向的结构中指定的值设置 dos 系统日期。该函数的原型在 dos.h 文件中。

实现过程

（1）在 TC 中创建一个 C 文件。

（2）引用头文件。

117-1

```
01  #include <dos.h>
02  #include <stdio.h>
```

（3）本实例分别调用 getdate() 函数和 setdate() 函数分别用来获取系统当前日期及按照指定的值重新设置系统日期。

（4）主函数代码如下：

117-2

```
01  main()
02  {
03      struct date setd,now;                /*定义setd为date结构体变量*/
```

```
04      struct date origind;               /*定义origind为date结构体变量*/
05      getdate(&origind);                 /*获取系统当前日期*/
06      /*输出系统当前日期*/
07      printf("original data is:%d--%d--%d\n", origind.da_year, origind.da_mon,origind.da_day);
08      setd.da_year = 2008;               /*设置系统日期中年份为2008*/
09      setd.da_mon = 10;                  /*设置系统日期中月份为10*/
10      setd.da_day = 23;                  /*设置系统日期中日期为23*/
11      setdate(&setd);                    /*使用setdate()函数按照上面指定的数据对系统时间进行设置*/
12      getdate(&now);                     /*获取系统重新设置后的当前日期*/
13      /*输出设置后的系统时间*/
14      printf("date after setting is:%d--%d--%d", now.da_year, now.da_mon,now.da_day);
15      getch();
16  }
```

实例 118 设置 DOS 系统时间

源码位置：Code\04\118

实例说明

本实例实现将系统当前时间改为 10：5：12，要求将原来时间和修改后的时间均显示在屏幕上。实例运行结果如图 4.5 所示。

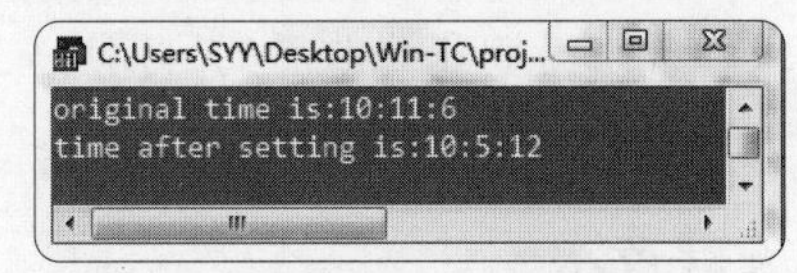

图 4.5 设置 DOS 系统时间

关键技术

本实例中用到了 settime() 函数，具体使用说明如下：

```
void settime (struct time *t)
```

该函数的作用是按照 t 指向的结构中指定的值设置 DOS 系统时间。该函数的原型在 dos.h 中。

实现过程

（1）在 TC 中创建一个 C 文件。

（2）引用头文件。

```
118-1
01  #include <dos.h>
02  #include <stdio.h>
```

（3）本实例调用 gettime() 函数和 settime() 函数来分别获取系统当前时间及按照指定的值重新设置系统时间。

（4）主函数代码如下：

```
118-2
01  main()
02  {
03      struct time sett, now;             /*定义sett,now为time结构体变量*/
```

```
04      struct time origint;                /*定义origint为time结构体变量*/
05      gettime(&origint);                  /*获取系统当前时间*/
06      printf("original time is:%d:%d:%d\n",origint.ti_hour, origint.ti_min,origint.ti_sec);
07                                          /*输出系统当前时间*/
08      sett.ti_hour = 10;                  /*设置系统时间中小时为10*/
09      sett.ti_min = 5;                    /*设置系统时间中分钟为5*/
10      sett.ti_sec = 12;                   /*设置系统时间中秒为12*/
11      sett.ti_hund = 32;
12      settime(&sett);                     /*使用settime()函数按照指定的数据对系统时间进行设置*/
13      gettime(&now);
14      /*输出设置后的系统时间*/
15      printf("time after setting is:%d:%d:%d",now.ti_hour, now.ti_min,now.ti_sec);
16      getch();
17  }
```

实例 119　获取当前日期与时间

源码位置：Code\04\119

实例说明

获取当前日期与时间是应用程序常见的功能。本实例用于介绍在 DOS 控制台中输出当前系统时间与日期的方法。运行本实例编译后的可执行文件，实例运行结果如图 4.6 所示。

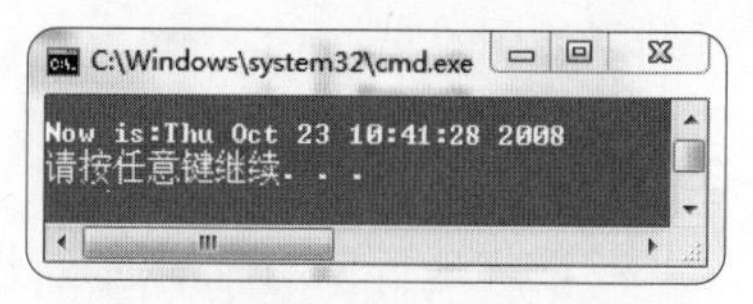

图 4.6　获取当前日期与时间

关键技术

当前日期与时间的获取是通过使用 time() 函数实现的。该函数在 time.h 头文件内，语法格式如下：

```
time_t time (time_t *timer)
```

功能：获取当前的时间和日期，函数返回类型为 time_t 的值。

参数说明：

timer：获取当前日期和时间，其类型为 time_t 结构体指针。

实现过程

（1）在 VC++6.0 中选择“文件”→“新建”→“工程”→“Win32 Console Application”菜单项，创建一个工程，工程名称为“119”，单击“确定”按钮，选择“一个简单的程序”，单击“完成”按钮。

（2）在代码编辑界面中，单击“FileView”，双击打开“Source Files”文件夹下的“119.cpp”文件，删除系统默认创建的代码，开始编写本实例代码。

（3）引用头文件。

119-1
```
01  #include "stdafx.h"
02  #include <stdio.h>
03  #include <time.h>
```

（4）声明 time_t 类型变量 now。

（5）使用 time() 函数将当前时间和日期存如变量 now 中。

（6）程序主要代码如下：

119-2
```
01  main()
02  {
03      time_t now;                                   /*声明time_t类型变量*/
04      time(&now);                                   /*获取当前系统日期与时间*/
05      printf("\nNow is:%s",ctime(&now));            /*输出当前系统日期与时间*/
06  }
```

实例 120　获取当地日期与时间

源码位置：Code\04\120

实例说明

运行本实例编译后的可执行文件显示当地日期与时间，实例运行结果如图 4.7 所示。

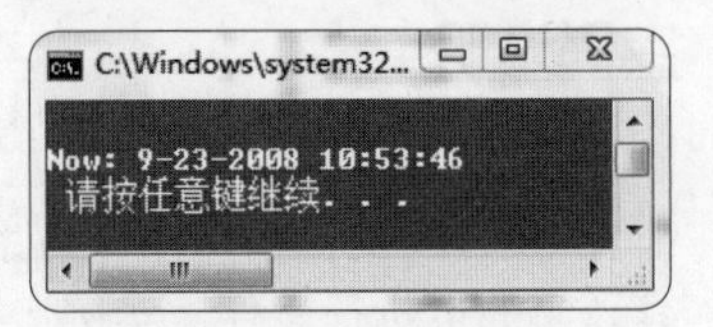

图 4.7　获取当地日期与时间

关键技术

获取当地日期与时间通过使用函数 localtime() 实现。该函数在 time.h 头文件中，其语法格式如下：

```
struct tm *localtime(const time_t *timer);
```

功能：把 timer 所指的时间（如函数 time() 返回的时间）转换成当地标准时间，并以 tm 结构形式返回。

参数说明：

timer：要获取当前时间的传递参数，格式为 time_t 指针类型。

实现过程

（1）在 VC++6.0 中选择“文件”→“新建”→“工程”→“Win32 Console Application”菜单项，创建一个工程，工程名称为“120”，单击“确定”按钮，选择“一个简单的程序”，单击“完成”按钮。

（2）在代码编辑界面中，单击“FileView”，双击打开“Source Files”文件夹下的“120.cpp”文件，删除系统默认创建的代码，开始编写本实例代码。

（3）引用头文件。

120-1
```
01  #include "stdafx.h"
02  #include <stdio.h>
03  #include <time.h>
```

（4）程序主要代码如下：

120-2

```
01  int main()
02  {
03      struct tm * tmpointer;                              /*定义tm结构指针*/
04      time_t secs;                                        /*声明time_t类型变量*/
05      time(&secs);                                        /*获取系统日期与时间*/
06      tmpointer = localtime(&secs);                       /*获取当地日期与时间*/
07                                                          /*输出当地时间*/
08      printf("\nNow: %d-%d-%d %d:%d:%d\n ", tmpointer->tm_mon, tmpointer->
09              tm_mday, tmpointer->tm_year + 1900, tmpointer->tm_hour, tmpointer->tm_min,
10              tmpointer->tm_sec);                         /*输出当前系统日期与时间*/
11      return 0;
12  }
```

实例 121　设置系统日期

源码位置：Code\04\121

实例说明

本实例介绍如何设置系统日期，运行本实例编译后的可执行文件，输入指定的年份、月份、日期，实例运行结果如图 4.8 所示。

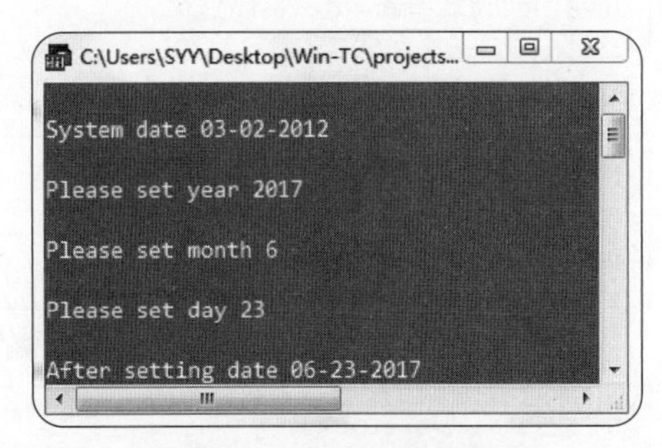

图 4.8　设置系统日期

关键技术

1. 获取当前系统日期

获取当前系统日期使用函数 getdate() 实现。该函数在 dos.h 头文件中，语法格式如下：

```
void getdate (struct date *datep);
```

功能：将计算机内的日期写入 datep 指向的 date 结构中，以供用户使用。

date 结构如下：

```
struct   date{
    int da_year;                                        /*年份*/
    char da_day;                                        /*日期*/
    char da_mon;                                        /*月份*/
};
```

2. 设置系统日期

设置系统日期使用函数 setdate() 实现。该函数在 dos.h 头文件中，语法格式如下：

```
void setdate (struct date *datep);
```

功能：将计算机内的日期改成由 datep 指向 date 结构所指定的日期。

实现过程

（1）在 TC 中创建一个 C 文件。

（2）引用头文件 stdlib.h、dos.h。

121-1

```
01  #include<stdio.h>
02  #include<dos.h>
```

（3）设置“年”，代码如下：

121-2

```
01  printf("\n\nPlease set year ");              /*提示指定年*/
02  gets(str);                                   /*获取控制台输入的字符串*/
03  setdt.da_year=atol(str);                     /*将字符串转换为整数并设置年结构成员*/
```

（4）设置“月”，代码如下：

121-3

```
01  printf("\nPlease set month ");               /*提示指定月*/
02  gets(str);                                   /*获取控制台输入的字符串*/
03  setdt.da_mon=atol(str);                      /*将字符串转换为整数并设置月结构成员*/
```

（5）设置“日”，代码如下：

121-4

```
01  printf("\nPlease set day ");                 /*提示指定日*/
02  gets(str);                                   /*获取控制台输入的字符串*/
03  setdt.da_day=atol(str);                      /*将字符串转换为整数并设置日结构成员*/
```

（6）设置系统日期，并显示设置后的系统日期，代码如下：

121-5

```
01  setdate(&setdt);                             /*设置系统日期*/
02  getdate(&setdt);                             /*获取系统日期*/
```

（7）程序主要代码如下：

121-6

```
01  main()
02  {
03      char *str;
04      struct date  setdt;
05      getdate(&setdt);
06      printf("\nSystem date %02d-%02d-%04d",setdt.da_mon,setdt.da_day,setdt.da_year);
07      printf("\n\nPlease set year ");
08      gets(str);
09      setdt.da_year=atol(str);
10      printf("\nPlease set month ");
11      gets(str);
12      setdt.da_mon=atol(str);
13      printf("\nPlease set day ");
14      gets(str);
15      setdt.da_day=atol(str);
16      setdate(&setdt);
```

```
17      getdate(&setdt);
18      printf("\nAfter setting date %02d-%02d-%04d",setdt.da_mon,setdt.da_day,setdt.da_year);
19      getch();
20  }
```

实例 122 获取 BIOS 常规内存容量 源码位置：Code\04\122

实例说明

计算机的地址空间通常为 1MB，其中低端 640KB 用作 RAM，供 DOS 及应用程序使用。低端的 640KB 称为常规内存。本实例用于介绍获取 BIOS 常规内存的方法。运行本实例编译后的可执行文件，实例运行结果如图 4.9 所示。

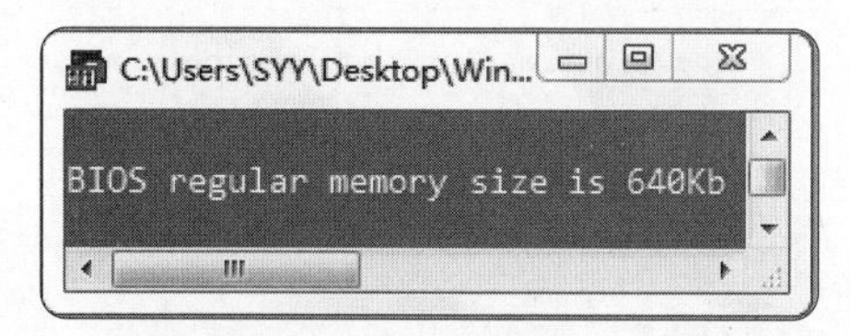

图 4.9 获取 BIOS 常规内存容量

关键技术

获取 BIOS 常规内存容量通过使用函数 biosmemory() 实现。该函数在 bios.h 头文件中，语法格式如下：

```
int biosmemory();
```

功能：返回常规内存大小，以 KB 为单位。

实现过程

（1）在 TC 中创建一个 C 文件。

（2）引用头文件 stdio.h、bios.h。

```
122-1
01  #include <stdio.h>
02  #include <bios.h>
```

（3）程序主要代码如下：

```
122-2
01  main()
02  {
03      int memsize;                                            /*声明整型变量*/
04      memsize=biosmemory();                                   /*获取BIOS常规内存容量*/
05      printf("\nBIOS regular memory size is %dKb",memsize);   /*输出BIOS常规内存容量值*/
06      getch();
07  }
```

实例 123 读取和设置 BIOS 计时器

源码位置：Code\04\123

实例说明

本实例介绍读取和设置 BIOS 计时器的方法。运行本实例编译后的可执行文件，结果如图 4.10 所示。

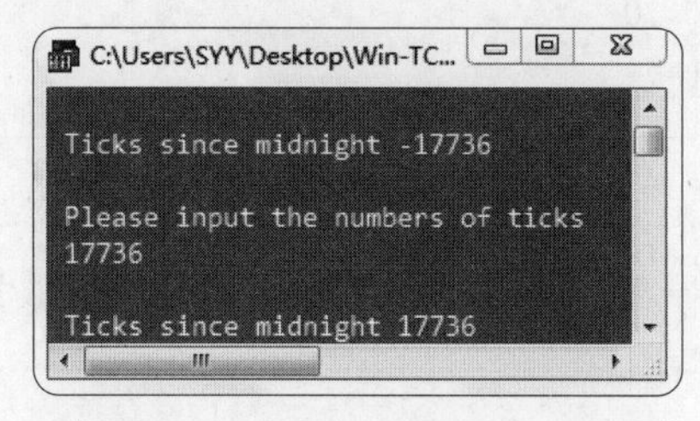

图 4.10 读取和设置 BIOS 计时器

关键技术

控制 BIOS 计时器通过使用 biostime() 函数来实现。该函数的原型在 bios.h 头文件中，其语法格式如下：

```
int biostime(int cmd,long newtime)
```

该函数的作用是计时器控制，cmd 为功能号，当值为 0 时函数返回计时器的当前值，当值为 1 时，将计时器设置为新值 newtime。

实现过程

（1）在 TC 中创建一个 C 文件。

（2）引用头文件 stdio.h、bios.h。

```
123-1
01  #include <stdio.h>
02  #include <dos.h>
```

（3）使用函数 biostime() 获取 BIOS 计时器数值，代码如下：

```
123-2
01  ticks =biostime(0,ticks);
```

（4）使用函数 biostime() 设置 BIOS 计时器数值，代码如下：

```
123-3
01  ticks =biostime(1,atol(str));
```

（5）程序主要代码如下：

```
123-4
01  main()
02  {
03      long ticks;                                            /*声明长整型变量*/
04      char *str;                                             /*字符指针*/
05      ticks =biostime(0,ticks);                              /*获取BIOS计时器数值*/
06       printf("\n Ticks since midnight %ld \n ", ticks);     /*输出BIOS计时器数值*/
07       getch();
08       printf("\n Please input the numbers of ticks \n ");
09      gets(str);                                             /*从控制台获取字符串*/
10      ticks =biostime(1,atol(str));      /*将字符串转换为整数并设置BIOS计时器数值*/
11      printf("\n Ticks since midnight %ld \n", ticks);       /*输出BIOS计时器数值*/
12  }
```

实例 124 获取 CMOS 密码

源码位置：Code\04\124

实例说明

CMOS 是计算机主板上的一块可读写的 RAM 芯片，主要用来保存当前系统的硬件配置。为了防止他人随意更改硬件设置，需要为 CMOS 设置密码。当计算机使用者将密码遗忘时，为了保全当前的硬件配置信息就不能进行清空 CMOS 的操作，而需要使用应用程序获取 CMOS 的密码。本实例用来介绍获取 AWARD 公司 BIOS 的 CMOS 密码的方法，运行本实例编译后的可执行文件，实例运行结果如图 4.11 所示。

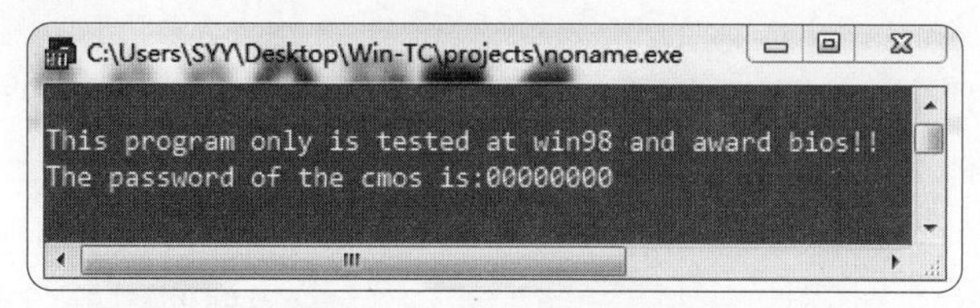

图 4.11 获取 CMOS 密码

关键技术

AWARD 公司 BIOS 的 CMOS 密码存放在 CMOS 芯片 0x1c，0x1d 处的两个字节中，将这两个字节的数据读取出来并用四进制表示，就是密码。读取 0x1c，0x1d 处的两个字节数据需要"字节写入指定的输出端口""从指定的输入端口读取字节"两个步骤。

1．字节写入指定的输出端口

将一个字节写入输出端口通过使用函数 outportb() 实现。该函数在 dos.h 头文件中，语法格式如下：

```
void outportb(int port,char byte);
```

参数说明：

port：端口地址。

byte：一个字节。

2．从指定的输入端口读取字节

从指定的输入端口读取一个字节通过使用函数 inportb() 实现。该函数在 dos.h 头文件中，语法格式如下：

```
int inportb(int port);
```

功能：从指定的输入端口读入一个字节，并返回这个字节。

参数说明：

port：端口地址。

实现过程

（1）在 TC 中创建一个 C 文件。

（2）引用头文件 stdlib.h、dos.h。

124-1

```
01  #include <stdio.h>
02  #include <dos.h>
```

（3）读取 0x1d 处数据，并用十进制表示，代码如下：

124-2

```
01  outportb(0x70, 0x1d);                          /*在0x70地址写入字节0x1d*/
02  comspass=inportb(0x71);                        /*读取0x71地址的字节*/
03  for (n = 6;n>=0;n-=2)
04  {
05      temp = comspass;                           /*记录0x71地址的字节内容*/
06      temp >>= n;                                /*右移*/
07      temp = temp & 0x03;                        /*与0x03与运算*/
08      printf("%d", temp);                        /*以十进制形式输出0x1d地址处的数据*/
09  }
```

（4）读取 0x1c 处数据并用十进制表示，代码如下：

124-3

```
01  outportb(0x70, 0x1c);                          /*在0x70地址写入字节0x1c*/
02  result = inportb(0x71);                        /*读取0x71地址的字节*/
03  for (n = 6; n >= 0; n -= 2)                    /*6至0循环，步长为-2*/
04  {
05      temp = comspass;                           /*记录0x71地址的字节内容*/
06      temp >>= n;                                /*右移*/
07      temp = temp & 0x03;                        /*与0x03与运算*/
08      printf("%d", temp);                        /*以十进制的形式输出0x1c地址处的数据*/
09  }
```

（5）程序主要代码如下：

124-4

```
01  void main() {
02      int n;                                     /*声明整型变量*/
03      char comspass;                             /*字符类型变量*/
04      char temp = 0;                             /*声明字符串类型变量初始值为0*/
05      int result;                                /*声明整型变量*/
06      printf("\nThis program only is tested at win98 and award bios!!\n"); /*输出字符串*/
07      printf("The password of the cmos is:");
08      outportb(0x70,0x1d);                       /*在0x70地址写入字节0x1d*/
09      comspass = inportb(0x71);                  /*读取0x71地址的字节*/
10      for (n = 6;n>=0;n-=2)                      /*6至0循环，步长为-2*/
11      {
12          temp = comspass;                       /*记录0x71地址的字节内容*/
13          temp >>= n;                            /*右移*/
14          temp = temp & 0x03;                    /*与0x03与运算*/
15          printf("%d", temp);                    /*以十进制形式输出0x1d地址处的数据*/
16      }
17      outportb(0x70, 0x1c);                      /*在0x70地址写入字节0x1c*/
18      result = inportb(0x71);                    /*读取0x71地址的字节*/
19      for (n = 6; n >= 0; n -= 2)                /*6至0循环，步长为-2*/
20      {
21          temp = comspass;                       /*记录0x71地址的字节内容*/
```

```
22          temp >>= n;                               /*右移*/
23          temp = temp & 0x03;                       /*与0x03与运算*/
24          printf("%d", temp);                       /*以十进制的形式输出0x1c地址处的数据*/
25          getch();
26      }
27  }
```

实例 125　鼠标中断

源码位置：Code\05\125

实例说明

使用鼠标使计算机的操作更加简单快捷，代替键盘烦琐的指令。在 DOS 程序的开发过程中，如果要求应用程序可以使用鼠标进行相关的操作，那么就需要设置鼠标中断。本实例通过设置鼠标中断，实现显示或隐藏鼠标的功能。运行本实例编译后的可执行文件，实例运行结果如图 4.12 所示。

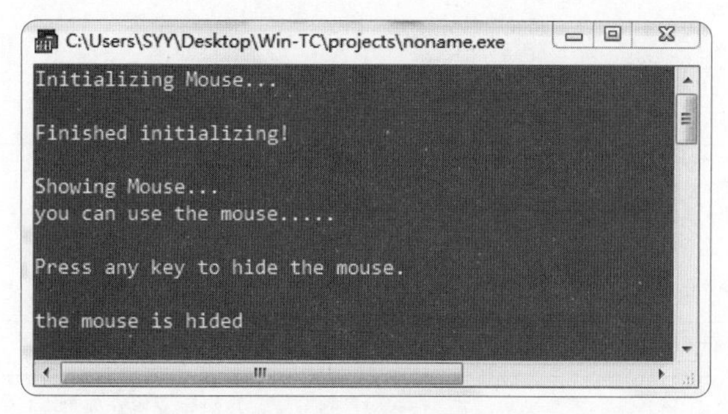

图 4.12　鼠标中断

关键技术

1．初始化鼠标

鼠标初始化是通过使用函数 int86() 执行 0x33 号中断来实现的。该函数在头文件 dos.h 中，语法格式如下：

```
int int86(int intr_num,union REGS *inregs,union REGS *outregs);
```

功能：执行 intr_num 号中断，用户定义的寄存器值存于结构 inregs 中，执行完后将返回的寄存器值存于结构 outregs 中。

2．显示或隐藏鼠标

显示或隐藏鼠标通过设置 REGS 联合体中的 x.ax 的值，配合使用函数 int86() 实现。当 x.ax 的值为 1 时，显示鼠标；当 x.ax 的值为 2 时，隐藏鼠标。

REGS 联合体如下：

```
union REGS {
    struct WORDREGS x;
    struct BYTEREGS h;
};
```

其中的WORDREGS定义为:

```
struct WORDREGS {
    unsigned int ax, bx, cx, dx, si, di,
    cflag,                                   /*进位标志*/
    flags;                                   /*标志寄存器*/
};
```

BYTEREGS定义为:

```
struct BYTEREGS {
    unsigned char al, ah, bl, bh, cl, ch, dl, dh;
};
```

实现过程

（1）在TC中创建一个C文件。

（2）引用头文件conio.h、stdlib.h、dos.h、stdio.h。

```
125-1
01  #include <conio.h>
02  #include <stdlib.h>
03  #include <dos.h>
04  #include <stdio.h>
```

（3）初始化鼠标，代码如下:

```
125-2
01  union REGS regs;                                /*定义寄存器型共同体*/
02  int mousedr;                                    /*声明整型变量*/
03  clrscr();                                       /*清屏*/
04  printf("Initializing Mouse...\n\n");            /*输出字符串*/
05  regs.x.ax=0;                                    /*设置x.ax值为0*/
06  int86(0x33,&regs,&regs);
07  mousedr=regs.x.ax;                              /*记录x.ax值*/
08  if(mousedr==0)                                  /*当值等于0时*/
09  {
10      printf("initialize mouse error!");          /*提示鼠标初始化失败*/
11      exit(1);                                    /*终止程序*/
12  }
13  printf("Finished initializing!\n\n");           /*提示完成初始化*/
```

（4）显示鼠标，代码如下:

```
125-3
01  regs.x.ax=1;                                    /*设置x.ax值为1*/
02  int86(0x33,&regs,&regs);                        /*显示鼠标*/
```

（5）隐藏鼠标，代码如下:

125-4

```
01  regs.x.ax=2;                                    /*设置x.ax值为1*/
02  int86(0x33,&regs,&regs);                        /*隐藏鼠标*/
```

（6）程序主要代码如下：

125-5

```
01  int main()
02  {
03      union REGS regs;                            /*定义寄存器型共同体*/
04      int mousedr;                                /*声明整型变量*/
05      clrscr();                                   /*清屏*/
06      printf("Initializing Mouse...\n\n");        /*输出字符串*/
07      regs.x.ax=0;                                /*设置x.ax值为0*/
08      int86(0x33,&regs,&regs);
09      mousedr=regs.x.ax;                          /*记录x.ax值*/
10      if(mousedr==0)                              /*等于0时*/
11      {
12          printf("initialize mouse error!");      /*提示初始化鼠标错误*/
13          exit(1);                                /*终止程序*/
14      }
15      printf("Finished initializing!\n\n");       /*完成初始化*/
16      printf("Showing Mouse...\n");               /*提示显示鼠标*/
17      regs.x.ax=1;                                /*设置x.ax值为1*/
18      int86(0x33,&regs,&regs);                    /*显示鼠标*/
19      printf("you can use the mouse.....\n\n");   /*提示能用鼠标*/
20      printf("Press any key to hide the mouse.\n"); /*提示按任意键隐藏鼠标*/
21      getch();
22      regs.x.ax=2;                                /*设置x.ax值为2*/
23      int86(0x33,&regs,&regs);                    /*隐藏鼠标*/
24      printf("\nthe mouse is hided\n");           /*提示鼠标正在隐藏*/
25      getch();
26      return 1;
27  }
```

实例 126　设置文本显示模式

源码位置：Code\04\126

实例说明

本实例通过使用 BIOS 中提供的 INT 10H 中断的各种功能，实现文本显示模式的设置。通过文本显示模式的设置，可以调整每行可以显示的字符数。本实例用于介绍设置文本显示模式的方法。运行本实例编译后的可执行文件，实例运行结果如图 4.13 所示，显示在每种模式下最多能输出的行数。

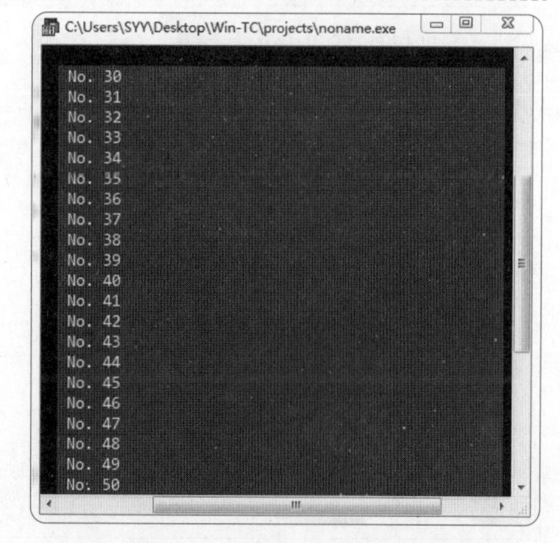

图 4.13　设置文本显示模式

关键技术

1. 执行软件中断

执行软件中断通过使用函数 geninterrupt() 实现。该函数在 dos.h 头文件中，语法格式如下：

```
void geninterrupt(int intr_num);
```

功能：执行由 intr_num 所指定的软件中断。

参数说明：

intr_num：中断号。

2. 设置文本模式

设置文本模式通过使用函数 textmode() 实现。该函数在 conio.h 文件中，语法格式如下：

```
void textmode(int mode);
```

参数说明：

mode：模式值，模式说明如表 4.1 所示。

表 4.1　文本模式说明

模 式 名	等价整数值	说　明
BW40	0	40 列黑白
C40	1	40 列彩色
BW80	2	80 列黑白
C80	3	80 列彩色
Mone	7	80 列单色
LASTMODE	-1	上一次的模式

实现过程

（1）在 TC 中创建一个 C 文件。

（2）引用头文件 conio.h、dos.h、stdlib.h。

126-1

```
01  #include <conio.h>
02  #include <dos.h>
03  #include <stdlib.h>
```

（3）创建函数 setfont8x8() 用于设置 8×8 点阵，每行 80 字符的显示模式，并获取可显示的最大行数。代码如下：

126-2

```
01  int setfont8x8(mode)
02  int mode;
03  {
04  int maxlines,maxcol;
05  char vtype,displaytype;
06
07      textmode(mode);                       /*设置文本格式，mode含义为每行可以显示的字符数*/
08      _AH = 0x0F; /*int 10h的 0fh功能为获取当前的显示模式，执行后，每行可显示字符数保存在ah中*/
```

```
09      geninterrupt(VIDEO_BIOS);               /*geninterrupt()函数执行一个软中断，调用int 10h*/
10      maxcol = _AH;                           /*获取每行可以显示的字符数*/
11      _AX = 0x1A00;                           /*int 10h的 1ah功能为获取当前的显示代码*/
12      geninterrupt(VIDEO_BIOS);
13      displaytype = _AL;                      /*int 10h返回后，al中为显示类型*/
14      vtype       = _BL;                      /*bl中为显示器的类型*/
15      if (displaytype == 0x1A) {              /*可以直接获取最大行数*/
16          switch (vtype) {
17              case 4:
18              case 5:  maxlines = 43;
19                  break;
20              case 7:
21              case 8:
22              case 11:
23              case 12: maxlines = 50;
24                  break;
25              default: maxlines = 25;
26                  break;
27          }
28      }
29      else {                                  /*无法读取显示器的类型*/
30          _AH = 0x12;                         /*int 10h的 12h功能为选择显示器程序*/
31          _BL = 0x10;
32          geninterrupt(VIDEO_BIOS);
33          if (_BL == 0x10)
34              maxlines = 25;
35          else
36              maxlines = 43;
37      }
38      if (maxlines > 25) {        /*如果可以设置更多的行*/
39          _AX = 0x1112;           /*以下部分都是int 10h的11h号功能调用，作用是生成相应的显示字符*/
40          _BL = 0;
41          geninterrupt(VIDEO_BIOS);
42          _AX = 0x1103;
43          _BL = 0;
44          geninterrupt(VIDEO_BIOS);
45      }
46      *((char *) &directvideo - 8) = maxlines;                 /*设置显示行数*/
47      window(1,1,maxcol,maxlines);                             /*画出相应大小的窗口*/
48      return(maxlines);                                        /*返回可以设置的最大行数*/
49  }
```

（4）创建函数 setstdfont()，用于重新设置成标准的每行 80 字符的显示模式。代码如下：

126-3

```
01  void setstdfont(mode)
02  int mode;
03  {
04      if (mode != LASTMODE)
05          _AL = mode;
06      else {
07          _AH = 0x0F;                         /*获取当前显示模式*/
```

```
08          geninterrupt(VIDEO_BIOS);
09          mode = _AL;
10      }
11
12      _AH = 0;                                /*恢复成系统标准模式*/
13      geninterrupt(VIDEO_BIOS);
14
15      *((char *) &directvideo - 8) = 25;      /*行数设置成25行*/
16      textmode(mode);
17  }
```

（5）调用函数 setfont8x8()、setstdfont() 设置文本显示模式，并绘制窗口以及设置背景与文字颜色，代码如下：

126-4

```
01  VIDEO_BIOS     0x10                     /*int 10h是BIOS中对视频函数的调用*/
02  int    setfont8x8(int);                 /*设置不同的显示模式*/
03  void    setstdfont(int);                /*恢复成系统默认的显示模式*/
04
05  void main(void)
06  {
07      int    lines,i;
08
09      lines = setfont8x8(C80);            /*设置8x8点阵，每行80字符的显示模式，并获取可显示的最大行数*/
10      textattr(WHITE);                    /*textattr()函数设置字符模式下窗口的前景色和背景色*/
11      clrscr();                           /*清除屏幕*/
12      if (lines < 43) {
13          textattr(LIGHTRED);
14          /*cprintf()的功能是向窗口输出文本*/
15          cprintf("\n\r Drivers of EGA or VGA not found...\n\r");
16          exit(1);
17      }
18      window(20,15,70,35);                /*画字符模式窗口，4个参数依次为左、上、右、下的位置*/
19      textattr((RED<<4)+WHITE);           /*把窗口设置成前景色为白色，背景色为红色*/
20      clrscr();
21      for (i=1;i<=lines;i++) {            /*循环输出最多能输出的行数*/
22          cprintf("\n\r No. %d ",i);
23          delay(200);                     /*每输出一行，等待200ms*/
24      }
25      getch();                            /*等待用户输入一个字符*/
26      window(1,1,80,lines);               /*重新设置窗口*/
27      textattr(LIGHTGRAY<<4);             /*将窗口背景色设置为灰色*/
28      clrscr();
29      cprintf("\n\r Full screen 80x%d display mode.\n\r",lines);
30      getch();
31
32      lines = setfont8x8(C40);            /*将窗口设置为每行40个字符的显示模式*/
33      textattr((BLUE<<4)+LIGHTGREEN);     /*设置窗口，前景色为亮绿色，背景色为蓝色*/
34      clrscr();
35      cprintf("\n\r Can be also set as 40x%d mode.\n\r",lines);
```

```
36        getch();
37        setstdfont(C80);            /*重新将窗口设置成标准的每行80个字符的显示模式*/
38        clrscr();
39        cprintf("\n\r Back to normal mode...\n\r");
40        printf(" Press any key to quit...");
41        getch();
42        exit(0);
43    }
```

实例 127　获取当前磁盘空间信息

源码位置：Code\05\127

实例说明

磁盘作为文件或程序的存储介质，需要定期对其进行维护或清理。在对磁盘进行维护或清理工作前，需要对磁盘的使用情况有所了解，获取到相关信息，并根据这些信息制定相应的维护或清理方案，使磁盘空间得到合理的应用。本实例用于介绍获取当前磁盘空间信息的方法，通过运行本实例编译后的可执行文件，可以对当前磁盘的空间或文件分配表的相关信息进行显示，如图 4.14 所示。

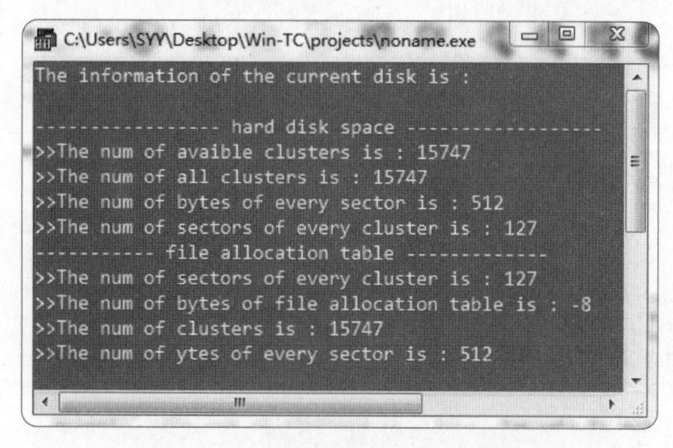

图 4.14　获取当前磁盘空间信息

关键技术

1. 获取磁盘空间信息

获取磁盘空间信息通过使用 getdfree() 函数实现。该函数在 dos.h 头文件中，语法格式如下：

```
void getdfree(int drive, struct dfree *dfreep);
```

功能：把由 drive 指定的关于磁盘驱动器的信息返回到 dfreep 指向的 dfree 结构中。

dfree 结构如下：

```
struct dfree
{
    unsigned df_avail;                                    /*可使用的簇数*/
```

```
    unsigned df_total;                              /*每个磁盘驱动器的簇数*/
    unsigned df_bsec;                               /*每个扇区的字节数*/
    unsigned df_sclus;                              /*每个簇的扇区数(出错时返0xFFFF)*/
} * dfreep;
```

参数说明：

drive： 磁盘驱动器号（0 为当前；1 为 A；2 为 B；...）。

dfreep：dfree 结构地址。

2. 获取文件分配表信息

获取文件分配表信息通过使用 getfat() 函数实现。该函数在 dos.h 头文件中，语法格式如下：

```
void getfat(int drive, struct fatinfo *fatblkp);
```

功能：返回指定磁盘驱动器 drive 的文件分配表信息，并存入 fatblkp 指向的 fatinfo 结构中。

fatinfo 结构如下：

```
struct fatinfo
{
    char fi_sclus;                                  /*每个簇扇区数*/
    char fi_fatid;                                  /*文件分配表字节数*/
    int fi_nclus;                                   /*簇的数目*/
    int fi_bysec;                                   /*每个扇区字节数*/
} * fatblkp;
```

参数说明：

drive： 磁盘驱动器号（0 为当前；1 为 A；2 为 B；...）。

fatblkp：fatinfo 结构地址。

实现过程

（1）在 TC 中创建一个 C 文件。

（2）引用头文件 dos.h、stdio.h。

127-1

```
01  #include <dos.h>                                /*引用头文件*/
02  #include <stdio.h>
```

（3）使用 getdfree() 函数获取当前磁盘驱动器信息，并返回到 diskfree 指向的 dfree 结构中，代码如下：

127-2

```
01  getdfree(0,&diskfree);                          /*获取当前磁盘驱动器信息*/
```

（4）使用 getfat() 函数获取当前磁盘的文件分配表，并返回到 fatinfo 指向的 fatinfo 结构中，代码如下：

127-3

```
01  getfat(0,&fatinfo);                             /*获取文件分配表信息*/
```

（5）程序主要代码如下：

127-4

```
01  void DetectHDD()                                /*测试当前磁盘驱动器*/
02  {
03      struct dfree diskfree;                      /*定义结构体变量*/
```

```
04        struct fatinfo fatinfo;
05        puts("The information of the current disk is :\n"); /*送一字符串到流中，用于显示程序功能描述*/
06        getdfree(0,&diskfree);                                    /*获取当前磁盘驱动器信息*/
07        getfat(0,&fatinfo);                                       /*获取文件分配表信息*/
08        /*送一字符串到流中,用于对即将显示的内容进行说明*/
09        puts("----------------- hard disk space ------------------");
10        printf(">>The num of avaible clusters is : %d\n",diskfree.df_avail);
                                                                    /*输出可使用的簇数*/
11        printf(">>The num of all clusters is : %d\n",diskfree.df_total);
                                                                    /*输出磁盘驱动器的簇数*/
12        /*输出每个扇区的字节数字节数*/
13        printf(">>The num of bytes of every sector is : %d\n",diskfree.df_bsec);
14        /*输出每个簇的扇区数*/
15        printf(">>The num of sectors of every cluster is : %d\n",diskfree.df_sclus);
16        puts("----------- file allocation table -------------");
17        /*输出每个簇扇区数*/
18        printf(">>The num of sectors of every cluster is : %d\n",fatinfo.fi_sclus);
19        printf(">>The num of bytes of file allocation table is : %d\n",fatinfo.fi_fatid);
20        printf(">>The num of clusters is : %d\n",fatinfo.fi_nclus); /*簇的数目*/
21        printf(">>The num of ytes of every sector is : %d\n",fatinfo.fi_bysec);
                                                              /*每个扇区字节数*/
22    }
23    void main()
24    {
25        DetectHDD();                              /*调用测试当前磁盘驱动器的过程*/
26        getch();                                  /*从控制台无回显地取一个字符，用于暂停*/
27    }
```

实例 128 备份或恢复硬盘分区表

源码位置：Code\04\128

实例说明

由于病毒的破坏或用户的误操作可能导致硬盘的分区表被破坏，需要重新创建分区表。重新创建分区表不但浪费时间，而且硬盘中的全部文件将会丢失。为了便于对分区表的修复，可以使用应用程序将分区表进行备份，当分区表被破坏时，使用备份进行恢复。这样不但节约时间，而且使硬盘中的数据得以保留。本实例介绍备份或恢复分区表的方法。运行本实例编译后的可执行文件，并使用参数 s 对分区表进行备份，实例运行结果如图 4.15 所示。

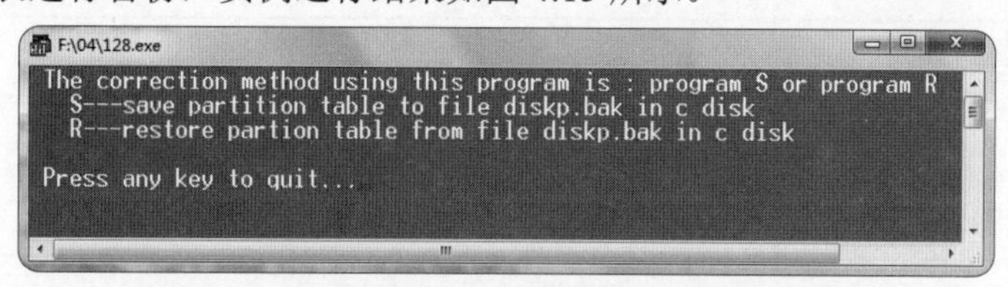

图 4.15 备份或恢复硬盘分区表

关键技术

保存分区表时使用函数 biosdisk() 对硬盘分区进行读写操作。bios() 函数通过 INT 13H 中断向 BIOS 发出磁盘操作指令，从指定的扇区位置读取 512 字节数据并保存在 buffer 中。然后使用文件操作函数 fopen()、fwrite() 等进行保存。恢复分区表则调用 biosdisk() 函数将保存的分区表文件的内容恢复到分区表中。

1. 读 / 写磁盘扇区

读 / 写磁盘扇区使用 biosdisk() 函数实现。biosdisk() 函数在 bios.h 中，语法格式如下：

```
int biosdisk(int cmd,int drive,int head,int track, int sector,int nsects,void *buffer);
```

本函数用来对驱动器做一定的操作，cmd 为功能号，drive 为驱动器号（0=A,1=B,0x80=C, 0x81=D,0x82=E……）。cmd 可为表 4.2 中的值。读取磁盘扇区到内存需要将参数 cmd 设置为 2，从内存读数据写到一个或多个扇区 cmd 设置为 3。

表 4.2　cmd 参数值及说明

20 值	说　明
0	重置软磁盘系统，这强迫驱动器控制器来执行硬复位，忽略所有其他参数
1	返回最后的硬盘操作状态，忽略所有其他参数
2	读一个或多个磁盘扇区到内存。读开始的扇区由 head、track、sector 给出，扇区号由 nsects 给出，把每个扇区 512 个字节的数据读入 buffer
3	从内存读数据写到一个或多个扇区。写开始的扇区由 head、track、sector 给出，扇区号由 nsects 给出。所写数据在 buffer 中，每扇区 512 字节
4	检验一个或多个扇区。开始扇区由 head、track、sector 给出，扇区号由 nsects 给出
5	格式化一个磁道，该磁道由 head 和 track 给出。buffer 指向写在指定 track 上的扇区磁头器的一个表
6	格式化一个磁道，并置坏扇区标志
7	格式化指定磁道上的驱动器开头
8	返回当前驱动器参数，驱动器信息返回写在 buffer 中（以 4 字节表示）
9	初始化一对驱动器特性
10	执行一个长的读，每个扇区读 512 加 4 个额外字节
11	执行一个长的写，每个扇区写 512 加 4 个额外字节
12	执行一个磁盘查找
13	交替磁盘复位
14	读扇区缓冲区

续表

20 值	说　明
15	写扇区缓冲区
16	检查指定的驱动器是否就绪
17	复核驱动器
18	控制器 RAM 诊断
19	驱动器诊断
20	控制器内部诊断

2. 文件操作

无论备份或恢复分区表都要使用 fopen() 函数、fwrite() 函数配合 biosdisk() 函数使用。当保存分区表时，使用函数 fopen() 创建新文件，使用函数 fwrite() 将 buffer 中的数据保存在文件中。当恢复分区表时首先使用 fopen() 函数打开分区表文件，然后使用函数 fread() 将文件中的数据保存在 buffer 中，最后使用函数 biosdisk() 写入磁盘扇区中。fopen() 函数、fwrite() 函数、fread() 函数都在头文件 stdio.h 中。

函数 fopen() 语法如下：

```
FILE *fopen(char *filename,char *type);
```

功能：打开一个文件 filename，打开方式为 type，并返回这个文件指针。Type 参数如表 4.3 所示。

表 4.3　type 参数值及说明

type	读 写 性	文本 / 二进制文件	创建新文件 / 打开旧文件
r	读	文本	打开旧的文件
w	写	文本	创建新文件
a	添加	文本	有则打开，无则创建新文件
r+	读 / 写	不限制	打开
w+	读 / 写	不限制	创建新文件
a+	读 / 添加	不限制	有则打开，无则创建新文件

说明：上述参数可加的后缀为t、b。加b表示文件以二进制形式进行操作，t没必要使用。

函数 fwrite() 语法如下：

```
int fwrite(void *ptr,int size,int nitems,FILE *stream);
```

功能：向流 stream 中写入 nitems 个长度为 size 的字符串，字符串在 ptr 中。

函数 fread() 语法如下：

```
int fread(void *ptr,int size,int nitems,FILE *stream);
```

功能：从流 stream 中读入 nitems 个长度为 size 的字符串存入 ptr 中。

实现过程

（1）在 TC 中创建一个 C 文件。

（2）引用头文件 stdio.h、bios.h、fcntl.h、types.h、stat.h。

128-1

```
01  #include <stdio.h>
02  #include <bios.h>
03  #include <fcntl.h>
```

（3）备份分区表。使用 biosdisk() 函数、fopen() 函数、fwrite() 函数对 C 盘的 0 磁头 0 柱面 1 扇区中的数据进行备份，代码如下：

128-2

```
01  if (*argv[1] = = 's' ||  *argv[1] = = 'S')                          /*当参数为S或s时*/
02  {
03      result = biosdisk(2, 0x80, 0, 0, 1, 1, buffer);                 /*读取分区表*/
04      if (!result)                                                    /*如果读取成功*/
05      {
06          printf(" Read partition table successfully!\n");            /*显示分区表读取成功*/
07
08          if ((fp = fopen("c:\\diskp.bak", "wb+")) = = NULL)
                                                         /*在C盘根目录下创建分区表备份文件*/
09          {
10          fprintf(stderr, " Can't creat file:c:\\diskp.bak \n");
                                                         /*当文件创建失败时提示文件创建失败*/
11              exit(1);                                                /*终止当前程序*/
12          }
13          fwrite(buffer, 1, 512, fp);                                 /*当分区表数据写入备份文件*/
14          fclose(fp);                                                 /*关闭文件*/
15          printf(" Partition table save successfully!\n");            /*显示分区表数据备份成功*/
16          return 0;
17      }
18      else
19      {
20          fprintf(stderr, " Fail to read partition table!");          /*显示分区表数据备份失败*/
21          exit(1);
22      }
23  }
```

（4）使用 biosdisk() 函数、fopen() 函数、fwrite() 函数对 C 盘的 0 磁头 0 柱面 1 扇区中的数据进行恢复，代码如下：

128-3

```
01  if (*argv[1] = = 'r' ||  *argv[1] = = 'R')                          /*当参数为R或r时*/
02  {
```

```
03      if ((fp = fopen("c:\\diskp.bak", "rb+")) = = NULL)          /*打开分区表备份文件*/
04      {
05          fprintf(stderr, " Can't open file!");                   /*当打开失败时提示*/
06          exit(1);                                                /*终止程序*/
07      }
08      fread(buffer, 1, 512, fp);                                  /*读取备份文件中的分区表信息*/
09      result = biosdisk(3, 0x80, 0, 0, 1, 1, buffer);             /*将分区表数据写入硬盘*/
10      if (!result)                                                /*如果分区表恢复成功*/
11      {
12          printf(" Partition table restore successfully!\n");     /*提示分区表恢复成功*/
13          fclose(fp);                                             /*关闭文件*/
14          return 0;
15      }
16      else                                                        /*否则*/
17      {
18          fprintf(stderr, " Failt to restore partition table!");  /*显示恢复分区表失败*/
19          fclose(fp);                                             /*关闭文件*/
20          exit(1);                                                /*终止程序*/
21      }
22  }
```

（5）主函数代码如下：

128-4

```
01  int main(int argc, char *argv[])
02  {
03      int result;                                                 /*声明整型变量*/
04      char buffer[512];                                           /*声明字符类型数组*/
05      FILE *fp;                                                   /*文件指针*/
06      if (argc = = 1)                                             /*当参数argc值为1时*/
07          info();                                                 /*自定义函数用于显示程序说明*/
08      if (*argv[1] = = 's' ||  *argv[1] = = 'S')                  /*当字符参数为S或s时*/
09      {
10          result = biosdisk(2, 0x80, 0, 0, 1, 1, buffer);         /*读取分区表*/
11          if (!result)                                            /*如果读取成功*/
12          {
13              printf(" Read partition table successfully!\n");    /*显示分区表读取成功*/
14
15              if ((fp = fopen("c:\\diskp.bak", "wb+")) = = NULL)
                                                                    /*在C盘根目录下创建分区表备份文件*/
16              {
17                  /*当文件创建失败时，提示文件创建失败*/
18                  fprintf(stderr, " Can't creat file:c:\\diskp.bak \n");
19                  exit(1);                                        /*终止程序*/
20              }
21              fwrite(buffer, 1, 512, fp);                         /*将分区表数据写入备份文件*/
22              fclose(fp);                                         /*关闭文件*/
```

```
23            printf(" Partition table save successfully!\n");       /*显示分区表数据备份成功*/
24            return 0;
25        }
26        else
27        {
28            fprintf(stderr, " Fail to read partition table!");      /*显示恢复分区表失败*/
29            exit(1);                                                /*终止程序*/
30        }
31    }
32    if (*argv[1] = = 'r'  ||  *argv[1] = = 'R')                     /*当参数为R或r时*/
33    {
34        if ((fp = fopen("c:\\diskp.bak", "rb+")) = = NULL)          /*打开分区表备份文件*/
35        {
36            fprintf(stderr, " Can't open file!");                   /*当打开失败时提示*/
37            exit(1);                                                /*终止程序*/
38        }
39        fread(buffer, 1, 512, fp);                                  /*读取备份文件中的分区表信息*/
40        result = biosdisk(3, 0x80, 0, 0, 1, 1, buffer);             /*将分区表数据写入硬盘*/
41        if (!result)                                                /*如果分区表恢复成功*/
42        {
43            printf(" Partition table restore successfully!\n");    /*显示分区表数据备份成功*/
44            fclose(fp);                                             /*关闭文件*/
45            return 0;
46        }
47        else
48        {
49            fprintf(stderr, " Failt to restore partition table!"); /*显示恢复分区表失败*/
50            fclose(fp);                                             /*关闭文件*/
51            exit(1);                                                /*终止程序*/
52        }
53    }
54    printf("\n Press any key to quit...");                          /*提示按任意键退出*/
55    getch();
56    return 0;
57 }
```

（6）自定义函数 Info()，代码如下：

128-5

```
01 void info(void)
02 {
03     puts(" The correction method using this program is : program S or program R");
04     puts("    S---save partition table to file diskp.bak in c disk");
05     puts("    R---restore partion table from file diskp.bak in c disk");
06
07 }
```

实例 129 硬盘逻辑锁

源码位置：Code\04\129

实例说明

所谓“硬盘逻辑锁”是使用了某些 DOS 的一个错误导致的。当 DOS 启动时，系统会自动搜索硬盘中的各个分区的信息，如类型、大小等，以使系统能够识别硬盘，分别分配为 C、D、E、F 等驱动器，并使用户能对其进行各种操作。而“逻辑锁”正是利用了这一点，通过修改硬盘的分区表使分区表发生循环，即把扩展分区的第一个逻辑盘指向自身，使某些 DOS 系统启动时查找分区时发生死循环而无法启动。本实例介绍制作简单硬盘逻辑锁的方法。运行本实例编译后的可执行文件，按 Y 键，实例运行结果如图 4.16 所示。

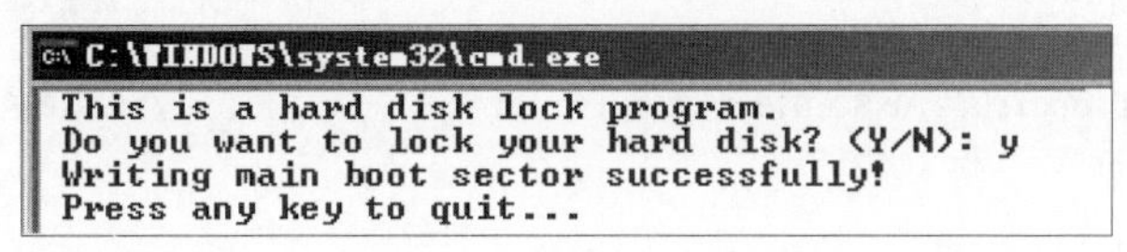

图 4.16 硬盘逻辑锁

关键技术

硬盘分区表位于磁盘的 0 磁头 0 柱面 1 扇区，这个扇区从 01BEH 开始的 64 字节就是分区表。分区表共 64 字节，分为 4 栏，每栏 16 字节描述一个分区。分区表的最后两字节是它的有效标志，改变后将无法从硬盘启动，这是一种简单的锁住硬盘的方法。

本实例首先使用 biosdisk() 函数将 0 磁头 0 柱面 1 扇区的数据读取到 buffer 中，然后将 buffer 中最后两字节进行修改，最后将修改后的 buffer 中的数据写入指定扇区中。

实现过程

（1）在 TC 中创建一个 C 文件。

（2）引用头文件 bios.h、stdio.h、conio.h。

```
129-1
01  #include <bios.h>
02  #include <stdio.h>
03  #include <conio.h>
```

（3）读取扇区数据到 buffer 中，代码如下：

```
129-2
01  result = biosdisk(2,0x80,0,0,1,1,buffer);
```

（4）修改 buffer 的最后两个字节。

```
129-3
01  buffer[510] = 0x0;
02  buffer[511] = 0x0;
```

（5）将修改后的 buffer 中的数据写入扇区，代码如下：

129-4

```
01  result = biosdisk(3,0x80,0,0,1,1,buffer);
```

（6）主要代码如下：

129-5

```
01  int main(void)
02  {
03      int result;                                          /*声明整型变量*/
04      char a='N';                                          /*声明字符类型变量并赋值'N'*/
05      char buffer[512];                                    /*声明长度为512的字符类型数组*/
06      clrscr();                                            /*清屏*/
07      printf(" This is a hard disk lock program.\n");      /*显示字符串说明程序功能*/
08      printf(" Do you want to lock your hard disk? (Y/N): "); /*确认提示*/
09      scanf("%c",&a);                                      /*输入参数*/
10      if (a = = 'Y'||a= ='y')                              /*当输入的参数为Y或y时*/
11      {
12          result = biosdisk(2,0x80,0,0,1,1,buffer);        /*读取0磁头0柱面1扇区的数据*/
13          if(result)
14          {
15              buffer[510] = 0x0;
16              buffer[511] = 0x0;
17              printf(" Fail to read main boot sector!\n");  /*提示主扇区数据读取失败*/
18          }
19          if(!result) result = biosdisk(3,0x80,0,0,1,1,buffer);  /*将数据写入磁盘主扇区*/
20          (!result)?(printf(" Writing main boot sector successfully!\n")):
21                  (printf(" Fail to write main boot sector!\n"));
22      }
23      printf(" Press any key to quit...");                 /*提示按任意键退出*/
24      getch();
25      return 0;
26  }
```

扩展学习

根据本实例，请尝试：

☑ 破坏硬盘分区表的病毒。

☑ 硬盘逻辑炸弹。

实例130　显卡类型测试

源码位置：Code\04\130

实例说明

显卡有很多种类型，如CGA、MCGA、EGA、VGA等，现在以VGA类型最为普遍。如果需要对显卡的相关设置进行优化，那么首先需要了解当前所使用显卡的类型。本实例主要介绍获取显卡类型的方法。通过运行本实例编译后的可执行文件，就可以获取到目前所使用显卡的类型名称，实例运行结果如图 4.17 所示。

图 4.17 显卡类型测试结果

关键技术

1. 检测显卡图形驱动和模式

检测显卡确定图形驱动和模式，通过使用 detectgraph() 函数实现。该函数在 graphics.h 头文件中，语法格式如下：

```
void far detectgraph(int far *graphdriver,int far *graphmode);
```

参数说明：

graphdriver：用于表示图形驱动器。

graphmode：用于表示图形模式。

2. 获取最后一次不成功的图形操作的错误编码

获取最后一次不成功的图形操作的错误编码，通过使用 graphresult() 函数实现。该函数在 graphics.h 头文件中，语法格式如下：

```
int far graphresult(void);
```

返回值：int 类型，表示最后一次不成功的图形操作的错误编码。

3. 获取错误信息串

获取错误的信息串，通过使用 grapherrormsg() 函数实现。grapherrormsg() 函数在 graphics.h 头文件中，语法格式如下：

```
char *far grapherrormsg(int errorcode);
```

参数说明：

errorcode：图形操作的错误编码。

实现过程

（1）在 TC 中创建一个 C 文件。

（2）引用头文件 graphics.h、stdio.h。

```
130-1
01  #include <graphics.h>                                  /*引用头文件*/
02  #include <stdio.h>
```

（3）创建数组用于指定显卡名称，代码如下：

130-2

```
01  char *dvrname[] =
02  {
03      "requests detection", "a CGA", "an MCGA", "an EGA", "a 64K EGA",
04              "a monochrome EGA", "an IBM 8514", "a Hercules monochrome",
05              "an AT&T 6300 PC", "a VGA", "an IBM 3270 PC"
06  };
```

（4）使用 detectgraph() 函数检测显卡的图形驱动和模式，代码如下：

130-3

```
01  detectgraph(&gdriver, &gmode);
```

（5）使用 graphresult() 函数获取最后一次不成功的图形操作的错误编码，代码如下：

130-4

```
01  errorcode = graphresult();                              /*获取错误编码*/
```

（6）当获取的错误编码为 0 时，显示显卡图形驱动程序名称；当获取的错误编码不为 0 时，使用 grapherrormsg() 函数，根据错误编码获取错误信息串并使用 printf 语句输出。如下面代码，输出错误信息串：

130-5

```
01  printf("Graphics error: %s\n", grapherrormsg(errorcode));          /*输出错误信息串*/
```

（7）程序主要代码如下：

130-6

```
01  int main(void)
02  {
03      int gdriver, gmode, errorcode;                      /*声明3个整型变量*/
04      detectgraph(&gdriver, &gmode);                      /*检测显卡的图形驱动和模式*/
05      errorcode = graphresult();                          /*获取错误编码*/
06      if (errorcode != 0)                                 /*当错误编码不等于0时*/
07      {
08          printf("Graphics error: %s\n", grapherrormsg(errorcode)); /*输出错误信息串*/
09          printf("Press any key to exit");                /*输出字符串提示按任意键退出程序
10          getch();
11          exit(1);                                        /*关闭程序*/
12      }
13      clrscr();                                           /*清屏*/
14      /*输出字符串，显示显卡类型名称*/
15      printf("You have %s video display card.\n", dvrname[gdriver]);
16      printf("Press any key to exit:");                   /*输出字符串提示按任意键退出程序*/
17      getch();
18      return 0;
19  }
```

实例 131　获取环境变量

源码位置：Code\04\131

实例说明

环境变量是包含计算机名称、驱动器、路径之类的字符串，环境变量控制着多种程序的行为，如 SYSTEMROOT 环境变量用于指定操作系统启动路径。本实例用于介绍获取环境变量的方法。运行本实例编译后的可执行文件，可以将全部环境变量显示出来，实例运行结果如图 4.18 所示。

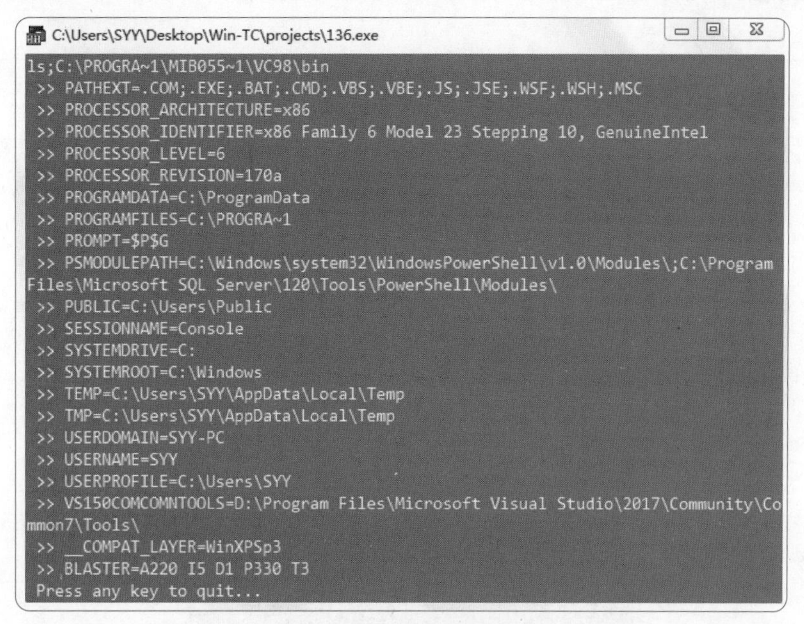

图 4.18　获取环境变量

关键技术

environ 是 Turbo C 内置的全局变量，可以在任何的程序中访问这个变量。environ 是一个字符型数组，其含有系统中所有的系统变量，可以用循环的方式，将其全部输出。

实现过程

（1）在 TC 中创建一个 C 文件。

（2）引用头文件 stdio.h、dos.h。

131-1

```
01  #include <stdio.h>
02  #include <dos.h>
```

（3）使用循环输出 environ 各个数组元素值，代码如下：

131-2

```
01  int main(void)
02  {
03      char *path,  *ptr;                          /*定义指针*/
04      int i = 0;                                  /*初始化整型变量*/
05      puts(" This program is to get the information of environ.");
                                                    /*获得当前环境变量中的path信息*/
06      while (environ[i])                          /*循环输出所有的环境变量*/
07          printf(" >> %s\n", environ[i++]);
08      printf(" Press any key to quit...");
```

```
09      getch();                                          /*获取字符*/
10      return 0;                                         /*返回语句*/
11  }
```

实例 132　获取系统配置信息

源码位置：Code\04\132

实例说明

如果用户需要配置系统环境，首先要查看当前的系统配置信息。系统配置信息包括系统日期、设备号、驱动器类型等。本实例程序通过端口获取系统配置信息。运行本实例编译后的可执行文件，可以对当前系统配置信息进行显示，显示信息如图 4.19 所示。

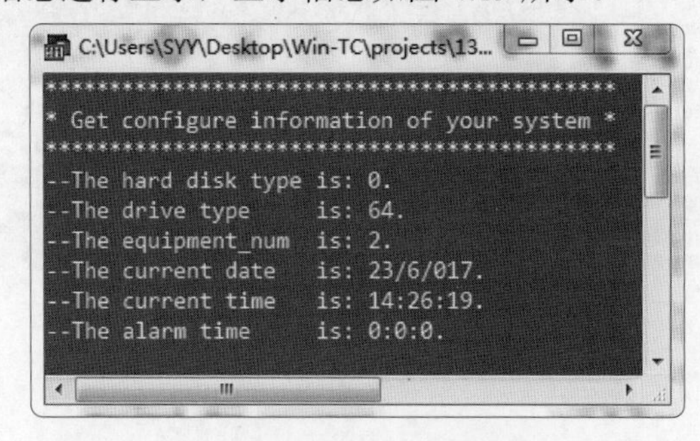

图 4.19　获取系统配置信息

关键技术

系统信息存放在 CMOS 存储器中，本实例程序通过向端口 0x70 发送一字节数据，并从端口 0x71 读取一个字节的数据，实现读取 CMOS 中信息的功能。

1. 字节写入指定的输出端口

将一个字节写入输出端口通过使用函数 outportb() 实现。该函数在 dos.h 头文件中，其语法如下：

```
void outportb(int port,char byte);
```

参数说明：

port：端口地址。

byte：一个字节。

2. 从指定的输入端口读取字节

从指定输入端口读取一个字节通过使用函数 inportb() 实现。该函数在 dos.h 头文件中，其语法如下：

```
int inportb(int port);
```

功能：从指定的输入端口读入一个字节，并返回这个字节。

参数说明：

port：端口地址。

实现过程

（1）在 TC 中创建一个 C 文件。

（2）引用头文件 stdio.h、dos.h。

132-1

```
01  #include <stdio.h>
02  #include <dos.h>
```

（3）创建结构 SYSTEMINFO 用于获取系统配置信息，代码如下：

132-2

```
01  struct SYSTEMINFO
02  {
03      unsigned char current_second;                    /*当前系统时间（秒）*/
04      unsigned char alarm_second;                      /*闹钟时间（秒）*/
05      unsigned char current_minute;                    /*当前系统时间（分）*/
06      unsigned char alarm_minute;                      /*闹钟时间（分）*/
07      unsigned char current_hour;                      /*前系统时间（小时）*/
08      unsigned char alarm_hour;                        /*闹钟时间（小时）*/
09      unsigned char current_day_of_week;               /*当前系统时间（星期几）*/
10      unsigned char current_day;                       /*当前系统时间（日）*/
11      unsigned char current_month;                     /*当前系统时间（月）*/
12      unsigned char current_year;                      /*当前系统时间（年）*/
13      unsigned char status_registers[4];               /*寄存器状态*/
14      unsigned char diagnostic_status;                 /*诊断位*/
15      unsigned char shutdown_code;                     /*关机代码*/
16      unsigned char drive_types;                       /*驱动类型*/
17      unsigned char reserved_x;                        /*保留位*/
18      unsigned char disk_1_type;                       /*硬盘类型*/
19      unsigned char reserved;                          /*保留位*/
20      unsigned char equipment;                         /*设备号*/
21      unsigned char lo_mem_base;
22      unsigned char hi_mem_base;
23      unsigned char hi_exp_base;
24      unsigned char lo_exp_base;
25      unsigned char fdisk_0_type;                      /*软盘驱动器0类型*/
26      unsigned char fdisk_1_type;                      /*软盘驱动器1类型*/
27      unsigned char reserved_2[19];                    /*保留位*/
28      unsigned char hi_check_sum;
29      unsigned char lo_check_sum;
30      unsigned char lo_actual_exp;
31      unsigned char hi_actual_exp;
32      unsigned char century;
33      unsigned char information;
34      unsigned char reserved3[12];                     /*保留位*/
35  };
```

（4）为 SYSTEMINFO 结构变量赋值，获取系统配置信息，代码如下：

132-3

```
01  for(i=0;i<size;i++)
02      {
03          outportb(0x70,(char)i);                 /*输出整数到硬件端口中*/
04          byte=inportb(0x71);                     /*从硬件端口中输入*/
05          *ptr_sysinfo++=byte;                    /*以字节为单位依次为变量SYSTEMINFO赋值*/
06      }
```

（5）程序主要代码如下：

132-4

```
01  int main()
02  {
03      struct SYSTEMINFO systeminfo;               /*声明SYSTEMINFO结构变量*/
04      int i,size;                                 /*声明整型变量*/
05      char *ptr_sysinfo,byte;                     /*声明字符指针变量与字符变量*/
06      clrscr();                                   /*清屏*/
07      puts("*********************************************");
08      puts("* Get configure information of your system *");
09      puts("*********************************************");
10      size=sizeof(systeminfo);                    /*结构占用字节数*/
11      ptr_sysinfo=(char*)&systeminfo;             /*将结构地址转换为字符指针*/
12      for(i=0;i<size;i++)
13      {
14          outportb(0x70,(char)i);                 /*输出整数到硬件端口中*/
15          byte=inportb(0x71);                     /*从硬件端口中输入*/
16          *ptr_sysinfo++=byte;                    /*以字节为单位依次为变量SYSTEMINFO赋值*/
17      }
18      printf("--The hard disk type is: %d.\n", systeminfo.disk_1_type);      /*硬盘类型*/
19      printf("--The drive type     is: %d.\n", systeminfo.drive_types);      /*驱动类型*/
20      printf("--The equipment_num  is: %d.\n", systeminfo.equipment);
21      printf("--The current date   is: %x/%x/0%x.\n",systeminfo.current_day,
22              systeminfo.current_month,systeminfo.current_year);            /*当前时间*/
23      printf("--The current time   is: %x:%x:%x.\n", systeminfo.current_hour,
24              systeminfo.current_minute,systeminfo.current_second);         /*警报时间*/
25      printf("--The alarm time     is: %x:%x:%x.\n", systeminfo.alarm_hour,
26              systeminfo.alarm_minute,systeminfo.alarm_second);
27      getch();        /*获取字符，用户在WIN2000以上操作系统防止程序自动关闭*/
28      return 0;
29  }
```

实例 133　获取寄存器信息

源码位置：Code\04\133

实例说明

本实例介绍获取寄存器信息的方法，运行本实例编译后的可执行文件，实例运行结果如图 4.20 所示。

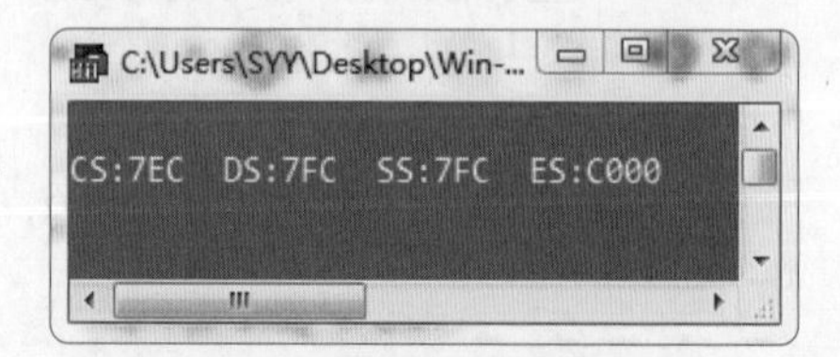

图 4.20　获取寄存器信息

关键技术

获取寄存器信息通过使用函数 segread() 实现。该函数在 dos.h 头文件中，其语法格式如下：

```
void segread (struct SREGS *segp);
```

功能：把段寄存器的当前值放进 segp 指向的 SREGS 结构中。

SREGS 结构如下：

```
struct   SREGS {
    unsigned int es;
    unsigned int cs;
    unsigned int ss;
    unsigned int ds;
};
```

实现过程

（1）在 TC 中创建一个 C 文件。

（2）引用头文件 stdlib.h、dos.h。

```
133-1
01  #include<stdio.h>
02  #include<dos.h>
```

（3）程序主要代码如下：

```
133-2
01  main()
02  {
03      struct SREGS seg_stacks;                                   /*声明SREGS结构变量*/
04      segread(&seg_stacks);                                      /*获取寄存器信息*/
05      printf("\nCS:%X\tDS:%X\tSS:%X\tES:%X",seg_stacks.cs,       /*输出寄存器信息*/
06      seg_stacks.ds,seg_stacks.ss,seg_stacks.es);
07      getch();
08  }
```

实例 134 恢复内存文本

源码位置：Code\04\134

实例说明

用户在编写文本时，如果系统异常中断会导致正在编写的文本丢失。本实例用于介绍通过恢复内存文本的方式，挽救编写的文本的方法。运行本实例编译后的可执行文件，可以将用户编写的文本从内存中挽救回来，实例运行结果如图 4.21 所示。

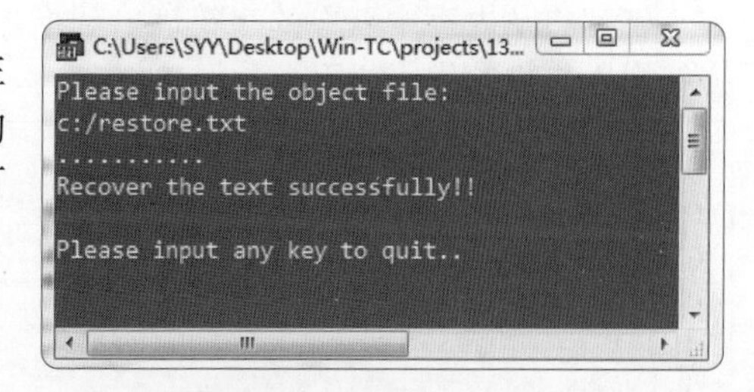

图 4.21 恢复内存文本

关键技术

本实例使用内存读字符函数 peekb() 从内存中读取字符，并将获取到的字符输出到新建的文本文件中。

peekb() 函数语法格式如下：

```
char peekb(int segment,unsigned offset);
```

参数说明：

segment：段地址。

offset：偏移地址。

实现过程

（1）在 TC 中创建一个 C 文件。

（2）引用头文件 stdio.h、dos.h。

134-1

```
01    #include <stdio.h>
02    #include <dos.h>
```

（3）新建一个文件，并以二进制形式的操作。代码如下：

134-2

```
01    fp=fopen(filename,"w+b");
```

（4）忽略 ASCII 码值小于 32 的字符及 ASCII 码值介于 126 和 160 之间的字符，以及半个汉字，代码如下：

134-3

```
01    /*忽略ASCII码值小于32的字符和ASCII码值介于126和160之间的字符*/
02    if((ch<32&&ch!=13)||(ch>126&&ch<160))
03    {
04        flag=0;
05        continue;
06    }
07
08    if(ch>160&&flag= =0)                        /*忽略半个汉字*/
09    {
10        flag=ch;
11        continue;
12    }
```

（5）将从内存中获取的字符输出到指定文件中。字符的输出使用 fputc() 函数将字符写入流中。字符写入文件的代码如下：

134-4

```
01    if(ch>160&&flag= =0)                        /*忽略半个汉字*/
02    {
03        flag=ch;
04        continue;
05    }
06    k++;
```

```
07  if(ch<160)
08  {
09      fputc(ch,fp);
10      if(ch= =13)
11      {
12          fputc(10,fp);
13          k=0;
14      }
15  }
16  else
17  {
18      fputc(flag,fp);
19      fputc(ch,fp);
20      k++;
21      flag=0;
22  }
23  /*添加换行符*/
24  if(k= =MAXLINE-1)
25  {
26      fputc(13,fp);
27      fputc(10,fp);
28      k=0;
29  }
```

（6）输出字符后将文件关闭，关闭文件通过使用 fclose() 函数实现。关闭文件的代码如下：

134-5

```
01  fclose(fp);
```

（7）程序主要代码如下：

134-6

```
01  int main()
02  {
03      char *filename[32];
04      FILE *fp;
05      char ch,flag;
06      unsigned long n,m,k=0;
07      clrscr();
08      printf("Please input the object file:\n");
09      gets(filename);
10      printf("..........");
11      if((fp=fopen(filename,"w+b"))= =0)
12      {
13          printf("Cannot open the file %s\n",filename);
14          exit(0);
15      }
16      for(m=0;m<40960;m+=4096)
17      {
18          for(n=0;n<65536;n++)
19          {
20              ch=peekb(m,n); /*忽略ASCII码值小于32的字符和ASCII码值介于126和160之间的字符*/
21              if((ch<32&&ch!=13)||(ch>126&&ch<160))
```

```
22              {
23                  flag=0;
24                  continue;
25              }                                                   /*忽略半个汉字*/
26              if(ch>160&&flag= =0)
27              {
28                  flag=ch;
29                  continue;
30              }
31              k++;
32              if(ch<160)
33              {
34                  fputc(ch,fp);
35                  if(ch= =13)
36                  {
37                      fputc(10,fp);
38                      k=0;
39                  }
40              }
41              else
42              {
43                  fputc(flag,fp);
44                  fputc(ch,fp);
45                  k++;
46                  flag=0;
47              }                                                   /*添加换行符*/
48              if(k= =MAXLINE-1)
49              {
50                  fputc(13,fp);
51                  fputc(10,fp);
52                  k=0;
53              }
54          }
55      }
56      printf("\nRecover the text successfully!!\n");
57      fclose(fp);
58      printf("\nPlease input any key to quit..\n");
59      getch();
60      return 0;
61  }
```

扩展学习

根据本实例，请尝试：

☑ 制作带有查询功能的恢复内存文本工具。

☑ 制作能够指定段地址和偏移地址的恢复内存文本工具。

实例 135　绘制立体窗口

源码位置：Code\04\135

实例说明

为了程序的美观，可以设计立体投影窗口。设计立体投影窗口是通过设定指定窗口区域内的投影色，并在原窗口上错位实现的。运行本实例编译后的可执行文件，实例运行结果如图 4.22 所示。

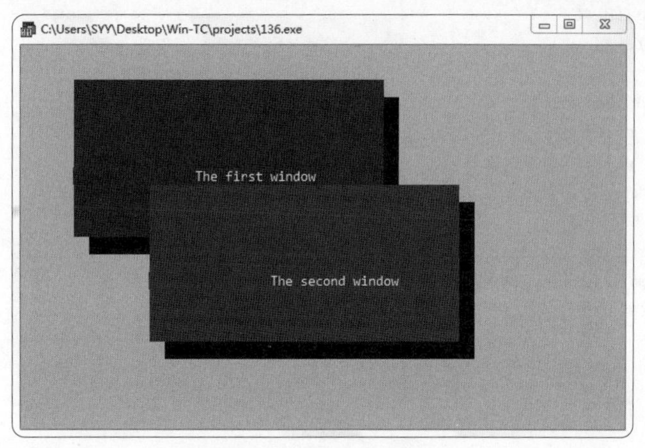

图 4.22　绘制立体窗口

关键技术

1．绘制矩形

绘制矩形通过使用 window() 函数实现。该函数在 conio.h 头文件中，语法格式如下：

```
void window(int left, int top, int right, int bottom);
```

参数说明：

left：左上角横坐标。

top：左上角顶端坐标。

right：右下角横坐标。

bottom：右下角底端坐标。

2．写字符到屏幕

写字符通过使用 cputs() 函数实现。该函数在 conio.h 头文件中，语法格式如下：

```
void cputs(const char *string);
```

参数说明：

string：字符地址。

实现过程

（1）在 TC 中创建一个 C 文件。

（2）引用头文件 conio.h。

135-1

```
01  #include <conio.h>
```

（3）创建绘制窗口投影函数 window_3d()。在 window_3d() 函数中使用 textbackground() 函数设置文字的背景颜色，使用 textcolor() 函数设置文字颜色，代码如下：

135-2

```
01  void window_3d( int x1, int y1, int x2, int y2, int bk_color, int fo_color)
02  {
03      textbackground(BLACK);                              /*文字的背景颜色*/
04      window(x1, y1,x2, y2);                              /*绘制矩形*/
05      clrscr();                                           /*清屏*/
06      textbackground(bk_color);                           /*文字的背景颜色*/
07      textcolor(fo_color);                                /*设置文字颜色*/
08      window(x1-2, y1-1, x2-2, y2-1);                     /*绘制矩形*/
09      clrscr();                                           /*清屏*/
10  }
```

（4）绘制窗口并调用自定义函数 window_3d() 实现立体窗口的绘制。在窗口中的光标通过使用函数 gotoxy() 指定坐标。在文本窗口中设置光标主要代码如下：

135-3

```
01  void window_3d( int, int, int, int, int, int );
02  int main(void)
03  {
04      directvideo = 0;
05      textmode(3);                                        /*设置文本模式*/
06      textbackground( WHITE );                            /*设置文字背景颜色*/
07      textcolor( BLACK );                                 /*设置文字颜色*/
08      clrscr();                                           /*清屏*/
09      window_3d(10,4,50,12, BLUE, WHITE );                /*绘制窗口投影*/
10      gotoxy( 17,6);                                      /*指定坐标*/
11      cputs("The first window");                          /*输出字符串*/
12      window_3d(20,10,60,18,RED, WHITE );                 /*绘制窗口投影*/
13      gotoxy(17,6);                                       /*指定坐标*/
14      cputs("The second window");                         /*输出字符串到控制台*/
15      getch();
16      return 0;
17  }
18  void window_3d( int x1, int y1, int x2, int y2, int bk_color, int fo_color)
19
20  {
21      textbackground(BLACK);                              /*设置文字背景颜色*/
22      window(x1, y1,x2, y2);                              /*绘制矩形*/
23      clrscr();                                           /*清屏*/
24      textbackground(bk_color);                           /*设置文字背景颜色*/
25      textcolor(fo_color);                                /*设置文字颜色*/
26      window(x1-2, y1-1, x2-2, y2-1);                     /*绘制矩形*/
27      clrscr();                                           /*清屏*/
28  }
```

扩展学习

根据本实例，请尝试：

☑ 制作带有立体窗口的学生信息管理系统。

☑ 制作带有立体窗口的人事管理系统。

实例 136　控制扬声器声音

源码位置：Code\04\136

实例说明

程序开发过程中，可能需要控制扬声器的声音，以便将其作为程序操作的提示音。本实例主要用于介绍控制扬声器声音的方法。运行本实例编译后的可执行文件，可听见从计算机主机发出的声音。

关键技术

控制扬声器的声音通过使用 sound() 函数实现。该函数在 dos.h 头文件中，语法格式如下：

```
void sound(unsigned frequency);
```

功能：让扬声器发出指定频率的声音。

参数说明：

frequency：扬声器发声的频率。

实现过程

（1）在 TC 中创建一个 C 文件。

（2）引用头文件 dos.h。

```
136-1
01  #include <dos.h>
```

（3）创建一循环体。

（4）在循环体内部使用 sound() 函数控制扬声器发出指定频率的声音。

（5）主要代码如下：

```
136-2
01  main(void)
02  {
03      unsigned fre=50;                            /*声明无符合基本型变量*/
04      int times;                                  /*声明整型变量*/
05      for(times=0;times<1000;times++)             /*0至999循环*/
06      {
07          fre=(fre+times)%40000;                  /*生成声音频率*/
08          sound(fre);                             /*发出声音*/
09          delay(1000);                            /*延时1秒*/
10      }
11      nosound();                                  /*停止发声*/
12  }
```

实例 137　获取 Caps Lock 键状态

源码位置：Code\04\137

实例说明

开启键盘的 Caps Lock 键，从键盘输入的所有字母都为大写。在需要对字母的大小写进行判断的程序中，对 Caps Lock 键的状态进行判断，为用户提供是否开启 Caps Lock 键。本实例用来介绍判断 Caps Lock 键的状态的方法。当 Caps Lock 键处于开启状态时，运行本实例编译后的可执行文件，实例运行结果如图 4.23 所示。

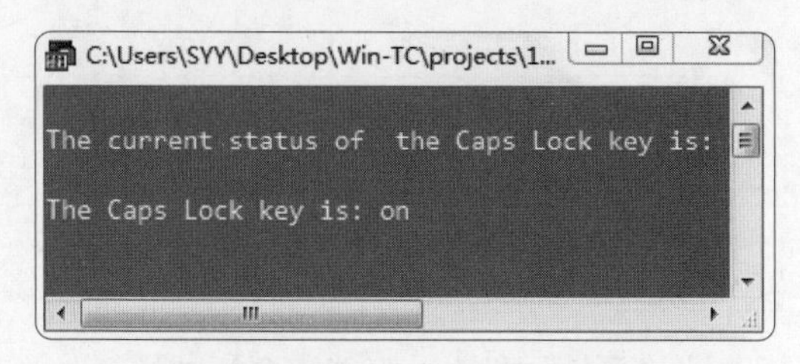

图 4.23　获取 Caps Lock 键状态

关键技术

1. 获取指定内存单元内容

获取 Caps Lock 键的状态首先需要获取内存单元内容，然后根据相应的内容进行状态的判断。获取内存单元内容通过使用函数 peekb() 实现。该函数在 dos.h 头文件中，语法格式如下：

```
char peekb(int segment,unsigned offset);
```

参数说明：

segment：段地址。

offset：偏移地址。

2. 键值的判断

获取内存单元内容后，将内存单元内容与 64 进行“与”运算，当返回值为 1 时，说明 Caps Lock 键处于启用状态。

实现过程

（1）在 TC 中创建一个 C 文件。

（2）引用头文件 stdio.h、bios.h。

```
137-1
01  #include <stdio.h>
02  #include <dos.h>
```

（3）获取段地址为 0x0040，偏移地址为 0x0017 的字节单元的值，代码如下：

```
137-2
01  value=peekb(0x0040,0x0017);
```

（4）获取字节单元值后，对值进行判断，获取 Caps Lock 键的状态。代码如下：

```
137-3
01  main()
02  {
03      int value=0;                                              /*声明整型变量*/
04      printf("\n\The current status of  the Caps Lock key is:");       /*输出字符串*/
```

```
05        value=peekb(0x0040,0x0017);                /*获取内存单元*/
06        if (value & 64)                            /*当获取的字节单元的值与64进行与运算的值非零*/
07        {
08            printf("\n\nThe Caps Lock key is: on");        /*输出状态ON*/
09        }
10        else
11        {
12            printf("\n\nThe Caps Lock key is: off");       /*输出状态OFF*/
13        }
14        getch();
15    }
```

实例 138　删除多级目录

源码位置：Code\04\138

实例说明

在 DOS 6.0 以上的版本中，引入了 Deltree 命令，用户使用它可以直接删除目录和它的文件以及该目录的子目录。本实例介绍删除多级目录的方法。运行本实例编译后的可执行文件，通过传递参数的方式指定删除目录的路径。如删除 D 盘根目录下的文件夹 1，实例运行结果如图 4.24 所示。

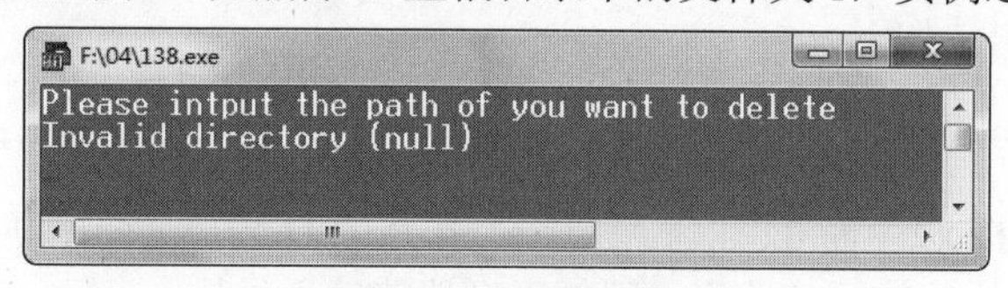

图 4.24　删除多级目录

关键技术

1. 解析目录

对指定路径进行解析，将路径进行分解。对路径进行分解通过使用函数 fnsplit() 实现。该函数在 dir.h 头文件中，语法格式如下：

```
int fnsplit(char *path,char *drive,char *dir,char *name,char *ext);
```

功能：此函数将文件名 path 分解成盘符 drive（"C:|" "A:" 等）、路径 dir（"\TC" "\BC\LIB" 等）、文件名 name（TC、WPS 等）、扩展名 ext（EXE、COM 等），并分别存入相应的变量中。

参数如表 4.4 所示。

表 4.4　fnsplit() 函数参数及说明

参　数	说　明
path	用于保存全路径的地址
drive	用于获取盘符的变量地址

续表

参　数	说　明
dir	用于获取路径的变量地址
name	用于获取文件名的变量地址
ext	用于获取文件扩展名的变量地址

2．获取当前目录的全路径名

获取当前工作目录的全路径名称，并把它存放在 buffer 中。获取当前工作目录全路径通过使用函数 getcwd() 实现。该函数在 dir.h 头文件中，语法格式如下：

```
char *getcwd(char *buf,iint n);
```

功能：此函数取当前工作目录并存入 buf 中，直到 n 字节长为止，错误返回 NULL。

参数说明：

buf：buffer 的地址。

n：取字节的长度。

3．执行 DOS 中断 0x21

执行 DOS 中断 0x21 来调用一个指定的 DOS 函数通过使用函数 intdosx() 实现。该函数在 intdosx.h 头文件中，其语法如下：

```
int intdosx(union REGS *inregs,union REGS *outregs,struct SREGS *segregs);
```

功能：本函数执行 DOS 中断 0x21 来调用一个指定的 DOS 函数，用户定义的寄存器值存于结构 inregs 和 segregs 中，执行完后函数将返回的寄存器值存于结构 outregs 中。

实现过程

（1）在 TC 中创建一个 C 文件。

（2）引用头文件 dos.h、stdio.h、stdlib.h、dir.h、alloc.h、string.h。

138-1

```
01  #include <dos.h>
02  #include <stdio.h>
03  #include <stdlib.h>
04  #include <dir.h>
05  #include <alloc.h>
06  #include <string.h>
```

（3）创建递归过程，用于删除各级目录中的文件，代码如下：

138-2

```
01  void delete_tree(void)
02  {
03      struct ffblk fileinfo;                          /*声明ffblk结构变量*/
04      int result;                                     /*声明整型变量*/
05      char far *farbuff;
06      unsigned dta_seg, dta_ofs;                      /*声明无符号基本类型*/
```

```
07      result = findfirst("*.*", &fileinfo, 16);                    /*查找所有文件*/
08      inregs.h.ah = 0x2f;                                          /*设置ah值*/
09      intdosx(&inregs, &outregs, &segs);
10      dta_seg = segs.es;
11      dta_ofs = outregs.x.bx;
12      while (!result)                                              /*如果没找到，保持循环*/
13      {
14          if ((fileinfo.ff_attrib &16) && (fileinfo.ff_name[0] != '.')) /*如果短路与结果为真*/
15          {
16              inregs.h.ah = 0x1A;                                  /*ah设置为0x1A*/
17              inregs.x.dx = FP_SEG(farbuff);                       /*设置远指针的段值*/
18              segread(&segs);                                      /*把段寄存器的当前值放进结构*/
19              intdosx(&inregs, &outregs, &segs);
20              chdir(fileinfo.ff_name);                             /*更改当前工作目录*/
21              delete_tree();                                       /*递归*/
22              chdir("..");                                         /*更改当前工作目录*/
23              inregs.h.ah = 0x1A;
24              inregs.x.dx = dta_ofs;
25              segs.ds = dta_seg;
26              rmdir(fileinfo.ff_name);                             /*删除目录*/
27          }
28          else if (fileinfo.ff_name[0] != '.')                     /*如果文件名不是“.”*/
29          {
30              remove(fileinfo.ff_name);                            /*删除文件*/
31          }
32          result = findnext(&fileinfo);                            /*查找下一个文件*/
33      }
34  }
```

（4）解析路径并获取当前目录的全路径名。解析路径使用函数 fnsplit()，获取当前目录全路径使用函数 getcwd()。代码如下：

```
138-3
01  fnsplit (argv[1], drive, directory, filename, ext);
02  getcwd (buffer, sizeof(buffer));
```

（5）对当前目录路径进行调整与判断，用于指定欲被删除目录的路径，并调用 delete_tree 过程执行文件删除操作。代码如下：

```
138-4
01  void main(int argc, char **argv)
02  {
03      void delete_tree(void);
04      char buffer[128];
05      char drive[MAXDRIVE], directory[MAXDIR], filename[MAXFILE], ext[MAXEXT];
06      if (argc < 2)
07      {
08          printf ("Please intput the path of you want to delete\n");
09      }
10      fnsplit (argv[1], drive, directory, filename, ext);
11      getcwd (buffer, sizeof(buffer));
12
```

```
13      if (drive[0] == NULL)
14      {
15          fnsplit (buffer, drive, directory, filename, ext);
16          strcpy (buffer, directory);
17          strcat (buffer, filename);
18          strcat (buffer, ext);
19      }
20      else
21      {
22          setdisk(tolower((int)drive[0])-97);
23      }
24
25      if (strcmpi(buffer, argv[1]) == 0)
26      {
27          printf ("Cannot delete current directory\n");
28          exit (1);
29      }
30
31      getcwd (directory, 64);
32
33      if (chdir (argv[1]))
34          printf ("Invalid directory %s\n", argv[1]);
35      else
36      {
37          delete_tree();
38          chdir (directory);
39          rmdir (argv[1]);
40          printf("Delete Successful!\n");
41          printf("Press any key to quit...");
42          getch();
43      }
44      setdisk(tolower((int)argv[0][0])-97);
45      getch();
46  }
```

扩展学习

根据本实例，请尝试：

☑ 复制多级目录。

☑ 移动多级目录。

实例 139 字符串复制到指定空间

源码位置：Code\05\139

实例说明

从键盘中输入字符串 1 和字符串 2，将字符串内容保存到内存空间中。实例运行结果如图 4.25 所示。

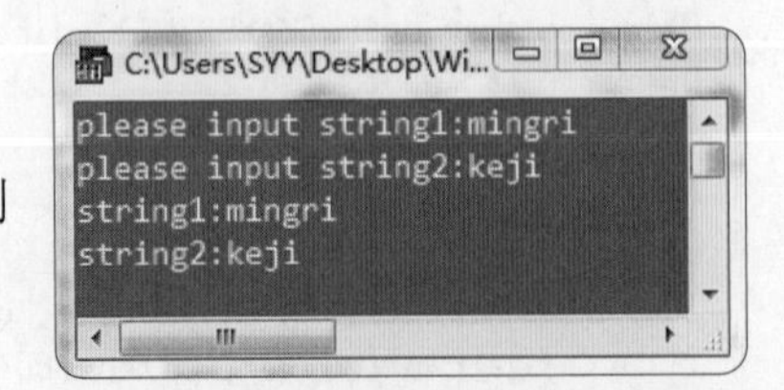

图 4.25　字符串复制到指定空间

关键技术

本实例中用到了 strdup() 函数，具体使用说明如下：

```
char *strdup(char *str)
```

该函数的作用有两个：第一，按字符串 str 的长度在内存中分配出空间；第二，将 str 的内容复制到该空间中。该函数返回指向该存放区域的指针。strdup() 函数的原型在 string.h 文件中。

实现过程

（1）在 TC 中创建一个 C 文件。

（2）引用头文件。

```
139-1
01  #include <stdio.h>
02  #include <string.h>
```

（3）从键盘中输入字符串 1 和字符串 3，调用 strdup() 函数实现在内存中根据这两个字符串的长度为其分配存储空间，并将两个字符串中的内容复制到分配的空间中，分别返回指向该空间的指针。

（4）主函数代码如下：

```
139-2
01  main()
02  {
03      char str1[30], str2[30],  *p1,  *p2;
04      printf("please input string1:");
05      gets(str1);                                         /*从键盘中输入字符串1*/
06      printf("please input string2:");
07      gets(str2);                                         /*从键盘中输入字符串2*/
08      p1 = strdup(str1);                                  /*p1指向存放字符串1的地址*/
09      p2 = strdup(str2);                                  /*p2指向存放字符串2的地址*/
10      printf("string1:%s\nstring2:%s", p1, p2);           /*利用指针输出字符串*/
11      printf("\n");
12      return 0;
13  }
```

实例 140　查找位置信息

源码位置：Code\05\140

实例说明

从键盘中输入 str1 和 str2，查找 str1 字符串中第一个不属于 str2 字符串中字符的位置，并将该位置输出；再从键盘中输入 str3 和 str4，查找在 str3 中是否包含 str4，无论包含与否给出提示信息。实例运行结果如图 4.26 所示。

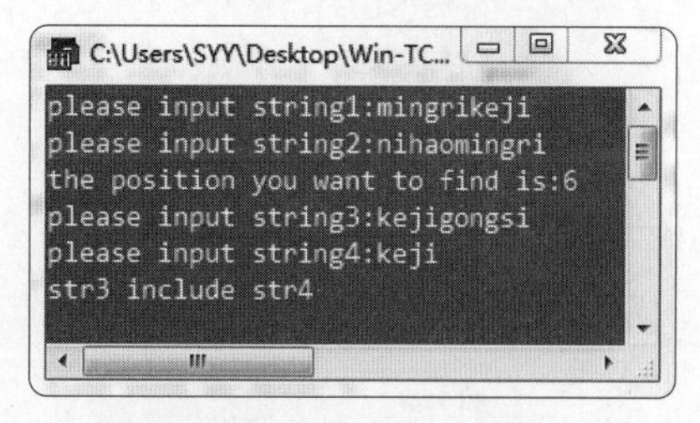

图 4.26　查找位置信息

关键技术

本实例中用到了 strspn() 函数与 strstr() 函数，具体使用说明如下：

☑ strspn() 函数

```
char *strspn(char *str1, char *str2);
```

该函数的作用是在 str1 字符串中寻找第一个不属于 str2 字符串中字符的位置。该函数返回 str1 中第一个与 str2 任一个字符不相匹配的字符下标。该函数的原型在 string.h 文件中。

☑ strstr() 函数

```
char *strstr(char *str1, char *str2;
```

该函数的作用是在字符串 str1 中寻找 str2 字符串的位置，并返回指向该位置的指针，如果没有找到相匹配的就返回空指针。

实现过程

（1）在 TC 中创建一个 C 文件。

（2）引用头文件。

```
140-1
01  #include <string.h>
02  #include <stdio.h>
```

（3）从键盘中输入字符串 1 和字符串 3，调用 strspn() 函数实现在 str1 字符串中寻找第一个不属于 str2 字符串中字符的位置，从键盘中输入字符串 3 和字符串 4，调用 strstr() 函数实现在字符串 str3 中寻找 str4 字符串的位置，并返回指向该位置的指针。

（4）主函数代码如下：

```
140-2
01  main()
02  {
03      char str1[30], str2[30], str3[30], str4[30],  *p;
04      int pos;
05      printf("please input string1:");
06      gets(str1);                                   /*从键盘中输入字符串1*/
07      printf("please input string2:");
08      gets(str2);                                   /*从键盘中输入字符串2*/
09      pos = strspn(str1, str2);                     /*调用函数strspn()找出不同的位置*/
10      printf("the position you want to find is:%d\n", pos);
11      printf("please input string3:");
12      gets(str3);                                   /*从键盘中输入字符串3*/
13      printf("please input string4:");
14      gets(str4);                                   /*从键盘中输入字符串4*/
15      p = strstr(str3, str4);                       /*调用函数strstr()查看str3中是否包含str4*/
16      if (p)
17      {
18          printf("str3 include str4\n");
19      }
20      else
21      {
```

```
22            printf("can not find str4 in str3!");
23        }
24        printf("\n");
25        return 0;
26    }
```

实例 141　复制当前目录

源码位置：Code\04\141

实例说明

本实例实现将当前的工作目录复制到数组 cdir 中并在屏幕上输出。实例运行结果如图 4.27 所示。

图 4.27　复制当前目录

关键技术

本实例用到 getdisk() 函数和 getcurdir() 函数，具体使用说明如下：

☑ getdisk() 函数

```
int getdisk(void)
```

该函数的作用是返回当前驱动器名的代码。驱动器 A 为 0，驱动器 B 为 1，以此类推。函数的原型在 dir.h 文件中。

☑ getcurdir() 函数

```
int getcurdir(int driver,char *dir)
```

该函数的作用是把有 driver 所指定的当前工作目录复制到由 dir 所指向的字符串中，若 drive 为零值，则指的是缺省驱动器，驱动器 A 用 1，驱动器 B 用 2，以此类推。

实现过程

（1）在 TC 中创建一个 C 文件。

（2）引用头文件。

```
141-1
01    #include <stdio.h>
02    #include <dos.h>
03    #include <dir.h>
```

（3）调用 getdisk() 函数和 getcurdir() 函数实现复制当前目录。

（4）主函数代码如下：

141-2

```
01  main()
02  {
03      char cdir[MAXDIR];
04      strcpy(cdir, "c:\\");
05      cdir[0] = 'A' + getdisk();              /*调用函数返回当前驱动器*/
06      if (getcurdir(0, cdir + 3))             /*调用函数将当前目录复制到“cdir + 3”开始的数组中*/
07      {
08          printf("error");
09          exit(1);
10      }
11      printf("the current directory is:%s\n", cdir);
12      getch();
13  }
```

实例 142 产生唯一文件

源码位置：Code\04\142

实例说明

本实例实现在当前目录中产生一个唯一的文件。实例运行结果如图 4.28 和图 4.29 所示。

图 4.28　文件中已有的文件

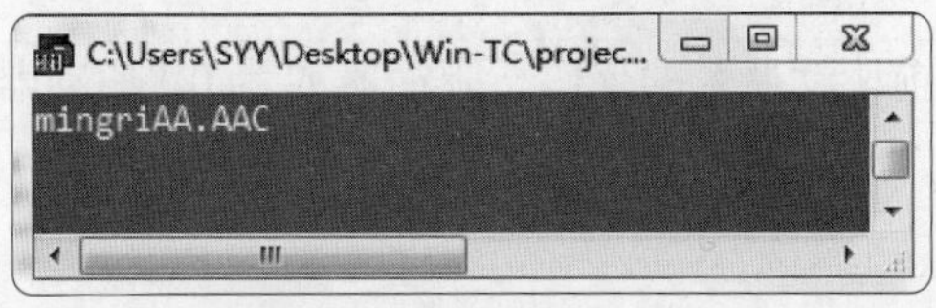

图 4.29　新产生的文件名

关键技术

本实例用到 mktemp() 函数，具体使用说明如下：

```
char *mktemp(char *fname)
```

该函数的作用是产生唯一一个文件名，并且把它复制到由 fname 所指向的字符串中。当调用 mktemp() 时，由 fname 所指向的字符串必须包含以空为结束符的六个 X，该函数把这个字符串转换为唯一的文件名，但并未建立文件。如果成功，mktemp() 函数返回指向 fname 的指针，否则返回空。函数的原型在 dir.h 文件中。

实现过程

（1）在 TC 中创建一个 C 文件。

（2）引用头文件。

142-1

```
01  #include <stdio.h>
02  #include <dir.h>
```

（3）调用函数 mktemp() 产生一个唯一的文件。

（4）主函数代码如下：

142-2

```
01  main()
02  {
03      char *filename="mingriXXXXXX",*p;          /*为filename赋值*/
04      p=mktemp(filename);                        /*调用函数产生唯一文件名，返回值赋给p*/
05      printf("%s\n",p);
06      getch();
07  }
```

实例 143　不同亮度显示

源码位置：Code\04\143

实例说明

日常操作中经常会发现有些字符串在屏幕中显示的亮度不同，本实例要求在屏幕上以不同亮度即高亮度、低亮度及正常亮度显示字符串，实例运行效果如图 4.30 所示。

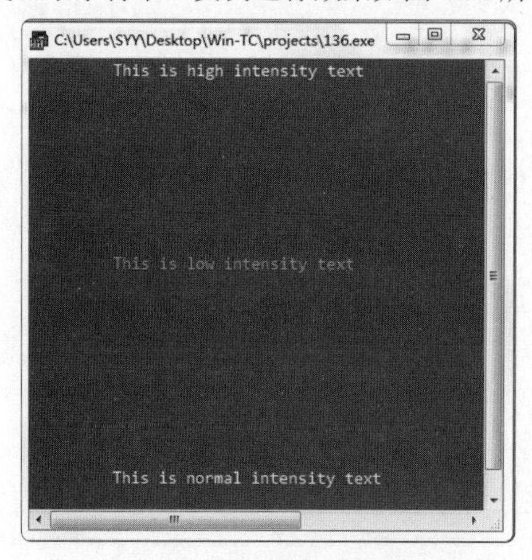

图 4.30　不同亮度显示

关键技术

本实例用到 highvideo() 函数、normvideo() 函数、lowvideo() 函数，具体使用说明如下：

☑ highvideo() 函数

```
void highvideo(void)
```

该函数的作用是写到屏幕上的字符以高亮度显示。函数的原型在 conio.h 文件中。

☑ normvideo() 函数

```
void normvideo(void)
```

该函数的作用是写到屏幕上的字符以正常亮度显示。函数的原型在 conio.h 文件中。

☑ lowvideo() 函数

```
void lowvideo(void)
```

该函数的作用是写到屏幕上的字符以低亮度显示。函数的原型在 conio.h 文件中。

实现过程

（1）在 TC 中创建一个 C 文件。

（2）引用头文件。

```
143-1
01  #include <conio.h>
```

（3）调用 highvideo() 函数、lowvideo() 函数、normvideo() 函数使字符以不同亮度显示。

（4）主函数代码如下：

```
143-2
01  main()
02  {
03      clrscr();
04      highvideo();                                    /*调用函数，字符以高亮度显示*/
05      gotoxy(10, 1);
06      cprintf("This is high intensity text");
07      lowvideo();                                     /*调用函数，字符以低亮度显示*/
08      gotoxy(10, 10);
09      cprintf("This is low intensity text");
10      normvideo();                                    /*调用函数，字符以正常亮度显示*/
11      gotoxy(10, 20);
12      cprintf("This is normal intensity text");
13      getch();
14  }
```

实例 144　字母检测

源码位置：Code\04\144

实例说明

从键盘输入任意一个字母、数字或其他字符，编程实现当输入字母时提示“输入的是字母”，否则提示“输入的不是字母”。实例运行结果如图 4.31 所示。

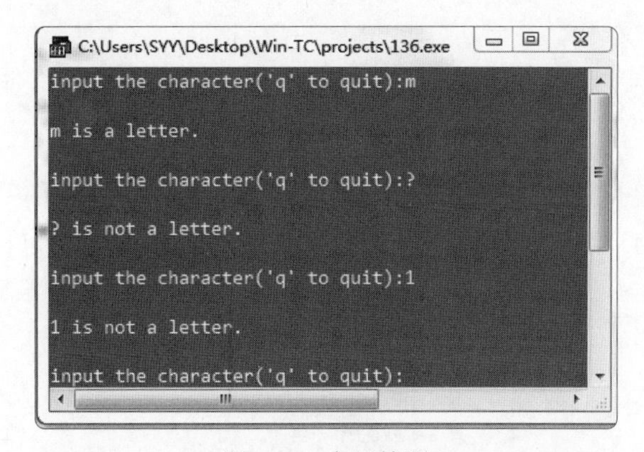

图 4.31　字母检测

关键技术

本实例用到 isalpha() 函数，具体使用说明如下：

```
int isalpha(int ch)
```

该函数的作用是检测字母，如果 ch 是字母表中的字母（大写或小写），则返回非零；否则返回零。函数的原型在 ctype.h 中。

实现过程

（1）在 TC 中创建一个 C 文件。

（2）引用头文件。

```
144-1
01  #include <ctype.h>
02  #include <stdio.h>
```

（3）调用 isalpha() 函数检测输入的是否是字母，当输入 q 或 Q 时，退出程序。

（4）主函数代码如下：

```
144-2
01  main()
02  {
03      char ch, ch1;
04      while (1)
05      {
06          printf("input the character('q' to quit):");
07          ch = getchar();                                  /*从键盘中获得一个字符*/
08          ch1 = getchar();                                 /*ch1接收从键盘中输入的回车*/
09          if (ch == 'q' || ch == 'Q')                      /*判断输入的字符是不是q或Q*/
10              break;                                       /*如果是q或Q，跳出循环*/
11          if (isalpha(ch))                                 /*检测输入的是否是字母*/
12              printf("\n%c is a letter.\n\n", ch);
13          else
14              printf("\n%c is not a letter.\n\n", ch);
15      }
16  }
```

实例 145　建立目录

源码位置：Code\04\145

实例说明

本实例实现在当前目录下在创建一个目录，创建的文件夹名称为 temp，实例运行结果如图 4.32～图 4.34 所示。

图 4.32　未创建目录前的目录

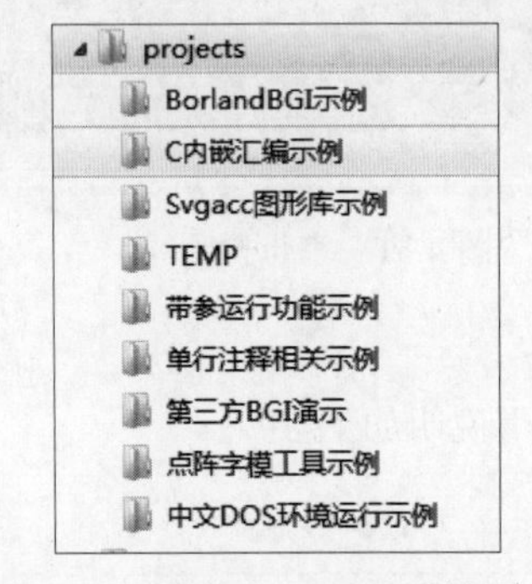

图 4.33　创建 temp 目录后的目录

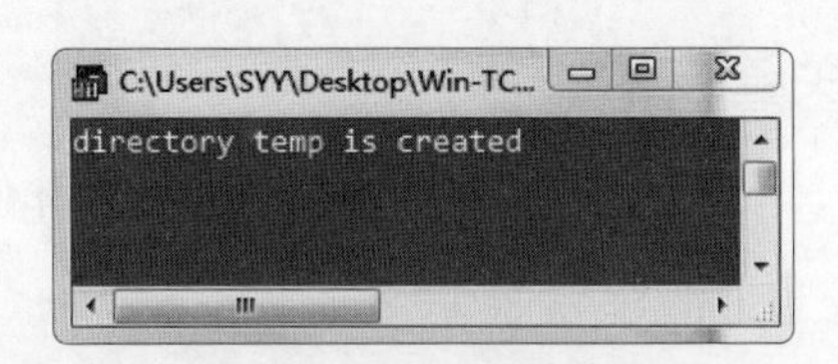

图 4.34　程序运行界面

关键技术

本实例用到 mkdir() 函数，具体使用说明如下：

```
int mkdir(char *path)
```

该函数的作用是由 path 所指向的路径名建立一个目录。该函数如果成功，则返回 0，否则返回 -1。函数的原型在 dir.h 文件中。

实现过程

（1）在 TC 中创建一个 C 文件。

（2）引用头文件。

```
145-1
01  #include <dir.h>
02  #include <stdio.h>
```

（3）调用 mkdir() 函数以 temp 为路径名建立一个目录。

（4）主函数代码如下：

```
145-2
01  main()
02  {
03      if (!mkdir("temp"))                              /*调用函数temp()为路径名建立一个目录*/
04          printf("directory temp is created\n");       /*目录建成输出提示信息*/
05      else
06      {
```

```
07          printf("unable to create new directory\n");        /*目录未建成也同样输出提示信息*/
08          exit(1);
09      }
10      getch();
11  }
```

实例 146　删除目录

源码位置：Code\04\146

实例说明

本实例实现在当前目录下再创建一个目录，创建完成后按任意键将该目录删除。实例运行结果如图 4.35 ～图 4.37 所示。

图 4.35　未删除目录前的目录

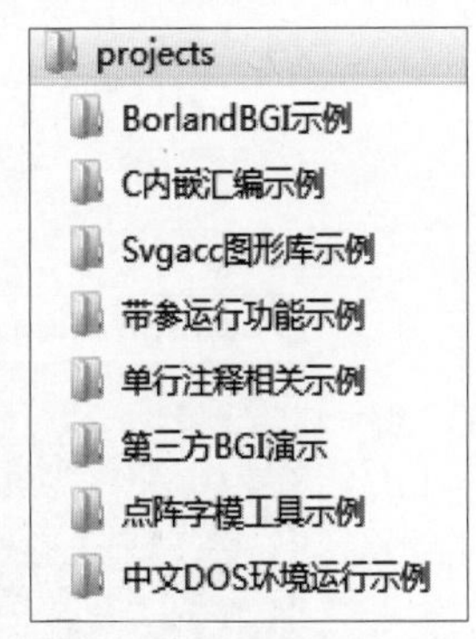

图 4.36　删除 kktt 目录后的目录

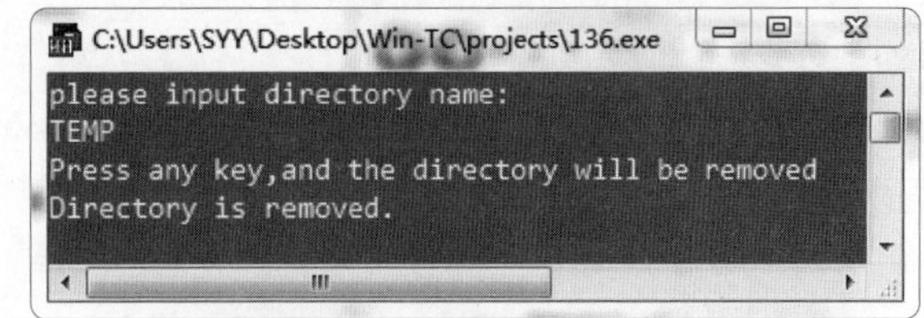

图 4.37　程序运行界面

关键技术

本实例用到 mkdir() 函数，具体使用说明如下：

```
int rmdir(char *path)
```

该函数的作用是删除由 path 所指向的路径名和目录。删除时，目录必须是空的，必须不是当前工作目录，也不能是根目录。函数的原型在 dir.h 文件中。

实现过程

（1）在 TC 中创建一个 C 文件。

（2）引用头文件。

```
146-1
01  #include <dir.h>
02  #include <stdio.h>
```

（3）调用 mkdir() 函数以 temp 为路径名建立一个目录。

（4）主函数代码如下：

146-2

```
01  main()
02  {
03      char *name[10];                                   /*定义字符型数组存储文件名*/
04      printf("please input directory name:\n");
05      scanf("%s", name);                                /*输入文件名*/
06      printf("Press any key,and the directory will be removed\n");
07      getch();
08      if (!rmdir(name))                                 /*删除目录*/
09          printf("Directory is removed.\n");            /*删除成功，则输出提示信息*/
10      else
11          printf("can not remove");                     /*删除不成功，则输出提示信息*/
12      getch();
13  }
```

实例 147　数字检测

源码位置：Code\04\147

实例说明

从键盘中任意输入一个字母或数字或其他字符，编程实现当输入数字时提示“输入的是数字”，否则提示“输入的不是数字”。实例运行结果如图 4.38 所示。

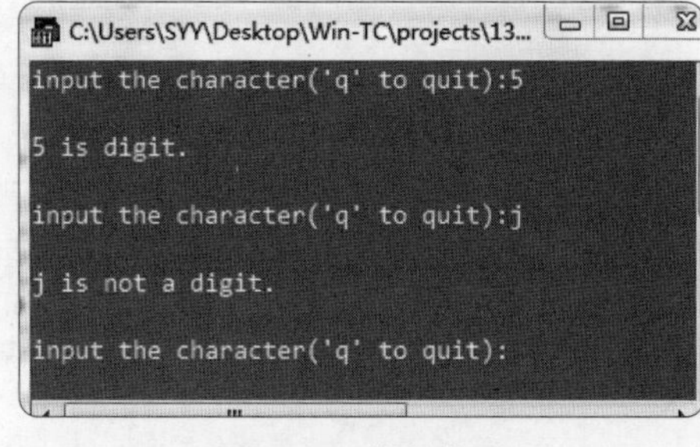

C:\Users\SYY\Desktop\Win-TC\projects\13...
input the character('q' to quit):5
5 is digit.
input the character('q' to quit):j
j is not a digit.
input the character('q' to quit):

图 4.38　数字检测

关键技术

本实例用到 isalpha() 函数，具体使用说明如下：

☑ isdigit() 函数

```
int isdigit(int ch)
```

该函数的作用是检测数字，如果 ch 是数字则函数返回非零值，否则返回零。函数的原型在 ctype.h 文件中。

实现过程

（1）在 TC 中创建一个 C 文件。

（2）引用头文件。

147-1

```
01  #include <ctype.h>
02  #include <stdio.h>
```

（3）调用 isdigit() 函数检测输入的是否是数字，当输入 q 或 Q 时，退出程序。

（4）主函数代码如下：

147-2

```
01  main()
02  {
03      char ch, ch1;
04      while (1)
05      {
06          printf("input the character('q' to quit):");
07          ch = getchar();                         /*从键盘中获取一个字符*/
08          ch1 = getchar();                        /*ch1接收从键盘中输入的Enter键*/
09          if (ch = = 'q' || ch = = 'Q')           /*判断输入的字符是不是q或Q*/
10              break;                              /*如果是q或Q跳出循环*/
11          if (isdigit(ch))                        /*检测输入的是否是数字*/
12              printf("\n%c is digit.\n\n", ch);
13          else
14              printf("\n%c is not a digit.\n\n", ch);
15      }
16  }
```

扩展学习

根据本实例，请尝试：

☑ 从键盘中任意输入一个字母或数字或其他字符，当输入的数字个数达到5个时，程序自动结束。

☑ 从指定的磁盘文件中读取内容，当读入的数字个数达到5个时，输出提示信息，并将这5个数字输出到屏幕上。

实例148 快速分类

源码位置：Code\04\148

实例说明

本实例对包含10个元素125、–26、53、12、–6、95、46、85、–45、785的数组分别进行升序和降序排列。实例运行结果如图4.39所示。

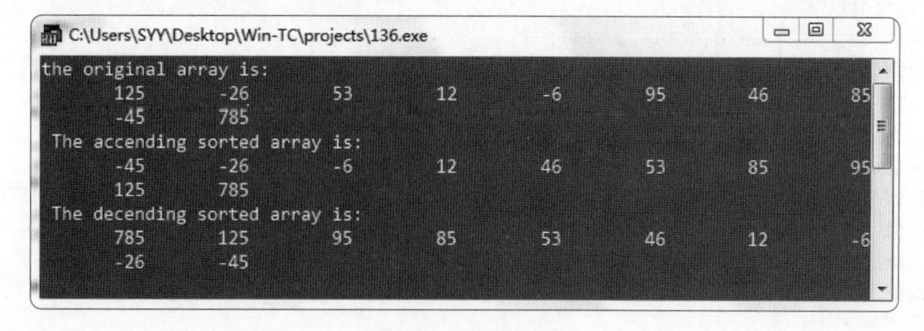

图4.39 快速分类

关键技术

本实例用到qsort()函数，具体使用说明如下：

☑ qsort() 函数

```
void qsort(void *base,int num,int size,int (*compare)())
```

该函数的作用是用快速分类法对由 base 所指向的数组进行分类，数组被分类直到结尾。数组中的元素个数由 num 给出，并且每个元素的大小由 size 描述。

由 compare 所指向的函数比较数组的元素，compare() 函数的形式为：

```
compare(arg1,arg2)
void *arg1,*arg2;
```

返回值的情况如下：

如果 arg1<arg2，则返回值小于 0。

如果 arg1=arg2，则返回值等于 0。

如果 arg1>arg2，则返回值大于 0。

实现过程

（1）在 TC 中创建一个 C 文件。

（2）引用头文件。

148-1

```
01  #include <ctype.h>
02  #include <stdio.h>
```

（3）调用 qsort() 函数将原数组分别以升序和降序输出。

（4）主函数代码如下：

148-2

```
01  main()
02  {
03      int i, comp1(), comp2();
04      clrscr();                                           /*清屏*/
05      printf("the original array is:\n");
06      for (i = 0; i < 10; i++)                            /*将数组按原序输出*/
07          printf("%10d", num[i]);
08      qsort(num, 10, sizeof(int), comp1);
09      printf("\n The accending sorted array is:\n");
10      for (i = 0; i < 10; i++)                            /*将数组按升序输出*/
11          printf("%10d", num[i]);
12      qsort(num, 10, sizeof(int), comp2);
13      printf("\n The decending sorted array is:\n");
14      for (i = 0; i < 10; i++)                            /*将数组按降序输出*/
15          printf("%10d", num[i]);
16      getch();
17  }
18
19  comp1(int *i, int *j)
20  {
21      return  *i -  *j;
22  }
```

```
23
24  comp2(int *i, int *j)
25  {
26      return  *j -  *i;
27  }
```

扩展学习

根据本实例，请尝试：

☑ 调用 qsort() 函数，对任意一组进行升序排序后将其以降序顺序输出。

☑ 调用 qsort() 函数，对输入的学生成绩进行排名。

实例 149　访问系统 temp 中的文件

源码位置：Code\04\149

实例说明

本实例实现访问系统 temp 目录中的文件，并将文件内容显示在屏幕上。实例运行结果如图 4.40 所示。

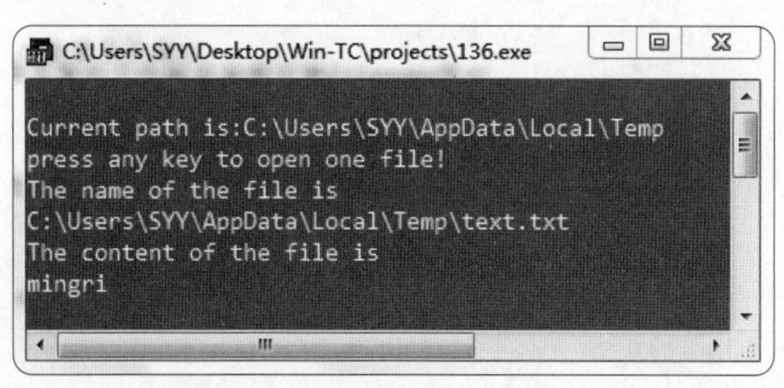

图 4.40　访问系统 temp 中的文件

关键技术

本实例访问系统 temp 目录时使用了 getnev() 函数，具体使用说明如下：

☑ getnev() 函数

```
char *getnev(char *name)
```

该函数用来返回的指针指向环境信息。该环境信息相关于在 Dos 环境信息表中由 name 指向的字符串。如果使用一个与任何环境数据都不匹配的参数调用 getnev() 函数，则返回的是空指针。该函数的原型在 stdlib.h 文件中。

实现过程

（1）在 TC 中创建一个 C 文件。

（2）引用头文件。

149-1

```
01  #include <stdio.h>
02  #include <stdlib.h>
03  #include <string.h>
```

（3）调用 getnev() 函数获取 temp 目录，再打文件夹中指定文件，利用 while 循环将文件中的内容输出到屏幕上。

（4）主函数代码如下：

149-2

```
01  main()
02  {
03      char *pathname, filename[30], ch;
04      FILE *fp;
05      pathname = getenv("TEMP");                          /*获取临时文件夹路径*/
06  
07      printf("\nCurrent path is:%s\n", pathname);        /*将临时文件夹路径输出*/
08      printf("press any key to open one file!");
09      getch();
10      strcat(pathname, "\\new.txt");                     /*连接文件名*/
11      strcpy(filename, pathname);                         /*将完整的文件路径名拷贝到filename中*/
12      if ((fp = fopen(filename, "r")) != NULL)
13      {
14  
15          printf("\nThe name of the file is");
16          printf("\n%s", filename);                       /*输出文件路径名*/
17          printf("\nThe content of the file is");
18          printf("\n");
19          ch = fgetc(fp);
20          while (ch != EOF)
21                                                          /*读取文件中的内容*/
22          {
23              printf("%c", ch);
24              ch = fgetc(fp);
25          }
26          fclose(fp);                                     /*关闭文件*/
27  
28      }
29  
30      else
31          printf("can not open!");
32                                                          /*若文件未打开，则输出提示信息*/
33  }
```

扩展学习

根据本实例，请尝试：

☑ 编程实现将获取的系统临时文件目录存储到指定的磁盘文件中。

☑ 编程实现将读取的系统临时文件中的内容存储到指定的磁盘文件中。

实例 150 设置组合键

源码位置：Code\04\150

实例说明

本实例实现检测 Ctrl+Break 的当前状态，并设置 Ctrl+Break 状态显示在屏幕上。实例运行结果如图 4.41 所示。

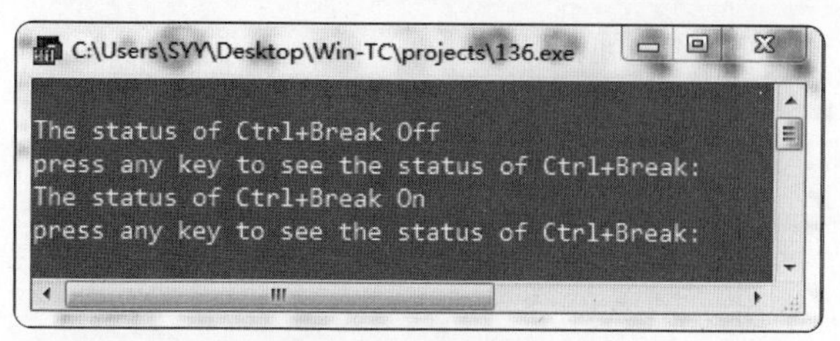

图 4.41 设置组合键

关键技术

本实例中分别使用了 getcbrk() 函数和 setcbrk() 函数来获取 Ctrl+Break 当前状态和设置当前 Ctrl+Break 状态，具体使用说明如下：

☑ getcbrk() 函数

```
int getcbrk(void)
```

该函数用于检测 Ctrl+Break 是关闭还是打开，当关闭时函数返回 0，当打开时函数返回 1。该函数的原型在 dos.h 文件中。

☑ setcbrk() 函数

```
int setcbrk(int cbrkvalue)
```

该函数的作用是设置 Ctrl+Break 的检测状态为 on 或 off。若 cbrkvalue=0，则检测状态置为 off，若 cbrkvalue=1，则检测状态置为 on。该函数的原型在 dos.h 文件中。

实现过程

（1）在 TC 中创建一个 C 文件。

（2）引用头文件。

```
150-1
01  #include <stdio.h>
02  #include <dos.h>
```

（3）调用 getcbrk() 函数和 setcbrk() 函数来获取和设置当前 Ctrl+Break 状态，并将获取的状态输出到屏幕上。

（4）主函数代码如下：

```
150-2
01  main()
02  {
```

```
03        printf("\nThe status of Ctrl+Break %s",(getcbrk())?"On":"Off");
                                                        /*检测当前ctrl+break状态并输出*/
04        printf("\npress any key to see the status of Ctrl+Break:");
05        getch();
06        setcbrk(1);                                    /*设置ctrl+break状态为on*/
07        printf("\nThe status of Ctrl+Break %s",(getcbrk())?"On":"Off");
                                                        /*检测当前ctrl+break状态并输出*/
08        printf("\npress any key to see the status of Ctrl+Break:");
09        getch();
10        setcbrk(0);                                   /*设置ctrl+break状态为off*/
11        printf("\nThe status of Ctrl+Break %s\n",(getcbrk())?"On":"Off");
                                                        /*检测当前ctrl+break状态并输出*/
12    }
```

实例151　求相对的最小整数

源码位置：Code\04\151

实例说明

本实例利用数学函数实现以下功能：从键盘中输入一个数，求出不小于该数的最小整数。实例运行结果如图4.42所示。

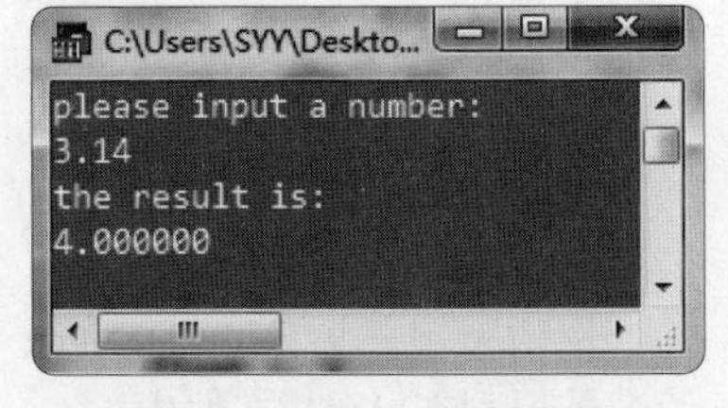

图4.42　求相对的最小整数

关键技术

本实例中用到了ceil()函数，具体使用说明如下：

☑ ceil()函数

```
double ceil(double num)
```

该函数的作用是找出不小于num的最小整数，返回值为大于或等于num的最小整数值。该函数的原型在math.h文件中。

实现过程

（1）在TC中创建一个C文件。

（2）引用头文件。

```
151-1
01    #include <stdio.h>
02    #include <math.h>
```

（3）从键盘中任意输入一个数赋给变量i，使用ceil()函数求出不小于i的最小整数并将其输出。

（4）主函数代码如下：

```
151-2
01    main()
02    {
03        float i, k;                                  /*定义变量i，k为单精度型*/
```

```
04      printf("please input a number:\n");
05      scanf("%f", &i);                          /*输入一个数赋给变量i*/
06      printf("the result is:\n");
07      printf("%f", ceil(i));                    /*调用ceil()函数，求出不小于i的最小整数*/
08  }
```

扩展学习

根据本实例，请尝试：

☑ 使用 MD5 算法的文本加密程序。

☑ 使用 MD5 算法获取文件信息摘要。

实例 152　求直角三角形斜边

源码位置：Code\04\152

实例说明

本实例利用数学函数从键盘输入一个三角形两条直角边的边长，求出其斜边并将其显示在屏幕上。实例运行结果如图 4.43 所示。

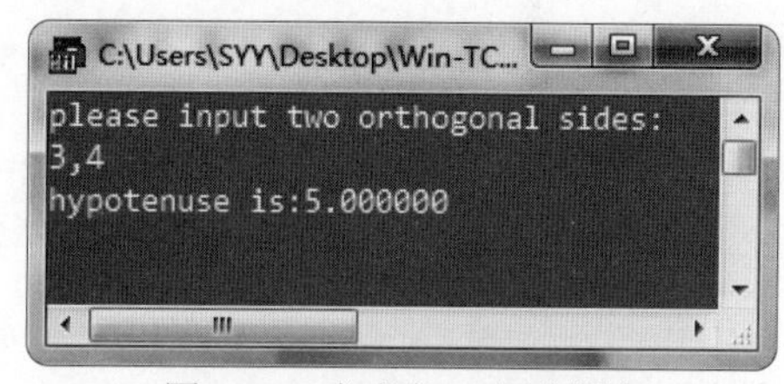

图 4.43　求直角三角形斜边

关键技术

本实例中用到了 hypot() 函数，具体使用说明如下：

☑ hypot() 函数

```
double hypot(double a,double b)
```

该函数的作用是对给定的直角三角形的两条直角边，求其斜边的长度，函数的返回值为所求的斜边值。该函数的原型在 math.h 文件中。

实现过程

（1）在 TC 中创建一个 C 文件。

（2）引用头文件。

```
152-1
01  #include <stdio.h>
02  #include <math.h>
```

（3）从键盘中任意输入直角三角形的两条直角边值分别赋给 a 和 b，使用 hypot() 函数求出直角三角形的斜边值并将其输出。

（4）主函数代码如下：

```
152-2
01  main()
02  {
```

```
03      float a, b, c;
04      printf("please input two orthogonal sides:\n");
05      scanf("%f,%f", &a, &b);                        /*从键盘中输入两条直角边值*/
06      c = hypot(a, b);                               /*调用hypot()函数，返回斜边值赋给c*/
07      printf("hypotenuse is:%f\n", c);               /*将斜边值输出*/
08      getch();
09  }
```

扩展学习

根据本实例，请尝试：

☑ 不使用函数从键盘中输入两条直角边的长度，求出斜边的长度。

☑ 从键盘中输入两个直角边的长度，求出斜边的长度及两个余角的大小。

实例 153　小数分离

源码位置：Code\04\153

实例说明

本实例利用数学函数实现以下功能：从键盘中输入一个小数，将其分解成整数部分和小数部分并将其显示在屏幕上。实例运行结果如图 4.44 所示。

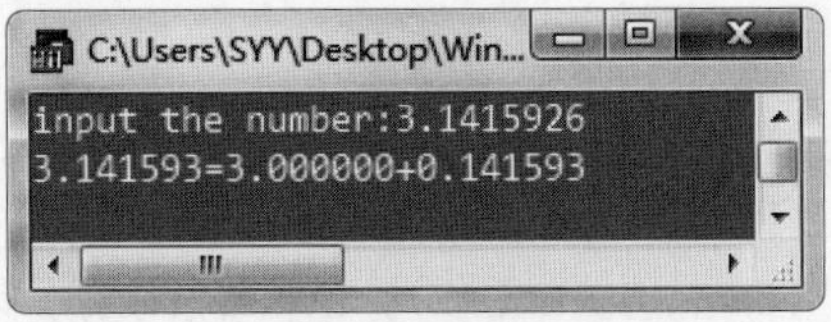

```
C:\Users\SYY\Desktop\Win...
input the number:3.1415926
3.141593=3.000000+0.141593
```

图 4.44　小数分离

关键技术

本实例中用到了 modf() 函数，具体使用说明如下：

☑ modf() 函数

```
double modf(double num,double *i)
```

该函数的作用是把 num 分解成整数部分和小数部分，该函数的返回值为小数部分，把分解出的整数部分存放到由 i 所指的变量中。该函数的原型在 math.h 文件中。

实现过程

（1）在 TC 中创建一个 C 文件。

（2）引用头文件。

153-1

```
01  #include <stdio.h>
02  #include <math.h>
```

（3）从键盘中输入要分解的小数赋给变量 number，使用 modf() 函数将该小数分解，将分解出的小数部分作为函数返回值赋给 f，整数部分赋给 i，最终将分解出的结果按指定格式输出。

（4）主函数代码如下：

153-2

```
01  main()
02  {
03      float number;
04      double f, i;
05      printf("input the number:");
06      scanf("%f", &number);                     /*输入要分解的小数*/
07      f = modf(number, &i);                     /*调用modf()函数进行分离*/
08      printf("%f=%f+%f", number, i, f);         /*将分离后的结果按指定格式输出*/
09      getch();
10  }
```

扩展学习

根据本实例，请尝试：

☑ 从键盘中输入 10 个数据，分别显示这 10 个数据的整数部分及小数部分。

☑ 从键盘中输入一个数据，求该数据整数部分与小数部分的积。

实例 154 求任意数 *n* 次幂

源码位置：Code\04\154

实例说明

本实例利用数学函数实现以下功能：分别从键盘中输入底数及幂数，求出从该幂数开始的连续 5 个结果，要求每次幂数加 1。实例运行结果如图 4.45 所示。

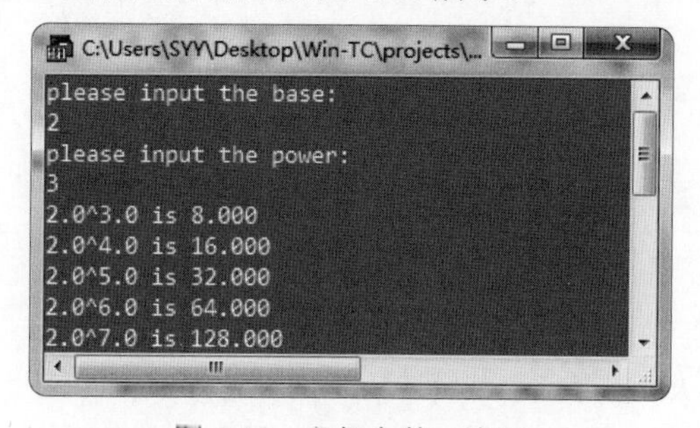

图 4.45 求任意数 n 次幂

关键技术

本实例中用到了 pow() 函数，具体使用说明如下：

☑ pow() 函数

```
double pow(double base,double exp)
```

该函数的作用是计算以 base 为底的 exp 次幂，即 $base^{exp}$，该函数的原型在 math.h 文件中。

注意

如果 base 为零或者 exp 小于零，则出现定义域错误；如果上溢，则出现数出界错误。

实现过程

（1）在 TC 中创建一个 C 文件。

（2）引用头文件。

154-1

```
01  #include <stdio.h>
02  #include <math.h>
```

（3）从键盘中输入要分解的小数赋给变量 number，使用 modf() 函数将该小数分解，将分解出的小数部分作为函数返回值赋给 f，整数部分赋给 i，最终将分解出的结果按指定格式输出。

（4）主函数代码如下：

154-2

```
01  void main()
02  {
03      float x, n;
04      int i;
05      printf("please input the base:\n");
06      scanf("%f", &x);                                        /*输入底数x*/
07      printf("please input the power:\n");
08      scanf("%f", &n);                                        /*输入幂数*/
09      for (i = 1; i <= 5; i++)
10      {
11          printf("%.1f^%.1f is %.3f\n", x, n, pow(x, n));     /*将求出的结果输出*/
12          n += 1;
13      }
14  }
```

扩展学习

根据本实例，请尝试：

☑ 从键盘中输入 10 个数据，分别求出这 10 个数据的 3 次方的值。

☑ 从键盘中输入两个数据，求一个数据 2 次方及另一个数据 3 次方的和。

实例 155　函数实现字符匹配

源码位置：Code\04\155

实例说明

从键盘中输入一字符串，再输入要查找的字符，在屏幕上输出字符在字符串中的位置并将从该字符开始的余下字符串内容全部输出。实例运行结果如图 4.46 所示。

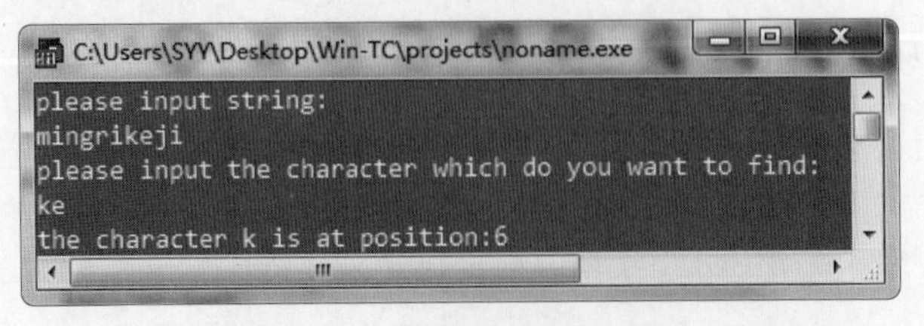

图 4.46　函数实现字符匹配

关键技术

本实例中用到了 strchr() 函数，具体使用说明如下：

☑ strchr() 函数

```
char *strchr(char *str,char ch)
```

该函数的作用是返回由 str 所指向的字符串中首先出现 ch 的位置指针，如果未发现与 ch 匹配的字符，则返回空指针。函数的原型在 string.h 中。

实现过程

（1）在 TC 中创建一个 C 文件。

（2）引用头文件。

```
155-1
01  #include <stdio.h>
02  #include <string.h>
```

（3）从键盘中输入一字符串，再输入要查找的字符，调用 strchr() 函数，返回指向该字符在字符串中首次出现的位置。

（4）主函数代码如下：

```
155-2
01  main()
02  {
03      char string[50];
04      char *str, ch;
05      printf("please input string:\n");
06      gets(string);                                              /*输入字符串到数组str中*/
07      printf("please input the character which do you want to find:\n");
08      scanf("%c", &ch);                                          /*输入要进行匹配的字符*/
09      str = strchr(string, ch);                                  /*调用strchr()函数*/
10      if (str)                                                   /*判断返回的指针是否为空*/
11      {
12      printf("the character %c is at position:%d\n", ch, str - string);
                                                                   /*将字符出现的位置输出*/
13      printf("the rest string from %c is:%s\n", ch, str);        /*输出余下字符*/
14      }
15      else
16          printf("the character was not found.\n");              /*当未找到时，输出提示信息*/
17  }
```

扩展学习

根据本实例，请尝试：

☑ 输入一个六位数，输入任意数，查找该数字是否在这个六位数中。

实例 156　任意大写字母转换成小写字母

源码位置：Code\04\156

实例说明

本实例利用函数 strlwr( ) 实现将输入的大写字母转换成小写字母。实例运行结果如图 4.47 所示。

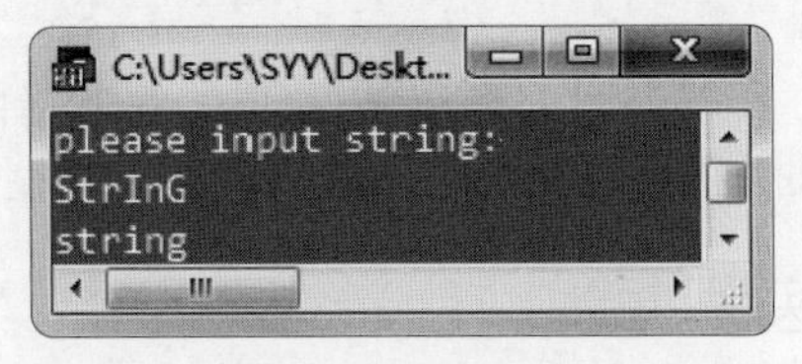

图 4.47　任意大写字母转换成小写字母

关键技术

本实例中用到了 strlwr() 函数，具体使用说明如下：

☑ strlwr() 函数

```
char *strlwr(char *str)
```

该函数的作用是把 str 所指向的字符串变为小写字母，该函数的原型在 string.h 文件中。

实现过程

（1）在 TC 中创建一个 C 文件。

（2）引用头文件。

```
156-1
01  #include <stdio.h>
02  #include <string.h>
```

（3）从键盘中输入字符串，调用 strlwr() 函数实现将大写字母转换成小写字母，最终将转换的结果输出。

（4）主函数代码如下：

```
156-2
01  main()
02  {
03      char str[50];
04      printf("please input string:\n");
05      gets(str);                          /*输入字符串*/
06      strlwr(str);                        /*调用strlwr()函数，实现大写字母转换成小写字母*/
07      printf(str);                        /*将转换后的结果输出*/
08  }
```

扩展学习

根据本实例，请尝试：

☑ 读取磁盘文件中的字符，将大写字母转换成小写字母显示在屏幕上。

☑ 编写大小写字母转换器。

实例 157 打印 1 到 5 的阶乘

源码位置：Code\04\157

实例说明

本实例实现设计一个函数，在屏幕上输入 1 到 5 的阶乘值。实例运行结果如图 4.48 所示。

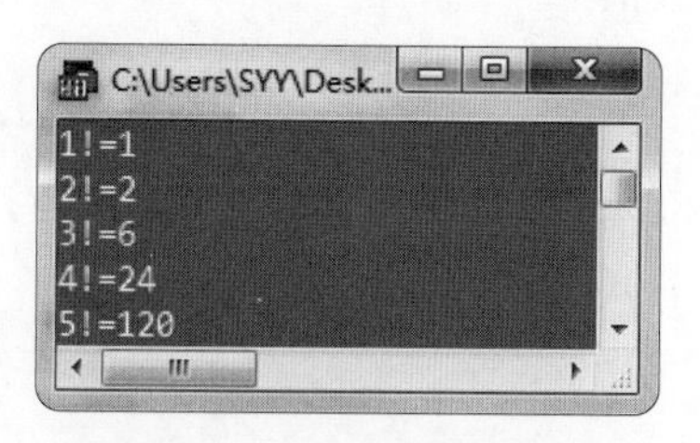

图 4.48 打印 1 到 5 的阶乘

关键技术

本实例使用了函数调用。函数的调用方式有三种情况，包括函数语句调用、函数表达式调用、函数参数调用。如图 4.49 所示。

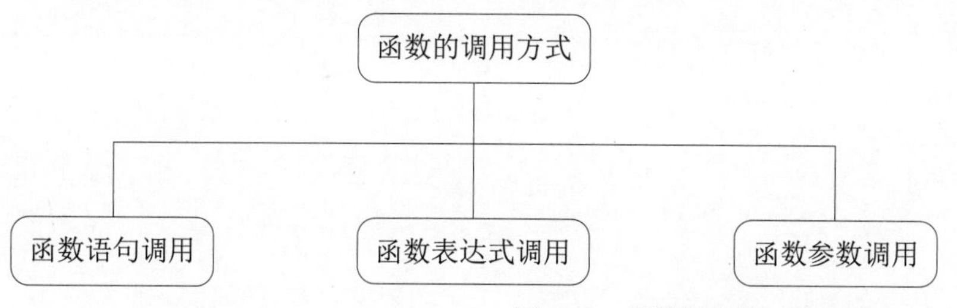

图 4.49 函数调用的三种方式

如果自定义函数在主函数的前面时，就不需要在引用头文件后再进行声明，如果自定义函数在主函数的后面时，就需要在引用头文件时进行提前声明。在介绍定义与声明时就曾进行过说明，如果在使用函数之前进行定义函数，那么此时的函数定义包含函数声明作用。

实现过程

（1）在 TC 中创建一个 C 文件。

（2）引用头文件。

```
01  #include <stdio.h>                                                        157-1
```

（3）自定义函数 fac() 用于求出指定元素的阶乘值。这里使用了局部静态变量，保存每次计算得到的变量值，下次使用调用 fac() 函数时使用上一次保存的值进行计算，这样就得到了正确的结果。其代码如下：

```
01  int fac(int num)                                                          157-2
02  {
03      static int result=1;                        /*定义局部静态变量*/
04      result=result*num;                          /*进行计算*/
05      return(result);                             /*返回结果*/
06  }
```

（4）main() 函数中调用 fac() 自定义函数，求出指定数值的阶乘，并输出。代码如下：

157-3

```
01  main()
02  {
03      int i, n;                                    /*声明变量*/
04      for(i=1;i<=5;i++)                            /*循环得到1到5的阶乘值*/
05      {
06          n=fac(i);                                /*调用自定义函数求阶乘*/
07          printf("%d!=%d\n",i,n);                  /*输出结果*/
08      }
09      getch();
10  }
```

第5章

图形图像

绘制直线

绘制表格

绘制矩形

绘制椭圆

绘制圆弧线

实例 158　绘制直线

源码位置：Code\05\158

实例说明

本实例将实现在屏幕中分别绘制一条横线、一条竖线和一条斜线，实例运行效果如图 5.1 所示。

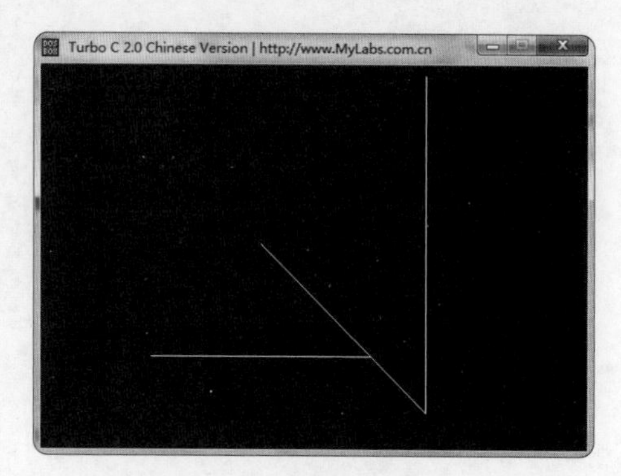

图 5.1　绘制直线

关键技术

1. 模式的初始化

不同的显示器适配器有不同的图形分辨率。即使同一显示器适配器，在不同模式下也有不同的分辨率。因此，在作图之前，必须根据显示器适配器种类将显示器设置成为某种图形模式，在未设置图形模式之前，计算机系统默认屏幕为文本模式，此时所有图形函数均不能工作。设置屏幕为图形模式时可使用函数 initgraph()。它的一般形式为：

```
initgraph(int *gdriver, int *gmode, char *path);
```

gdriver 表示图形驱动器，它是一个整型值。常用的是 EGA、VGA、PC3270 等，有时编程者并不知道所用的图形显示器适配器种类，Turbo C 提供了一种简单的方法，即用“gdriver = DETECT”语句后再跟 initgraph() 函数，就能自动检测显示器硬件并初始化图形界面。

gmode 用来设置图形显示模式，不同的图形驱动程序有不同的图形显示模式，在一个图形驱动程序下，也有几种图形显示模式。

path 是指图形驱动程序所在的目录路径。如果驱动程序在用户当前目录下，则该参数可以为空。

2. 画线函数

```
line(int x0, int y0, int x1, int y1);
```

画一条从点 (x0, y0) 到 (x1, y1) 的直线。

```
lineto(int x, int y);
```

画一条从现行光标到点 (x, y) 的直线。

```
linerel(int dx, int dy);
```

画一条从现行光标 (x, y) 到按相对增量确定的点 (x+dx, y+dy) 的直线。

3. moveto(int x, int y) 函数

将当前位置移动到指定坐标的位置。

4. 退出图形界面函数

```
closegraph(void);
```

用该函数后可退出图形界面而进入文本状态，并释放用于保存图形驱动程序和字体的系统内存。

实现过程

1. 实例运行步骤

（1）命令行（在同一台计算机中只需要设置一次，第 5 章和第 6 章的实例不再说明）：

① C:\TurboC\BGI>BGIOBJ EGAVGA

② C:\dos\TurboC>TLIB LIB\GRAPHICS.LIB+EGAVGA

注意

C:\TurboC\BGI 为 WIN-TC 的安装目录，读者设置时，需自行修改路径。

（2）通过 WIN-TC 运行程序，得到此程序的可执行文件，即后缀为“.exe”的文件。

（3）DOSBOX 中输入：

① mount c C:\dos（注意：“C:\dos”此路径为程序所在位置的路径，在此路径中，需存在程序运行出的 .exe 文件和 .obj 文件。另外，此目录可修改。）

② C:

③ XXX.exe（这是步骤（2）中运行出的可执行文件，例如本实例中的可执行文件为 158.exe）

2. 实例编写步骤

（1）在 TC 中创建一个 C 文件。

（2）引用头文件 graphics.h。

158-1

```
01    #include<graphics.h>
```

（3）使用 initgraph() 函数进行图形初始化。

（4）用 line() 函数画一条横线，使用 moveto() 函数移动光标到（350，50），使用 linerel() 函数画一条竖线，使用 lineto() 函数画一条斜线。注意画横线时纵坐标不变，画竖线时横坐标不变。

（5）退出图形界面。

（6）主要代码如下：

158-2

```
01    main()
02    {
03        int gdriver=DETECT,gmode;
04        registerbgidriver(EGAVGA_driver);                    /*注册图形驱动*/
05        initgraph(&gdriver,&gmode,"");                      /*使用initgraph()函数进行图形初始化*/
06        line(100,300,300,300);                               /*使用line()函数画横线*/
07        moveto(350,50);                                      /*移动光标到（350，50）点*/
08        linerel(0,300);                                      /*使用linerel()函数画竖线*/
09        lineto(200,200);                                     /*使用lineto()函数画斜线*/
10        getch();
11        closegraph();                                        /*退出图形界面*/
12    }
```

实例 159 绘制表格

源码位置：Code\05\159

实例说明

本实例将实现在屏幕中绘制表格图案，实例运行效果如图 5.2 所示。

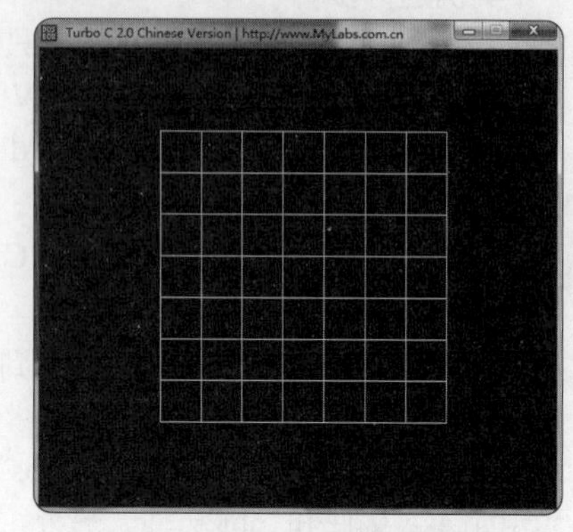

图 5.2 绘制表格

关键技术

1．清屏函数

```
cleardevice();
```

作用是清除全屏幕。

2．画点函数

```
putpixel(int x, int y, int color);
```

作用是在指定的坐标画一个按 color 所确定颜色的点。

本实例在表示 color 的值时用的是符号常量，当然也可以用数值来表示，如下所示：

```
putpixel(i,j,14);
```

颜色 color 的值如表 5.1 所示。

表 5.1 color 的值

符号常数	数 值	含 义	符号常数	数 值	含 义
BLACK	0	黑色	DARKGRAY	8	深灰
BLUE	1	蓝色	LIGHTBLUE	9	深蓝
GREEN	2	绿色	LIGHTGREEN	10	淡绿
CYAN	3	青色	LIGHTCYAN	11	淡青
RED	4	红色	LIGHTRED	12	淡红
MAGENTA	5	洋红	LIGHTMAGENTA	13	淡洋红
BROWN	6	棕色	YELLOW	14	黄色
LIGHTGRAY	7	淡灰	WHITE	15	白色

实现过程

（1）在 TC 中创建一个 C 文件。

（2）引用头文件 graphics.h。

```
01  #include <graphics.h>                                        159-1
```

（3）使用 initgraph() 函数对图形进行初始化。

（4）清屏，画一个起始点为 120、终止点为 400、每格宽度为 40 的表格。

（5）退出图形界面。

（6）程序主要代码如下：

159-2

```
01  main()
02  {
03      int gdriver,gmode,i,j;                          /*清屏*/
04      gdriver=DETECT;
05      registerbgidriver(EGAVGA_driver);               /*注册图形驱动*/
06      initgraph(&gdriver,&gmode,"");                  /*初始化图形界面*/
07      for(i=120; i<=400; i=i+40)                      /*设置起始点为120，终止点为400，表格宽度为40*/
08          for(j=120; j<=400; j++)
09          {
10              putpixel(i,j,YELLOW);                   /*画点*/
11              putpixel(j,i,YELLOW);
12          }
13      getch();
14      closegraph();                                   /*退出图形界面*/
15  }
```

扩展学习

根据本实例，请尝试用画点函数绘制正方形。

实例 160　绘制矩形

源码位置：Code\05\160

实例说明

本实例将实现在屏幕中绘制矩形图案，实例运行效果如图 5.3 所示。

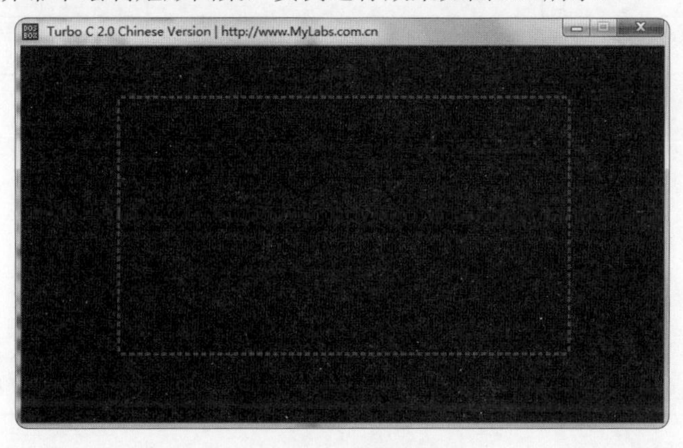

图 5.3　绘制矩形

关键技术

1．设置绘图颜色函数

```
setcolor(int color)
```

作用是设置当前绘图颜色（或称前景色）。参数 color 为选择的当前绘图颜色。在高分辨率显示模式下，选取的 color 是实际色彩值，也可以用颜色符号名表示。

2．设定线型函数

```
setlinestyle(int  linestyle, unsigned  upattern, int  thickness);
```

linestyle 是线的形状的规定，有关线的形状如表 5.2 所示。

表 5.2　线的形状

符号常数	数　值	含　义
SOLID_LINE	0	实线
DOTTED_LINE	1	点线
CENTER_LINE	2	中心线
DASHED_LINE	3	点画线
USERBIT_LINE	4	用户定义线

upattern，只有 linestyle 选 USERBIT_LINE 时才有意义，选其他选项 uppattern 取 0 即可。

thickness 是线的宽度，可取值如表 5.3 所示。

表 5.3　thickness 取值

符号常数	数　值	含　义
NORM_WIDTH	1	一点宽
THIC_WIDTH	3	三点宽

3．画矩形函数

```
rectangle(int x1, int y1, int x2, inty2);
```

作用是以 (x1, y1) 为左上角，(x2, y2) 为右下角画一个矩形框。

实现过程

（1）在 TC 中创建一个 C 文件。

（2）引用头文件 graphics.h。

```
01    #include <graphics.h>                                              160-1
```

（3）使用 initgraph() 函数进行图形初始化。

（4）设置绘图颜色为红色，线型为点画线，线的宽度为三点。

（5）画矩形以（100，100）为左上角，（550，350）为右下角。

（6）程序主要代码如下：

```
160-2
01  main()
02  {
03      int gdriver, gmode;
04      gdriver = DETECT;
05      registerbgidriver(EGAVGA_driver);                 /*注册图形驱动*/
06      initgraph(&gdriver, &gmode, "");                  /*图形方式初始化*/
07      setcolor(RED);                                    /*设置绘图颜色*/
08      setlinestyle(DASHED_LINE, 0, 3);                  /*设置线的宽度和线的形状*/
09      rectangle(100, 100, 550, 350);                    /*画矩形*/
10      getch();
11      closegraph();                                     /*退出图形界面*/
12  }
```

扩展学习

根据本实例，请尝试：

☑ 用 rectangle() 函数画正方形。

☑ 画一个位于屏幕中央黄色的、实线一点宽的矩形。

实例 161　绘制椭圆

源码位置：Code\05\161

实例说明

本实例将实现在屏幕中绘制椭圆形图案，实例运行效果如图 5.4 所示。

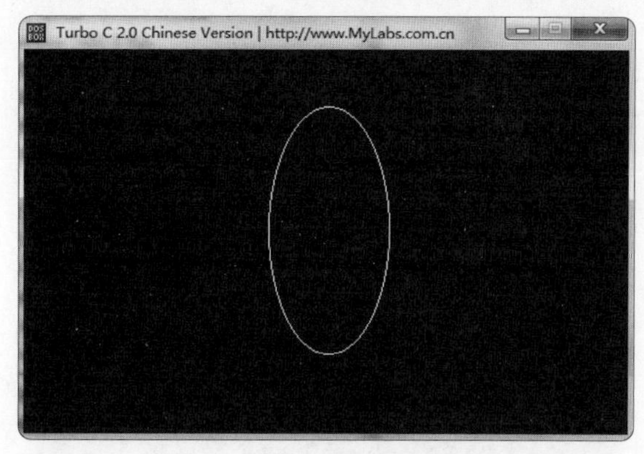

图 5.4　绘制椭圆

关键技术

```
ellipse(int x, int y, int stangle, int endangle, int xradius,int yradius);
```

作用是以 (x, y) 为中心，xradius, yradius 为 x 轴和 y 轴半径，从角 stangle 开始到 endangle 结束画一段椭圆线，当 stangle=0，endangle=360 时，画出一个完整的椭圆。

实现过程

（1）在 TC 中创建一个 C 文件。

（2）引用头文件 graphics.h。

161-1
```
01  #include <graphics.h>
```

（3）使用 initgraph() 函数进行图形初始化。

（4）以（200，200）为中心，x 轴、y 轴半径分别为 50 和 100，画一个完整的椭圆。

（5）程序主要代码如下：

161-2
```
01  main()
02  {
03      int gdriver, gmode;
04      gdriver = DETECT;
05      registerbgidriver(EGAVGA_driver);                    /*注册图形驱动*/
06      initgraph(&gdriver, &gmode, "");                     /*图形方式初始化*/
07      ellipse(200, 200, 0, 360, 50, 100);                  /*以（200，200）为中心的椭圆*/
08      getch();
09      closegraph();                                        /*退出图形界面*/
10  }
```

扩展学习

根据本实例，请尝试：

☑ 画一红色扇形（用画椭圆函数和画直线函数来完成）。

☑ 用画椭圆函数来画一空心圆。

实例 162　绘制圆弧线

源码位置：Code\05\162

实例说明

本实例将实现在屏幕中绘制一圆弧线，实例运行效果如图 5.5 所示。

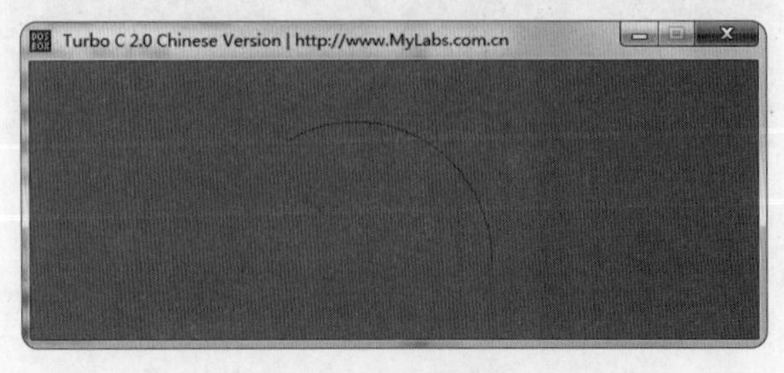

图 5.5　绘制圆弧线

关键技术

1. 画圆弧线函数

```
arc(int x, int y, int stangle, int endangle, int radius);
```

作用是以 (x,y) 为圆心，radius 为半径，从角 stangle 开始到 endangle 结束画一段圆弧线。从 x 轴正向开始逆时针旋转一周为 0°～360°。

2. 设置背景颜色

```
setbkcolor(int color);
```

setbkcolor() 函数用于设置屏幕背景颜色。

3. 坐标位置函数

```
getmaxx(void);
```

作用返回当前图形模式下的最大 x 坐标，即最大横向坐标。

```
getmaxy(void);
```

作用返回当前图形模式下的最大 y 坐标，即最大纵向坐标。

```
getx(void);
```

作用返回当前图形模式下当前位置的 x 坐标（水平像素坐标）。

```
gety(void);
```

作用返回当前图形模式下当前位置的 y 坐标（垂直像素坐标）。

```
moveto(int x, int y);和moverel(int dx, int dy);
```

moveto() 函数在前面介绍过，这里不多说，moverel() 函数的作用是从当前位置 (x,y) 移动到 (x+dx,y+dy) 的位置。

实现过程

（1）在 TC 中创建一个 C 文件。

（2）引用头文件 graphics.h。

```
01  #include <graphics.h>                                                    162-1
```

（3）使用 initgraph() 函数进行图形初始化。

（4）以当前图形模式下的中心为圆心，以 100 为半径，从 0° 开始到 120° 结束画一条圆弧线。

（5）程序主要代码如下：

```
01  main()                                                                   162-2
02  {
03      int gdriver, gmode;
04      gdriver = DETECT;
05      registerbgidriver(EGAVGA_driver);                      /*注册图形驱动*/
```

```
06      initgraph(&gdriver, &gmode, "");                    /*图形方式初始化*/
07      setbkcolor(GREEN);                                  /*设置背景颜色为绿色*/
08      setcolor(RED);                                      /*设置绘图颜色为红色*/
09      arc(getmaxx() / 2, getmaxy() / 2, 0, 120, 100);     /*画圆弧*/
10      getch();
11      closegraph();                                       /*退出图形界面*/
12  }
```

扩展学习

根据本实例，请尝试：

☑ 用 arc() 函数画一个空心圆。

☑ 任意画一圆弧线，要求圆弧线为黄色，屏幕背景颜色为红色。

实例 163　绘制扇区

源码位置：Code\05\163

实例说明

本实例将实现在屏幕中绘制一个扇区，实例运行效果如图 5.6 所示。

图 5.6　绘制扇区

关键技术

1．pieslice() 绘制扇区函数

```
pieslice(int x,int y,int startangle,int endangle,int radius);
```

作用是使用当前绘图色画一段圆弧，并把弧两端与该弧所在圆的圆心分别连一直线段，即得扇区。参数的使用和前面讲过的 arc() 函数的参数使用方法一样。

2．sector() 画椭圆扇区函数

```
sector(int x,int y,int startangle,int endangle,int xradius,int yradius);
```

作用是以 (x, y) 为中心，xradius、yradius 为 x 轴和 y 轴半径，从角 stangle 开始到 endangle 结束画一段椭圆线，并把弧两端与圆心分别连一直线段，调用此函数可画得一个椭圆扇区。

本实例使用 pieslice() 函数画椭圆扇区，使用 sector() 函数同样也可以画该图形。

实现过程

（1）在 TC 中创建一个 C 文件。

（2）引用头文件 graphics.h。

163-1

```
01  #include <graphics.h>
```

（3）使用 initgraph() 函数进行图形初始化。

（4）使用 pieslice() 函数画一个以（260,200）为圆心，100 为半径，从 0° 开始到 120° 结束的扇区。

（5）程序主要代码如下：

163-2

```
01  main()
02  {
03      int gdriver, gmode;
04      gdriver = DETECT;
05      registerbgidriver(EGAVGA_driver);                    /*注册图形驱动*/
06      initgraph(&gdriver, &gmode, "");                     /*图形方式初始化*/
07      pieslice(260, 200, 0, 120, 100);                     /*画扇区*/
08      getch();
09      closegraph();                                        /*退出图形界面*/
10  }
```

扩展学习

根据本实例，请尝试：

☑ 用 sector() 函数画一个与本实例相同的扇区。

☑ 用 sector() 函数画一个椭圆扇区。

实例 164　绘制空心圆

源码位置：Code\05\164

实例说明

本实例将实现在屏幕中绘制一空心圆，要求该空心圆绘制在屏幕中心位置，半径为 100，背景色为白色，图形颜色为红色。实例运行效果如图 5.7 所示。

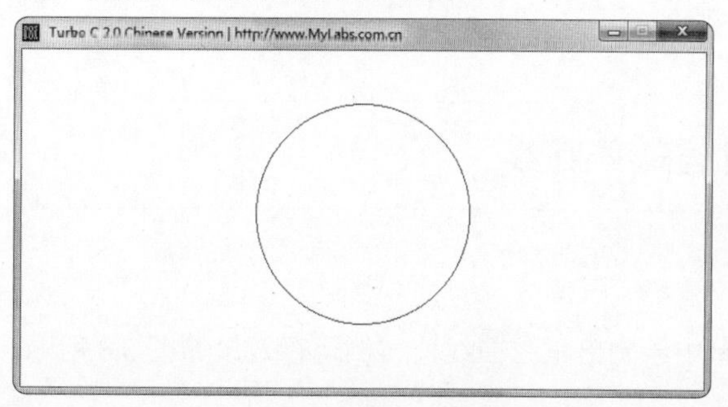

图 5.7　绘制空心圆

关键技术

本实例使用 circle() 函数来画空心圆，circle() 函数的一般形式：

```
circle(int x, int y, int radius);
```

作用是以 (x,y) 为圆心、radius 为半径，画一个圆。

其实绘制空心圆的方法有很多，不过平时经常使用的还是 circle()。

实现过程

（1）在 TC 中创建一个 C 文件。

（2）引用头文件 graphics.h。

164-1

```
01  #include <graphics.h>
```

（3）使用 initgraph() 函数进行图形初始化。

（4）使用 circle() 函数画一个以当前图形模式下的中心为圆心、100 为半径的圆。

（5）程序主要代码如下：

164-2

```
01  main()
02  {
03      int gdriver, gmode;
04      gdriver = DETECT;
05      registerbgidriver(EGAVGA_driver);                /*注册图形驱动*/
06      initgraph(&gdriver, &gmode, "");                 /*图形方式初始化*/
07      setbkcolor(WHITE);                               /*设置背景色为白色*/
08      setcolor(RED);                                   /*设置绘图颜色为红色*/
09      circle(getmaxx() / 2, getmaxy() / 2, 100);       /*画圆*/
10      getch();
11      closegraph();                                    /*退出图形界面*/
12  }
```

扩展学习

根据本实例，请尝试：

☑ 画 5 个半径逐次递增的同心圆。

☑ 绘制奥运五环图案。

实例 165　绘制正弦曲线

源码位置：Code\05\165

实例说明

本实例将实现在屏幕中绘制出正弦曲线，实例运行效果如图 5.8 所示。

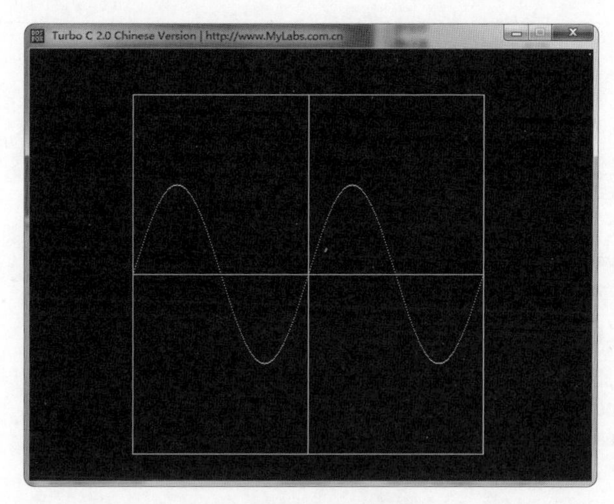

图 5.8 绘制正弦曲线

关键技术

图形窗口操作函数：

☑ setviewport() 设置图形窗口函数

作用是以 (xl,yl) 像素点为左上角，(x2,y2) 像素点为右下角的图形窗口，其中 x1，y1，x2，y2 是相对于整个屏幕的坐标。如果 clip 为 1，则超出窗口的输出图形自动被裁剪掉，即所有作图限制于当前图形窗口之内；如果 clip 为 0，则不做裁剪，即所有作图将无限制地扩展于窗口范围之外，直到屏幕边界。

☑ clearviewport() 清除图形窗口函数

```
clearviewport(void);
```

作用是清除现行图形窗口的内容。

实现过程

（1）在 TC 中创建一个 C 文件。

（2）引用头文件。

```
165-1
01  #include <conio.h>
02  #include <math.h>
03  #include <graphics.h>
```

（3）使用 initgraph() 函数进行图形初始化。

（4）设定图形窗口区域，设置绘图颜色为黄色，用黄色边框画出图形窗口边界并使用 line() 函数画出坐标轴，for 循环，求出横坐标上每个像素点所对应的正弦值并进一步求出其相对于这个图形窗口的纵坐标，利用画点函数 putpixel() 将其画出。

（5）程序主要代码如下：

165-2

```
01  main()
02  {
03      int y = 200;
04      int i, h;
05      float m;
06      int gdriver, gmode;
07      gdriver = DETECT;
08      registerbgidriver(EGAVGA_driver);            /*注册图形驱动*/
09      initgraph(&gdriver, &gmode, "");              /*图形方式初始化*/
10      setviewport(50, 50, 450, 450, 1);             /*设定图形窗口*/
11      setcolor(14);                                 /*设置绘图颜色为黄色*/
12      rectangle(0, 0, 400, 400);                    /*画矩形框*/
13      line(200, 0, 200, 400);                       /*画纵轴*/
14      line(0, 200, 400, 200);                       /*画横轴*/
15      for (i = 0; i < 400; i++)
16      {
17          m = 100 * sin(i / 31.83);                 /*求每个像素对应的sin值*/
18          h = y - (int)m;                           /*求出每个像素点的相对坐标轴纵坐标的位置*/
19          putpixel(i, h, 15);                       /*画点*/
20      }
21      getch();
22      closegraph();                                 /*退出图形界面*/
23  }
```

实例 166　绘制彩带

源码位置：Code\05\166

实例说明

本实例实现在屏幕中绘出彩带，要求采用正弦函数和余弦函数绘出两条相互交错的彩带，彩带在绘出的过程中颜色要求不断变化。实例运行效果如图 5.9 所示。

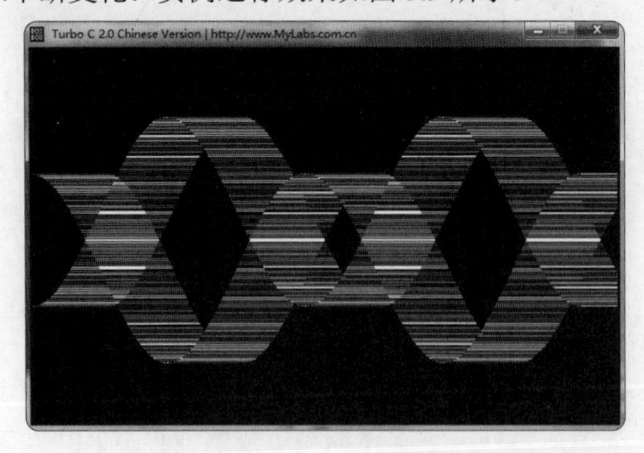

图 5.9　绘制彩带

关键技术

本实例使用正弦函数和余弦函数来确定每个点的纵坐标。颜色的变化可以像实例中那样写，也可以直接利用 for 语句中的变量 a 写成如下形式：

```
for (a = 0; a <= 600; a +=1)
    color=a%16;
    setcolor(color);
```

实现过程

（1）在 TC 中创建一个 C 文件。

（2）引用头文件 graphics.h 和 math.h 并进行宏定义。

```
166-1
01  #include <graphics.h>
02  #include <math.h>
03  #define PI 3.1415926
```

（3）使用 initgraph() 函数进行图形初始化。

（4）分别利用正弦函数、余弦函数来确定点的纵坐标，使用 line() 函数连接相同纵坐标的两点，横坐标是采用屏幕中的像素点来确定的。

（5）程序主要代码如下：

```
166-2
01  main()
02  {
03      double a;                                            /*定义变量*/
04      int x1, x2, j = 1, color = 1;                        /*对变量进行初始化*/
05      int gdriver = DETECT, gmode;
06      registerbgidriver(EGAVGA_driver);                    /*注册图形驱动*/
07      initgraph(&gdriver, &gmode, "");                     /*图形进行初始化*/
08      cleardevice();
09      for (a = 1; a <= 600; a +=1)                         /*使用循环绘制图形*/
10      {
11          setcolor(color);
12          x1 = 220+100 * cos(a / 47.75);                   /*坐标位置*/
13          x2 = 280+100 * sin(a / 47.75 - PI / 2);          /*坐标位置*/
14          line(a, x1, a + 80, x1);
15          line(a, x2, a + 80, x2);
16          delay(100);
17          color++;
18          if (color > 15)
19              color = 1;
20      }
21      getch();
22      closegraph();
23  }
```

实例 167　黄色网格填充的椭圆

源码位置：Code\05\167

实例说明

本实例实现在屏幕中绘制一椭圆，其内部用黄色网格来填充。实例运行效果如图 5.10 所示。

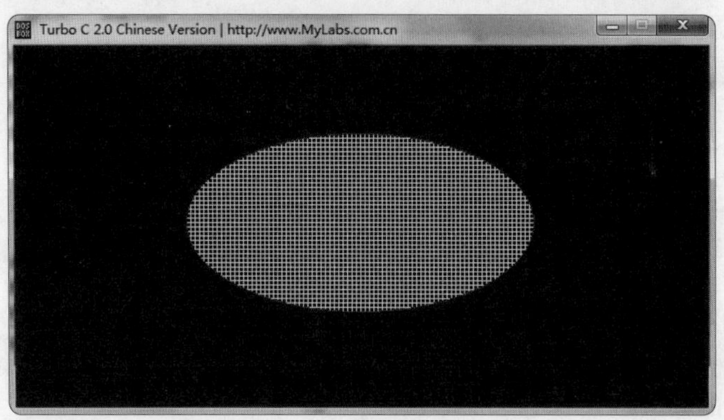

图 5.10　黄色网格填充的椭圆

关键技术

本实例的关键是实现图形填充时的函数：setfillstyle() 函数和 floodfill() 函数，具体用法如下：

☑ setfillstyle() 设置填充图样和颜色函数

```
setfillstyle(int pattern,int color);
```

其作用是设置填充图样和颜色函数，参数 pattern 的值为填充图样，参数 color 的值是填充色，它必须为当前显示模式所支持的有效值。填充图样与填充色是独立的。参数 pattern 的值的规定如表 5.4 所示。

表 5.4　参数 pattern 的值

符号常数	数　值	描　述
EMPTY_FILL	0	以背景颜色填充
SOLID_FILL	1	以实线填充
LINE_FILL	2	以直线填充
LTSLASH_FILL	3	以斜线填充（阴影线）
SLASH_FILL	4	以粗斜线填充（粗阴影线）
BKSLASH_FILL	5	以粗反斜线填充（粗阴影线）
LTBKSLASH_FILL	6	以反斜线填充（阴影线）

续表

符号常数	数 值	描 述
HATCH_FILL	7	以直方网格填充
XHATCH_FILL	8	以斜网格填充
INTTERLEAVE_FILL	9	以间隔点填充
WIDE_DOT_FILL	10	以稀疏点填充
CLOSE_DOS_FILL	11	以密集点填充
USER_FILL	12	以用户定义式样填充

☑ floodfill() 填充封闭区域函数

```
floodfill(int x,int y,int bordercolor);
```

作用是用当前填充图样和填充色填充一个由特定边界颜色定义的有界封闭区域。参数 (x,y) 为指定填充区域中的某点，如果点 (x,y) 在该填充区域之外，那么外部区域将被填充，参数 bordercolor 为闭区域边界颜色。

实现过程

（1）在 TC 中创建一个 C 文件。

（2）引用头文件 graphics.h。

```
167-1
01  #include <graphics.h>
```

（3）使用 initgraph() 函数进行图形初始化。

（4）设置绘图颜色为红色，以（320,240）为中心，x 和 y 坐标分别为 160 和 80 画一完整椭圆形，使用 setfillstyle() 函数设置以黄色的网格形式填充，用 floodfill() 函数填充指定的椭圆区域。注意此时 floodfill() 函数中指定的颜色应与椭圆边界颜色一致。

（5）退出图形界面。

（6）程序主要代码如下：

```
167-2
01  main()
02  {
03      int gdriver, gmode;
04      gdriver = DETECT;
05      registerbgidriver(EGAVGA_driver);              /*注册图形驱动*/
06      initgraph(&gdriver, &gmode, "");               /*图形方式初始化*/
07      setcolor(RED);                                 /*设置绘图颜色为红色*/
08      ellipse(320, 240, 0, 360, 160, 80);            /*在屏幕中心绘制一椭圆*/
09      setfillstyle(7, 14);                           /*设置填充方式及颜色*/
10      floodfill(320, 240, RED);                      /*对椭圆进行填充*/
11      getch();
12      closegraph();                                  /*退出图形界面*/
13  }
```

实例 168 红色间隔点填充多边形

源码位置：Code\05\168

实例说明

本实例将实现在屏幕中绘制一个用红色间隔点填充的多边形。实例运行效果如图 5.11 所示。

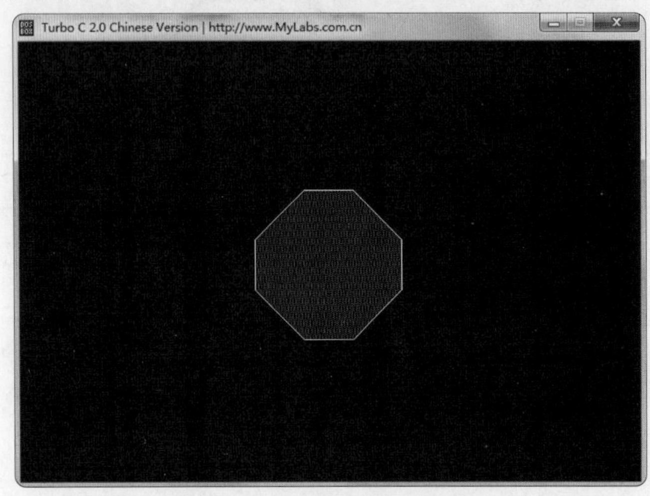

图 5.11 红色间隔点填充多边形

关键技术

本实例的关键在于使用了填充函数 fillpoly() 来填充这个多边形，fillpoly() 函数的语法格式如下：

```
fillpoly(int pointnum,int *points);
```

注意

在求顶点数时通常可用如下方法：sizeof(整型数组名) 除以两倍的 sizeof(int) 最终得到的结果便是顶点的数目。

实现过程

（1）在 TC 中创建一个 C 文件。

（2）引用头文件 graphics.h。

```
01    #include <graphics.h>
```

168-1

（3）定义数组 points 并将所有定点的坐标存到该数组中，使用 initgraph() 函数进行图形初始化。

（4）使用 setfillstyle() 函数设置以红色间隔点形式填充，用 fillpoly() 函数填充多边形区域。

（5）退出图形界面。

（6）程序主要代码如下：

168-2

```
01  void main()
02  {
03      int gdriver, gmode, n;
04      int points[] =
05      {
06          200, 200, 150, 250, 150, 300, 200, 350, 250, 350, 300, 300, 300, 250,
07              250, 200
08      };                                                  /*定义数组存放顶点坐标*/
09      gdriver = DETECT;
10      registerbgidriver(EGAVGA_driver);                   /*注册图形驱动*/
11      initgraph(&gdriver, &gmode, "");                    /*图形方式初始化*/
12      setfillstyle(INTERLEAVE_FILL, RED);                 /*设置填充方式及颜色*/
13      n = sizeof(points) / (2 *sizeof(int));              /*计算定点个数*/
14      fillpoly(n, points);                                /*对多边形进行填充*/
15      getch();
16      closegraph();                                       /*退出图形界面*/
17  }
```

实例 169　绘制五角星　　源码位置：Code\05\169

实例说明

本实例将实现在屏幕中绘制一个红色五角星。实例运行效果如图 5.12 所示。

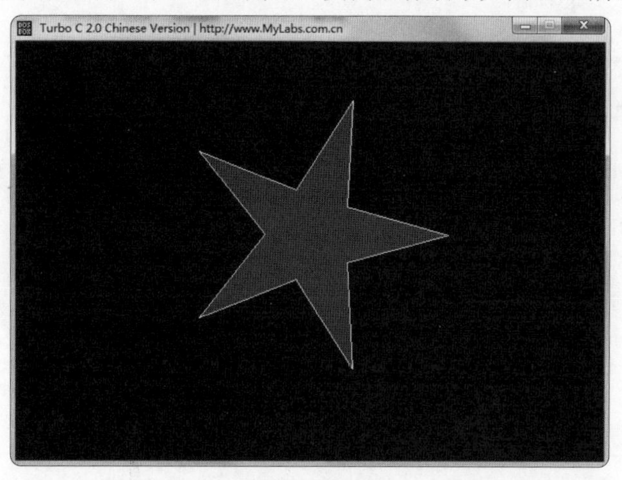

图 5.12　绘制五角星

关键技术

本实例有两个技术要点：第一个就是填充函数 fillpoly() 的使用，该函数的具体用法前面都已介绍过，这里不再强调；第二个技术要点就是如何求出五角星的十个顶点，编程过程中求五角星顶点的方法有很多种，这里先介绍实例中涉及的方法。

因为五角星外圈每两个顶点之间的夹角是 72°，每个外圈顶点与它邻近的内圈顶点夹角是 36°，又因为在编程过程中角度要用弧度表示，所以 72° 角对应的弧度为 0.4*3.1415926。

实现过程

（1）在 TC 中创建一个 C 文件。

（2）引用头文件 graphics.h 和 math.h。

169-1

```
01  #include <graphics.h>
02  #include <math.h>
```

（3）定义变量为基本整型，使用 initgraph() 函数进行图形初始化。

（4）设置绘图颜色为黄色、线型为实线，宽度为 1 点，使用 for 循环将外圈顶点及内圈顶点的坐标依次存入数组 points 中。设置填充方式为红色实填充。

（5）退出图形界面。

（6）程序主要代码如下：

169-2

```
01  main()
02  {
03      int i, j = 0, gdriver, gmode, points[20];
04      gdriver = DETECT;
05      registerbgidriver(EGAVGA_driver);                    /*注册图形驱动*/
06      initgraph(&gdriver, &gmode, "");                     /*图形方式初始化*/
07      setcolor(YELLOW);                                    /*设置绘图颜色*/
08      setlinestyle(0, 0, 1);                               /*设置线型*/
09      for (i = 0; i < 5; i++)
10      {
11          points[j++] = (int)(320+150 * cos(0.4 *3.1415926 * i));
                                                             /*五角星外圈点的横坐标存入数组中*/
12          points[j++] = (int)(240-150 * sin(0.4 *3.1415926 * i));
                                                             /*五角星外圈点的纵坐标存入数组中*/
13          /*五角星内圈点的横坐标存入数组中*/
14          points[j++] = (int)(320+50 * cos(0.4 *3.1415926 * i + 0.6283));
15          /*五角星内圈点的纵坐标存入数组中*/
16          points[j++] = (int)(240-50 * sin(0.4 *3.1415926 * i + 0.6283));
17      }
18      setfillstyle(1, RED);                                /*设置填充方式*/
19      fillpoly(10, points);                                /*对五角星进行填充*/
20      getch();
21      closegraph();                                        /*退出图形界面*/
22  }
```

实例 170　颜色变换

源码位置：Code\05\170

实例说明

本实例将通过按键改变屏幕背景颜色。实例运行效果如图 5.13 所示。

图 5.13　颜色变换

关键技术

本实例主要是通过使用设置背景色函数 setbkcolor() 来实现的。要实现该功能有一点需明确，就是 color 参数可为符号常量也可为数值，本实例就是利用数值变化来实现的。

实现过程

（1）在 TC 中创建一个 C 文件。

（2）引用头文件 graphics.h。

170-1

```
01  #include <graphics.h>
```

（3）定义变量为基本整型，使用 initgraph() 函数进行图形方式初始化。

（4）使用 for 循环，当按键时改变背景颜色，背景颜色相应的数值实现从 0 到 14 变化。

（5）退出图形界面。

（6）程序主要代码如下：

170-2

```
01  void main(void)
02  {
03      int color;                                  /*定义变量color为基本整型*/
04      int gdriver, gmode;
05      gdriver = DETECT;
06      registerbgidriver(EGAVGA_driver);           /*注册图形驱动*/
07      initgraph(&gdriver, &gmode, "");            /*图形方式初始化*/
08      for (color = 0; color <= 14; color++)
09      {
10          setbkcolor(color);                      /*设置背景颜色*/
11          getch();
12      }                                           /*退出图形界面*/
13      closegraph();
14  }
```

实例 171　彩色扇形

源码位置：Code\05\171

实例说明

本实例将实现在屏幕中绘制出由彩色扇形组成的圆。实例运行效果如图 5.14 所示。

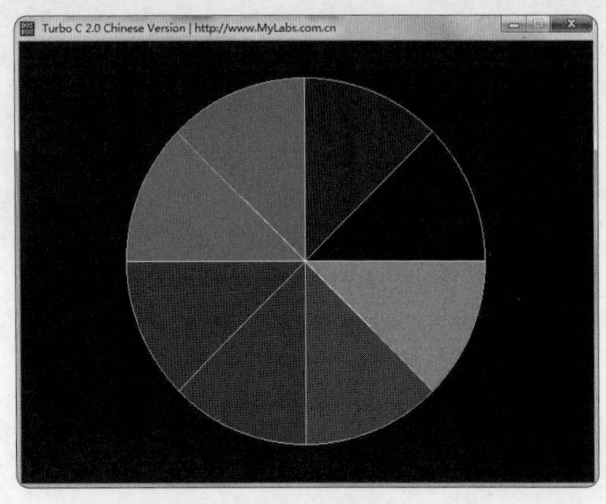

图 5.14　彩色扇形

关键技术

本实例中使用了 pieslice() 函数来绘制彩色扇形，下面介绍 pieslice() 函数的使用要点：

```
pieslice(int x,int y,int stangle,int endangle,int radius);
```

作用是画一个以 (x, y) 为圆心，radius 为半径，stangle 为起始角度，endangle 为终止角度的扇形，再按规定方式填充。当 stangle=0，endangle=360 时变成一个实心圆，并在圆内从圆心沿 x 轴正方向画一条半径。

实现过程

（1）在 TC 中创建一个 C 文件。

（2）引用头文件 graphics.h。

```
171-1
01    #include <graphics.h>
```

（3）定义变量为基本整型，使用 initgraph() 函数进行图形方式初始化。

（4）使用 for 循环，用 setfillstyle() 函数设置实填充，填充颜色随着 for 循环中变量 i 的变化而变化，用 pieslice() 函数在屏幕中心按指定角度开始画扇形。起始角度 start 和终止角度 end 每次循环在原有基础上增加 45°。

（5）退出图形界面。

（6）程序主要代码如下：

171-2

```
01  void main()
02  {
03      int gdriver, gmode;
04      int i, start, end;                                  /*设置变量为基本整型*/
05      gdriver = DETECT;
06      registerbgidriver(EGAVGA_driver);                   /*注册图形驱动*/
07      initgraph(&gdriver, gmode, "");                     /*图形方式初始化*/
08      start = 0;                                          /*start赋初值为0°*/
09      end = 45;                                           /*end赋初值为45°*/
10      for (i = 0; i < 8; i++)
11      {
12          setfillstyle(SOLID_FILL, i);                    /*设置填充方式*/
13          pieslice(getmaxx() / 2, getmaxy() / 2, start, end, 200); /*画扇形*/
14          start += 45;                                    /*起始角度数每次增加45°*/
15          end += 45;                                      /*终止角度数每次增加45°*/
16      }
17      getch();
18      closegraph();                                       /*退出图形界面*/
19  }
```

实例 172　输出不同字体

源码位置：Code\05\172

实例说明

本实例将实现在指定的窗口内输出不同字体。实例运行效果如图 5.15 所示。

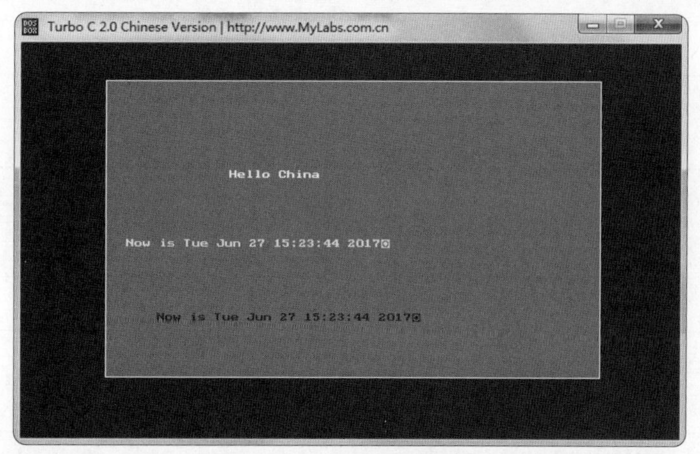

图 5.15　输出不同字体

关键技术

本实例关键的技术要点就是合理恰当地使用文本相关的几个函数，具体函数的使用说明如下：

☑ 文本输出函数 outtextxy()

```
outtextxy(int x, int y, char*string);
```

作用是在图形模式下屏幕坐标像素点 (x,y) 处显示一个字符串。参数 (x,y) 给定要显示字符串的屏幕位置，string 指向该字符串。当输出的不是字符串，而是要输出数值或其他类型的数据时要用到格式化输出函数 sprintf()，具体使用说明如下：

```
int sprintf(char *str, char *format, variable-list);
```

作用是在绘图方式下输出数字时可调用 sprintf() 函数将所要输出的格式送到第一个参数，然后显示输出。

☑ 设计文本形式函数 settextstyle()

```
settextstyle(int font,int direction,int charsize);
```

作用是设置图形文本当前字体、文本显示方向（水平显示或垂直显示）以及字符大小。其中 font 为文本字体参数，direction 为文本显示方向，charsize 为字符大小参数。

font 的取值如表 5.5 所示。

表 5.5　font 的取值

符号常数	数　值	含　义
DEFAULT_FONT	0	8*8 点阵字 (缺省值)
TRIPLEX_FONT	1	三倍字体
SMALL_FONT	2	小号字体
SANSSERIF_FONT	3	无衬线字体
GOTHIC_FONT	4	黑体字

direction 的取值如表 5.6 所示。

表 5.6　direction 的取值

符号常数	数　值	含　义
HORIZ_DIR	0	从左到右
VERT_DIR	1	从底到顶

charsize 的取值如表 5.7 所示。

表 5.7　charsize 的取值

符号常数或数值	含　义
1	8*8 点阵
2	16*16 点阵
3	24*24 点阵

续表

符号常数或数值	含　义
4	32*32 点阵
5	40*40 点阵
6	48*48 点阵
7	56*56 点阵
8	64*64 点阵
9	72*72 点阵
10	80*80 点阵
USER_CHAR_SIZE=0	用户定义的字符大小

实现过程

（1）在 TC 中创建一个 C 文件。

（2）引用头文件。

```
172-1
01  #include <stdio.h>
02  #include <graphics.h>
03  #include <time.h>
```

（3）定义变量为基本整型和 time_t 结构体类型，使用 initgraph() 函数进行图形方式初始化。

（4）首先设置屏幕背景颜色为蓝色，然后设定图形窗口，在图形窗口内以不同的颜色、字形、方向及大小输出文本。

（5）退出图形界面。

（6）主函数代码如下：

```
172-2
01  main()
02  {
03      int i, gdriver, gmode;
04      time_t curtime;
05      char s[30];
06      gdriver = DETECT;
07      time(&curtime);
08      registerbgidriver(EGAVGA_driver);                /*注册图形驱动*/
09      initgraph(&gdriver, &gmode, "");                 /*图形方式初始化*/
10      setbkcolor(BLUE);                                /*设置屏幕背景颜色为蓝色*/
11      cleardevice();                                   /*清屏*/
12      setviewport(100, 100, 580, 380, 1);              /*设定图形窗口*/
13      setfillstyle(1, 2);                              /*设置填充类型及颜色*/
14      setcolor(15);                                    /*设置绘图颜色为白色*/
15      rectangle(0, 0, 480, 280);                       /*画矩形框*/
```

```
16        floodfill(50, 50, 15);                      /*对指定区域进行填充*/
17        setcolor(12);                               /*设置绘图颜色为淡红色*/
18        settextstyle(1, 0, 7);                      /*设置输出字符字形、方向及大小*/
19        outtextxy(20, 20, "Hello China");           /*在规定位置输出字符串*/
20        setcolor(15);                               /*设置绘图颜色为白色*/
21        settextstyle(3, 0, 6);                      /*设置输出字符字形、方向及大小*/
22        outtextxy(120, 85, "Hello China");          /*在规定位置输出字符串*/
23        setcolor(14);                               /*设置绘图颜色为黄色*/
24        settextstyle(2, 0, 8);
25        sprintf(s, "Now is %s", ctime(&curtime));   /*使用格式化输出函数*/
26        outtextxy(20, 150, s);                      /*在指定位置将s所对应的函数输出*/
27        setcolor(1);                                /*设置颜色为蓝色*/
28        settextstyle(4, 0, 3);                      /*设置输出字符字形、方向及大小*/
29        outtextxy(50, 220, s);                      /*在规定位置输出字符串*/
30        getch();
31        exit(0);
32    }
```

实例 173　相同图案的输出

源码位置：Code\05\173

实例说明

本实例将实现在屏幕中绘制一个矩形图案并画出其对角线，要求按任意键输出三个相同图案。实例运行效果如图 5.16 所示。

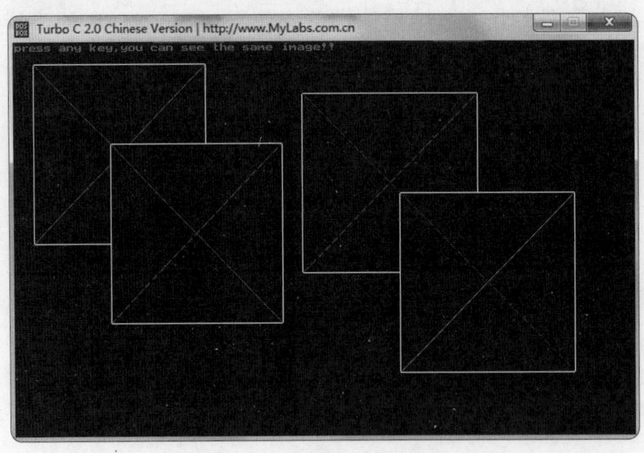

图 5.16　相同图案的输出

关键技术

本实例的关键技术要点是灵活运用屏幕操作函数，下面介绍本实例中出现的屏幕操作函数：

☑ 图像存储大小函数 imagesize()

```
unsigned imagesize(int xl,int yl,int x2,int y2);
```

作用是返回存储一块屏幕图像所需的内存大小（用字节数表示）。参数 x1,y1 为图像左上角坐标，参数 x2,y2 为图像右下角坐标。

☑ 保存图像函数 getimage()

```
void getimage(int xl,int yl, int x2,int y2, void *buf);
```

作用是保存左上角与右下角所定义的屏幕上的图像到指定的内存空间中。参数 x1,y1 为图像左上角坐标，参数 x2,y2 为图像右下角坐标，参数 buf 指向保存图像的内存地址。

☑ 输出图像函数 putimage()

```
void putimge(int x,int,y,void *buf, int op);
```

作用是将一个以前已经保存在内存中的图像输出到屏幕指定的位置上，参数 buf 指向保存图像的内存地址，参数 op 规定如何释放内存中图像，op 的值如表 5.8 所示。

表 5.8　op 的值

符号常数	数　值	含　义
COPY_PUT	0	图像输出到屏幕上，取代原有图像
XOR_PUT	1	图像和原有像素做异或运算
OR_PUT	2	图像和原有像素做或运算
AND_PUT	3	图像和原有像素做与运算
NOT_PUT	4	把求反的位图像输出到屏幕上

实现过程

（1）在 TC 中创建一个 C 文件。

（2）引用头文件。

```
173-1
01  #include <graphics.h>
02  #include <stdlib.h>
03  #include <conio.h>
```

（3）使用 initgraph() 函数进行图形初始化。

（4）用 rectangle() 函数和 line() 函数画图，用 imagesize() 函数返回图像存储所需字节数，使用 malloc() 函数为其分配内存空间，用 getimage() 函数保存所画图像，用 3 个 putimage() 函数在不同位置输出刚才保存在内存中的图像。

（5）退出图形界面。

（6）主函数代码如下：

```
173-2
01  void main()
02  {
03      int gdriver, gmode;
04      unsigned size;
```

```
05      void *buf;
06      gdriver = DETECT;
07      registerbgidriver(EGAVGA_driver);                          /*注册图形驱动*/
08      initgraph(&gdriver, &gmode, "");                           /*图形界面初始化*/
09      setcolor(15);                                              /*设置绘图颜色为白色*/
10      rectangle(20, 20, 200, 200);                               /*画正方形*/
11      setcolor(RED);                                             /*设置绘图颜色为红色*/
12      line(20, 20, 200, 200);                                    /*画对角线*/
13      setcolor(GREEN);                                           /*设置绘图颜色为绿色*/
14      line(20, 200, 200, 20);
15      outtext("press any key,you can see the same image!!");
16      getch();
17      size = imagesize(20, 20, 200, 200);                        /*返回这个图像存储所需的字节数*/
18      if (size !=  - 1)
19      {
20          buf = malloc(size);                                    /*buf指向在内存中分配的空间*/
21          if (buf)
22          {
23              getimage(20, 20, 200, 200, buf);                   /*保存图像到buf指向的内存空间*/
24              putimage(100, 100, buf, COPY_PUT);                 /*将保存的图像输出到指定位置*/
25              putimage(300, 50, buf, COPY_PUT);
26              putimage(400, 150, buf, COPY_PUT);
27          }
28      }
29      getch();
30      closegraph();                                              /*退出图形界面*/
31  }
```

实例 174　设置文本及背景颜色

源码位置：Code\05\174

实例说明

在屏幕中输出字符串 hello world 及 hello computer，要求 hello computer 在 hello world 后面而且是在其下一行输出，利用屏幕操作函数在屏幕任意位置输出相同文本。再在屏幕中输出字符串 Morning，要求文本颜色为红色且闪烁，背景颜色为绿色，实例运行效果如图 5.17 所示。

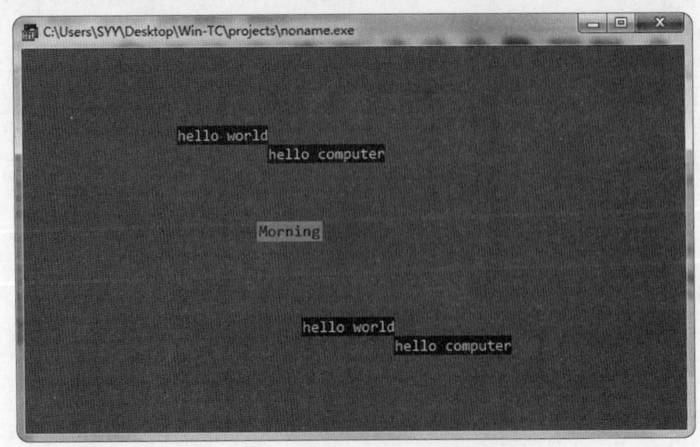

图 5.17　设置文本及背景颜色

关键技术

本实例中使用到一些屏幕操作函数及字符属性函数，下面对这些函数进行详细介绍。

☑ 清除字符窗口函数 clrscr()

```
void clrscr()
```

作用是清除整个当前字符窗口，并且把光标定位在左上角 (1, 1) 处。

☑ 光标定位函数 gotoxy()

```
void gotoxy(int x,int y);
```

作用是将屏幕上的光标移到当前窗口指定的位置上。参数 x，y 是光标定位的坐标，如果其中一个坐标值无效，那么光标便不会移动。

☑ 文本颜色函数 textcolor()

```
void textcolor(int color);
```

作用是设置字符屏幕下文本颜色。

☑ 文本背景颜色函数 textbackground()

```
void textbackground(int color);
```

作用是设置字符屏幕下文本背景颜色。

☑ 保存文本函数 gettext()

```
int gettext(int x1,int y1,int x2,int y2,void *buf);
```

作用是将屏幕中指定的矩形范围内的文本保存到内存中。参数 x1，y1 为矩形的左上角坐标，参数 x2，y2 为矩形的右下角坐标。buf 指向保存该文本的内存空间。

☑ 复制文本函数 puttext()

```
int puttext(int x1,int y1,int x2,int y2,void *buf);
```

作用是把已经保存好的由 buf 指向的内存中的文本输出到指定的矩形中。参数 x1，y1 为矩形的左上角坐标，参数 x2，y2 为矩形的右下角坐标。buf 指向内存中保存的文本。

☑ 文本属性函数 textattr()

```
void textattr(int attribute);
```

作用是设置字符背景颜色、字符本身颜色和字符闪烁与否。如要设置背景颜色为白色，字符为蓝色不闪烁，则参数 attribute 应写成 BLUE|WHITE*16；若字符为蓝色闪烁，则应写成 BLUE|128|WHITE*16。

以上介绍的函数都在头文件 conio.h 中。

实现过程

（1）在 TC 中创建一个 C 文件。

（2）引用头文件。

174-1

```
01  #include<conio.h>
```

（3）清屏，将光标定位到（35，15），设置文本颜色为黄色，背景颜色为蓝色，输出字符串，将在左上角坐标为（35，15）、右下角坐标为（60，16）区域内的文本用 gettext() 函数保存到内存中，然后再用 puttext() 函数将刚才保存的文件输出在左上角坐标为（20,5）、右下角坐标为（45,6）的矩形区域内。

（4）将光标定位到（30，10），用 textattr() 函数设置文本属性即背景颜色为绿色，字符串颜色为红色且闪烁。

（5）主函数代码如下：

174-2

```
01  main()
02  {
03      void *buf;
04      clrscr();                                   /*清除字符屏幕*/
05      gotoxy(35,15);                              /*光标定位到（35，15）*/
06      textcolor(YELLOW);                          /*设置文本颜色为黄色*/
07      textbackground(BLUE);                       /*设置背景颜色为蓝色*/
08      cprintf("hello world\n");                   /*输出字符串hello world*/
09      cprintf("hello computer\n");                /*输出字符串hello computer*/
10      buf=(char *)malloc(2*11*2);                 /*buf指向分配的内存空间*/
11      gettext(35,15,60,16,buf);                   /*保存指定范围内的文本到内存中*/
12      puttext(20,5,45,6,buf);                     /*将在内存中保存的文本输出到指定位置*/
13      gotoxy(30,10);                              /*光标定位到（30，10）*/
14      textattr(RED|128|GREEN*16);                 /*用textattr设置文本属性*/
15      cprintf("Moring");                          /*输出字符串Moring*/
16      getch();
17  }
```

实例 175　简单的键盘画图程序

源码位置：Code\05\175

实例说明

要求用 UP、DOWN、LEFT、RIGHT 键来画图，按下 Enter 键实现光标垂直下移一行且不画图；按下 Space 键后再按 UP、DOWN、LEFT、RIGHT 键清除所画的图像；再次按 Space 键表示退出清除功能，当程序处于画图功能时，按 Esc 键便可退出程序；当程序处于清除功能时，需先退出清除状态，再按 Esc 键便可退出。实例运行效果如图 5.18 所示。

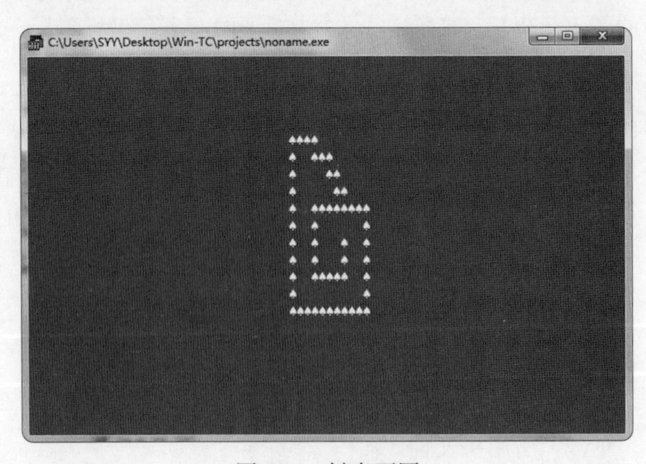

图 5.18　键盘画图

关键技术

本实例的关键在于如何使用在 bios.h 头文件下的函数 bioskey()，下面将介绍该函数的用法。

bioskey() 函数的一般形式：

```
int bioskey(int cmd)
```

本函数的作用是执行各种键盘操作，参数 cmd 的取值可为 0、1 和 2。当 cmd 值为 0 时返回敲击键盘上的下一个键。当 cmd 值为 1 时测试键盘是否可用于读。返回 0 表示没有键可用；否则返回下一次敲键之值。敲键本身一直保持由下次调用的 cmd 值为 0 的 bioskey 所返回的值。当 cmd 值为 2 时返回当前的键盘状态，由返回整数的每一个位表示。

实现过程

（1）在 TC 中创建一个 C 文件。

（2）引用头文件 bios.h 并进行宏定义。

```
175-1
01  #include <bios.h>
02  #define UP 0x4800
03  #define DOWN 0x5000
04  #define LEFT 0x4b00
05  #define RIGHT 0x4d00
06  #define SPACE 0x3920
07  #define ENTER 0x1c0d
```

（3）将所按键盘的控制码赋给 key，对 key 的值使用 switch 语句进行选择判断，在执行的过程中有一点要注意，当按键为 Space 键时，执行的是清除操作；当再次按 Space 键时，将退出清除操作回到画图操作。

（4）当按键为 Esc 键时退出程序。

（5）主函数代码如下：

```
175-2
01  main()
02  {
03      struct point
04      {
05          int x, y;
06      } a;                                        /*定义a为结构体point类型*/
07      int key, key1;
08      a.x = 40;                                   /*设置光标的初始位置*/
09      a.y = 10;
10      clrscr();
11      gotoxy(a.x, a.y);                           /*光标定位在指定位置*/
12      printf("%c", 6);
13      while (bioskey(1) = = 0)
14      {
15          key = bioskey(0);                       /*将所按键盘的控制码赋给key*/
16          switch (key)
17          {
```

```
18          case UP:                              /*当按下UP键时实现向上画图*/
19              {
20                  a.y -= 1;                     /*纵坐标减1*/
21                  if (a.y = = 0)
22                      a.y = 24;
23                  gotoxy(a.x, a.y);
24                  printf("%c", 6);
25                  break;
26              }
27          case DOWN:                            /*当按下DOWN键时实现向下画图*/
28              {
29                  a.y += 1;                     /*纵坐标加1*/
30                  if (a.y = = 24)
31                      a.y = 1;
32                  gotoxy(a.x, a.y);
33                  printf("%c", 6);
34                  break;
35              }
36          case LEFT:                            /*当按下LEFT键时实现向左画图*/
37              {
38                  a.x -= 1;                     /*横坐标减1*/
39                  if (a.x = = 0)
40                      a.x = 80;
41                  gotoxy(a.x, a.y);
42                  printf("%c", 6);
43                  break;
44              }
45          case RIGHT:                           /*当按下RIGHT键时实现向右画图*/
46              {
47                  a.x += 1;                     /*横坐标加1*/
48                  if (a.x = = 80)
49                      a.x = 1;
50                  gotoxy(a.x, a.y);
51                  printf("%c", 6);
52                  break;
53              }
54          case ENTER:                           /*当按下Enter键时光标跳到下一列且不画图*/
55              {
56                  a.y += 1;                     /*纵坐标加1*/
57                  if (a.y = = 24)
58                      a.y = 1;
59                  gotoxy(a.x, a.y);
60                  break;
61              }
62          case SPACE:                           /*当按下Space键时执行大括号内的语句*/
63              {
64                  while (bioskey(1) = = 0)
65                  {
66                      key1 = bioskey(0);        /*将所按键盘的控制码赋给key*/
67                      switch (key1)
```

```
68                  {
69                  case UP:                        /*当按下UP键时向上清除所画图像*/
70                      {
71                          a.y -= 1;
72                          if (a.y = = 0)
73                              a.y = 24;
74                          gotoxy(a.x, a.y);
75                          putch(' ');
76                          break;
77                      }
78                  case DOWN:                      /*当按下DOWN键时向下清除所画图像*/
79                      {
80                          a.y += 1;
81                          if (a.y = = 24)
82                              a.y = 1;
83                          gotoxy(a.x, a.y);
84                          putch(' ');
85                          break;
86                      }
87                  case LEFT:                      /*当按下LEFT键时向左清除所画图像*/
88                      {
89                          a.x -= 1;
90                          if (a.x = = 0)
91                              a.x = 80;
92                          gotoxy(a.x, a.y);
93                          putch(' ');
94                          break;
95                      }
96                  case RIGHT:                     /*当按下RIGHT键时向右清除所画图像*/
97                      {
98                          a.x += 1;
99                          if (a.x = = 80)
100                             a.x = 1;
101                         gotoxy(a.x, a.y);
102                         putch(' ');
103                         break;
104                     }
105                 case ENTER:                     /*当按下Enter键时光标跳到下一列且不画图*/
106                     {
107                         a.y += 1;
108                         if (a.y = = 24)
109                             a.y = 1;
110                         gotoxy(a.x, a.y);
111                         break;
112                     }
113                 }
114                 if (key1 = = 0x3920)            /*当按下Space键时，跳出循环*/
115                     break;
116             }
117         }
```

```
118         }
119         if (key = = 0x011b)                              /*当按下Esc键时，退出循环*/
120             break;
121 }
```

扩展学习

根据本实例，请尝试：

☑ 改进实例中的程序，实现在屏幕中用点画图。

☑ 改进实例中的程序，实现绘图时可改变颜色。

实例 176　鼠标绘图

源码位置：Code\05\176

实例说明

本实例将实现在屏幕中使用鼠标左键绘图，使用鼠标右键进行换色操作，按任意键退出画图操作。实例运行效果如图 5.19 所示。

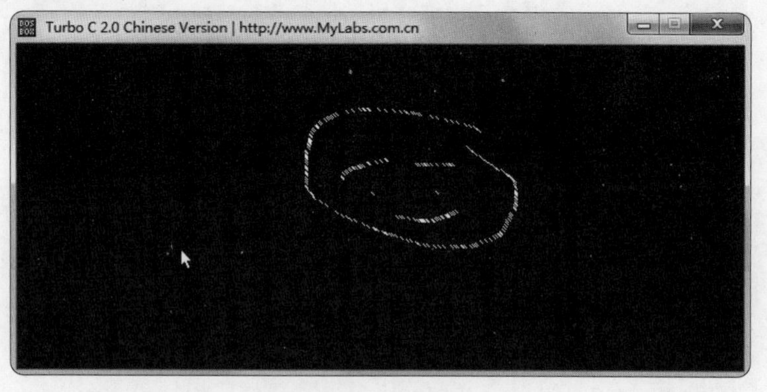

图 5.19　鼠标绘图

关键技术

（1）本实例中使用 REGS，它是在 dos.h 中定义的通用寄存器，其原型如下：

```
union REGS
{
struct WORDREGS x;
struct BYTEREGS h;
}
```

（2）程序中多次用到 0x33，0x33 是中断号，在 DOS 下规定 0x33 为鼠标中断号（类似还有 0x10 是视频中断）。

实现过程

（1）在 TC 中创建一个 C 文件。

（2）引用头文件 dos.h、graphics.h 及 stdlib.h。

176-1

```
01  #include <dos.h>
02  #include <graphics.h>
03  #include <stdlib.h>
```

（3）定义 r 为通用寄存器型，对 r 的参数进行设置并检测鼠标按键，通过检测到的按键信息判断是要进行画图还是改变颜色。

（4）主函数代码如下：

176-2

```
01  main()
02  {
03      union REGS r;                                   /*定义r为共同体REGS类型*/
04      int gdriver = DETECT, gmode;
05      int x, y, c, color;
06      registerbgidriver(EGAVGA_driver);               /*注册图形驱动*/
07      initgraph(&gdriver, &gmode, "");                /*图形方式初始化*/
08      while (!kbhit())                                /*当无按键时执行循环体语句*/
09      {
10          r.x.ax = 1;
11          int86(0x33, &r, &r);
12          r.x.ax = 3;
13          int86(0x33, &r, &r);
14          x = r.x.cx;
15          y = r.x.dx;
16          c = r.x.bx;
17          if (c = = 2)                                /*当按下RIGHT键时，改变绘图颜色*/
18          {
19              color = rand() % 16;
20              setcolor(color);
21          } if (c = = 1)                              /*当按下LEFT键时用鼠标绘图*/
22          {
23              r.x.ax = 2;
24              int86(0x33, &r, &r);
25              line(x, y, x + 2, y + 2);
26          }
27      }
28  }
```

扩展学习

根据本实例，请尝试：

☑ 编程实现键盘选择线条粗细进行绘图。

☑ 在该实例的基础上编程实现擦除功能。

实例 177　艺术清屏

源码位置：Code\05\177

实例说明

本实例将分别实现以下艺术清屏的效果：竖列隔列清屏、横行隔行清屏、只留屏幕中间两竖列实现两侧清屏、斜线清屏及三角形清屏（要求屏幕中仅剩三角形图案）。实例运行效果如图 5.20 和图 5.21 所示。

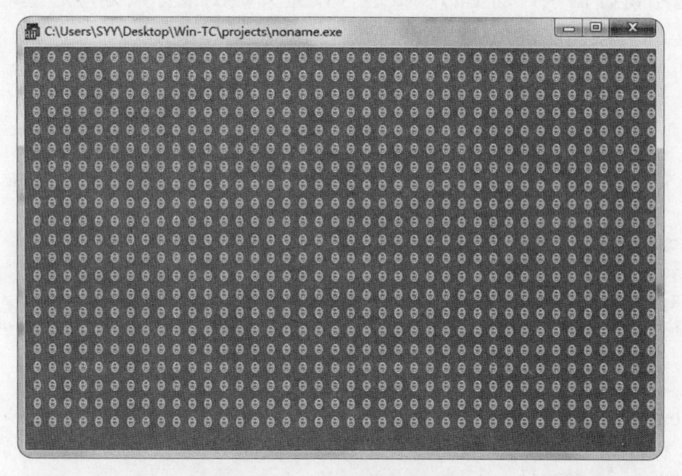

图 5.20　竖行隔行清屏

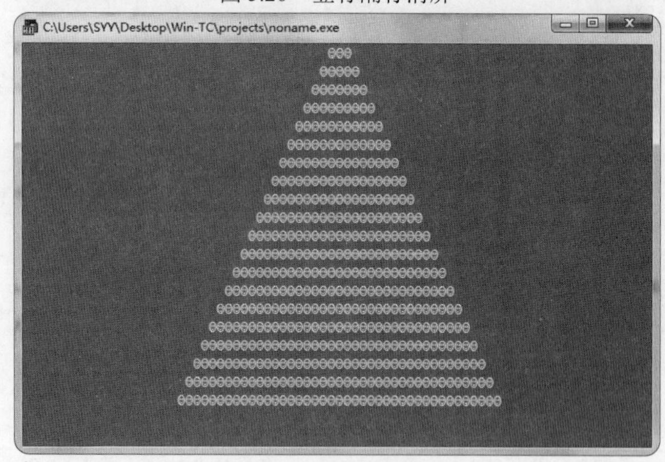

图 5.21　三角形清屏

关键技术

本实例的关键是编写自定义函数，用来实现清屏功能的 5 个函数（dell() 函数、delr() 函数、mid() 函数、bias() 函数、tri() 函数）中都用到了 for 语句，而且调用了两个自定义函数 goto_xy() 和 puta()。

实现过程

（1）在 TC 中创建一个 C 文件。

（2）引用头文件 graphics.h、dos.h、conio.h 并对自定义的函数进行声明。

177-1

```
01  #include <stdio.h>
02  #include <dos.h>
03  #include <conio.h>
04  #include <graphics.h>
05  void goto_xy(int x, int y);                           /*进行函数声明*/
06  void dell(int x1, int x2, int y1, int y2);
07  void delr(int x1, int x2, int y1, int y2);
08  void mid(int x1, int x2, int y1, int y2);
09  void bias(int x1, int x2, int y1, int y2);
10  void tri(int x1, int x2, int y1, int y2);
11  void puta(void);
```

（3）自定义 goto_xy() 函数实现光标定位。代码如下：

177-2

```
01  void goto_xy(int x, int y)                            /*自定义函数goto_xy()，实现光标定位*/
02  {
03      union REGS r;
04      r.h.ah = 2;
05      r.h.dl = y;
06      r.h.dh = x;
07      r.h.bh = 0;
08      int86(0x10, &r, &r);
09  }
```

（4）自定义 puta() 函数实现输出 24 行 80 列的笑脸。代码如下：

177-3

```
01  void puta(void)                                       /*自定义函数puta()，实现全屏输出笑脸*/
02  {
03      int i, j;
04      for (i = 0; i < 24; i++)
05      {
06          for (j = 0; j < 80; j++)
07          {
08              goto_xy(i, j);
09              printf("%c", 1);
10          }
11      }
12  }
```

（5）自定义 dell() 函数实现竖列隔列清屏。代码如下：

177-4

```
01  void dell(int x1, int x2, int y1, int y2)             /*自定义函数dell()，实现竖列隔列清屏*/
02  {
03      int i, j;
04      for (j = y1; j <= y2; j++)
05          if (j % 2 == 0)
```

```
06      for (i = x1; i <= x2; i++)
07      {
08          goto_xy(i, j);
09          putchar(' ');
10          delay(10);
11      }
12  }
```

（6）自定义 delr() 函数实现横行隔行清屏。代码如下：

177-5

```
01  void delr(int x1, int x2, int y1, int y2)          /*自定义函数delr()，实现横行隔行清屏*/
02  {
03      int i, j;
04      for (j = x1; j <= x2; j++)
05      {
06          if (j % 2 == 0)
07          for (i = y1; i <= y2; i++)
08          {
09              goto_xy(j, i);
10              putchar(' ');
11              delay(10);
12          }
13      }
14  }
```

（7）自定义 mid() 函数实现只保留屏幕中间两竖列达到两侧清屏的效果。代码如下：

177-6

```
01  void mid(int x1, int x2, int y1, int y2)          /*自定义函数mid()，实现两侧清屏*/
02  {
03      int t, s, t1, s1, i, j;
04      for (t = y1, s = y2; t < (y1 + y2) / 2; t++, s--)
05      for (j = x1; j <= x2; j++)
06      {
07          goto_xy(j, t);
08          putchar(' ');
09          goto_xy(j, s);
10          putchar(' ');
11          delay(10);
12       }
13  }
```

（8）自定义 bias () 函数实现斜线清屏。代码如下：

177-7

```
01  void bias(int x1, int x2, int y1, int y2)          /*自定义函数bias()，实现斜线清屏*/
02  {
03      int i, j;
04      for (i = x1; i <= x2; i++)
05      if (i % 2 == 0)
06      {
07          for (j = y1; j <= y2; j++)
08          if (j % 2 != 0)
09          {
```

```
10              goto_xy(i, j);
11              putchar(' ');
12          }A
13      }
14      else
15          for (j = y1; j <= y2; j++)
16      if (j % 2 == 0)
17      {
18          goto_xy(i, j);
19          putchar(' ');
20      }
21  }
```

（9）自定义 tri() 函数实现三角形清屏（屏幕只留下三角形）。代码如下：

```
177-8
01  void tri(int x1, int x2, int y1, int y2)        /*自定义函数tri()，实现三角形清屏*/
02  {
03      int i, j, k;
04      for (i = x1; i <= x2; i++)
05      for (j = y1, k = y2 + 1; j <= (y1 + y2) / 2-i; j++, k--)
06      {
07          goto_xy(i, j);
08          putchar(' ');
09          goto_xy(i, k);
10          putchar(' ');
11      }
12  }
```

（10）主函数代码如下：

```
177-9
01  main()
02  {
03      puta();                                     /*调用puta()函数*/
04      getch();
05      dell(0, 23, 0, 79);                         /*调用dell()函数*/
06      getch();
07      puta();
08      getch();
09      delr(0, 23, 0, 79);                         /*调用delr()函数*/
10      getch();
11      puta();
12      getch();
13      mid(0, 23, 0, 79);                          /*调用mid()函数*/
14      getch();
15      puta();
16      getch();
17      bias(0, 23, 0, 79);                         /*调用bias()函数*/
18      getch();
19      puta();
20      getch();
21      tri(0, 23, 0, 79);                          /*调用tri()函数*/
```

```
22        getch();
23    }
```

扩展学习

根据本实例，请尝试：

☑ 试编写程序实现菱形清屏（屏幕中只留下菱形图案）。

☑ 编写代码实现 E 形清屏。

实例 178　图形时钟

源码位置：Code\05\178

实例说明

本实例将实现在屏幕中以图形的方式绘制时钟，要求时针、分针、秒针随时间的变化而变化。实例运行效果如图 5.22 所示。

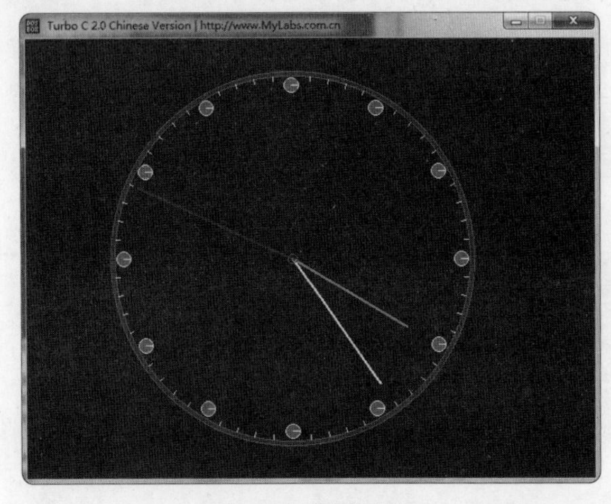

图 5.22　图形时钟

关键技术

本实例使用了 setwritemode() 函数，其一般形式为：

```
void setwritemode(int mode);
```

该函数的作用是当mode=0时，表示画线时将所画位置的原有信息覆盖了（在TC中是默认的），当 mode=1 时，画的线是现在线与原来线进行异或后的结果。因此，当线的特性不变，进行两次画线操作相当于没有画线。

实现过程

（1）在 TC 中创建一个 C 文件。

（2）应用头文件 graphics.h、math.h、dos.h 并进行宏定义。

178-1

```
01  #include <graphics.h>
02  #include <math.h>
03  #include <dos.h>
04  #define pi 3.1415926
```

（3）使用 initgraph() 函数进行图形初始化。

（4）自定义 draw() 函数实现绘制时针、分针及秒针。代码如下：

178-2

```
01  void draw(int a, int b, int c)
02  {
03      float x, y;
04      x = a * cos(b *c * pi / 180-pi / 2) + 300;              /*确定横坐标*/
05      y = a * sin(b *c * pi / 180-pi / 2) + 240;              /*确定纵坐标*/
06      setlinestyle(0, 0, 3);                                  /*设置线型*/
07      line(300, 240, x, y);                                   /*绘制时针或分针或秒针*/
08  }
```

（5）自定义 init() 函数实现绘制时钟界面。代码如下：

178-3

```
01  void init()                                                 /*自定义函数初始化时钟界面*/
02  {
03      int i, r, x1, x2, y1, y2;                               /*定义变量类型为基本整型*/
04      setbkcolor(1);                                          /*设置背景颜色为蓝色*/
05      setcolor(GREEN);                                        /*设置绘图颜色为绿色*/
06      setfillstyle(1, RED);                                   /*设置填充形式为红色实填充*/
07      circle(300, 240, 200);                                  /*以（300，240）为圆心，200为半径画圆*/
08      circle(300, 240, 205);                                  /*以（300，240）为圆心，200为半径画圆*/
09      floodfill(300, 37, GREEN);                              /*对指定区域进行填充*/
10      circle(300, 240, 5);                                    /*以（300，240）为圆心，5为半径画圆*/
11      for (i = 0; i < 60; i++)
12      {
13          if (i % 5 == 0)
14          {
15              setcolor(WHITE);                                /*绘图颜色为白色*/
16              setfillstyle(1,GREEN);                          /*设置填充方式为绿色实填充*/
17              r = 10;                                         /*r赋初值为10*/
18              x2 = (200-r) *cos(i *6 * pi / 180) + 300;       /*确定要绘制的实心圆的横坐标*/
19              y2 = (200-r) *sin(i *6 * pi / 180) + 240;       /*确定要绘制的实心圆的纵坐标*/
20              pieslice(x2, y2, 0, 360, 8);                    /*指定位置绘制实心圆*/
21          }
22          else
23          {
24              r = 5;                                          /*r赋初值为5*/
25              x1 = 200 * cos(i *6 * pi / 180) + 300;
26              y1 = 200 * sin(i *6 * pi / 180) + 240;
27              x2 = (200-r) *cos(i *6 * pi / 180) + 300;
28              y2 = (200-r) *sin(i *6 * pi / 180) + 240;
29              setcolor(WHITE);
30              line(x1, y1, x2, y2);                           /*画线*/
```

```
31            }
32        }
33    }
```

（6）程序主要代码如下：

178-4

```
01    main()
02    {
03        int x, y;
04        int gdriver, gmode;
05        unsigned char h, m, s;
06        struct time t[1];
07        gdriver = DETECT;
08        registerbgidriver(EGAVGA_driver);               /*注册图形驱动*/
09        initgraph(&gdriver, &gmode, "");                /*图形方式初始化*/
10        init();                                         /*调用init()函数*/
11        setwritemode(1);                                /*将当前线与原有的线进行异或操作*/
12        gettime(t);                                     /*将计算机时间写入结构体t中*/
13        h = t[0].ti_hour;                               /*h赋初值当前时数*/
14        m = t[0].ti_min;                                /*m赋初值当前分数*/
15        s = t[0].ti_sec;                                /*s赋初值当前秒数*/
16        setcolor(7);
17        draw(150, h, 30);                               /*画时针*/
18        setcolor(14);
19        draw(170, m, 6);                                /*画分针*/
20        setcolor(4);
21        draw(190, s, 6);                                /*画秒针*/
22        while (!kbhit())
23        {
24            while (t[0].ti_sec == s)
25            gettime(t);
26            setcolor(4);
27            draw(190, s, 6);                            /*清除前面画的秒针*/
28            s = t[0].ti_sec;
29            draw(190, s, 6);                            /*画秒针*/
30            if (t[0].ti_min != m)
31            {
32                setcolor(14);
33                draw(170, m, 6);                        /*清除前面画的分针*/
34                m = t[0].ti_min;
35                draw(170, m, 6);                        /*画分针*/
36              } if (t[0].ti_hour != h)
37              {
38                  setcolor(7);
39                  draw(150, h, 30);                     /*清除前面画的时针*/
40                  h = t[0].ti_hour;
41                  draw(150, h, 30);                     /*画时针*/
42              }
43         }
44         getch();
45         closegraph();                                  /*退出图形界面*/
46    }
```

扩展学习

根据本实例，请尝试：

☑ 不使用 setwritemode() 函数，实现图形时钟的绘制。

☑ 在屏幕中绘制电子时钟，要求以数字形式显示出当前时间并显示出年、月、日。

实例 179　火箭发射

源码位置：Code\05\179

实例说明

本实例将实现在屏幕上演示火箭发射过程。实例运行效果如图 5.23 所示。

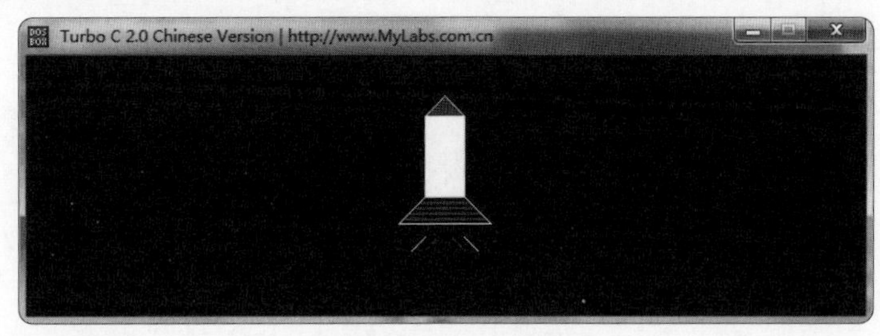

图 5.23　火箭发射

关键技术

本实例首先在屏幕中绘出火箭的图形，这里主要采用 line() 函数画出火箭外形，对画好的轮廓进行填充即可。关键是看如何实现发射，其实发射的过程很简单，就是每清屏一次再画一次火箭，每次再画的火箭整体位置应向上移固定的数值。

实现过程

（1）在 TC 中创建一个 C 文件。

（2）引用头文件并进行宏定义。

179-1

```
01  #include <graphics.h>
02  #include <conio.h>
03  #include <stdlib.h>
04  #define START_X  100
05  #define START_Y  400
```

（3）自定义函数 draw()，实现火箭外观的绘制，代码如下：

179-2

```
01  void draw(int x, int y)                        /*自定义函数draw()绘制火箭外观*/
02  {
03      setcolor(14);
04      setfillstyle(1, 15);
```

```
05      rectangle(x, y, x + 30, y + 60);
06      floodfill(x + 10, y + 10, 14);
07      setfillstyle(1, RED);
08      line(x + 15, y - 15, x, y);
09      line(x + 15, y - 15, x + 30, y);
10      floodfill(x + 15, y - 5, 14);
11      setfillstyle(2, RED);
12      line(x - 20, y + 80, x, y + 60);
13      line(x + 50, y + 80, x + 30, y + 60);
14      line(x - 20, y + 80, x + 50, y + 80);
15      floodfill(x + 10, y + 70, 14);
16      line(x, y + 90, x - 10, y + 100);
17      setcolor(RED);
18      line(x + 10, y + 90, x, y + 100);
19      line(x + 20, y + 90, x + 30, y + 100);
20      setcolor(14);
21      line(x + 30, y + 90, x + 40, y + 100);
22  }
```

（4）自定义函数 play()，实现火箭的发射过程，代码如下：

179-3

```
01  void play()                                          /*自定义火箭发射的函数*/
02  {
03       int x, y;
04       int s = 4;
05      for (x = START_X, y = START_Y; y >= 15; y -= s)
06      {
07          cleardevice();                               /*清屏*/
08          draw(x, y);                                  /*画火箭*/
09          delay(120);                                  /*延迟时间*/
10      }
11      outtextxy(200, 100, "The demo is over !");       /*在屏幕指定位置输出字符串*/
12  }
```

（5）编写主函数，分别调用 draw() 函数和 play() 函数实现火箭的演示过程。

（6）退出图形界面。

（7）主函数代码如下：

179-4

```
01  main()
02  {
03      char ch;
04      int x = START_X, y = START_Y;
05      int gdriver = DETECT;
06      int gmode;
07      registerbgidriver(EGAVGA_driver);                /*注册图形驱动*/
08      initgraph(&gdriver, &gmode, "");                 /*图形方式初始化*/
09      setbkcolor(BLACK);                               /*设置背景颜色为黑色*/
10      cleardevice();                                   /*清屏*/
11      setcolor(WHITE);                                 /*设置绘图颜色为白色*/
12      settextstyle(TRIPLEX_FONT, 0, 2);                /*设置输出文本的形式*/
13      outtextxy(200, 100, "Press any key to begin!");  /*在指定位置输出字符串*/
```

```
14      draw(x, y);                                         /*调用绘制火箭函数*/
15      getch();
16      play();                                             /*调用自定义play()函数*/
17      getch();
18      closegraph();                                       /*退出图形界面*/
19  }
```

扩展学习

根据本实例，请尝试：

☑ 在屏幕中绘制一个旋转的太极图。

☑ 在屏幕中绘制一面飘动的旗帜。

实例 180　左右移动的问候语

源码位置：Code\05\180

实例说明

本实例将实现在屏幕中绘制有“welcome”字样自左向右移动的正方形。实例运行效果如图 5.24 所示。

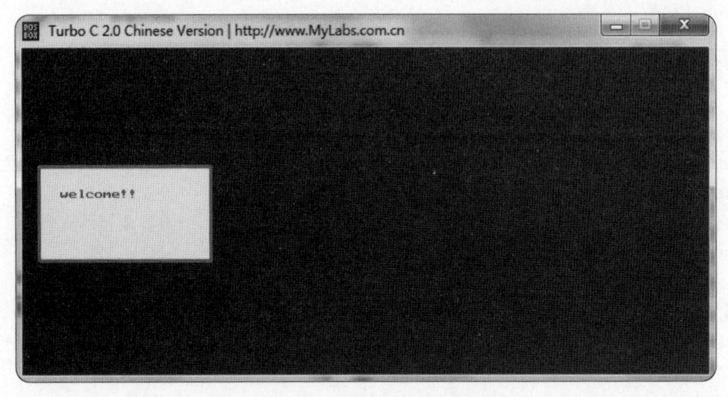

图 5.24　左右移动的问候语

关键技术

本实例实现运动的过程与实例 179 有些不同，火箭发射是通过先自定义函数，然后在主函数中调用实现的，本实例直接将整个绘图过程放在主函数中 for 语句的循环体里，通过变量每次的变化来实现清屏之后的重新绘图，每次重新绘图都是按一个固定值（本实例中是 step）一步一步向右移动的。

实现过程

（1）在 TC 中创建一个 C 文件。

（2）引用头文件并进行宏定义。

```
180-1
01  #include <stdlib.h>
02  #include <graphics.h>
03  #include <conio.h>
04  #include <dos.h>
05  #define step 10
```

（3）使用 initgraph() 函数进行图形方式初始化。

（4）使用 while 循环，当无按键时执行 while 循环体语句，随着 for 语句中变量 n 的变化每次清屏后画图。

（5）退出图形界面。

（6）程序主要代码如下：

```
180-2
01  main()
02  {
03      int gdriver = DETECT, gmode;
04      static int startx = 5;
05      static int starty = 100;
06      int n;
07      int size;
08      registerbgidriver(EGAVGA_driver);                              /*注册图形驱动*/
09      initgraph(&gdriver, &gmode, "");                               /*图形方式初始化*/
10      setbkcolor(BLUE);                                              /*设置屏幕背景颜色为蓝色*/
11      while (!kbhit())
12      {
13          for (n = 1; n <= 40; n++)
14          {
15              cleardevice();                                         /*清屏*/
16              setcolor(GREEN);                                       /*设置绘图颜色为绿色*/
17              setlinestyle(0, 0, 3);                                 /*设置线型*/
18              setfillstyle(1, YELLOW);                               /*设置填充形式*/
19              rectangle(startx + n * step, starty, startx + n * step + 160,
20                  starty + 80);                                      /*画矩形*/
21              floodfill(startx + n * step + 10, starty + 20, GREEN);/*对指定区域进行填充*/
22              settextstyle(1, 0, 3);                                 /*设置输出文本的形式*/
23              /*在指定位置输出字符串*/
24              outtextxy(startx + 20+n * step, starty + 20, "welcome!!");
25              delay(1e10);                                           /*设置延迟时间*/
26          }
27      }
28      closegraph();                                                  /*退出图形界面*/
29  }
```

扩展学习

根据本实例，请尝试：

☑ 在屏幕中绘制闪动的彩色圆点。

☑ 在屏幕中绘制奔跑的小人。

实例 181 正方形下落

源码位置：Code\05\181

实例说明

本实例将实现在屏幕中演示正方形垂直下落及沿对角线方向下落的过程。实例运行效果如图 5.25 所示。

图 5.25 正方形下落

关键技术

本实例在实现正方形下落的过程时采用的方法与实例 179 和实例 180 不同，主要是采用屏幕操作函数来实现的，首先使用 imagesize() 函数返回要保存的区域所占的字节数，然后使用 getimage() 函数将屏幕中指定的区域存到内存中，最后采用的都是固定的模式，即清一次屏→输出一次图形（每次输出图形都以一个固定值向下移动）→使用 delay() 设置距下次清屏间隔的时间。

实现过程

（1）在 TC 中创建一个 C 文件。

（2）引用头文件。

181-1

```
01  #include <stdlib.h>
02  #include <graphics.h>
```

（3）使用 initgraph() 函数进行图形方式初始化。

（4）使用 imagesize() 函数求出存储图像所需的字节数，将返回的值赋给 size，使用 malloc() 函数在内存中为其分配一段空间，buf 指向分配的内存空间，使用 getimage() 函数将图像存储到 buf 指向的内存空间中，使用 for 循环语句实现有规律地输出保存的图像，即垂直下落是横坐标不变，纵坐标每次增加固定值（本实例中是 10），沿对角线方向下落要求横坐标和纵坐标均改变。

（5）退出图形界面。

（6）程序主要代码如下：

181-2

```
01  main()
02  {
03      int gdriver = DETECT, gmode;
04      int i, size;
05      void *buf;
```

```
06      registerbgidriver(EGAVGA_driver);                 /*注册图形驱动*/
07      initgraph(&gdriver, &gmode, "");                  /*图形方式初始化*/
08      setbkcolor(3);                                    /*设置背景颜色为青色*/
09      setcolor(RED);                                    /*设置绘图颜色为红色*/
10      rectangle(80, 80, 100, 100);                      /*画正方形*/
11      size = imagesize(80, 80, 100, 100);               /*返回这个图像存储所需的字节数*/
12      buf = malloc(size);                               /*buf指向在内存中分配的空间*/
13      getimage(80, 80, 100, 100, buf);                  /*保存图像到buf指向的内存空间*/
14      for (i = 1; i <= 40; i++)
15      {
16          cleardevice();
17          putimage(300, 20+i * 10, buf, COPY_PUT);      /*将保存的图像输出到指定位置*/
18          delay(1000);
19      }
20      for (i = 1; i < 50; i++)
21      {
22          cleardevice();
23          putimage(0+i * 15, 0+i * 10, buf, COPY_PUT);   /*将保存的图像输出到指定位置*/
24          putimage(640-i * 15, 0+i * 10, buf, COPY_PUT); /*将保存的图像输出到指定位置*/
25          delay(1e20);
26      }
27      getch();
28      closegraph();                                     /*退出图形界面*/
29  }
```

扩展学习

根据本实例，请尝试：

☑ 在屏幕中绘制光芒闪烁的太阳。

☑ 在屏幕中绘制闪烁的北斗七星。

实例 182　跳动的小球

源码位置：Code\05\182

实例说明

本实例将实现在屏幕中演示小球跳动的过程。实例运行效果如图 5.26 所示。

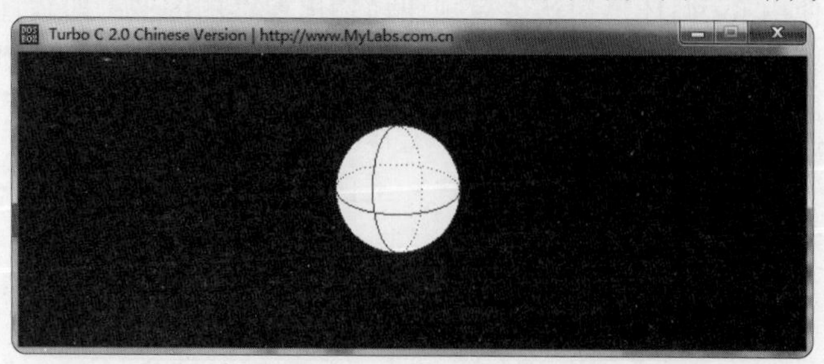

图 5.26　跳动的小球

关键技术

本实例的关键技术主要有以下两方面：

☑ 小球的绘制

本实例中将小球的绘制过程放进自定义函数 ball() 中，用 circle() 函数画圆再进行填充，会发现所画的图形看起来并不立体，为了使其看起来立体，使用 ellipse() 函数画 4 条椭圆弧。

☑ 跳动过程的实现

首先确定小球的跳动路线，小球跳动的路线为正弦曲线，动态实现过程可以按实例 180 的步骤：清一次屏→输出一次图形（本实例中纵坐标 b 随着横坐标 a 的变化而变化）→使用 delay() 设置距下次清屏间隔的时间。

实现过程

（1）在 TC 中创建一个 C 文件。

（2）引用头文件并进行宏定义及全局变量声明。

182-1

```
01  #include <graphics.h>
02  #include <conio.h>
03  #include <dos.h>
04  #include <math.h>
05  #include <stdlib.h>
06  #define PI 3.1415926
07  double a = 10.0, b = 0.0;
08  char ch;
```

（3）自定义函数 ball()，用来绘制小球，代码如下：

182-2

```
01  void ball()                                   /*自定义函数ball()用来绘制小球*/
02  {
03      int i,j;
04      setcolor(RED);
05      setfillstyle(1, 15);
06      circle(100, 100, 50);
07      floodfill(100, 100, RED);
08      ellipse(100, 100, 90, 270, 20, 50);
09      ellipse(100, 100, 180, 360, 50, 20);
10      for (i =  - 18; i < 18; i++)
11          ellipse(100, 100, 5 *i, 5 *i + 1, 20, 50);
12      for (j = 0; j < 36; j++)
13          ellipse(100, 100, 5 *j, 5 *j + 1, 50, 20);
14  }
```

（4）编写主函数，用 initgraph() 函数对图形方式初始化，调用自定义函数 ball()，用 imagesize() 函数求出存储图像所需的字节数，将返回的值赋给 size，使用 malloc() 函数在内存中为其分配一段空间，buf 指向分配的内存空间，使用 getimage() 函数将图像存储到 buf 指向的内存空间中，使用 for 语句实现小球沿着正弦曲线来回跳动。正弦函数 b=200-150×sin(0.5×a) 中 a，b 分别作为 putimage() 函数中的参数，也就是输出图形的左上角坐标，a 每次固定增加 10，b 随着 a 的变化而变化。

（5）退出图形界面。

（6）程序主要代码如下：

182-3

```
01  main()
02  {
03      int gdrive = DETECT, gmode, k, t, size;
04      void *buf;
05      registerbgidriver(EGAVGA_driver);                    /*注册图形驱动*/
06      initgraph(&gdrive, &gmode, "");                       /*图形方式初始化*/
07      setcolor(GREEN);                                       /*设置背景颜色为绿色*/
08      ball();                                                /*调用函数ball()*/
09      size = imagesize(50, 50, 150, 150);                   /*返回这个图像存储所需的字节数*/
10      buf = malloc(size);                                    /*buf指向在内存中分配的空间*/
11      getimage(50, 50, 150, 150, buf);                      /*保存图像到buf指向的内存空间*/
12      for (t = 0; t <= 50; t++)
13      {
14          cleardevice();                                     /*清屏*/
15          putimage(a, b, buf, COPY_PUT);                    /*在指定的位置输出先前保存的图形*/
16          delay(1e15);
17          b = 200-150 * sin(0.5 *a);                        /*图形沿正弦曲线跳动*/
18          a = a + 10;                                        /*自左向右跳动*/
19      }
20      getch();
21      closegraph();                                          /*退出图形模式*/
22  }
```

扩展学习

根据本实例，请尝试：

☑ 在屏幕中绘制旋转的立体椭圆。

☑ 在屏幕中绘制滚动的六棱形。

实例 183　旋转的五角星

源码位置：Code\05\183

实例说明

本实例将实现在屏幕中绘制旋转的五角星。实例运行效果如图 5.27 所示。

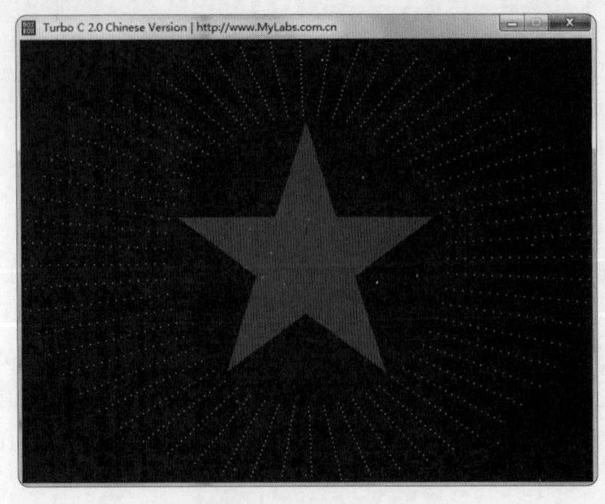

图 5.27　旋转的五角星

关键技术

本实例的关键技术有以下几方面：

☑ 五角星的绘制

在前面实例 169 讲过一种五角星的绘制方法，这里给大家介绍另一种绘制方法，在实现的过程中用到了黄金分割数 0.382，具体如下。五角星每两个点之间的夹角是 72°，外圈上的点与它相邻的内圈上的点的夹角是 36°，从圆心到外圈上点的长度乘以 0.382 正好等于从圆心到其相邻内圈上的点的长度，明白它们之间的相互关系，就能求出外圈及内圈上五角星点的坐标，对坐标之间用 line() 函数连线就能画出五角星。

☑ 发光部分的实现

若实现五角星发光的效果并不是很难，这里用 ellipse() 函数来实现即可，但是在用 ellipse() 函数实现的过程中有几点要明确，即一圈要画多少个发光点；每个发光点的大小（本实例中是 1°）；要画多少圈，把以上三点明确了，套上相应的数值就可以画出发光的效果。

☑ 五角星转动的实现

要显现出五角星转动的感觉，需要在每次清屏后，再画五角星时把将要画的五角星的初始位置改变，本实例中采用的是在前一次的基础上增加 30° 的方法，这里还有一点要强调，即每次在前一次的基础上增加的度数不可以是 72°，这样就体现不出转动效果。

实现过程

（1）在 TC 中创建一个 C 文件。

（2）引用头文件 graphics.h、stdlib.h 和 math.h 并进行宏定义。

```
183-1
01  #include <graphics.h>
02  #include <stdlib.h>
03  #include <math.h>
04  #define PI 3.1415926
05  #define R1 150
```

（3）自定义无类型函数 Pentacle()，作用是画五角星，代码如下：

```
183-2
01  void Pentacle(double m)                              /*自定义函数Pentacle()用来画五角星*/
02  {
03      int x1, y1, x2, y2;
04      double n;
05      setcolor(RED);
06      for (n = m; n <= 2 *PI + m; n += 2 * PI / 5)
07      {
08          x1 = 320+R1 * cos(n);
09          y1 = 240-R1 * sin(n);
10          x2 = 320+R1 * 0.382 * cos(n + PI / 5);  /*0.382黄金分割线*/
11          y2 = 240-R1 * 0.382 * sin(n + PI / 5);
12          line(x1, y1, x2, y2);                    /*将外圈确定的点与内圈确定的点相连接*/
13          x1 = 320+R1 * cos(n + 2 * PI / 5);
14          y1 = 240-R1 * sin(n + 2 * PI / 5);
15          line(x2, y2, x1, y1);                    /*将内圈确定的点与外圈确定的点相连接*/
16      }
```

```
17      setfillstyle(1, RED);                          /*设置填充形式为红色实填充*/
18      floodfill(320, 240, RED);                      /*对五角星内进行填充*/
19  }
```

（4）自定义无类型函数 light()，作用是画发光部分，代码如下：

183-3

```
01  void light()                                       /*自定义函数light()用来画发光部分*/
02  {
03      int i, j, x, y, r2 = 160;
04      setcolor(YELLOW);
05      for (i = 0; i <= 16; i++)
06      {
07          for (j = 0; j <= 60; j++)
08              ellipse(320, 240, j *6, j *6+1, r2 + 10 * i, r2 + 5 * i);
09      }
10  }
```

（5）自定义无类型函数 Delay()，作用是实现时间延迟，代码如下：

183-4

```
01  void Delay(int Second)                             /*自定义时间延迟函数Delay()*/
02  {
03      long T1, T2;
04      T1 = time();
05      while (1)
06      {
07          delay(50);
08          T2 = time();
09          if (T2 - T1 > Second)
10              break;
11      }
12  }
```

（6）编写主函数，首先用 initgraph() 函数实现图形方式初始化，分别调用 Pentacle() 函数、light() 函数、Delay() 函数，清屏后，将画五角形的初始位置改变，在没有按键的前提下继续执行 while 循环体语句。

（7）程序主要代码如下：

183-5

```
01  main()
02  {
03      int gdriver = DETECT, gmode;
04      double m = 0.0;
05      registerbgidriver(EGAVGA_driver);              /*注册图形驱动*/
06      initgraph(&gdriver, &gmode, "");               /*函数图形初始化*/
07      while (!kbhit())
08      {
09          Pentacle(m);                               /*调用函数Pentacle()*/
10          light();                                   /*调用函数light()*/
11          Delay(0.5);                                /*调用函数Delay()*/
12          cleardevice();                             /*清屏*/
13          m += PI / 6;                               /*函数的参数每次增加30°，实现五角在不同位置重画*/
14      }
```

```
15      getch();
16      closegraph();                          /*退出图形界面*/
17  }
```

扩展学习

根据本实例，请尝试：

☑ 在屏幕中绘制运动的小车。

☑ 在屏幕中绘制旋转的八边形。

实例 184　变化的同心圆

源码位置：Code\05\184

实例说明

本实例将实现在屏幕中显示同心圆颜色逐渐变化的过程。实例运行效果如图 5.28 所示。

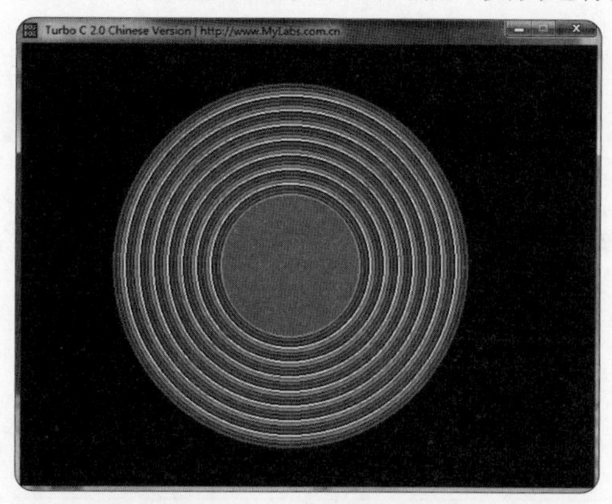

图 5.28　变化的同心圆

关键技术

本实例难度不大，灵活地将画图函数运用到 for 语句的循环体中即可。本实例主要使用 delay() 函数，如果不使用 delay() 函数就无法看见同心圆渐变的过程。当然读者也可以自定义时间函数来控制间隔时间。

实现过程

（1）在 TC 中创建一个 C 文件。

（2）引用头文件。

```
01  #include <graphics.h>                                          184-1
```

（3）使用 initgraph() 函数初始化图形界面。

（4）第一个 for 语句实现的功能是圆形由大到小且颜色变化，圆中填充形式始终为青色实填充。第二个 for 语句实现的功能是圆形由小到大且颜色变化，填充形式始终为黄色粗斜线。

（5）退出图形界面。

（6）程序主要代码如下：

184-2

```
01  main()
02  {
03      int i, j;
04      int gdriver = DETECT, gmode;
05      registerbgidriver(EGAVGA_driver);                    /*注册图形驱动*/
06      initgraph(&gdriver, &gmode, "");                     /*图形方式初始化*/
07      for (i = 0; i <= 200; i++)
08      {
09          setcolor(i % 16);                                /*设置绘图颜色，随着变量i的变化颜色也随着变化*/
10          setlinestyle(0, 0, 1);                           /*设置线型*/
11          setfillstyle(1, 3);                              /*设置填充形式为青色实填充*/
12          circle(300, 240, 200-i);                         /*画圆，随着i的变化，半径逐渐变小*/
13          floodfill(300, 240, i % 16);                     /*对指定的区域进行填充*/
14          delay(1e20);                                     /*间隔一段时间继续下次循环*/
15      }
16      for (j = 0; j <= 200; j++)
17      {
18          setcolor(j % 16);                                /*设置绘图颜色，随着变量j的变化，颜色改变*/
19          setlinestyle(0, 0, 1);                           /*设置线型*/
20          setfillstyle(5, 14);                             /*设置填充形式为黄色粗反斜线填充*/
21          circle(300, 240, j);                             /*画圆，随着j的变化，半径逐渐变大*/
22          floodfill(300, 240, j % 16);                     /*对指定的区域进行填充*/
23          delay(1e20);                                     /*间隔一段时间继续下次循环*/
24      }
25      getch();
26      closegraph();                                        /*退出图形界面*/
27  }
```

扩展学习

根据本实例，请尝试：

☑ 在屏幕中绘制出变化的椭圆形。

☑ 在屏幕中绘制出 3 个圆形，颜色沿顺时针方向顺次变化。

实例 185　小球碰撞

源码位置：Code\05\185

实例说明

本实例将实现在屏幕中演示两个小球碰撞的过程。实例运行效果如图 5.29 和图 5.30 所示。

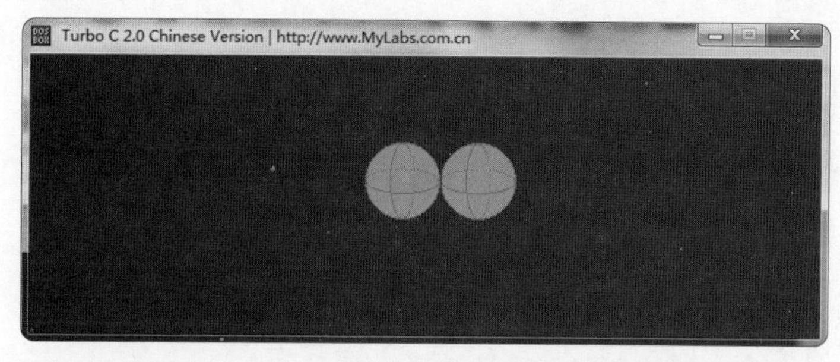

图 5.29 小球碰撞

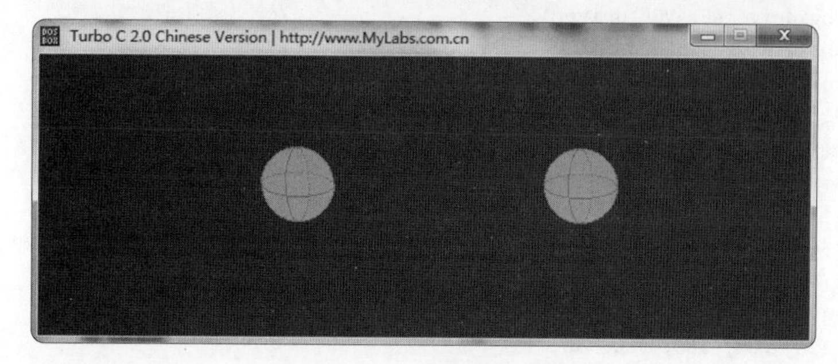

图 5.30 小球碰撞后分开

关键技术

本实例在实现两个小球运动的过程中没有用到 cleardevice() 函数，这是为什么呢？细心的读者会发现本实例在用 imagesize() 函数返回存储图像所需字节数时的参数是这样的：左上角坐标为（99,169），右下角坐标为（161,231），通常会这样写：左上角坐标（100,170），右下角坐标（160,230）。在实例中的写法比通常的写法四周多了 1 像素的边。本实例中小球的输出位置是按固定值变化的，而这个固定值又恰好是 1，以左边的小球为例，小球向右边运动，每次比前一次向右移动 1 像素的位置，而这 1 像素恰恰是多保存的 1 像素的蓝边。因此不需要用 cleardevice() 函数就可以实现小球运动。

实现过程

（1）在 TC 中创建一个 C 文件。

（2）引用头文件 graphics.h 和 stdlib.h 并进行宏定义。

```
185-1
01  #include <graphics.h>
02  #include <stdlib.h>
```

（3）用 initgraph() 函数初始化图形界面，用 circle() 函数、ellipse() 函数画小球。

（4）用 imagesize() 函数求出存储图像所需的字节数，将返回的值赋给 size，使用 malloc() 函数在内存中为其分配一段空间，buf 指向分配的内存空间，使用 getimage() 函数将图像存储到 buf 指向的内存空间中，最后有规律地输出保存的图像，第一个 for 循环实现的功能是两小球相对运动，最终碰撞。第二个 for 循环实现的功能是碰撞后两小球沿原来路线返回。第三个及第四个 for 循环实现的功能是左边小球向右运动，碰撞后沿原路线返回。第五个及第六个 for 循环实现的功能是右边小球向左运动，碰撞后沿原路线返回。

（5）退出图形界面。

（6）程序主要代码如下：

185-2

```
01  int main()
02  {
03      int i, j, gdriver, gmode, size;
04      void *buf;
05      gdriver = DETECT;
06      registerbgidriver(EGAVGA_driver);               /*注册图形驱动*/
07      initgraph(&gdriver, &gmode, "");                /*初始化图形界面*/
08      setbkcolor(BLUE);                               /*设置背景颜色为蓝色*/
09      cleardevice();                                  /*清屏*/
10      setcolor(LIGHTRED);                             /*设置绘图颜色为淡红色*/
11      setlinestyle(0, 0, 1);                          /*设置线型为实线一点宽*/
12      setfillstyle(1, 10);                            /*设置填充形式为淡绿色实填充*/
13      circle(130, 200, 30);                           /*画圆，圆心为（130，200），半径为30*/
14      floodfill(130, 200, 12);                        /*对指定区域进行填充*/
15      ellipse(130, 200, 90, 270, 10, 30);             /*画椭圆形*/
16      ellipse(130, 200, 180, 360, 30, 10);
17      for (i =  - 18; i < 18; i++)
18          ellipse(130, 200, 5 *i, 5 *i + 1, 10, 30);
19      for (j = 0; j < 36; j++)
20          ellipse(130, 200, 5 *j, 5 *j + 1, 30, 10);
21      size = imagesize(99, 169, 161, 231);            /*返回这个图像存储所需的字节数*/
22      buf = malloc(size);                             /*buf指向在内存中分配的空间*/
23      if (!buf)
24          return  - 1;
25      getimage(99, 169, 161, 231, buf);               /*保存图像到buf指向的内存空间*/
26      for (i = 0; i < 170; i++)
27      {
28          putimage(100+i, 170, buf, COPY_PUT);        /*在指定的位置输出先前保存的图形*/
29          putimage(500-i, 170, buf, COPY_PUT);
30      }
31      for (i = 0; i < 170; i++)
32      {
33          putimage(270-i, 170, buf, COPY_PUT);
34          putimage(330+i, 170, buf, COPY_PUT);
35      }
36      for (i = 0; i < 336; i++)
37          putimage(100+i, 170, buf, COPY_PUT);
38      for (i = 0; i < 336; i++)
39          putimage(436-i, 170, buf, COPY_PUT);
40      for (i = 0; i < 336; i++)
41          putimage(500-i, 170, buf, COPY_PUT);
42      for (i = 0; i < 336; i++)
43          putimage(164+i, 170, buf, COPY_PUT);
44      getch();
45      closegraph();                                   /*退出图形界面*/
46  }
```

扩展学习

根据本实例，请尝试：

☑ 在屏幕中绘制出闪动翅膀的小鸟。

☑ 在屏幕中绘制出旋转运动的彩色圆点。

实例 186　绘制圆形精美图案

源码位置：Code\05\186

实例说明

本实例将实现在屏幕中绘制出圆形组成的精美图案，要求以一个圆边上若干点为圆心，该圆的半径为半径画圆。实例运行效果如图 5.31 所示。

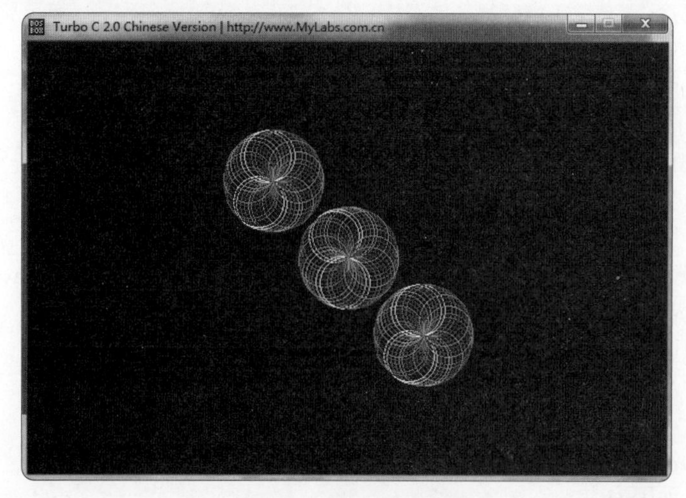

图 5.31　圆形精美图案

关键技术

本实例的关键技术是灵活运用数学函数（sin() 函数、cos() 函数）及画图函数。

这里运用 sin() 函数和 cos() 函数求出圆上每隔 9° 的点的横坐标与纵坐标，并以该横坐标和纵坐标作为要画圆的圆心。在程序中弧度数为 i（角度逐渐增加）表示沿逆时针方向画圆；在程序中弧度数为 -i（角度逐渐减小）表示沿顺时针方向画圆。

实现过程

（1）在 TC 中创建一个 C 文件。

（2）引用头文件 graphics.h 和 math.h 并进行宏定义。

```
186-1
01  #include <graphics.h>
02  #include <math.h>
03  #define pi 3.1415926
```

（3）自定义无类型函数 draw()，用来绘制圆形组成的精美图案，代码如下：

186-2

```
01  void draw(int x, int y, int r)                          /*自定义函数用来绘图*/
02  {
03      int x1, y1, x2, y2, x3, y3, color = 1;
04      float i;
05      for (i = 0; i <= 2 *pi; i += pi / 20)
06      {
07          setcolor(color);
08          x1 = x + r * cos(i);
09          y1 = y - r * sin(i);
10          x2 = x - 3 * r + r * cos( - i);
11          y2 = y - 3 * r - r * sin( - i);
12          x3 = x + 3 * r + r * cos( - i);
13          y3 = y + 3 * r - r * sin( - i);
14          circle(x1, y1, r);                               /*沿逆时针方向画圆*/
15          circle(x2, y2, r);                               /*沿顺时针方向画圆*/
16          circle(x3, y3, r);                               /*沿顺时针方向画圆*/
17          delay(1e20);
18          color++;
19          if (color > 15)
20              color = 1;
21      }
22  }
```

（4）编写主函数，用 initgraph() 函数进行图形方式初始化，调用自定义 draw() 函数。

（5）退出图形界面。

（6）程序主要代码如下：

186-3

```
01  main()
02  {
03      int gdriver, gmode;
04      gdriver = DETECT;
05      registerbgidriver(EGAVGA_driver);                    /*注册图形驱动*/
06      initgraph(&gdriver, &gmode, "");                     /*图形方式初始化*/
07      cleardevice();
08      draw(320, 240, 25);                                  /*调用前面的自定义函数*/
09      getch();
10      closegraph();                                        /*退出图形界面*/
11  }
```

扩展学习

根据本实例，请尝试：

☑ 在屏幕中绘制出百叶窗的效果。

☑ 在屏幕中绘制出六叶图案。

实例 187 直线精美图案

源码位置：Code\05\187

实例说明

本实例将实现在屏幕中绘制出直线组成的精美图案，要求从屏幕的主对角线开始沿顺时针方向画彩色直线直到屏幕的副对角线，再从副对角线开始沿逆时针方向逐次去掉刚才所画的彩色直线。实例运行效果如图 5.32 所示。

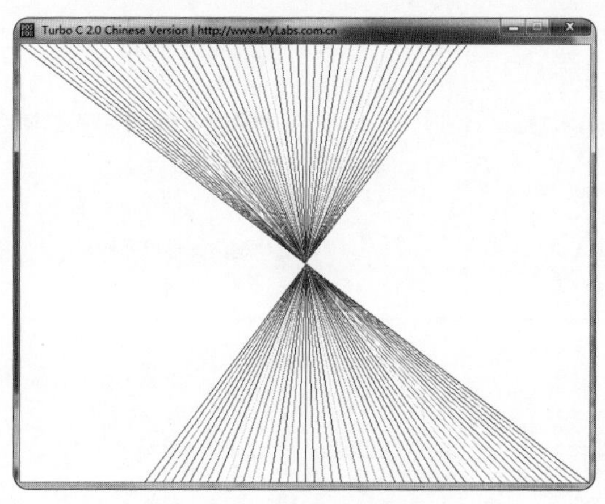

图 5.32 直线精美图案

关键技术

本实例的关键技术是如何从副对角线开始把刚才画出的彩色直线逐次清除掉，关键是要根据背景颜色来设置当前绘图颜色，背景是什么颜色，当前绘图就采用什么颜色，画直线的方法按照刚才顺时针画彩色直线的方式反着画回去即可，若顺时针画直线时，x 的取值范围是从 0 到 640，那么反着画回来时，x 的取值范围就是 640 到 0。

实现过程

187-1

```
01  #include <stdio.h>
02  #include <conio.h>
03  #include <graphics.h>
04  main()
05  {
06      int gdriver,gmode;
07      int x;
08      int color=1;
09      gdriver=DETECT;
10      registerbgidriver(EGAVGA_driver);              /*注册图形驱动*/
11      initgraph(&gdriver,&gmode,"");                 /*图形界面初始化*/
12      cleardevice();                                 /*清屏*/
13      setbkcolor(15);                                /*设置背景颜色为白色*/
```

```
14        setlinestyle(0,0,1);                    /*设置线型为实线一点宽*/
15        for(x=0;x<=640;x+=10)
16        {
17            setcolor(color);
18            line(x,1,640-x,480);                /*从主对角线开始沿顺时针方向画直线*/
19            delay(1e20);
20            color++;
21            if(color==15)
22            color=1;
23        }
24        for(x=640;x>=0;x-=10)
25        {
26            setcolor(15);
27            line(640-x,480,x,1);                /*从副对角线开始沿逆时针用背景色来画直线*/
28            delay(1e20);
29        }
30        getch();
31        closegraph();                           /*退出图形界面*/
32    }
```

扩展学习

根据本实例，请尝试：

☑ 在屏幕中绘制出花瓣形图案。

☑ 在屏幕中绘制出布朗曲线。

实例 188　心形图案

源码位置：Code\05\188

实例说明

本实例利用画圆函数 circle() 在屏幕中绘制出心形图案，要求背景颜色为白色，绘图颜色为红色。实例运行效果如图 5.33 所示。

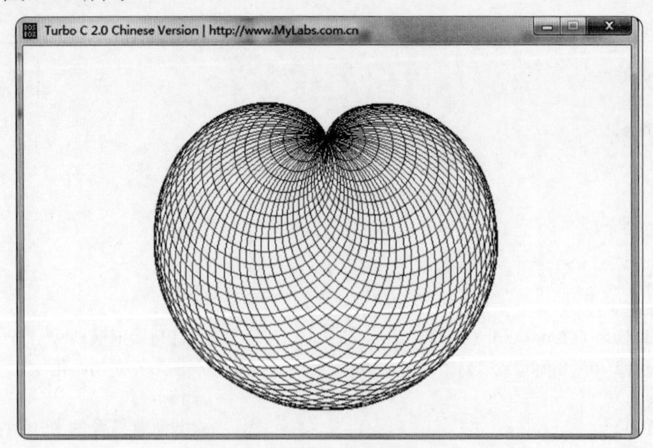

图 5.33　心形图案

关键技术

本实例的关键技术是应用数学公式：sqrt((x-x1)(x-x1) + (y-y1+r)(y-y1+r)) 求出所要绘制的圆形的半径，而将要画的圆形的圆心坐标确定在以（x1，y1）为圆心、以 r 为半径的圆上。

实现过程

（1）在 TC 中创建一个 C 文件。

（2）引用头文件 graphics.h、math.h 和 conio.h 并进行宏定义。

188-1

```
01  #include <graphics.h>
02  #include <math.h>
03  #include <conio.h>
04  #define PI 3.1415926
```

（3）使用 initgraph() 函数进行图形方式初始化。

（4）使用 for 语句在以（320, 240）为圆心、70 为半径，每隔 6° 的坐标（x, y）为圆心，并使用上述公式求出的结果（r1）为半径，循环画圆。

（5）退出图形界面。

（6）程序主要代码如下：

188-2

```
01  void main()
02  {
03      int x, y, r = 70, r1;                        /*定义x，y，r，r1为基本整型，并为r赋初值70*/
04      double a;                                    /*定义a为双精度型*/
05      int gdriver = DETECT, gmode;
06      registerbgidriver(EGAVGA_driver);            /*注册图形驱动*/
07      initgraph(&gdriver, &gmode, "");             /*图形方式初始化*/
08      cleardevice();                               /*清屏*/
09      setbkcolor(WHITE);                           /*设置背景颜色为白色*/
10      setcolor(RED);                               /*设置绘图颜色为红色*/
11      for (a = 0; a < 2 *PI; a += PI / 30)
12      {
13          x = 320+r * cos(a);
14          y = 240-r * sin(a);
15          r1 = sqrt((x - 320)*(x - 320) + (y - 240+r)*(y - 240+r));
16          circle(x, y, r1);                        /*利用上面公式画圆形*/
17       }
18       getch();
19       closegraph();                               /*退出图形界面*/
20  }
```

扩展学习

根据本实例，请尝试：

☑ 在屏幕左上角绘制出本实例中的心形。

☑ 在屏幕中绘出三叶图案（要求用 3 条圆弧实现）。

实例 189　钻石图案

源码位置：Code\05\189

实例说明

本实例将实现在屏幕中绘制出圆上所确定的各点之间由直线交错连接所形成的精美图案，习惯上称这种精美图案为钻石图案。实例运行效果如图 5.34 所示。

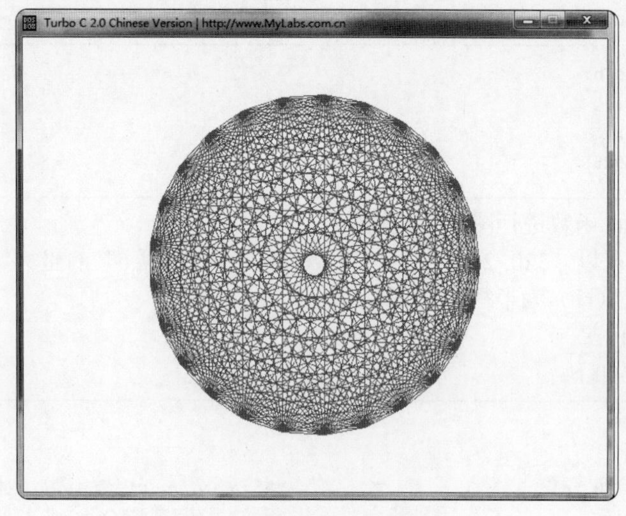

图 5.34　钻石图案

关键技术

本实例的关键技术是如何确定圆上的坐标，代码如下：

```
x[i] = r * cos(2 *3.1415926 * i / n) + x0;
y[i] = r * sin(2 *3.1415926 * i / n) + y0;
```

代码中的 n 是要确定的点的个数，本实例中点的个数是 25，（x0，y0）是圆的圆心坐标，r 是这个圆的半径。

实现过程

（1）在 TC 中创建一个 C 文件。

（2）引用头文件 math.h 和 graphics.h。

189-1

```
01  #include <math.h>
02  #include <graphics.h>
```

（3）使用 initgraph() 函数进行图形方式初始化。

（4）第一个 for 语句确定指定点的坐标，并将其存放到数组中。第二个 for 语句将每一点与其他各点进行连线。

（5）退出图形界面。

（6）程序主要代码如下：

189-2

```
01  main()
02  {
03      int x0 = 320, y0 = 240;
04      int n = 25, i, j, r = 180;
05      int x[50], y[50];
06      int gdriver = DETECT, gmode;
07      registerbgidriver(EGAVGA_driver);                    /*注册图形驱动*/
08      initgraph(&gdriver, &gmode, "");                     /*图形方式初始化*/
09      cleardevice();                                       /*清屏*/
10      setbkcolor(WHITE);                                   /*设置背景颜色为白色*/
11      setcolor(GREEN);                                     /*设置绘图颜色为绿色*/
12      for (i = 0; i < n; i++)
13      {
14          x[i] = r * cos(2 *3.1415926 * i / n) + x0;       /*确定横坐标*/
15          y[i] = r * sin(2 *3.1415926 * i / n) + y0;       /*确定纵坐标*/
16
17      for (i = 0; i <= n - 2; i++)
18      {
19          for (j = i + 1; j <= n - 1; j++)
20              line(x[i], y[i], x[j], y[j]);                /*将上面确定的各点之间进行连线*/
21      }
22      getch();
23      closegraph();                                        /*退出图形界面*/
24  }
```

扩展学习

根据本实例，请尝试：

☑ 绘制渔网图案，要求所画渔网的网眼是由圆弧组成的，每个网眼由 4 段圆弧组成，每段圆弧是圆的四分之一。

☑ 绘制三角形组成的精美图案，要求背景颜色为蓝色，绘图颜色为白色，最外面大三角形中包含若干个小三角形。

实例 190　雪花

源码位置：Code\05\190

实例说明

本实例将实现模拟雪花自由下落的过程，并在屏幕中显示“HAPPY NEW YEAR”，要求字样在雪花下落的过程中不停地改变颜色。实例运行效果如图 5.35 所示。

图 5.35　雪花

关键技术

本实例有以下几个技术要点：

☑ 雪花的绘制

在绘制雪花的过程中使用了 line() 函数及数学中的 sin() 函数、cos() 函数，使用数学函数主要是用来确定以（200，200）为起点向外画直线所需的 6 个点的坐标。line() 函数完成从（200，200）分别到这 6 个点的连线。这样一个简单的雪花就画成了。

☑ 雪花的飘落过程

本实例中雪花出现的位置及下落过程都是随机产生的，这样会使整个界面看起来错落有致，还有一点十分关键，即在实现雪花下落的过程中要擦除雪花下落的痕迹，通常采用前面保存好的一块屏幕背景区域来擦除即可。

实现过程

（1）在 TC 中创建一个 C 文件。

（2）引用头文件 stdlib.h、math.h 及 graphics.h，并对自定义的函数进行声明。

190-1

```
01  #include <stdlib.h>
02  #include <math.h>
03  #include <graphics.h>
04  int size, color = 1;
05  void *save1,  *save2;
06  void save();
07  void dsnow();
08  void font()
```

（3）自定义结构体 Snow 用来存储雪花相关的信息。代码如下：

190-2

```
01  struct Snow                                              /*定义结构体Snow*/
02  {
03      int x;                                               /*雪花初始显示位置*/
04      int y;                                               /*下落速度*/
05      int speed;
06  } snow[100];
```

（4）自定义 save() 函数用来存储雪花及与雪花所占字节数相同的一块屏幕信息。代码如下：

190-3

```
01  void save()
02  {
03      int i, x, y;
04      setcolor(WHITE);                                    /*设置雪花颜色*/
05      for (i = 1; i <= 6; i++)
06      {
07          x = 200+5 * sin(i *3.1415926 / 3);
08          y = 200-5 * cos(i *3.1415926 / 3);
09          line(200, 200, x, y);                           /*连线*/
10      }
11      size = imagesize(195, 195, 205, 205);               /*雪花存储大小*/
12      save1 = malloc(size);
13      save2 = malloc(size);
14      getimage(195, 195, 205, 205, save1);
15      getimage(100, 100, 110, 110, save2);                /*保存图像*/
16  }
```

（5）自定义 font() 函数用来实现在屏幕中输出“HAPPY NEW YEAR”。代码如下：

190-4

```
01  void font()
02  {
03      setcolor(color);
04      settextstyle(0, 0, 4);                              /*设置输出的文本形式*/
05      outtextxy(80, 200, "HAPPPY NEW YEAR");              /*在规定位置输出字符串*/
06      color++;
07      if (color > 15)
08          color =1;
09  }
```

（6）自定义 dsnow() 函数用来实现雪花飘落的过程。代码如下：

190-5

```
01  void dsnow()
02  {
03      int a[66], i, num = 0;
04      randomize();      /*在使用random()函数前，使用randomize()函数，将随机数生成器初始化*/
05      for (i = 0; i < 66; i++)
06          a[i] = (i - 2) *10;
07      cleardevice();                                      /*清除全屏幕*/
08      while (!kbhit())
09      {
10          font();                                         /*输出文字*/
11          if (num != 100)
12          {
13              snow[num].speed = 2+random(10);
14              i = random(66);
15              snow[num].x = a[i];
16              snow[num].y = 0;
17          }
18          for (i = 0; i < num; i++)
```

```
19              putimage(snow[i].x, snow[i].y, save2, COPY_PUT);         /*将保存的图像输出到指定位置*/
20          font();
21          if (num != 100)
22              num++;
23          for (i = 0; i < num; i++)
24          {
25              snow[i].y += snow[i].speed;
26              putimage(snow[i].x, snow[i].y, save1, COPY_PUT);         /*将保存的图像输出到指定位置*/
27              if (snow[i].y > 500)
28                  snow[i].y = 0;
29          }
30      }
31  }
```

（7）程序主要代码如下：

190-6

```
01  main()
02  {
03      int gdriver = DETECT, gmode;
04      registerbgidriver(EGAVGA_driver);                              /*注册图形驱动*/
05      initgraph(&gdriver, &gmode, "");                               /*图形初始化*/
06      save();                                                        /*调用save()函数*/
07      dsnow();                                                       /*调用dsnow()函数*/
08      getch();
09      closegraph();                                                  /*退出图形界面*/
10  }
```

扩展学习

根据本实例，请尝试：

☑ 在本实例的基础上编程实现在雪花飘落的过程中添加背景音乐。

☑ 编程实现雪花下落并堆积的过程。

实例 191　太阳花图案

源码位置：Code\05\191

实例说明

本实例将实现在屏幕中绘制由直线和正方形组成的图形，要求画 4 个正方形，旋转角度自定，在绘制好的 4 个正方形中的空白处绘制出彩色的直线。实例运行效果如图 5.36 所示。

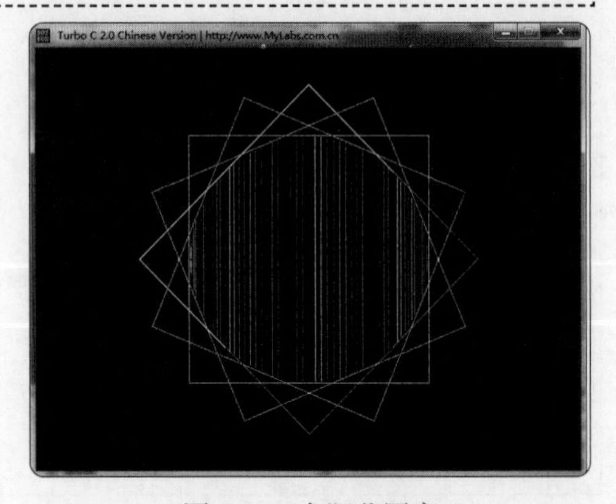

图 5.36　太阳花图案

关键技术

本实例绘制正方形时没有直接调用 rectangle() 函数，而是先确定正方形顶点的坐标，用 line() 函数将相邻顶点连起来，便组成了正方形。读者也可以尝试用 rectangle() 函数来完成。直线的绘制也同样是先确定坐标然后再用 line() 函数连接的方法。

实现过程

（1）在 TC 中创建一个 C 文件。

（2）引用头文件并进行宏定义。

```
191-1
01  #include <graphics.h>
02  #include <math.h>
03  #include <conio.h>
04  #define pi 3.1415926
```

（3）自定义无类型函数 squ()，用来绘制正方形组成的图案，本实例每隔 pi/8 绘制一个正方形，代码如下：

```
191-2
01  void squ()                                  /*自定义函数squ()用来实现用正方形绘图*/
02  {
03      int i, j, x[6], y[6];
04      float m, n;
05      setcolor(14);                                   /*设置绘图颜色*/
06      for (m = 0; m <= pi / 2; m += pi / 8)
07      {
08          for (i = 1, n = m; n <= 5 *pi / 2+m; i++, n += pi / 2) /*确定正方形的顶点坐标存到数组中*/
09          {
10              x[i] = 320+200 * sin(n);
11              y[i] = 240-200 * cos(n);
12          }
13              for (i = 1; i <= 4; i++)
14                  line(x[i], y[i], x[i + 1], y[i + 1]);  /*将各个顶点连起来组成正方形*/
15      }
16  }
```

（4）自定义无类型函数 multicolor()，用来绘制彩色直线，代码如下：

```
191-3
01  void multicolor()                           /*自定义函数multicolor()用来绘制彩色竖线*/
02  {
03      int i, j, color = 1;
04      float n, x, y;
05      for (n = pi / 2; n <= 3 *pi / 2; n += pi / 60)
06      {
07          setcolor(color);
08          x = 320+140 * sin(n);
09          y = 240-140 * cos(n);           /*确定竖线一端的位置*/
10          line(x, y, x, 480-y);           /*画竖线*/
11          delay(1e20);
12          color++;
13          if (color > 15)
```

```
14            color = 1;
15        }
16    }
```

（5）退出图形界面。

（6）主函数代码如下：

191-4

```
01  main()
02  {
03      int gdriver, gmode;
04      gdriver = DETECT;
05      registerbgidriver(EGAVGA_driver);                          /*注册图形驱动*/
06      initgraph(&gdriver, &gmode, "");                           /*图形方式初始化*/
07      squ();                                                     /*调用squ()函数*/
08      delay(1e10);
09      multicolor();                                              /*调用multicolor()函数*/
10      getch();
11      closegraph();
12  }
```

扩展学习

根据本实例，请尝试：

☑ 参考本实例，使用 rectangle() 函数绘制本实例中的图形。

☑ 尝试使用屏幕操作函数 imagesize()、getimage() 及 putimage() 来绘制本实例中的图形。

第 6 章

C 语言游戏开发

猜数字游戏

打字游戏

弹力球游戏

吃豆游戏

迷宫游戏

……

实例 192　猜数字游戏

源码位置：Code\06\192

实例说明

猜数字游戏具体过程如下：开始时输入要猜的数字的位数，计算机可以根据输入的位数随机地分配一个符合要求的数据，计算机输出 guess 后便可以输入数字，注意数字间需用空格或回车加以区分，计算机会根据输入信息给出相应的提示信息：A 表示位置与数字均正确的个数，B 表示位置不正确但数字正确的个数，这样便可以根据提示信息进行下次输入，直到正确为止，这时会根据输入的次数给出相应的评价。实例运行效果如图 6.1 和图 6.2 所示。

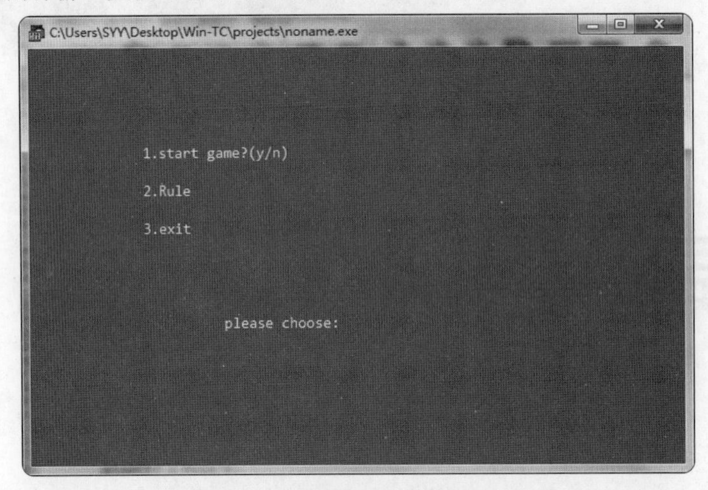

图 6.1　猜数字游戏菜单界面

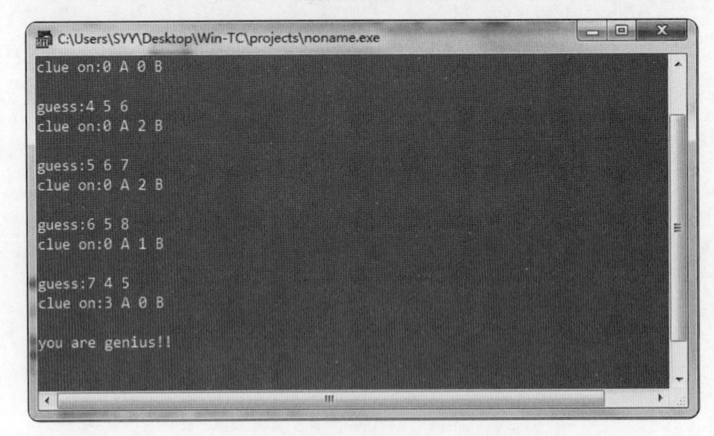

图 6.2　猜数字游戏运行界面

关键技术

本实例的关键技术是实现如何随机分配数据及核对数据输入的过程，利用系统时钟作为随机数的种子，将每次产生的 0 ～ 9 之间（包含 0 和 9）的随机整数存到数组 a 中，将从键盘中输入的数字存到数组 b 中，用数组 b 中的所有数据与数组 a 中的每个数据比较，通过统计位置与数据均相同的个数及统计位置不同但数据相同的个数来输出提示信息。玩游戏者可以根据提示信息调整输入的数据，当输入的所有数据与所产生的随机数全部相等（位置与数据均相等）时，根据输入猜测的次数给出相应的评价，以上就是设计猜数字游戏的核心算法。

实现过程

（1）在 TC 中创建一个 C 文件。

（2）引用头文件，进行宏定义及数据类型的指定。

192-1

```
01  #include <stdio.h>
02  #include <stdlib.h>
03  #include <time.h>
04  #include <conio.h>
05  #include <dos.h>
```

（3）自定义 guess() 函数，作用是产生随机数，将输入的数与产生的数作比较，并将比较后的提示信息输出。

192-2

```
01  void guess(int n)
02  {
03      int acount,bcount,i,j,k=0,flag,a[10],b[10];
04      do
05      {
06          flag=0;
07          srand((unsigned)time(NULL));    /*利用系统时钟设定种子*/
08          for(i=0;i<n;i++)
09              a[i]=rand()%10;             /*每次产生0～9范围内任意的一个随机数并存到数组a中*/
10          for(i=0;i<n-1;i++)
11          {
12              for(j=i+1;j<n;j++)
13                  if(a[i] ==a[j])         /*判断数组a中是否有相同数字*/
14                  {
15                      flag=1;             /*若有上述情况，则标志位置1*/
16                      break;
17                  }
18          }
19      }while(flag==1);                    /*若标志位为1，则重新分配数据*/
20      do
21      {
22          k++;                            /*记录猜数字的次数*/
23          acount=0;                       /*每次猜的过程中位置与数字均正确的个数*/
24          bcount=0;                       /*每次猜的过程中位置不正确但数字正确的个数*/
25          printf("guess:");
26          for(i=0;i<n;i++)
27              scanf("%d",&b[i]);          /*输入猜测的数据到数组b中*/
28          for(i=0;i<n;i++)
29              for(j=0;j<n;j++)
30              {
31                  if(a[i]==b[i])
```

```
32              /*检测输入的数据与计算机分配的数据相同且位置相同的个数*/
33              {
34                  acount++;
35                  break;
36              }
37              if(a[i]==b[j]&&i!=j)
38              /*检测输入的数据与计算机分配的数据相同但位置不同的个数*/
39              {
40                  bcount++;
41                  break;
42              }
43          }
44      printf("clue on:%d A %d B\n\n",acount,bcount);
45      if(acount==n)                   /*判断acount是否与数字的个数相同*/
46      {
47          if(k==1)
48              printf(" you are the topmost rung of Fortune's ladder!! \n\n");
49          else if(k<=5)
50              printf("you are genius!!\n\n");
51          else if(k<=10)
52              printf("you are cleaver!!\n\n");
53          else
54              printf("you need try hard!!\n\n");
55          break;
56      }
57  }while(1);
58  }
```

（4）main() 函数作为程序的入口函数，通过输入相应的数字选择不同的功能，代码如下：

192-3

```
01  main()
02  {
03      int i, n;
04      while (1)
05      {
06          clrscr();
07          gotoxy(15, 6);                  /*将光标定位*/
08          printf("1.start game?(y/n)");
09          gotoxy(15, 8);
10          printf("2.Rule");
11          gotoxy(15, 10);
12          printf("3.exit\n");
13          gotoxy(25, 15);
14          printf("please choose:");
15          scanf("%d", &i);
16          switch (i)
17          {
18              case 1:
19                  clrscr();
20                  printf("please input n:\n");
```

```
21                  scanf("%d", &n);
22                  guess(n);               /*调用guess()函数*/
23                  sleep(5);               /*程序停止5秒钟*/
24                  break;
25              case 2:
26                  clrscr();
27                  printf("\t\tThe Rules Of The Game\n");
28                  printf(" step1: input the number of digits\n");
29                  printf(" step2: input the number,separated by a space between two numbers\n");
30                  printf(" step3: A represent location and data are correct\n");
31                  printf("\tB represent location is correct but data is wrong!\n");
32                  sleep(10);
33                  break;
34              case 3:
35                  exit(0);
36              default:
37                  break;
38          }
39      }
40  }
```

扩展学习

根据本实例，请尝试：

☑ 编程实现井字棋游戏。

实例 193　打字游戏

源码位置：Code\06\193

实例说明

打字游戏是计算机上常见的小游戏，因其在进行游戏娱乐时还能练习电脑打字，所以深受人们的青睐。本实例是使用 C 语言开发的一款简单的打字游戏，能够进行字母的打字练习。开始游戏后字母随机出现并降落，在键盘上输出该字母。窗体左上角提示一共出现的字母数、打对的字母数和打错的字母数。按下 Enter 键暂停游戏，暂停游戏时按下任意键继续游戏。游戏时按下 Esc 键退出游戏，实例运行效果如图 6.3 所示。

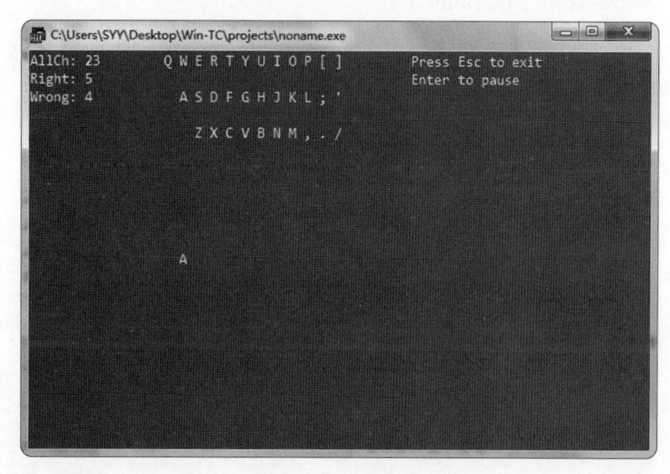

图 6.3　打字游戏

关键技术

编写打字游戏的具体过程有以下几个要点：

（1）本实例在绘制窗口时，需要将光标定位在指定的位置输出指定的文本内容。这里是使用 gotoxy() 函数来实现定位光标位置的。下面介绍这个函数的使用方法：

函数名：gotoxy。

功能：在文本窗口中设置光标。

用法：void gotoxy(int x, int y)。

如将光标定位在坐标（1,1）的位置上。代码如下：

```
gotoxy(1,1);
```

（2）本实例要实现每次随机产生字母，就要初始化随机数发生器，使每次产生的随机数不同。使用 srand() 函数实现初始化随机数发生器，并使用 time() 函数获取系统时间，来作为随机数种子。srand() 函数的一般形式如下：

```
void srand(unsigned seed);
```

time() 函数用于获取当前系统时间，其返回值是已经过去的秒数，将这个秒数作为随机种子。time() 函数的一般形式如下：

```
long time(long *tloc);
```

在本实例中初始化随机数发生器的代码如下：

```
srand((unsigned)time(&t));
```

初始化随机数发生器之后，使用随机函数 rand() 来实现在屏幕上随机产生字母。下面介绍 rand() 函数的使用方法。

函数名：rand。

功能：随机数发生器。

用法：void rand(void)。

如本实例中随机生成字母和字母的位置，代码如下：

```
i = rand()%3;
j = rand()%(9-i);
ch = kw[i][j*4];
x = 18+i*2+j*4;
```

实现过程

（1）在 TC 中创建一个 C 文件。

（2）引用头文件。

193-1

```
01  #include <stdio.h>
02  #include <time.h>
```

（3）为了方便操作，本实例定义了一些全局变量。代码如下：

193-2

```
01  /*保存字母的数组*/
02  char *kw[]={"Q W E R T Y U I O P [ ]","A S D F G H J K L ; '","Z X C V B N M , . / "};
03  long AllCounter=0,RightCounter=0,WrongCounter=0;                /*记录游戏数据的变量*/
```

（4）自定义函数 fun_Play()用来控制字母的下降速度和输入的判断，并在屏幕上显示游戏数据。代码如下：

193-3

```
01  int fun_Play()
02  {
03      int x,y,i,j;
04      unsigned int Timer;
05      char ch;
06      char cur;                                          /*当前字母*/
07      time_t t;
08      srand((unsigned)time(&t));                         /*设置随机数*/
09      gotoxy(26,12);
10      printf("                              ");
11      gotoxy(26,13);
12      printf("                              ");
13      gotoxy(26,14);
14      printf("                              ");
15
16      y = 6;
17      Timer = 100000;
18      i = rand()%3;
19      j = rand()%(9-i);
20      ch = kw[i][j*4];                                   /*获取当前要显示的字母*/
21      x = 18+i*2+j*4;
22      while(y<=24)
23      {
24          if(kbhit())
25          {
26              cur = getch();                             /*获取键盘输入字母*/
27              if(cur==ch || cur==ch+32)                  /*将当前字母与键盘输入字母进行比较*/
28              {
29                  ch = '*'; Timer = 1000;
30              }
31              else if(cur==27)
32              {
33                  if(fun_Esc()==1)                       /*退出判断*/
34                  {
35                      clrscr();                          /*清屏*/
36                      exit(0);                           /*退出*/
37                  }
38              }
39              else if(cur=='\r')
40              {
41                  gotoxy(x,y-1);
42                  printf(" ");
```

```
43                gotoxy(26,12);
44                printf("* * * * * * * * * * * * * * * *");
45                gotoxy(26,13);
46                printf("* Press any key to continue *");
47                gotoxy(26,14);
48                printf("* * * * * * * * * * * * * * * * ");
49                getch();
50                gotoxy(28,13);
51                printf(" ");
52            }
53            else
54            {
55                WrongCounter++;                                     /*错误计数值加1*/
56            }
57        }
58        if(y>6)
59        {
60            gotoxy(x,y-1);
61            printf(" ");
62        }
63        gotoxy(x,y);
64        printf("%c",ch);
65        gotoxy(1,1);
66        printf("AllCh: %ld\nRight: %ld\nWrong: %ld",AllCounter,RightCounter,WrongCounter);
67        delay(Timer);                                               /*延时*/
68        y++;
69    }
70    AllCounter++;                                                   /*总字母数加1*/
71    if(ch == '*')
72    {
73        RightCounter++;
74    }
75
76 }
```

（5）自定义函数 fun_Esc() 用于实现对退出游戏的判断。代码如下：

193-4

```
01 int fun_Esc()
02 {
03     int key = '#';
04     gotoxy(26,12);                                                  /*定位光标*/
05     printf("* * * * * * * * * * * * * * * * * ");
06     gotoxy(26,13);
07     printf("* Are you sure to exit? (Y/N) *");                      /*输出提示*/
08     gotoxy(26,14);
09     printf("* * * * * * * * * * * * * * * * * ");
10     gotoxy(51,13);
11     while(key!='Y' && key!='y' && key!='N' && key!='n')             /*判断按键选择*/
```

```
12      {
13          key = getch();                                    /*获取键盘按键字符*/
14          if(key=='Y' || key=='y')
15          {
16              return 1;
17          }
18          if(key=='N' || key=='n')
19          {
20              gotoxy(24,12);
21              printf(" ");
22              gotoxy(24,13);
23              printf(" ");
24              gotoxy(24,14);
25              printf(" ");
26              return 0;
27          }
28      }
29  }
```

（6）代码如下：

193-5

```
01  main()
02  {
03      int i,j;
04      int fun_Esc();
05      clrscr();                                             /*清屏*/
06      gotoxy(18,1);                                         /*定位光标*/
07      printf("%s\n",kw[0]);                                 /*输出字母*/
08      gotoxy(20,3);
09      printf("%s\n",kw[1]);
10      gotoxy(22,5);
11      printf("%s\n",kw[2]);
12      gotoxy(11,25);
13      for(i=0;i<60;i++)
14      {
15          printf("=");                                      /*输出游戏窗口下界*/
16      }
17      gotoxy(1,1);
18      printf("AllCh: %ld\nRight: %ld\nWrong: %ld",AllCounter,RightCounter,WrongCounter);
19      gotoxy(50,1);
20      printf("Press Esc to exit");
21      gotoxy(50,2);
22      printf("Enter to pause");
23      gotoxy(26,12);
24      printf("* * * * * * * * * * * * * * ");
25      gotoxy(26,13);
26      printf("* Press any key to start! *");                /*输出游戏提示信息*/
27      gotoxy(26,14);
28      printf("* * * * * * * * * * * * * * ");
29      gotoxy(51,13);
```

```
30      if(getch()==27)
31      {
32          if(fun_Esc()==1)                            /*调用退出判断函数*/
33          {
34              clrscr();                               /*清屏*/
35              exit(0);                                /*退出程序*/
36          }
37      }
38      gotoxy(23,12);
39      printf(" ");
40      gotoxy(23,13);
41      printf(" ");
42      gotoxy(23,14);
43      printf(" ");
44      while(1)
45      fun_Play();                                     /*调用游戏函数*/
46  }
```

实例 194　弹力球游戏

源码位置：Code\06\194

实例说明

弹力球游戏的基本规则：弹力球游戏分为两个级别，这两个级别不同点主要在于墙的厚度，第一个级别墙的厚度是 6 层，第二个级别墙的厚度为 9 层，通过左右移动鼠标来接住落下的小球让其再次反弹，若未接住小球，则游戏结束，若墙被小球全部打没，则说明完成该游戏。实例运行效果如图 6.4 和图 6.5 所示。

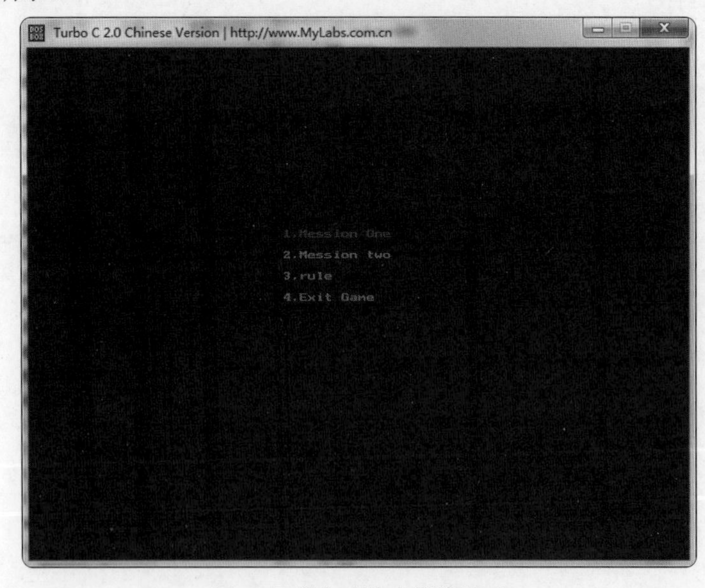

图 6.4　弹力球游戏菜单界面

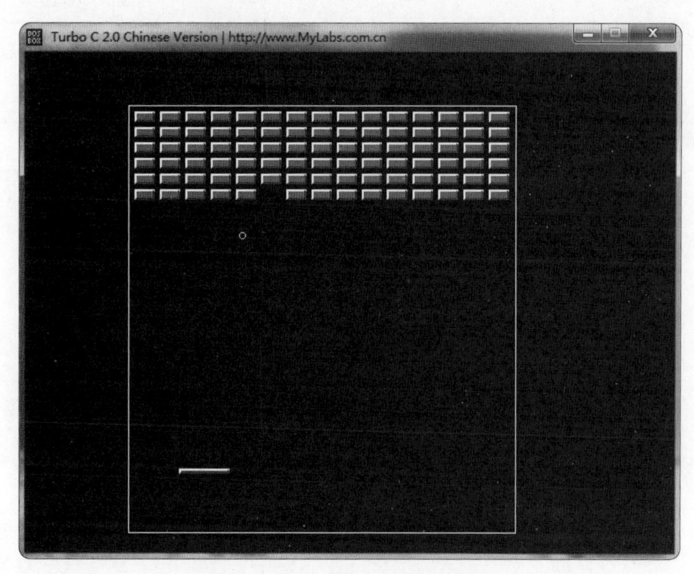

图 6.5　弹力球游戏运行界面

关键技术

在编写弹力球游戏时有以下几个技术要点：

第一，如何绘制墙，先定义函数绘制一块砖，再使用循环语句调用自定义绘制砖的函数实现整个墙的绘制。为了美观砖和砖之间需留有固定间隙。

第二，确定左右两边的范围，以便来实现小球撞到两边后反弹。

第三，小球移动留下的痕迹用背景色覆盖。

第四，确定用来接小球的板的范围，以判断小球是否撞板反弹。

实现过程

（1）在 TC 中创建一个 C 文件。

（2）引用头文件，进行宏定义及全局变量数据类型的指定。

194-1

```
01  #include <graphics.h>
02  #include <dos.h>
03  #include <stdio.h>
04  #include <conio.h>
05  #include <stdlib.h>
06  #include <time.h>
07  #include <bios.h>
08  #define R 4
09  #define Key_Up  0x4800
10  #define Key_Enter 0x1c0d
11  #define Key_Down  0x5000
12  int Keystate;
13  int MouseX;
14  int MouseY = 400;
15  int dx = 1, dy = 1;                                   /*计算球的反弹*/
```

```
16 int sizex = 20, sizey = 10;                                   /*墙的宽度和长度*/
17 int Ide, Key;
```

（3）定义结构体 wall，用来存储墙的结构，程序代码如下：

194-2

```
01 struct wall                                                   /*墙*/
02 {
03     int x;
04     int y;
05     int color;
06 } a[20][20];
```

（4）自定义 draw() 函数和 picture() 函数，用来画组成墙的砖和墙，程序代码如下：

194-3

```
01 void draw(int x, int y)                                       /*画组成墙的砖*/
02 {
03     int sizx = sizex - 1;
04     int sizy = sizey - 1;
05     setcolor(15);                                             /*砖左边及上边的颜色*/
06     line(x, y, x + sizx, y);
07     line(x, y + 1, x + sizx, y + 1);
08     line(x, y, x, y + sizy);
09     line(x + 1, y, x + 1, y + sizy);
10     setcolor(4);                                              /*砖右边及下边的颜色*/
11     line(x + 1, y + sizy, x + sizx, y + sizy);
12     line(x + 2, y + sizy - 1, x + sizx, y + sizy - 1);
13     line(x + sizx - 1, y + 1, x + sizx - 1, y + sizy);
14     line(x + sizx, y + 2, x + sizx, y + sizy);
15     setfillstyle(1, 12);                                      /*填充砖主体的颜色*/
16     bar(x + 2, y + 2, x + sizx - 2, y + sizy - 2);
17 }
```

（5）自定义 MouseOn()、MouseSetX()、MouseSetY()、MouseSetXY()、MouseSpeed()、MouseGetXY()、MouseStatus() 函数，用来定义鼠标相关信息，程序代码如下：

194-4

```
01 void MouseOn(int x, int y)                                    /*鼠标光标显示*/
02 {
03     draw(x, y);
04 }
05
06 void MouseSetX(int lx, int rx)                                /*设置鼠标左右边界*/
07 {
08     _CX = lx;
09     _DX = rx;
10     _AX = 0x07;
11     geninterrupt(0x33);
12 }
13
14 void MouseSetY(int uy, int dy)                                /*设置鼠标上下边界*/
15 {
```

```
16      _CX = uy;
17      _DX = dy;
18      _AX = 0x08;
19      geninterrupt(0x33);
20  }
21
22  void MouseSetXY(int x, int y)                           /*设置鼠标当前位置*/
23  {
24      _CX = x;
25      _DX = y;
26      _AX = 0x04;
27      geninterrupt(0x33);
28  }
29
30  void MouseSpeed(int vx, int vy)                         /*设置鼠标速度*/
31  {
32      _CX = vx;
33      _DX = vy;
34      _AX = 0x0f;
35      geninterrupt(0x33);
36  }
37
38  void MouseGetXY()                                       /*获取鼠标光标当前位置*/
39  {
40      _AX = 0x03;
41      geninterrupt(0x33);
42      MouseX = _CX;
43      MouseY = _DX;
44  }
45
46  void MouseStatus()                                      /*鼠标按键情况*/
47  {
48      int x;
49      int status;
50      status = 0;
51      x = MouseX;
52      if (x == MouseX && status == 0)
53      /*判断鼠标是否移动*/
54      {
55          MouseGetXY();
56          if (MouseX != x)
57              if (MouseX + 50 < 482)
58                  status = 1;
59      }
60      if (status)
61      /*如果鼠标移动，则重新显示鼠标*/
62      {
63          setfillstyle(1, 0);
64          bar(x, MouseY, x + sizex, MouseY + sizey);
65          MouseOn(MouseX, MouseY);
66      }
67  }
```

（6）自定义 play() 函数，用于实现小球来回运动撞墙及反弹到最终游戏结束的过程，代码如下：

194-5

```
01  void Play(int r, int l)
02  {
03      int ballX;
04      int ballY = MouseY - R;
05      int i, j, t = 0;
06      srand((unsigned long)time(0));
07      do
08      {
09          ballX = rand() % 477;
10      }
11      while (ballX <= 107 || ballX >= 476);                  /*随机产生小球的位置*/
12      while (kbhit)
13      {
14          MouseStatus();
15          if (ballY <= (59-R))
16          /*碰上反弹*/
17              dy *= ( - 1);
18          if (ballX >= (482-R) || ballX <= (110-R))
19          /*碰左右反弹*/
20              dx *= ( - 1);
21          setcolor(YELLOW);
22          circle(ballX += dx, ballY -= dy, R - 1);
23          delay(100);
24          setcolor(0);                                      /*将小球移动后留下的印记用背景色覆盖*/
25          circle(ballX, ballY, R - 1);
26          for (i = 0; i < r; i++)
27              for (j = 0; j < l; j++)
28          /*判断是否撞到墙*/
29          if (t < l *r && a[i][j].color == 0 && ballX >= a[i][j].x && ballX <=
30              a[i][j].x + 20 && ballY >= a[i][j].y && ballY <= a[i][j].y + 10)
31          {
32              t++;
33              dy *= ( - 1);
34              a[i][j].color = 1;
35              setfillstyle(1, 0);
36              bar(a[i][j].x, a[i][j].y, a[i][j].x + 20, a[i][j].y + 10);
37          }
38          if (ballX == MouseX || ballX == MouseX - 1 || ballX == MouseX - 2 &&
39              ballX == (MouseX + 50+2) || ballX == (MouseX + 50+1) || ballX ==
40              (MouseX + 50))
41          /*判断小球落在板的边缘*/
42          if (ballY >= (MouseY - R))
43          {
44              dx *= ( - 1);
45              dy *= ( - 1);                                 /*原路返回*/
46          }
47          if (ballX > MouseX && ballX < (MouseX + 50))
48          /*碰板反弹*/
```

```
49                if (ballY >= (MouseY - R))
50                    dy *= ( - 1);
51            if (t == l *r)
52            /*判断是否将墙壁完全清除*/
53            {
54                sleep(1);
55                cleardevice();
56                setcolor(RED);
57                settextstyle(0, 0, 4);
58                outtextxy(100, 200, "Win");
59                sleep(1);
60                break;
61            }
62            if (ballY > MouseY)
63            {
64                sleep(1);
65                cleardevice();
66                setcolor(RED);
67                settextstyle(0, 0, 4);
68                outtextxy(130, 200, "Game Over");
69                sleep(1);
70                break;
71            }
72        }
73        dx = 1, dy = 1;                                    /*dx、dy重新置1*/
74        sizex = 20, sizey = 10;
75    }
```

（7）自定义 Rule() 函数，用来描述游戏的具体规则，程序代码如下：

194-6

```
01    void Rule()                                          /*游戏规则*/
02    {
03        int n;
04        char *s[5] =
05        {
06            "move the mouse right or left to let the ball rebound",
07                "when the ball bounce the wall", "the wall will disappear",
08                "when all the wall disappear", "you will win!"
09        };
10        settextstyle(0, 0, 1);
11        setcolor(GREEN);
12        for (n = 0; n < 5; n++)
13            outtextxy(150, 170+n * 20, s[n]);
14    }
```

（8）自定义 DrawMenu() 函数，用来输出菜单中的选项，程序代码如下：

194-7

```
01    void DrawMenu(int j)                                 /*菜单中的选项*/
02    {
03        int n;
04        char *s[4] =
```

```
05      {
06          "1.Mession One", "2.Mession two", "3.rule", "4.Exit Game"
07      };
08      settextstyle(0, 0, 1);
09      setcolor(GREEN);
10      for (n = 0; n < 4; n++)
11          outtextxy(250, 170+n * 20, s[n]);
12      setcolor(RED);                                          /*将选中的菜单变为红色*/
13      outtextxy(250, 170+j * 20, s[j]);
14  }
```

（9）自定义 MainMenu() 函数，初始化主菜单界面，程序代码如下：

194-8

```
01  void MainMenu()                                             /*主菜单*/
02  {
03      void JudgeIde();
04      setbkcolor(BLACK);
05      cleardevice();
06      Ide = 0, Key = 0;
07      DrawMenu(Ide);
08      do
09      {
10          if (bioskey(1))
11          /*如果有键按下，则处理按键*/
12          {
13              Key = bioskey(0);
14              switch (Key)
15              {
16                  case Key_Down:
17                      {
18                          Ide++;
19                          Ide = Ide % 4;
20                          DrawMenu(Ide);
21                          break;
22                      }
23                  case Key_Up:
24                      {
25                          Ide--;
26                          Ide = (Ide + 4) % 4;
27                          DrawMenu(Ide);
28                          break;
29                      }
30              }
31          }
32      }
33      while (Key != Key_Enter);
34      JudgeIde() ;                                            /*调用JudgeIde()函数*/
35  }
```

（10）自定义 JudgeIde() 函数，用来判断用户输入的选项，程序代码如下：

194-9

```
01  void JudgeIde()
02  {
03      switch (Ide)
04      {
05          case 0:
06              cleardevice();
07              picture(6, 15);
08              MouseSetX(101, 431);                          /*设置鼠标移动的范围*/
09              MouseSetY(MouseY, MouseY);                    /*鼠标只能左右移动*/
10              MouseSetXY(150, MouseY);                      /*鼠标的初始位置*/
11              Play(6, 15);
12              MainMenu();
13              break;
14          case 1:
15              {
16                  cleardevice();
17                  picture(9, 15);
18                  MouseSetX(101, 431);
19                  MouseSetY(MouseY, MouseY);
20                  MouseSetXY(150, MouseY);
21                  Play(9, 15);
22                  MainMenu();
23                  break;
24              }
25          case 2:
26              {
27                  cleardevice();
28                  Rule();
29                  sleep(8);
30                  MainMenu();
31                  break;
32              }
33          case 3:
34              cleardevice();
35              settextstyle(0, 0, 4);
36              outtextxy(150, 200, "goodbye!");
37              sleep(1);
38              exit(0);
39      }
40  }
```

（11）主函数代码如下：

194-10

```
01  main()
02  {
03      int gdriver = DETECT, gmode;
04      registerbgidriver(EGAVGA_driver);                     /*注册图形驱动*/
05      initgraph(&gdriver, &gmode, "");
06      MainMenu();
07      closegraph();
08  }
```

扩展学习

根据本实例，请尝试：

☑ 编程实现扫雷游戏。

☑ 编程实现迷宫探险游戏。

实例 195　吃豆游戏

源码位置：Code\06\195

实例说明

吃豆游戏的基本规则：进入游戏后，根据键盘上的 UP、DOWN、LEFT、RIGHT 键控制红色的球（自己）移动的方向，在吃掉黄豆的同时要注意躲避绿色的球（敌人），若将地面上的所有黄豆都吃没，则游戏成功，进入赢的画面；若不幸被敌人碰到，则游戏结束，进入输的画面，实例运行效果如图 6.6 所示。

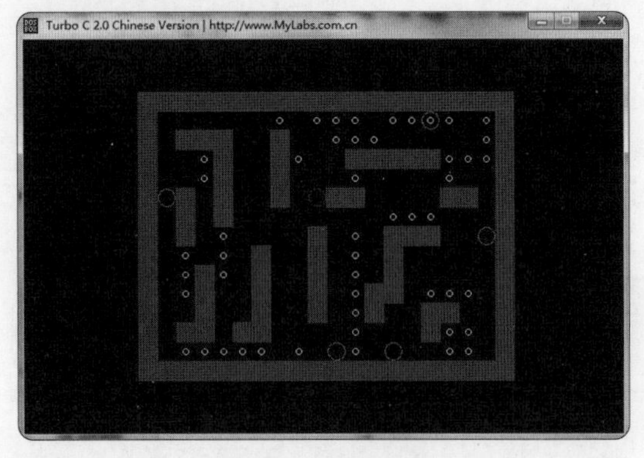

图 6.6　吃豆游戏

关键技术

设计吃豆游戏具体过程有以下几个要点：

（1）为了让游戏中的敌人既能自己行走，又在不固定的两点往返徘徊，在该游戏中采用了 randomize() 函数对敌人的初始位置随机排列，在移动过程中对敌人的移动方向随机赋值，且新的方向不可以和原来的方向相反，若敌人碰到墙壁，则返回原位置，等待下一次随机的方向。

（2）在吃豆游戏中，主要使用按键来控制游戏的整个过程，如按任意键进入游戏界面，按 Esc 键退出游戏，以及使用 UP、DOWN、LEFT、RIGHT 键来控制红球的移动，因此在吃豆游戏中如何响应键盘操作，成了重中之重。

在吃豆游戏中应用了 bios.h 头文件下的函数 bioskey()，bioskey() 函数的一般形式如下：

```
int bioskey(int cmd);
```

该函数的作用是执行各种键盘操作，参数 cmd 的取值可为 0、1 和 2。当 cmd 值为 0 时返回敲击键盘上的下一个键。若低 8 位为非 0，即为 ASCII 字符；若低 8 位为 0，则返回扩充了的键盘代码。当 cmd 值为 1 时，测试键盘是否可用于读，返回 0 表示没有键可用；否则返回下一次敲键之值。敲键本身一直保持由下次调用的 cmd 值为 0 的 bioskey 所返回的值。当 cmd 值为 2 时返回当前的键盘状态，由返回整数的每一位表示。

在吃豆游戏中根据按键选择进入游戏还是退出游戏。应用代码如下：

```
key=bioskey(0);                              /*接收键盘按键*/
if(key==ESC)
    exit(0);
else
{…}
```

在游戏实现过程中，接收按键，通过 kbhit() 函数判断是否有按键按下，若无按键按下，函数返回 0，则执行循环语句，令游戏界面中敌人随机走动。接收按键相关代码如下：

```
key=bioskey(2);
while(!kbhit())                              /*当无按键时，敌人自己移动*/
```

若有按键按下，则返回对应键值，跳出 while 循环，再次接收按键之值，进行比较，执行相应的按键功能。

实现过程

（1）对游戏中应用到的系统函数进行“文件包含”处理，引用头文件。代码如下：

```
195-1
01  #include <graphics.h>
02  #include <stdlib.h>
03  #include <dos.h>
04  #include <bios.h>
```

（2）对项目中应用到的常量进行宏定义，如对 UP、DOWN、LEFT、RIGHT 键以及 Esc 键和 Enter 键的控制码进行宏定义。实现代码如下：

```
195-2
01  #define LEFT 0x4b00
02  #define RIGHT 0x4d00
03  #define UP 0x4800
04  #define DOWN 0x5000
05  #define ESC 0x011b
06  #define ENTER 0x1c0b
```

（3）定义数组地图，数组地图中不同的数字代表不同的含义，1 表示可以移动的地方，2 表示墙壁，3 表示红球（自己），4 表示绿球（敌人），并自定义了游戏中人物的结构体。代码如下：

```
195-3
01  int a[15][20]={2,2,2,2,2,2,2,2,2,2,2,2,2,2,2,2,2,2,2,2,
02                 2,1,1,1,1,1,1,0,1,0,0,0,1,0,0,0,0,1,0,2,
03                 2,1,2,2,2,1,1,2,1,1,0,0,0,1,1,4,1,1,0,2,
04                 2,1,1,0,2,1,1,2,0,1,1,2,2,2,2,2,0,0,0,2,
05                 2,4,1,0,2,1,1,2,1,1,1,0,1,1,1,1,0,1,1,2,
06                 2,1,2,1,2,1,1,2,1,3,2,2,1,1,1,1,2,2,1,2,
07                 2,1,2,1,2,1,1,1,1,1,1,1,1,0,0,0,1,1,1,2,
08                 2,1,2,1,0,1,1,1,1,2,1,0,1,2,2,2,1,1,1,2,
09                 2,1,0,1,0,1,2,1,1,2,1,0,1,2,1,1,4,1,1,2,
10                 2,1,0,2,0,1,2,1,1,2,1,0,1,2,1,1,1,1,1,2,
11                 2,1,0,2,1,1,2,1,1,2,1,0,2,2,1,0,0,0,1,2,
12                 2,1,1,2,1,1,2,1,1,2,1,0,2,1,1,2,2,1,1,2,
13                 2,1,2,2,1,2,2,1,1,1,1,0,1,4,1,2,0,0,1,2,
14                 2,1,0,0,0,0,0,4,0,1,1,0,1,1,1,1,0,0,1,2,
15                 2,2,2,2,2,2,2,2,2,2,2,2,2,2,2,2,2,2,2,2};      /*数组地图*/
16  struct play                                                     /*游戏中人物的结构体*/
17  {
18      int x;
19      int y;
20  };
```

（4）对程序中应用的全局变量以及自定义的函数进行了声明。代码如下：

195-4

```
01  struct play you,them[5];                    /*游戏中的人物变量，自己和敌人*/
02  int sum=0;                                  /*统计吃的豆子个数，吃满50颗就算胜利*/
03  int xx[5][2];                               /*判定敌人方向用的结构体*/
04  int false=0;
05                                              /*声明自定义的函数*/
06  void init();                                /*判断是否开始游戏*/
07  void begin();                               /*绘制游戏界面*/
08  void play();                                /*游戏玩法实现*/
09  void win();                                 /*赢的界面*/
10  void fun(struct play *them);                /*移动中的判定*/
11  void movethem(struct play *them);           /*敌人的移动过程*/
12  void loseyes();                             /*判断是否失败*/
13  void drawblackdou(int x,int y);             /*吃豆*/
14  void lose();                                /*失败的界面*/
```

实例 196　迷宫游戏

源码位置：Code\06\196

实例说明

玩家在双击运行程序后即可进入游戏，玩家根据自己的需要输入迷宫的行列，因为本迷宫是应用二维字符数组实现。玩家在输入行列数后，程序会输出游戏说明和迷宫，此时玩家可以在迷宫中找出从入口到出口的路线，如果找不到，玩家可以查看程序给出的路线，或是此迷宫确实无解的提示，实例运行效果如图 6.7 所示。

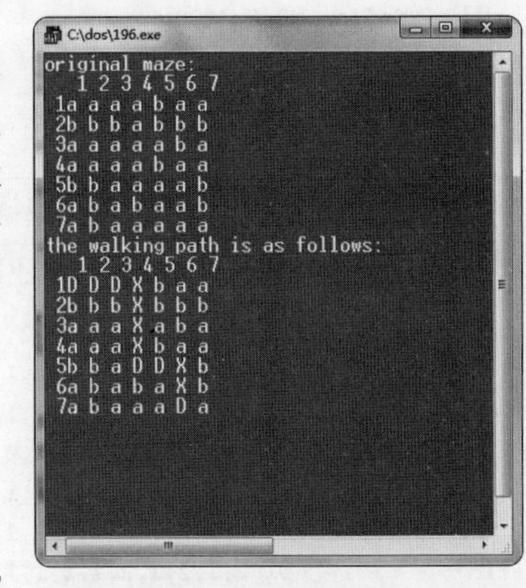

图 6.7　迷宫游戏

关键技术

（1）goto 语句

goto 语句也称为无条件转移语句，其一般格式如下：

```
goto 语句标号;
```

其中语句标号是按标识符规定书写的符号，放在某一语句行的前面，标号后加冒号（：）。语句标号起标识语句的作用，与 goto 语句配合使用，例如：

```
label: i++;
```

是合法的，而

```
123:i++;
```

是不合法的。

C 语言不限制程序中使用标号的次数，但各标号不得重名。goto 语句的语义是改变程序流向，转去执行语句标号所标识的语句。

goto 语句一般来说有两种用途：

☑ 与 if 语句一起构成循环结构。

☑ 从循环体中跳转到循环体外。

（2）fflush() 函数

fflush() 函数原型如下：

```
int fflush(FILE *stream);
```

fflush() 函数的功能是清除输入流的缓冲区，使它仍然打开，并把输出流的缓冲区的内容写入它所联系的文件中。成功时返回 0，出错时返回 EOF。

实现过程

（1）在 TC 中创建一个 C 文件。

（2）在本游戏系统中需要引用一些头文件，以便程序更好地运行。引用头文件需要使用 #include 命令，下面即是要引用的文件和引用代码，实现代码如下：

196-1

```
01   #include<stdio.h>
02   #include<stdlib.h>
03   #include<time.h>
04   /*迷宫的数组*/
05   int maze[100][100];
06   /*迷宫的行数和列数*/
07   int m=7,n=7
```

（3）声明结构体，Node 实现对数组中的位置状态的标识，代码如下：

196-2

```
01   /*定义结构体*/
02   typedef struct Node
03   {
04       int x;
05       int y;
06       struct Node *next;
07   }Node,*Stack;
```

（4）自定义函数 InitMaze()，对迷宫进行初始化，用随机数产生迷宫，代码如下：

196-3

```
01   void InitMaze()
02   {
03       int i,j,temp;
04       srand((unsigned)time(NULL));
05       for(i=1;i<=m;i++)
06           for(j=1;j<=n;j++)
07           {
08               temp=rand()%100;
09               if(temp>30)
10               {
11                   maze[i-1][j-1]=0;
```

```
12              }else
13              {
14                  maze[i-1][j-1]=1;
15              }
16          }
17      maze[0][0]=0;
18      maze[m-1][n-1]=9;
19  }
```

（5）自定义函数 printMaze()，对迷宫进行打印，代码如下：

196-4

```
01  void printMaze()
02  {
03      int i=0,j=0;
04      printf("  ");
05      for(i=0;i<n;i++)
06      {
07          if(i+1>9)
08              printf("%d ",i+1);
09          else
10              printf("%d",i+1);
11      }
12      printf("\n");
13      for(i=0;i<m;i++){
14          if(i+1>9)
15              printf("%d",i+1);
16          else
17              printf("%d",i+1);
18              for(j=0;j<n;j++)
19              {
20                  if(maze[i][j]==0||maze[i][j]==9||maze[i][j]==-1)
21                  {
22                      printf("a");
23                  }
24                  else if(maze[i][j]==1)
25                  {
26                      printf("b");
27                  }else
28                  if(maze[i][j]==2)
29                  {
30                      printf("D");
31                  }else if(maze[i][j]==3)
32                  {
33                      printf("X");
34                  }else if(maze[i][j]==4)
35                  {
36                      printf("A");
37                  }else if(maze[i][j]==5)
38                  {
39                  printf("W");
40              }
```

```
41            }
42            printf("\n");
43        }
44    }
```

（6）自定义函数 FindPath()，对迷宫进行路径搜索，其中数组中的数字有以下含义：

☑ 0. 该点没有被探索过，且可行。
☑ 1. 该点不可行。
☑ 2. 该点是可行的，且进行了向东的探索。
☑ 3. 该点是可行的，且进行了向南的探索。
☑ 4. 该点是可行的，且进行了向西的探索。
☑ 5. 该点是可行的，且进行了向北的探索。
☑ 6. 该点是入口。
☑ 9. 该点是出口。
☑ –1. 该点已经遍历完毕四个方向，不能找到有效的路径，则置为 –1。

FindPath() 函数的代码如下：

196-5

```
01    void FindPath()
02    {
03        int curx=0,cury=0;
04        int count=0;
05        int flag=0;
06        Node *Stacks=NULL;
07        InitStack(Stacks);
08        do{
09            if(maze[curx][cury]==9)
10            {
11                flag=1;
12            }
13            switch(pass(curx,cury)){
14                case 2:
15                    maze[curx][cury]=2;
16                    push(Stacks,curx,cury);
17                    cury++;
18                    break;
19                case 3:
20                    maze[curx][cury]=3;
21                    push(Stacks,curx,cury);
22                    curx++;
23                    break;
24                case 4:
25                    maze[curx][cury]=4;
26                    push(Stacks,curx,cury);
27                    cury--;
28                    break;
29                case 5:
30                    maze[curx][cury]=5;
31                    push(Stacks,curx,cury);
```

```
32                  curx--;
33                  break;
34              case -1:
35                  maze[curx][cury]=-1;
36                  if(!isEmpty(Stacks))
37                      pop(Stacks,&curx,&cury);
38                  break;
39              }
40          count++;
41      }while(!isEmpty(Stacks)&&flag==0);
42      if(flag==1)
43      {
44          printf("the walking path is as follows:\n");
45          printMaze();
46      }else
47      {
48          printf("\nSorry,the maze has no solution \n");
49      }
50  }
```

（7）程序运行，首先从 main() 函数开始，在 main() 主函数中，程序打印出生成的迷宫，然后进行寻找路径，如果可以找到出口，则画出该路径；如果该迷宫没有出口，则提示迷宫无解。代码如下：

196-6

```
01  int main()
02  {
03      InitMaze();
04      printf("original maze:\n");
05      printMaze();
06      FindPath();
07      getch();
08      return 0;
09  }
```

实例 197　俄罗斯方块

源码位置：Code\06\197

实例说明

本游戏只需要玩家双击游戏的执行程序即可进入游戏界面。玩家通过 UP、DOWN、LEFT、RIGHT 键来控制组合方块的形状和方向，如果玩家确定完组合方块的形状和方向后，可以按下 Space 键，直接将组合方块下降到相应位置。玩家将积分积攒到三百分就提高一个游戏水平，实例运行效果如图 6.8 所示。

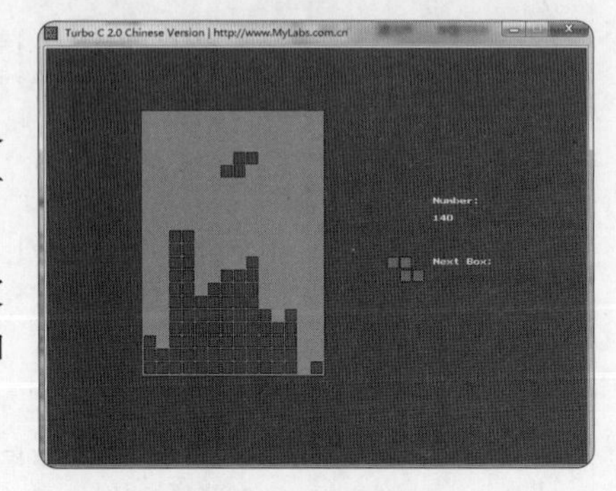

图 6.8　俄罗斯方块

关键技术

俄罗斯方块游戏实现具体过程有以下几个要点。

（1）用 line() 函数在屏幕上画线，函数原型如下：

```
void far line(int x0, int y0, int x1, int y1);
```

参数说明：

x 为窗口中的行，y 为窗口中的列。

本函数没有返回值，只是在两个坐标之间画线。

（2）setcolor() 函数用于设置画线颜色，函数原型如下：

```
void far setcolor(int color);
```

参数说明：

color 是设置画线的颜色。

本函数没有返回值，只是设定画线的颜色。

注意

运行程序前，将“c:\Win TC\BGI”下的“EGAVGA.BGI”文件复制到程序所在的文件夹。

实现过程

（1）在 TC 中创建一个 C 文件。

（2）为了使程序更好地运行，程序中需要引入一些库文件，对程序的一些基本函数进行支持，在引用文件时需要使用 #include 命令，下面是本实例引用的一些外部文件和应用的代码，具体如下：

197-1

```
01  #include <dos.h>
02  #include <stdio.h>
03  #include <conio.h>
04  #include <bios.h>
05  #include <graphics.h>
```

（3）宏定义也是预处理命令的一种，以 #define 开头，提供了一种可以替换源代码中字符串的机制。本系统中使用的都是带参数的宏定义。代码如下：

197-2

```
01  #ifdef _cplusplus
02  #define _CPPARGS
03  #else
04  #define _CPPARGS
05  #endif
06  #define MINBOXSIZE 15                           /*单个方块的大小*/
07  #define BGCOLOR 7                               /*背景着色*/
08  #define GAMEX 200
09  #define GAMEY 10
10  #define LEVA 300                                /*每当玩家打到三百分等级加一级*/
11  /*按键码*/
```

```
12  #define VK_LEFT 0x4b00
13  #define VK_RIGHT 0x4d00
14  #define VK_DOWN 0x5000
15  #define VK_UP 0x4800
16  #define VK_HOME 0x4700
17  #define VK_END 0x4f00
18  #define VK_SPACE 0x3920
19  #define VK_ESC 0x011b
20  #define VK_ENTER 0x1c0d                          /*定义俄罗斯方块的方向*/
21  #define F_S 0
22  #define STARTCOL 20                              /*下一个方块的纵坐标*/
23  #define STARTROW 12                              /*下一个方块的横坐标*/
24  #define WINSROW 14                               /*游戏屏幕大小*/
25  #define WINSCOL 20
26  #define LWINSCOL 100                             /*游戏屏幕大显示器上的相对位置*/
27  #define LWINSROW 60
```

（4）玩家在双击游戏的应用程序后，便可以进入游戏界面，进入游戏界面就要初始化游戏的背景和游戏的运行窗口。具体实现代码如下：

```
197-3
01  /*初始化图形模式*/
02  void init(int gdrive,int gmode){
03      int errorcode;
04      initgraph(&gdrive,&gmode,"c:\tc");
05      errorcode=graphresult();
06      if(errorcode!=grOk){
07          printf("error of: %s",grapherrormsg(errorcode));
08          exit(1);
09      }
10  }
11  /*游戏窗口的实现*/
12  void win(int a,int b,int c,int d,int bgcolor,int bordercolor)
13  {
14      clscr(a,b,c,d,bgcolor);
15      setcolor(bordercolor);                       /*设置当前画线颜色*/
16      line(a,b,c,b);                               /*画出窗口的范围*/
17      line(a,b,a,d);
18      line(a,d,c,d);
19      line(c,b,c,d);
20  }
```

（5）玩家在进入游戏后，游戏会随机产生一个下降的组合方块和显示出下一个将要产生的组合方块，代码如下：

```
197-4
01  /*当前下降方块的绘制*/
02  void funbox(int a,int b,int color,int bdcolor)
03  {
04      int i,j;
05      int boxz[4][4];
06      for(i=0;i<16;i++)
07          boxz[i/4][i%4]=boxstastu[nbs][nbx][i];
```

```
08      for(i=0;i<4;i++)
09      for(j=0;j<4;j++)
10      if(boxz[i][j]==1)
11          /*绘制单个方块*/
12          onebox((j+row+a)*MINBOXSIZE,(i+col+b)*MINBOXSIZE,color,bdcolor);
13  }
14  /*下一个方块的绘制*/
15  void nextfunbox(int a,int b,int color,int bdcolor)
16  {
17      int i,j;
18      int boxz[4][4];
19      for(i=0;i<16;i++)
20          boxz[i/4][i%4]=boxstastu[nextnbs][nextnbx][i];
21      for(i=0;i<4;i++)
22      for(j=0;j<4;j++)
23      if(boxz[i][j]==1)
24          onebox((j+a)*MINBOXSIZE,(i+b)*MINBOXSIZE,color,bdcolor);
25  }
```

（6）上面使用了自定义函数 onebox() 生成单个的方块，代码如下：

197-5

```
01  /*单个小方块的绘制*/
02  void onebox(int asc,int bsc,int color,int bdcolor)
03  {
04      int a=0,b=0;
05      a=LWINSCOL+asc;
06      b=LWINSROW+bsc;
07      clscr(a+1,b+1,a-1+MINBOXSIZE,b-1+MINBOXSIZE,color);
08      if(color!=BGCOLOR)
09      {
10          setcolor(bdcolor);
11          /*画出单个方块*/
12          line(a+1,b+1,a-1+MINBOXSIZE,b+1);
13          line(a+1,b+1,a+1,b-1+MINBOXSIZE);
14          line(a-1+MINBOXSIZE,b+1,a-1+MINBOXSIZE,b-1+MINBOXSIZE);
15          line(a+1,b-1+MINBOXSIZE,a-1+MINBOXSIZE,b-1+MINBOXSIZE);
16      }
17  }
```

（7）主要代码如下：

197-6

```
01  void main(void)
02  {
03      int i,j;
04      char *nm="00000";
05      init(VGA,VGAHI);
06      cls();
07      /*屏幕坐标初始化*/
08      for(i=0;i<=WINSCOL+1;i++)
09      for(j=0;j<=WINSROW+1;j++)
```

```
10      gwins[i][j]=0;
11      for(i=0;i<=WINSCOL+1;i++) {
12          gwins[i][0]=1;
13          gwins[i][15]=1;
14      }
15      for(j=1;j<=WINSROW;j++){
16          gwins[0][j]=1;
17          gwins[21][j]=1;
18      }
19      clscr(0,0,640,480,15);
20      win(1,1,639,479,4,15);
21      win(LWINSCOL+MINBOXSIZE-2,LWINSROW+MINBOXSIZE-2,
22          LWINSCOL+15*MINBOXSIZE+2,LWINSROW+21*MINBOXSIZE+2,BGCOLOR,0);
23      nextnbs=random(8);                                    /*随机产生组合方块的颜色*/
24      nextnbx=random(4);                                    /*随机产生组合方块的方向*/
25      sprintf(nm,"%d",num);
26      texts(456,173,"Score:",1,15);
27      texts(456,193,nm,1,15);
28      texts(456,243,"Next Estate:",1,15);
29      timezd();
30      KillTimer();
31      closegraph();
32  }
```

实例 198　推箱子游戏

源码位置：Code\06\198

实例说明

本游戏用户只需双击运行程序，就可以进入游戏界面，然后通过操作键盘的 UP、DOWN、LEFT、RIGHT 键来操控游戏中的小人来推动箱子到目标位置。当玩家把所有的箱子都推到目标位置，游戏会提示玩家进入下一关，本游戏共分四关，实例运行效果如图 6.9 所示。

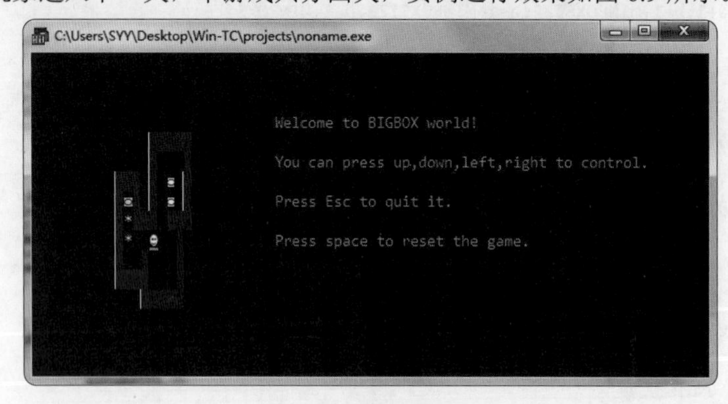

图 6.9　推箱子游戏

关键技术

由于游戏中要不停地移动人物和箱子，也就是要不停地对光标进行定位，下面就对光标的定位函数 gotoxy() 进行介绍。

gotoxy() 函数用于在文本窗口中设置光标，函数的原型如下：

```
void gotoxy(int x, int y);
```

参数说明：

x 为窗口中的行，y 为窗口中的列。

本函数没有返回值，只是将光标定位到窗口中的指定位置。

实现过程

（1）在 TC 中创建一个 C 文件。

（2）为了使程序更好地运行，程序中需要引入一些库文件，对程序的一些基本函数进行支持，在引用文件时需要使用 #include 命令，下面是本实例引用的一些外部文件和应用的代码，具体代码如下：

198-1

```
01  #include <dos.h>                    /*系统接口函数库*/
02  #include <stdio.h>                  /*输入输出函数库*/
03  #include <ctype.h>                  /*字符函数库*/
04  #include <conio.h>                  /*控制台输入输出函数库*/
05  #include <bios.h>                   /*BIOS函数库*/
06  #include <alloc.h>                  /*动态内存管理函数库*/
```

（3）声明结构体，可以封装一些相关性的属性，下面是用于封装胜利信息的结构体 winer 和箱子位置的 boxes。具体代码如下：

198-2

```
01  typedef struct winer {              /*定义判断是否胜利的数据结构*/
02
03      int x,y;
04      struct winer *p;
05  }winer;
06  typedef struct boxs {               /*箱子位置的数据结构*/
07
08      int x,y;
09      struct boxs *next;
10  }boxs;
```

（4）玩家在双击游戏的应用程序后便可以进入游戏界面，玩家可以使用 UP、DOWN、LEFT、RIGHT 键来控制推箱子的方向，如果游戏无法继续，可以按下 Space 键，回到本关游戏的开始，重新游戏。如果顺利完成游戏，玩家只要按下任意键即可进入下一关游戏。具体代码如下：

198-3

```
01  /*第一关的图像初始化*/
02  winer *pass1()
03  {
04      int x,y;
05      winer *win=NULL,*pw;
```

```
06      /*对围墙进行输出*/
07      for(x=1,y=5;y<=9;y++)
08          wall(x+4,y+10);                                          /*纵向画墙*/
09      for(y=5,x=2;x<=5;x++)
10          wall(x+4,y+10);
11      for(y=9,x=2;x<=5;x++)
12          wall(x+4,y+10);
13      for(y=1,x=3;x<=8;x++)
14          wall(x+4,y+10);
15      for(x=3,y=3;x<=5;x++)
16          wall(x+4,y+10);
17      for(x=5,y=8;x<=9;x++)
18          wall(x+4,y+10);
19      for(x=7,y=4;x<=9;x++)
20          wall(x+4,y+10);
21      for(x=9,y=5;y<=7;y++)
22          wall(x+4,y+10);
23      for(x=8,y=2;y<=3;y++)
24          wall(x+4,y+10);
25      wall(5+4,4+10);
26      wall(5+4,7+10);
27      wall(3+4,2+10);
28      /*初始化箱子位置*/
29      box(3+4,6+10);
30      box(3+4,7+10);
31      box(4+4,7+10);
32      /*初始化目标位置*/
33      goal1(4+4,2+10,&win,&pw);
34      goal1(5+4,2+10,&win,&pw);
35      goal1(6+4,2+10,&win,&pw);
36      /*初始化人的位置*/
37      man(2+4,8+10);
38      return win;
39  }
40  /*第二关的图像初始化*/
41  winer *pass2()
42  {
43      int x,y;
44      winer *win=NULL,*pw;                                         /*初始化胜利标志*/
45      for(x=1,y=4;y<=7;y++)                                        /*绘制墙*/
46          wall(x+4,y+10);
47      for(x=2,y=2;y<=4;y++)
48          wall(x+4,y+10);
49      for(x=2,y=7;x<=4;x++)
50          wall(x+4,y+10);
51      for(x=4,y=1;x<=8;x++)
52          wall(x+4,y+10);
53      for(x=8,y=2;y<=8;y++)
54          wall(x+4,y+10);
55      for(x=4,y=8;x<=8;x++)
```

```
56          wall(x+4,y+10);
57      for(x=4,y=6;x<=5;x++)
58          wall(x+4,y+10);
59      for(x=3,y=2;x<=4;x++)
60          wall(x+4,y+10);
61      for(x=4,y=4;x<=5;x++)
62          wall(x+4,y+10);
63          wall(6+4,3+10);
64      box(3+4,5+10);                              /*设置箱子位置*/
65      box(6+4,6+10);
66      box(7+4,3+10);
67      goal1(5+4,7+10,&win,&pw);                   /*调用goal1()函数，初始化目标*/
68      goal1(6+4,7+10,&win,&pw);
69      goal1(7+4,7+10,&win,&pw);
70      man(2+4,6+10);                              /*设置小人位置*/
71      return win;
72  }
73  /*第三关的图像初始化*/
74  winer *pass3()
75  {
76      int x,y;
77      winer *win=NULL,*pw;                        /*初始化胜利标志*/
78      for(x=1,y=2;y<=8;y++)
79          wall(x+4,y+10);                         /*绘制墙*/
80      for(x=2,y=2;x<=4;x++)
81          wall(x+4,y+10);
82      for(x=4,y=1;y<=3;y++)
83          wall(x+4,y+10);
84      for(x=5,y=1;x<=8;x++)
85          wall(x+4,y+10);
86      for(x=8,y=2;y<=5;y++)
87          wall(x+4,y+10);
88      for(x=5,y=5;x<=7;x++)
89          wall(x+4,y+10);
90      for(x=7,y=6;y<=9;y++)
91          wall(x+4,y+10);
92      for(x=3,y=9;x<=6;x++)
93          wall(x+4,y+10);
94      for(x=3,y=6;y<=8;y++)
95          wall(x+4,y+10);
96      wall(2+4,8+10);
97      wall(5+4,7+10);
98      box(6+4,3+10);                              /*设置箱子位置*/
99      box(4+4,4+10);
100     box(5+4,6+10);
101     goal1(2+4,5+10,&win,&pw);                   /*设置目标位置*/
102     goal1(2+4,6+10,&win,&pw);
103     goal1(2+4,7+10,&win,&pw);
104     man(2+4,4+10);                              /*设置小人位置*/
105     return win;
106 }
```

```
107 /*第四关的图像初始化*/
108 winer *pass4()
109 {
110     int x,y;
111     winer *win=NULL,*pw;                          /*初始化胜利标志*/
112     for(x=1,y=1;y<=6;y++)
113         wall(x+4,y+10);                           /*绘制墙*/
114     for(x=2,y=7;y<=8;y++)
115         wall(x+4,y+10);
116     for(x=2,y=1;x<=7;x++)
117      wall(x+4,y+10);
118     for(x=7,y=2;y<=4;y++)
119         wall(x+4,y+10);
120     for(x=6,y=4;y<=9;y++)
121         wall(x+4,y+10);
122     for(x=3,y=9;x<=5;x++)
123         wall(x+4,y+10);
124     for(x=3,y=3;y<=4;y++)
125         wall(x+4,y+10);
126     wall(3+4,8+10);
127     box(3+4,5+10);                                /*初始化箱子位置*/
128     box(4+4,4+10);
129     box(4+4,6+10);
130     box(5+4,5+10);
131     box(5+4,3+10);
132     goal1(3+4,7+10,&win,&pw);                     /*设置目标位置*/
133     goal1(4+4,7+10,&win,&pw);
134     goal1(5+4,7+10,&win,&pw);
135     goal1(4+4,8+10,&win,&pw);
136     goal1(5+4,8+10,&win,&pw);
137     man(2+4,2+10);                                /*初始化小人位置*/
138     return win;
139 }
```

（5）上面代码中调用了画墙、初始化目标、箱子的输出等自定义函数，下面将进行详细介绍。函数 wall() 实现画墙功能，代码如下：

198-4

```
01  void wall(int x,int y)
02  {
03      putchxy(y-1,x-1,219,RED,WHITE);               /*调用直接写屏函数*/
04      state[x][y]='w';
05  }
```

函数 goal1() 实现对所有目标位置是否有箱子的一个判断。具体代码如下：

198-5

```
01  /*在特定的坐标上画目的地并用数组记录状态的函数*/
02  void goal1(int x,int y,winer  **win,winer **pw)
03  {
04      winer *qw;
05      putchxy(y-1,x-1,'*',YELLOW,BLACK);
```

```
06        state[x][y]='m';
07        if(*win==NULL)
08        {
09            *win=*pw=qw=(winer* )malloc(sizeof(winer));      /*申请内存空间*/
10            (*pw)->x=x;(*pw)->y=y;(*pw)->p=NULL;
11        }
12        else
13        {
14            qw=(winer* )malloc(sizeof(winer));
15            qw->x=x;qw->y=y;
16            (*pw)->p=qw;(*pw)=qw;qw->p=NULL;
17        }
18    }
```

（6）推箱子游戏成功的标志是将所有的箱子推到目标位置，因此需要在界面中输出目标的位置并作出相应的标识，供玩家识别。下面就是对目标标识的输出，具体代码如下：

198-6

```
01    /*实现目标输出的函数*/
02    void goal(int x,int y)
03    {
04        putchxy(y-1,x-1,'*',GREEN,BLACK);
05        state[x][y]='m';
06    }
```

（7）函数 man() 实现小人的输出。具体代码如下：

198-7

```
01    /*在特定的坐标上画小人的函数*/
02    void man(int x,int y)
03    {
04        gotoxy(y,x);
05        _AL=02;_CX=01;_AH=0xa;
06        geninterrupt(0x10);
07    }
```

实例 199　贪吃蛇游戏

源码位置：Code\06\199

实例说明

贪吃蛇游戏的基本规则：通过按键盘 UP、DOWN、LEFT、RIGHT 键来控制蛇运行的方向，当蛇吃了食物以后身体长度自动增加，当蛇撞墙或吃到自身，则蛇死，此时将退出贪吃蛇游戏；当蛇向左运行时，按向右键将不改变蛇的运行方向，蛇继续向左运行；同理当蛇向右运行时，按向左键也不改变蛇的运行方向，蛇将继续向右运行；当蛇向上运行与向下运行时，原理同向左向右运行。实例运行效果如图 6.10 和图 6.11 所示。

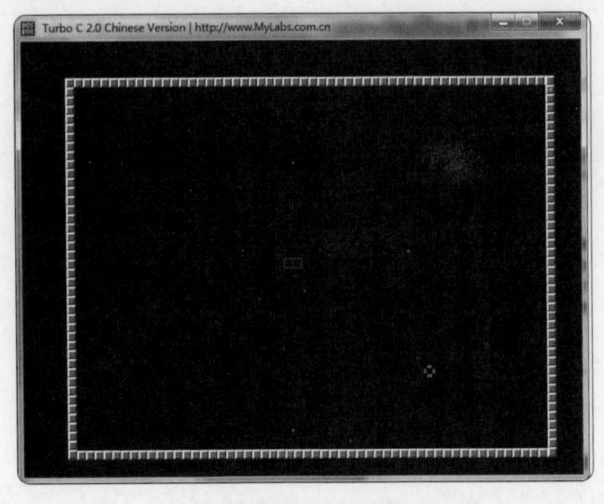

图 6.10　贪吃蛇游戏界面

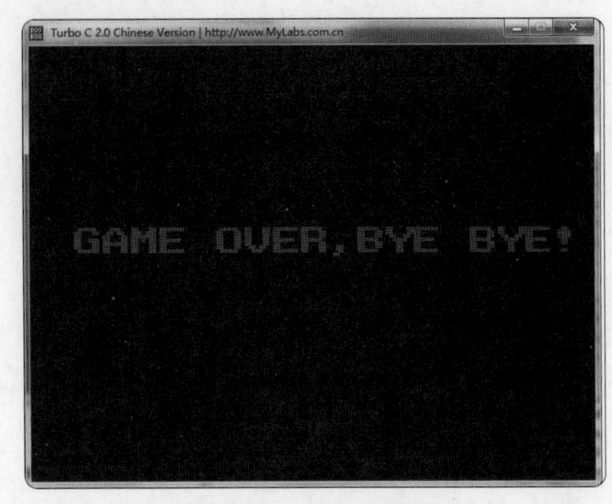

图 6.11　游戏结束界面

关键技术

在编写贪吃蛇游戏时有以下几个技术要点：

第一，如何实现蛇在吃到食物后食物消失。这里用到的方法是采用背景色在出现食物的地方将食物重画，这样食物就不见了。

第二，如何实现蛇的移动且在移动过程中不留下痕迹。实现蛇的移动也是贪吃蛇游戏最核心的技术，主要方法是将蛇头后面的每一节逐次移到前一节的位置，然后按蛇的运行方向不同对蛇头的位置做出相应调整，这里以向右运行为例，当蛇向右运行时，蛇头的横坐标加 10，纵坐标不变，蛇每向前运行一步，相应地将其尾部一节用背景色重画，即去掉其尾部。

第三，当蛇向上运行时，从键盘中输入向下键，此时蛇的运行方向不变，其他几个方向以此类推，这里采用 if…else 语句来实现该功能。

第四，食物出现的位置采用随机产生，但这种随机产生也是有一定限制条件的，即食物出现位置的横纵坐标必须能被 10 整除，只有这样才能保证蛇能够吃到食物。

实现过程

（1）在 TC 中创建一个 C 文件。

（2）引用头文件，进行宏定义及数据类型的指定并声明程序中自定义的函数。

199-1

```
01  #include <graphics.h>
02  #include <stdlib.h>
03  #include <dos.h>
04  #include <conio.h>
05  #define LEFT 0x4b00
06  #define RIGHT 0x4d00
07  #define DOWN 0x5000
08  #define UP 0x4800
09  #define ESC 0x011b
10  #define N 100                                        /*贪吃蛇的最大长度*/
11  int i, key;
12  int speed;
```

```
13  void GameOver();                                    /*结束游戏*/
14  void Play();                                        /*玩游戏过程*/
15  void dwall();                                       /*画墙*/
16  void wall(int x, int y);                            /*画组成墙的砖*/
17  int Speed();
```

（3）定义结构体，food 是表示食物基本信息的结构体，snake 是定义贪吃蛇基本信息的结构体，代码如下：

199-2

```
01  struct FOOD
02  {
03      int x;                                          /*食物的横坐标*/
04      int y;                                          /*食物的纵坐标*/
05      int flag;                                       /*标志是否要出现食物*/
06  } food;
07  struct Snake
08  {
09      int x[N];
10      int y[N];
11      int node;                                       /*蛇的节数*/
12      int dir;                                        /*蛇的移动方向*/
13      int life;                                       /*标志是死是活*/
14  } snake;
```

（4）自定义 wall() 函数，用来画组成墙的砖，程序代码如下：

199-3

```
01  void wall(int x,int y)
02  {
03      int sizx=9;
04      int sizy=9;
05      setcolor(15);                                   /*白色画砖的上面和左面*/
06      line(x,y,x+sizx,y);
07      line(x,y+1,x+sizx-1,y+1);
08      line(x,y,x,y+sizy);
09      line(x+1,y,x+1,y+sizy-1);
10      setcolor(4);                                    /*红色画砖的右面和下面*/
11      line(x+1,y+sizy,x+sizx,y+sizy);
12      line(x+2,y+sizy-1,x+sizx,y+sizy-1);
13      line(x+sizx-1,y+2,x+sizx-1,y+sizy-1);
14      line(x+sizx,y+1,x+sizx,y+sizy);
15      setfillstyle(1,12);                             /*用淡红色填充砖的中间部分*/
16      bar(x+2,y+2,x+sizx-2,y+sizy-2);
17  }
```

（5）自定义 dwall() 函数，用来画墙，程序代码如下：

199-4

```
01  void dwall()                                        /*用前面画好的砖来画墙*/
02  {
03      int j;
04      for (j = 50; j <= 600; j += 10)
05      {
```

```
06          wall(j, 40);                                    /*画上面墙*/
07          wall(j, 451);                                   /*画下面墙*/
08      }
09      for (j = 40; j <= 450; j += 10)
10      {
11          wall(50, j);                                    /*画左面墙*/
12          wall(601, j);                                   /*画右面墙*/
13      }
14  }
```

（6）自定义 speed() 函数，用来选择贪吃蛇运行的速度，程序代码如下：

199-5

```
01  int Speed()                                             /*选择贪吃蛇运行的速度*/
02  {
03      int m;
04      gotoxy(20, 10);
05      printf("level1\n");
06      gotoxy(20, 12);
07      printf("level2\n");
08      gotoxy(20, 14);
09      printf("level3\n\t\tplease choose:");
10      scanf("%d", &m);
11      switch (m)
12      {
13          case 1:
14              return 60000;
15          case 2:
16              return 40000;
17          case 3:
18              return 20000;
19          default:
20              cleardevice();
21              Speed();
22      }
23  }
```

（7）自定义 Play() 函数，用来实现贪吃蛇游戏的具体过程，程序代码如下：

199-6

```
01  void Play(void)                                         /*游戏实现过程*/
02  {
03      srand((unsigned long)time(0));
04      food.flag = 1;                                      /*1标志需出现新食物，0标志食物已存在*/
05      snake.life = 0;                                     /*标志贪吃蛇活着*/
06      snake.dir = 1;                                      /*方向向右*/
07      snake.x[0] = 300;
08      snake.y[0] = 240;                                   /*定位蛇头初始位置*/
09      snake.x[1] = 290;
10      snake.y[1] = 240;
11      snake.node = 2;                                     /*贪吃蛇节数*/
12      do
13      {
```

```
14          while (!kbhit())                              /*在没有按键的情况下,蛇自己移动身体*/
15          {
16              if (food.flag == 1)                       /*需要出现新食物*/
17              do
18              {
19                  food.x = rand() % 520+60;
20                  food.y = rand() % 370+60;
21                  food.flag = 0;                        /*标志已有食物*/
22              }
23              while (food.x % 10 != 0 || food.y % 10 != 0);
24              if (food.flag == 0)                       /*画出食物*/
25              {
26                  setcolor(GREEN);
27                  setlinestyle(3, 0, 3);
28                  rectangle(food.x, food.y, food.x + 10, food.y + 10);
29              }
30              for (i = snake.node - 1; i > 0; i--)      /*实现蛇向前移动*/
31              {
32                  snake.x[i] = snake.x[i - 1];
33                  snake.y[i] = snake.y[i - 1];
34              }
35
36              switch (snake.dir)
37              {
38                  case 1:
39                      snake.x[0] += 10;
40                      break;                            /*向右移动*/
41                  case 2:
42                      snake.x[0] -= 10;
43                      break;                            /*向左移动*/
44                  case 3:
45                      snake.y[0] -= 10;
46                      break;                            /*向上移动*/
47                  case 4:
48                      snake.y[0] += 10;
49                      break;                            /*向下移动*/
50              }
51              for (i = 3; i < snake.node; i++)
52              {
53                 if (snake.x[i] == snake.x[0] && snake.y[i] == snake.y[0])
                                                          /*判断蛇是否吃到自己*/
54                  {
55                      GameOver();                       /*游戏结束*/
56                      snake.life = 1;                   /*蛇死*/
57                      break;
58                  }
59              }
60              if (snake.x[0] < 60 || snake.x[0] > 590 || snake.y[0] < 50 ||
61                  snake.y[0] > 440)                     /*蛇是否撞到墙壁*/
62              {
```

```
63                  GameOver();                                           /*游戏结束*/
64                  snake.life = 1;                                       /*蛇死*/
65                  break;
66              }
67              if (snake.x[0] == food.x && snake.y[0] == food.y)         /*判断是否吃到食物*/
68              {
69                  setcolor(0);                                          /*用背景色遮盖食物*/
70                  rectangle(food.x, food.y, food.x + 10, food.y + 10);
71                  snake.node++;                                         /*蛇的身体长一节*/
72                  food.flag = 1;                                        /*需要出现新的食物*/
73              }
74              setcolor(4);                                              /*画蛇*/
75              for (i = 0; i < snake.node; i++)
76              {
77                  setlinestyle(0, 0, 1);
78                  rectangle(snake.x[i], snake.y[i], snake.x[i] + 10, snake.y[i] +10);
79              }
80              delay(speed);
81              setcolor(0);                                              /*用背景色遮盖蛇的最后一节*/
82              rectangle(snake.x[snake.node - 1], snake.y[snake.node - 1],
83                  snake.x[snake.node - 1] + 10, snake.y[snake.node - 1] + 10);
84          }
85          if (snake.life == 1)                                          /*如果蛇死就跳出循环*/
86              break;
87          key = bioskey(0);                                             /*接收按键*/
88          if (key == UP && snake.dir != 4)                              /*判断是否往相反的方向移动*/
89              snake.dir = 3;
90          else
91              if (key == DOWN && snake.dir != 3)                        /*判断是否往相反的方向移动*/
92                  snake.dir = 4;
93              else
94                  if (key == RIGHT && snake.dir != 2)                   /*判断是否往相反的方向移动*/
95                      snake.dir = 1;
96                  else
97                      if (key == LEFT && snake.dir != 1)                /*判断是否往相反的方向移动*/
98                          snake.dir = 2;
99      }
100     while (key != ESC);                                               /*按下Esc键退出游戏*/
101 }
```

（8）自定义 GameOver() 函数，用来提示游戏结束，程序代码如下：

199-7

```
01  void GameOver(void)
02  {
03      cleardevice();
04      setcolor(RED);
05      settextstyle(0, 0, 4);
06      outtextxy(50, 200, "GAME OVER,BYE BYE!");
07      sleep(3);
08  }
```

（9）主函数代码如下：

199-8

```
01  main()
02  {
03      int gdriver = DETECT, gmode;
04       registerbgidriver(EGAVGA_driver);                    /*注册图形驱动*/
05      initgraph(&gdriver, &gmode, "");
06      speed = Speed();                                       /*将函数返回值赋给speed*/
07      cleardevice();                                         /*清屏*/
08      dwall();                                               /*开始画墙*/
09      Play();                                                /*开始完游戏*/
10      getch();
11      closegraph();                                          /*退出图形界面*/
12  }
```

扩展学习

根据本实例，请尝试：

☑ 编程实现俄罗斯方块游戏。

☑ 编程实现双人竞走游戏。

实例 200　五子棋游戏

源码位置：Code\06\200

实例说明

本游戏棋的颜色分为蓝色和红色，哪种颜色棋子先满足下列任意一个条件即为获胜，条件为：水平方向五个棋子无间断相连，垂直方向五个棋子无间断相连，斜方向五个棋子无间断相连。实例运行效果如图 6.12 和图 6.13 所示。

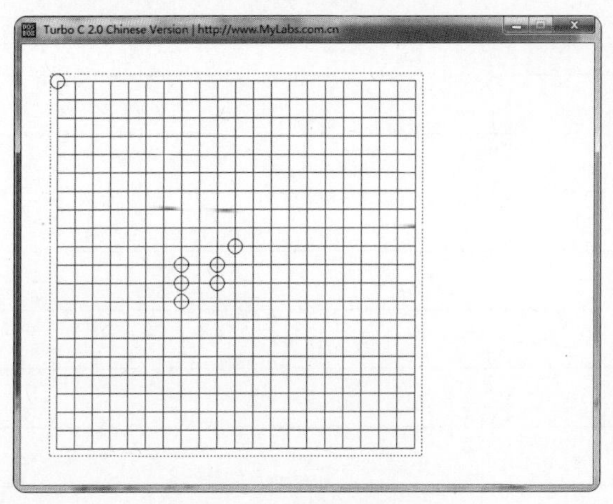

图 6.12　五子棋游戏界面

图 6.13　五子棋游戏胜利界面

关键技术

本实例主要应用 TC 库函数中的图形图像处理函数绘制五子棋界面，这些函数包含在 graphics.h 头文件中。graphics.h 文件是 TC 里面的图形库，如果要用的话，应该用 TC 进行编译，VC++ 有自己的图形库。graphics.h 文件中的函数及函数说明如表 6.1 所示。

表 6.1 graphics.h 文件中主要函数

函　数	说　明
像素函数	
putpixel()	画像素点函数
getpixel()	返回像素色函数
直线和线型函数	
line()	画线函数
lineto()	画线函数
linerel()	相对画线函数
setlinestyle()	设置线型函数
getlinesettings()	获取线型设置函数
setwritemode()	设置画线模式函数
多边形函数	
rectangle()	画矩形函数
bar()	画条函数
bar3d()	画条块函数
drawpoly()	画多边形函数
圆、弧和曲线函数	
getaspectratio()	获取纵横比函数
circle()	画圆函数
arc()	画圆弧函数
ellipse()	画椭圆弧函数
fillellipse()	画椭圆区函数
pieslice()	画扇区函数
sector()	画椭圆扇区函数

续表

函　数	说　明
getarccoords()	获取圆弧坐标函数
填充函数	
setfillstyle()	设置填充图样和颜色函数
setfillpattern()	设置用户图样函数
floodfill()	填充封闭区域函数
fillpoly()	填充多边形函数
getfillsettings()	获取填充设置函数
getfillpattern()	获取用户图样设置函数
图像函数	
imagesize()	图像存储大小函数
getimage()	保存图像函数
putimage()	输出图像函数

下面将对程序中使用到的一些函数进行简单的介绍。

1. bioskey() 函数

bioskey() 函数的功能是直接使用 BIOS 服务的键盘接口。

函数原型：

```
int bioskey(int cmd);
```

bioskey() 函数的原型在 bios.h 头文件中。bioskey() 完成直接键盘操作，cmd 的值决定执行什么操作。参数的设置值及其含义如表 6.2 所示。

表 6.2　cmd 参数的设置值

参 数 值	含　义
cmd = 0	当 cmd 是 0，bioskey() 返回下一个在键盘键入的值（它将等待到按下一个键）。它返回一个 16 位的二进制数，包括两个不同的值。当按下一个普通键时，它的低 8 位数存放该字符的 ASCII 码，高 8 位数存放该键的扫描码；对于特殊键（如方向键、F1 ～ F12），低 8 位为 0，高 8 位字节存放该键的扫描码
cmd = 1	当 cmd 是 1，bioskey() 查询是否按下一个键，若按下一个键，则返回非零值，否则返回 0
cmd = 2	当 cmd 是 2，bioskey() 返回 Shift、Ctrl、Alt、Scroll Lock、Num Lock、Caps Lock、Insert 键的状态。各键状态存放在返回值的低 8 位字节中

字节位的设置及含义如表6.3所示。

表6.3　字节位的设置及含义

字节位	含义
0	右边 Shift 键状态
1	左边 Shift 键状态
2	Ctrl 键状态
3	Alt 键状态
4	Scroll Lock 键状态
5	Num Lock 键状态
6	Caps Lock 键状态
7	Insert 键状态

2．initgraph() 函数和 closegraph() 函数

（1）initgraph() 函数

initgraph() 函数的功能是初始化图形系统。

函数原型：

```
void far initgraph(int far *graphdriver, int far *graphmode,char far *pathtodriver);
```

（2）closegraph() 函数

closegraph 函数的功能是关闭图形系统。

函数原型：

```
void far closegraph(void);
```

3．setbkcolor() 函数

setbkcolor() 函数用指定的颜色值来设置当前的背景色，如果指定的颜色值超出了当前设备的表示范围，则设置为最近似的、设备可以表示的颜色。

函数原型：

```
COLORREF setBkColor(HDC hdc, COLORREF crColor);
```

参数说明：

hdc：设置上下文句柄。

crColor：标识新的背景颜色值。如果想要获得 COLORREF 的值，请使用 RGB 宏。

返回值：如果函数成功，则返回值是原背景色的 COLORREF 值。如果函数失败，则返回 CLR_INVALID。

4．outtextxy() 函数

outtextxy() 函数在指定位置显示一字符串。

函数原型：

```
void far outtextxy(int x, int y, char *textstring);
```

5．settextstyle() 函数

settextstyle() 函数用于为图形输出设置当前的文本属性。

函数原型：

```
void far settextstyle(int font, int direction, char size);
```

函数的参数说明如表 6.4 所示。

表 6.4　函数的参数说明

参　数	说　明
font	字体。DEFAULT_FONT、TRIPLEX_FONT、SMALL_FONT、SANSSERIF_FONT、GOTHIC_FONT，也可以用 0 ～ 4 代替
direction	字符的排列方向，横向和竖向，0 为横向排列，1 为竖向排列
size	字体大小，可用 interger 做参数

6．setcolor() 函数

setcolor() 函数用于设置屏幕的当前画笔颜色。

函数原型：

```
void setcolor(int color);
```

7．getch() 函数

getch() 函数用于从控制台无回显地取一个字符。

函数原型：

```
int getch(void);
```

返回值：从键盘上读取到的字符。

在 Windows/MS-DOS 中可以利用 getch() 函数，让程序调试结束后等待编程者按下键盘才返回编辑界面。该函数包含在头文件 conio.h 中。在使用时，在主函数结尾“return()；”之前加上 getch() 即可。

这个函数可以让用户按下任意键而不需要按回车键就可以接收到用户的输入，可以用来作为“press anykey to continue”的实现。

注意　运行程序前，将“c:\Win TC\BGI”下的“EGAVGA.BGI”文件复制到程序所在的文件夹。

实现过程

（1）在 TC 中创建一个 C 文件。

（2）在五子棋游戏程序中需要应用一些头文件来帮助程序更好地运行。头文件的引用是通过 #include 命令来实现的，下面为本实例中所引用的头文件。

200-1

```
01  #include <stdio.h>                               /*输入输出函数*/
02  #include <stdlib.h>                              /*常用子程序*/
03  #include <graphics.h>                            /*图形库*/
04  #include <bios.h>                                /*调用IBM-PC ROM BIOS子程序的各个函数*/
05  #include <conio.h>                               /*调用DOS控制台I/O*/
```

（3）宏定义也是预处理命令的一种，以 #define 开头，提供了一种可以替换源代码中字符串的机制。本系统将用户使用键盘操作棋子时，使用的方向键的键值定义为宏，定义形式如下：

200-2

```
01  #define LEFT 0x4b00                              /*LEFT键*/
02  #define RIGHT 0x4d00                             /*RIGHT键*/
03  #define DOWN 0x5000                              /*DOWN键*/
04  #define UP 0x4800                                /*UP键*/
05  #define ESC 0x011b                               /*Esc键*/
06  #define SPACE 0x3920                             /*Space键*/
```

（4）在本系统中定义了一些常用变量，用于在五子棋游戏中标识一些重要的信息，变量声明形式如下：

200-3

```
01  int chessx,chessy;                               /*棋子的横坐标和纵坐标*/
02  int key;                                         /*存储键盘输入的键值*/
03  int chess[20][20];                               /*棋盘上的坐标位置*/
04  int flag=1 ; /*标识要画的棋子的颜色，flag=1时，棋子为蓝色；flag为其他值时，棋子为红色*/
```

（5）在本实例中使用了几个自定义的函数，这些函数的功能及声明形式如下：

200-4

```
01  void chessboard                                  /*绘制棋盘*/
02  void draw_circle(int x,int y,int color);         /*绘制棋子*/
03  void play();                                     /*游戏中*/
04  int result(int x,int y);                         /*游戏结果*/
05  void start();
```

（6）在执行主函数 main() 时，调用了自定义过程 start() 函数，用于开始游戏的执行。在 start() 函数中使用 settextstyle() 函数为图形输入设置当前文本的属性，再使用 outtextxy() 函数在指定位置显示一字符串。

200-5

```
01  void start()                                     /*是否开始游戏*/
02  {
03      settextstyle(4,0,5);                         /*用于为图形输出设置当前的文本属性*/
04      outtextxy(80,240,"GAME START!");             /*uttextxy函数：指定位置显示一字符串*/
05      settextstyle(3,0,3);
06      outtextxy(120,340,"ESC-exit/press any key to continue");
07  }
```

（7）在主函数的执行过程中，同样也调用了自定义函数 chessboard()，该函数用于绘制棋盘。代码如下：

200-6

```
01  void chessboard()                                /*画棋盘*/
02  {
```

```
03      int i,j;
04      setbkcolor(WHITE);                      /*设置背景色为白色*/
05      cleardevice();                          /*清屏*/
06      for (i = 40; i <= 440; i = i + 20)      /*设置起始点120，终止点400，表格宽度40*/
07          for (j = 40; j <= 440; j++)
08          {
09              putpixel(i,j,8);                /*画点*/
10              putpixel(j,i,8);
11          }
12      setcolor(8);                            /*设置当前屏幕的当前画笔颜色*/
13      setlinestyle(1,0,1);                    /*设置线型*/
14      rectangle(32,32,448,448);               /*绘制矩形*/
15  }
```

（8）自定义函数 draw_circle() 用于在棋盘上绘制棋子。在函数中，首先设置绘制的颜色，然后才是绘制的样式，设置好绘制的坐标，然后利用 circle() 函数在指定的位置绘制圆，作为五子棋的棋子。代码如下：

200-7

```
01  void draw_circle(int x,int y,int color)     /*画棋子*/
02  {
03      setcolor(color);                        /*设置绘制颜色*/
04      setlinestyle(SOLID_LINE,0,1);           /*设置绘制的样式*/
05      x=(x+2)*20;                             /*设置横坐标*/
06      y=(y+2)*20;                             /*设置纵坐标*/
07      circle(x,y,8);                          /*绘制圆*/
08  }
```

（9）棋子在棋盘上移动，在没有确定好位置以前所留下的痕迹都应该清除。自定义 draw_pixel() 函数，用于将棋走过棋盘上所留下的点补成棋盘颜色。代码如下：

200-8

```
01  void draw_pixel(int x,int y,int color)      /*画点，棋走过棋盘所留下的点*/
02  {
03      x=(x+2)*20;                             /*计算坐标*/
04      y=(y+2)*20;
05
06      {
07          putpixel(x+8,y,color);              /*使用画点函数绘制*/
08          putpixel(x,y-8,color);
09          putpixel(x,y+8,color);
10          putpixel(x-8,y,color);
11      }
12  }
```

（10）实现五子棋游戏过程的全部代码如下：

200-9

```
01  void play()                                /*五子棋游戏过程*/
02  {
03      int i;
04      int j;
05      switch(key)
```

```
06      {
07
08      case LEFT:
09
10          if(chessx-1<0)                                  /*判断向左走是否出了棋盘*/
11              break;
12          else
13          {
14              for(i=chessx-1,j=chessy;i>=1;i--)
15                  if(chess[i][j]==0)
16                  {
17                      draw_circle(chessx,chessy,WHITE);      /*去除棋子走过留下的痕迹*/
18                      draw_pixel(chessx,chessy,8);
19                      break;
20                  }
21                  if(i<1)break;
22                  chessx=i;
23                  if(flag==1)                             /*判断flag值来确定要画的棋子的颜色*/
24                      draw_circle(chessx,chessy,BLUE);
25                  else
26                      draw_circle(chessx,chessy,RED);
27          }
28          break;
29
30      case RIGHT:
31
32          if(chessx+1>19)                                 /*判断向右走是否出了棋盘*/
33              break;
34          else
35          {
36              for(i=chessx+1,j=chessy;i<=19;i++)
37                  if(chess[i][j]==0)
38                  {
39                      draw_circle(chessx,chessy,WHITE);      /*去除棋子走过留下的痕迹*/
40                      draw_pixel(chessx,chessy,8);
41                      break;
42                  }
43                  if(i>19)break;
44                  chessx=i;
45                  if(flag==1)                             /*判断flag值来确定要画的棋子的颜色*/
46                      draw_circle(chessx,chessy,BLUE);
47                  else
48                      draw_circle(chessx,chessy,RED);
49          }
50          break;
51
52      case DOWN:
53
54          if((chessy+1)>19)                               /*判断向下走是否出了棋盘*/
55              break;
```

```
56          else
57          {
58              for(i=chessx,j=chessy+1;j<=19;j++)
59                  if(chess[i][j]==0)
60                  {
61                      draw_circle(chessx,chessy,WHITE);    /*去除棋子走过留下的痕迹*/
62                      draw_pixel(chessx,chessy,8);
63                      break;
64                  }
65                  if(j>19)break;
66                  chessy=j;
67                  if(flag==1)                              /*判断flag值来确定所要画的棋子的颜色*/
68                      draw_circle(chessx,chessy,BLUE);
69                  else
70                      draw_circle(chessx,chessy,RED);
71          }
72          break;
73
74      case UP:
75
76          if(chessy-1<0)                                   /*判断向上走是否出了棋盘*/
77              break;
78          else
79          {
80              for(i=chessx,j=chessy-1;j>=1;j--)
81                  if(chess[i][j]==0)
82                  {
83                      draw_circle(chessx,chessy,WHITE);    /*去除棋子走过留下的痕迹*/
84                      draw_pixel(chessx,chessy,8);
85                      break;
86                  }
87                  if(j<1)break;
88                  chessy=j;
89                  if(flag==1)                              /*判断flag值来确定所要画的棋子的颜色*/
90                      draw_circle(chessx,chessy,BLUE);
91                  else
92                      draw_circle(chessx,chessy,RED);
93          }
94          break;
95
96      case ESC:                                            /*按下Esc键退出游戏*/
97          break;
98
99      case SPACE:
100         if(chessx>=1&&chessx<=19&&chessy>=1&&chessy<=19) /*判断棋子是否在棋盘范围内*/
101         {
102             if(chess[chessx][chessy]==0)                 /*判断该位置上是否有棋*/
103             {
104                 /*若无棋则在该位置存入指定的棋子的flag值*/
105                 chess[chessx][chessy]=flag;
```

```
106                 if(result(chessx,chessy)==1)             /*判断下完该棋子游戏是否结束*/
107                 {
108                     if(flag==1)                          /*如果flag是1，则蓝棋赢*/
109                     {
110                         cleardevice();                   /*清除屏幕*/
111                         settextstyle(4,0,9);             /*设置文本类型*/
112                         outtextxy(80,200,"BLUE Win!");   /*输出文本*/
113                         getch();
114                         closegraph();                    /*关闭图形系统*/
115                         exit(0);
116                     }
117                     if(flag==2)                          /*如果flag是2，则红棋赢*/
118                     {
119                         cleardevice();
120                         settextstyle(4,0,9);             /*设置文本类型*/
121                         outtextxy(80,200,"Red Win!");    /*输出文本，显示红棋赢*/
122                         getch();
123                         closegraph();                    /*关闭图形系统*/
124                         exit(0);
125                     }
126                 }
127                 /*若按下Space键后游戏未结束，则将棋的颜色改变*/
128                 if(flag==1)
129                     flag=2;
130                 else
131                     flag=1;
132                 break;
133             }
134         }
135         else
136             break;
137     }
138 }
```

（11）在游戏中会从八个方向判断游戏的胜负，这八个方向分别是左上、右下、右上、左下、水平左、水平右、垂直上、垂直下。虽然是一个点的八个方向，但是却是两两一组的四条直线：

左上↖ + 右下↘

右上↗ + 左下↙

水平左← + 水平右→

垂直上↑ + 垂直下↓

例如：以左上↖ + 右下↘为例，程序将在左上方向的同一颜色的棋子累加，将右下方向的同一颜色的棋子累加，然后将这两个方向的棋子相加，如果和大于或等于 5，则说明具有该颜色的一方获胜。有一方获胜后游戏结束，显示获胜信息，代码如下：

200-10

```
01  int result(int x,int y)             /*判断两种颜色的棋子在不同方向的个数是否到达5个*/
02  {
03      int j,k,n1,n2;
```

```
04      while(1)
05      {
06          /*左上方*/
07          n1=0 ;
08          n2=0 ;
09          for(j=x,k=y;j>=1&&k>=1;j--,k--)
10          {
11              if(chess[j][k]==flag)
12                  n1++;                           /*累加左上方的棋子数*/
13              else
14                  break;
15          }
16
17          /*右下方*/
18          for(j=x,k=y;j<=19&&k<=19;j++,k++)
19          {
20              if(chess[j][k]==flag)
21                  n2++;                           /*累加右下方的棋子数*/
22              else
23                  break;
24          }
25          if(n1+n2-1>=5)                          /*左上方和右下方的棋子数累加大于或等于5*/
26              return(1);                          /*返回1*/
27
28          /*右上方*/
29          n1=0;
30          n2=0;
31          for(j=x,k=y;j<=19&&k>=1;j++,k--)
32          {
33              if(chess[j][k]==flag)
34                  n1++;                           /*累加右上方的棋子数*/
35              else
36                  break;
37          }
38          /*左下方*/
39          for(j=x,k=y;j>=1&&k<=19;j--,k++)
40          {
41              if(chess[j][k]==flag)
42                  n2++;                           /*累加左下方的棋子数*/
43              else
44                  break;
45          }
46          if(n1+n2-1>=5)                          /*左下方和右上方的棋子数累加大于或等于5*/
47              return(1);                          /*返回1*/
48          n1=0;
49          n2=0;
50
51          /*水平向左*/
52          for(j=x,k=y;j>=1;j--)
53          {
```

```
54              if(chess[j][k]==flag)
55                  n1++;                               /*累加水平左的棋子数*/
56              else
57                  break;
58          }
59
60          /*水平向右*/
61          for(j=x,k=y;j<=19;j++)
62          {
63              if(chess[j][k]==flag)
64                  n2++;                               /*累加水平右的棋子数*/
65              else
66                  break;
67          }
68          if(n1+n2-1>=5)                              /*水平左和水平右的棋子累加大于或等于5*/
69              return(1);                              /*返回1*/
70
71          /*垂直向上*/
72          n1=0;
73          n2=0;
74          for(j=x,k=y;k>=1;k--)
75          {
76              if(chess[j][k]==flag)
77                  n1++;                               /*累加垂直向上的棋子数*/
78              else
79                  break;
80          }
81
82          /*垂直向下*/
83          for(j=x,k=y;k<=19;k++)
84          {
85              if(chess[j][k]==flag)
86                  n2++;                               /*累加垂直向下的棋子数*/
87              else
88                  break;
89          }
90          if(n1+n2-1>=5)                              /*垂直方向的累加和大于或等于5*/
91              return(1);                              /*返回1*/
92          return(0);
93      }
94  }
```

（12）代码如下：

200-11

```
01  void main()
02      {
03          int gdriver=DETECT,gmode;
04          registerbgidriver(EGAVGA_driver);
05          initgraph(&gdriver,&gmode,"");              /*图形界面初始化*/
06          start();                                    /*调用函数start()*/
```

```
07          key=bioskey(0);                         /*接收键盘按键*/
08          if(key==ESC)                            /*按Esc键退出游戏*/
09              exit(0);
10          else
11          {
12              cleardevice();
13              flag=1;                             /*设置flag初始值*/
14              chessboard();                       /*画棋盘*/
15              do
16              {
17                  chessx=0;
18                  chessy=0;
19                  if(flag==1                      /*判断flag值来确定所要画的棋子的颜色*/
20                      draw_circle(chessx,chessy,BLUE);
21                  else
22                      draw_circle(chessx,chessy,RED);
23                  do
24                  {
25                      while(bioskey(1)==0);
26                      key=bioskey(0);             /*接收键盘按键*/
27                      play();                     /*调用play()函数，进行五子棋游戏*/
28                  }
29                  while(key!=SPACE&&key!=ESC);    /*当为Esc键或Space键时，退出循环*/
30              }
31              while(key!=ESC);
32              closegraph();                       /*退出图形界面*/
33          }
34      }
```

附录 A

AI 辅助高效编程

随着人工智能（AI）技术的迅猛发展，我们正步入一个全新的学习时代。在这个时代，AI 辅助技术正深刻改变着人们的学习模式和工作方式。在学习程序开发的征途中，也可以将 AI 工具引入到编程工具中，让 AI 成为我们的编程助手。本附录将讲解如何借助 AI 来辅助我们高效学习 C 语言相关知识点，并快速开发 C 语言实例。

A.1 AI 编程入门

A.1.1 什么是 AI 编程

AI 编程是指利用人工智能技术，并借助 AI 编程工具来增强或自动化编程过程的方法。它结合了机器学习、自然语言处理等先进技术，旨在提高编程效率、减少错误，并帮助开发者更快地实现复杂功能。AI 编程的出现，标志着软件开发领域向更加智能化、自动化的方向迈进。

A.1.2 常用的 AI 编程工具

在 AI 编程领域，有多种工具可供选择，这些工具各具特色，适用于不同的编程场景，而且针对个人用户完全免费。以下是一些常用的 AI 编程工具。

1. DeepSeek

DeepSeek 是 AI 公司深度求索（DeepSeek）团队研发的开源免费推理模型。DeepSeek-R1 拥有卓越的性能，在数学、代码和推理任务上可与 OpenAI o1 媲美，其采用的大规模强化学习技术，仅需少量标注数据即可显著提升模型性能，该模型采用 MIT 许可协议完全开源，进一步降低了 AI 应用门槛。目前，多款 AI 代码编写工具都已接入了 DeepSeek-R1 大模型，如腾讯的腾讯云 AI 代码助手、阿里云的通义灵码、豆包的 MarsCode 等。

2. CodeGeeX

CodeGeeX 是一款由清华和智谱 AI 联合打造的基于大模型的全能的智能编程助手，它可以实现代码的生成与补全、自动添加注释、代码翻译以及智能问答等功能，能够帮助开发者显著提高工作效率。CodeGeeX 支持主流的编程语言（Python、Java、C 语言、C# 等），并适配多种主流 IDE，如 Visual Studio、Visual Studio Code（VS Code）及 IntelliJ IDEA、PyCharm、GoLand 等 JetBrains 系列 IDE。

3. MarsCode

MarsCode 是由字节跳动基于豆包大模型打造的一款集代码编写、调试、测试于一体的 AI 编程工具，其提供智能代码提示、错误检测与修复等功能，极大地提升了编程效率，另外，它还深度集成了 DeepSeek-R1 推理模型，使开发者能无缝切换并使用 DeepSeek-R1。MarsCode 适配 VS Code

及 JetBrains 系列 IDE。

4. 腾讯云 AI 代码助手

腾讯云 AI 代码助手是由腾讯云自行研发的一款开发编程提效辅助工具，开发者可以通过插件的方式将 AI 代码助手安装到编辑器中辅助编程工作（VS Code 或者 JetBrains 系列 IDE）；而 AI 代码助手插件将提供：自动补全代码、根据注释生成代码、代码解释、生成测试代码、转换代码语言、技术对话等能力。通过腾讯云 AI 代码助手，开发者可以更高效地解决实际编程问题，提高编程效率和代码质量。腾讯云 AI 代码助手适配 Visual Studio、Visual Studio Code 及 IntelliJ IDEA、PyCharm、GoLand 等 JetBrains 系列 IDE。

A.1.3 在 VS Code 中集成 AI 编程工具

要在开发程序时使用 AI 编程工具，首先需要将其安装到相应的开发工具中，这里以在 VS Code 开发工具中集成豆包的 MarsCode 编程助手为例，讲解如何在开发 C 语言程序时能够更方便地使用 DeepSeek-R1 推理模型，具体步骤如下：

打开 VS Code 开发工具，在左侧导航中单击扩展图标，打开“扩展”窗口，输入要安装的 AI 工具名称，这里输入“MarsCode”。在下面列表中自动显示找到的所有相关内容，单击选中要安装的 AI 工具，在 VS Code 的右侧会显示其相关介绍，单击“安装”按钮即可进行安装，如图 A.1 所示。

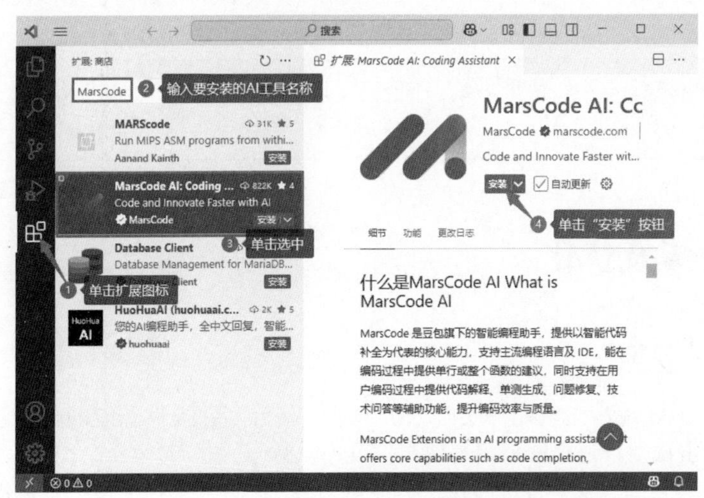

图 A.1 在 VS Code 中安装 AI 工具

在 VS Code 开发工具中安装 AI 编程工具后，就可以使用了。但在使用之前，大多数 AI 编程工具都要求用户处于登录状态。下面以 MarsCode 编程助手为例讲解具体的步骤。

启动 VS Code，可以在主界面中看到登录提示。单击“登录”超链接，会在本地浏览器中打开一个登录页面，输入“手机号”即可登录。登录成功后关闭浏览器页面并返回到 VS Code 开发工具。在 VS Code 的左侧导航中即可看到安装的 MarsCode 编程助手的图标。单击该图标可以打开智能问答窗口，在该窗口中可以根据自己的需求更改要使用的大数据模型。MarsCode 主要支持豆包的 Doubao 大模型、DeepSeek 的 V3 快速模型和 R1 推理模型，如图 A.2 所示。

图 A.2　MarsCode 的智能问答窗口

完成以上操作后，就可以在 VS Code 开发工具中结合 MarsCode 帮助我们做代码建议、单元测试生成、代码纠错等日常工作来提升开发效率了。我们可以在图 A.2 所示的问答窗口，直接输入需求，也可以直接选中一段代码，快速调用常用智能指令，进行解释代码、注释代码、修复代码、生成单测等操作。

> **说明：** 其他AI编程工具的使用方法与MarsCode编程助手类似，这里不再一一介绍。另外，一个开发工具中可以集成多个AI编程工具，用户可以根据自己的需求选择不同的工具进行使用。

A.2　代码生成及优化

A.2.1　代码自动补全

在编写代码时，AI 编程工具能够实时分析上下文信息，并提供智能的代码补全建议，这不仅有助于减少键盘敲击次数，还能降低拼写错误的几率。

例如，开发本书中的“实例 008　百钱买百鸡”程序时，在 VS Code 的代码编辑区用中文写一条注释内容，AI 编程工具会根据注释自动生成相应的代码提示内容，效果如图 A.3 所示。

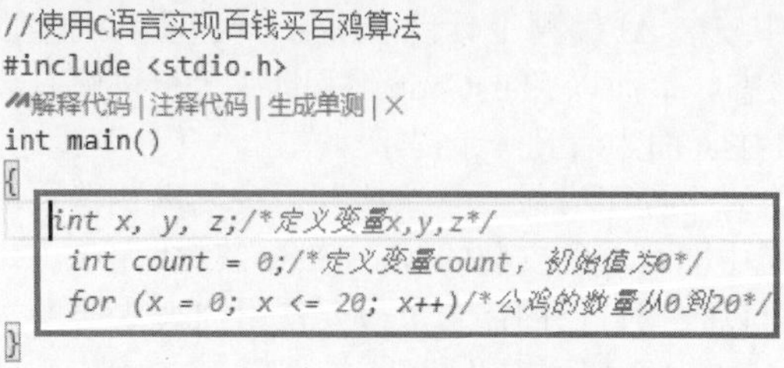

```
//使用C语言实现百钱买百鸡算法
#include <stdio.h>
解释代码 | 注释代码 | 生成单测 | ×
int main()
{
    int x, y, z;/*定义变量x,y,z*/
    int count = 0;/*定义变量count，初始值为0*/
    for (x = 0; x <= 20; x++)/*公鸡的数量从0到20*/
}
```

图 A.3　代码自动补全建议

如果您接受AI编程工具给出的代码或代码补全建议，直接按键盘上的Tab键，即可使生成的代码内容高亮显示在程序中；如果想忽略AI编程工具给出的建议，则继续输入或按Esc键即可。

通过AI编程工具的代码自动补全功能，开发人员只需要按Tab键，即可完成整个函数、方法或代码片段的编写，可节省开发时间，提高编程效率。

说明： 在编写新的方法或类时，通过AI编程工具可以生成初始的代码块，节省逐行编写的时间，使开发人员能够更专注于编写程序的核心逻辑。

A.2.2 代码自动生成

使用AI编程工具，开发人员可以仅通过描述需求来自动生成代码。

例如，要开发本书中“实例030 爱因斯坦阶梯问题”程序时，可以直接借助AI编程工具来实现，在AI编程工具中使用如下对话。

提问：

用C语言解决爱因斯坦阶梯问题。

AI回答：

爱因斯坦阶梯问题描述为：有一个长阶梯，若每步上2阶，最后剩1阶；若每步上3阶，最后剩2阶；若每步上5阶，最后剩4阶；若每步上6阶，最后剩5阶；若每步上7阶，最后刚好一阶也不剩。要求计算出这个阶梯最少有多少阶。

下面是使用C语言解决该问题的代码：

```
#include "stdio.h"
main()
{
    // 解决爱因斯坦阶梯问题
    int step = 7;  // 因为阶梯数能被7整除，所以从7开始
    while (1) {
        if ((step % 2 == 1) && (step % 3 == 2) && (step % 5 == 4) && (step % 6 == 5)) {
            printf("\n爱因斯坦阶梯最少有 %d 阶。\n", step);
            break;
        }
        step += 7;  // 每次增加7，保证能被7整除
    }
}
```

在上述代码中，通过一个while循环，从7开始不断增加7，检查当前的step是否满足每步上2阶剩1阶、每步上3阶剩2阶、每步上5阶剩4阶、每步上6阶剩5阶的条件。如果满足条件，则输出阶梯的最少阶数并跳出循环。

从上面AI自动生成的代码可以看出，对于一些逻辑比较简单的实例，AI编程工具可以直接给出答案；而如果要实现的功能比较复杂，则可以根据自己的实际需求对AI生成的代码进行微调，或者继续在AI编程工具的智能问答窗口中细化自己的需求，直到生成符合自己需求的代码为止。

A.2.3 模块化代码生成

在开发大型项目时，模块化设计是必不可少的。AI编程工具能够根据需求描述生成模块化的代码结构，包括类、接口、方法等，从而帮助开发者更好地组织和管理代码。

例如，要使用C语言开发一个项目中的用户管理模块，则可以在VS Code开发工具中打开已安装的MarsCode智能问答窗口，并在其中进行如下对话。

提问：

使用C语言开发一个用户管理模块，其中数据存储在文件中，包含身份验证、角色管理。

AI建议：

以下是一个使用C语言开发的用户管理模块，数据存储在文件中，包含身份验证和角色管理的示例代码。这个模块允许你创建用户、验证用户身份、管理用户角色。

```
#include <stdio.h>
#include <stdlib.h>
#include <string.h>

#define MAX_USERS 100
#define MAX_USERNAME_LENGTH 50
#define MAX_PASSWORD_LENGTH 50
#define MAX_ROLE_LENGTH 50

// 用户结构体
typedef struct {
    char username[MAX_USERNAME_LENGTH];
    char password[MAX_PASSWORD_LENGTH];
    char role[MAX_ROLE_LENGTH];
} User;

User users[MAX_USERS];
int userCount = 0;

// 从文件中加载用户数据
void loadUsers() {
    FILE *file = fopen("users.txt", "r");
    if (file == NULL) {
        return;
    }
      while (fscanf(file, "%s %s %s", users[userCount].username, users[userCount].password,
users[userCount].role) != EOF && userCount < MAX_USERS) {
        userCount++;
    }
    fclose(file);
}

// 将用户数据保存到文件中
void saveUsers() {
    FILE *file = fopen("users.txt", "w");
    if (file == NULL) {
        return;
    }
    for (int i = 0; i < userCount; i++) {
        fprintf(file, "%s %s %s\n", users[i].username, users[i].password, users[i].role);
    }
    fclose(file);
}
```

```
// 创建新用户
void createUser(const char *username, const char *password, const char *role) {
    if (userCount >= MAX_USERS) {
        printf("用户数量已达到上限。\n");
        return;
    }
    strcpy(users[userCount].username, username);
    strcpy(users[userCount].password, password);
    strcpy(users[userCount].role, role);
    userCount++;
    saveUsers();
    printf("用户 %s 创建成功。\n", username);
}
// 身份验证
int authenticateUser(const char *username, const char *password) {
    for (int i = 0; i < userCount; i++) {
        if (strcmp(users[i].username, username) == 0 && strcmp(users[i].password, password) == 0) {
            return 1;
        }
    }
    return 0;
}

// 获取用户角色
const char* getUserRole(const char *username) {
    for (int i = 0; i < userCount; i++) {
        if (strcmp(users[i].username, username) == 0) {
            return users[i].role;
        }
    }
    return NULL;
}

// 修改用户角色
void changeUserRole(const char *username, const char *newRole) {
    for (int i = 0; i < userCount; i++) {
        if (strcmp(users[i].username, username) == 0) {
            strcpy(users[i].role, newRole);
            saveUsers();
            printf("用户 %s 的角色已更新为 %s。\n", username, newRole);
            return;
        }
    }
    printf("未找到用户 %s。\n", username);
}

int main() {
    loadUsers();
```

```
    // 创建用户示例
    createUser("admin", "admin123", "管理员");
    createUser("user", "user123", "普通用户");
    // 身份验证示例
    if (authenticateUser("admin", "admin123")) {
        printf("身份验证成功。\n");
    } else {
        printf("身份验证失败。\n");
    }
    // 获取用户角色示例
    const char *role = getUserRole("admin");
    if (role != NULL) {
        printf("用户 admin 的角色是 %s。\n", role);
    }
    // 修改用户角色示例
    changeUserRole("user", "高级用户");
    return 0;
}
```

代码说明：

1.用户结构体：User 结构体包含用户名、密码和角色。

2.数据加载和保存：loadUsers 函数从文件 users.txt 中加载用户数据，saveUsers 函数将用户数据保存到文件中。

3.用户管理：createUser 函数用于创建新用户，authenticateUser 函数用于验证用户身份，getUserRole 函数用于获取用户角色，changeUserRole 函数用于修改用户角色。

4.主函数：在 main 函数中，我们演示了如何使用这些功能，包括创建用户、身份验证、获取用户角色和修改用户角色。

A.2.4 算法实现辅助

对于程序开发中遇到的一些复杂算法实现，AI 编程工具能够提供辅助性的建议和示例代码。通过分析算法的原理和步骤，AI 编程工具可以生成相应的 C 语言代码框架，并填充部分实现细节。开发者只需在此基础上进行微调和优化即可。

例如，要使用 C 语言实现一个二分查找算法，可以在 VS Code 开发工具中打开已安装的 MarsCode 智能问答窗口，在其中进行如下对话。

提问：

用C语言实现二分查找算法。

AI思考过程(选用DeepSeek-R1推理模型)：

好的，用户现在要求用C语言实现二分查找算法。首先，我需要回忆二分查找的基本原理和步骤。二分查找是一种在有序数组中查找特定元素的算法，通过不断将搜索范围减半来实现高效查找。

接下来，我需要考虑如何用C语言来实现这个算法。首先，函数参数应该包括数组、数组长度和目标值。然后，初始化左右指针为数组的起始和结束位置。循环条件是左指针小于等于右指针，每次计算中间位置，比较中间元素与目标值，根据比较结果调整左右指针的位置。

需要注意的几个关键点：数组必须是有序的，否则二分查找无法正常工作；中间位置的计算要防止溢出，所以应该使用 left + (right - left) / 2 而不是 (left + right) / 2；循环终止条件以及返回值处理，找到目标返回索引，否则返回-1。

然后，用户可能需要一个示例的main函数来演示如何使用这个二分查找函数。在main函数中，需要定义一个有序数组，获取用户输入的目标值，调用查找函数，并输出结果。

还需要考虑代码的健壮性，比如处理数组为空的情况，或者用户输入超出数组范围的值。不过，根据用户的要求，可能不需要处理这些边缘情况，但至少应该在注释中说明数组必须有序。

现在，我需要将上述思考转化为具体的C代码。首先编写binary_search函数，然后在main函数中测试。确保代码结构清晰，注释明了，特别是关于前提条件和关键步骤的解释。

最后，检查代码是否符合C语言的语法规范，比如函数声明、参数传递、循环结构等。确保没有语法错误，并且示例代码能够正确运行。

AI回答：

这里为您实现一个标准的二分查找算法：

```
#include <stdio.h>

int binary_search(int arr[], int len, int target) {
    int left = 0;
    int right = len - 1;
    while (left <= right) {
        int mid = left + (right - left) / 2; // 防止整数溢出

        if (arr[mid] == target) {
            return mid;                  // 找到目标值，返回索引
        } else if (arr[mid] < target) {
            left = mid + 1;              // 搜索右半部分
        } else {
            right = mid - 1;             // 搜索左半部分
        }
    }
    return -1;                           // 未找到目标值
}

int main() {
    int sorted_array[] = {1, 3, 5, 7, 9, 11, 13, 15, 17, 19};
    int target;
    int size = sizeof(sorted_array) / sizeof(sorted_array[0]);
    printf("请输入要查找的数字：");
    scanf("%d", &target);
    int result = binary_search(sorted_array, size, target);

    if (result != -1) {
        printf("找到目标值，索引位置：%d\n", result);
    } else {
        printf("未找到目标值\n");
    }
    return 0;
}
```

算法特点说明：

1.时间复杂度：O(log n)。

2.前提条件：输入数组必须是有序的。

3.使用 left + (right - left)/2 代替 (left+right)/2 防止整数溢出。

4.循环终止条件为 left > right 时结束。

5.找到目标返回数组索引，未找到返回-1。

```
使用方法：
1.确保数组已排序。
2.调用 binary_search 函数传入数组、数组长度和目标值。
3.根据返回值判断查找结果。
```

A.2.5 代码优化

AI编程工具不仅擅长生成代码，还可以对已有的代码进行优化。通过分析代码的结构和性能瓶颈，提出优化建议，帮助开发者提升代码的运行效率和可读性。

例如，在VS Code开发工具中打开本书中的实例，选中相应的代码段，并在智能问答窗口中给出想要的优化要求，如图A.4所示。

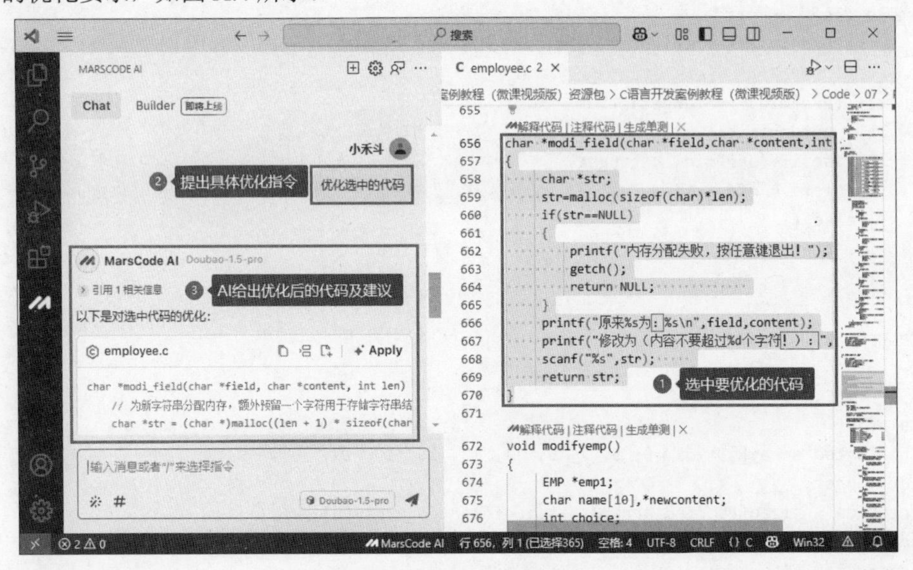

图A.4 优化代码

A.2.6 测试用例生成

为了确保代码的正确性，AI编程工具还可以根据方法的功能描述自动生成测试用例，这些测试用例将覆盖各种可能的输入情况，帮助开发者发现潜在的错误。

例如，使用VS Code打开本书中的某个实例（这里打开“实例064 候选人计票程序”），找到需要进行测试的代码，单击其上方的“生成单测”按钮（或者在智能问答窗口中输入“/test”指令），如图A.5所示。

```
⚡解释代码 | 注释代码 | 生成单测 ×
void main()
{
    int i,j;/*声明变量*/
    char Ctname[20];/*声明数组*/
    for(i=1;i<=10;i++)/*进行10次投票*/
    {
        scanf("%s",&Ctname);/*输入候选人姓名*/
        for(j=0;j<3;j++)
        {
            if(strcmp(Ctname,cndt[j].name)==0)/*字符串比较*/
                cndt[j].count++;/*给相应的候选人票数加一*/
        }
    }
    for(i=0;i<3;i++)
    {
        printf("%s : %d\n",cndt[i].name,cndt[i].count);/*输出投票结果*/
    }
}
```

图 A.5 单击“生成单测”按钮

在 MarsCode 智能问答窗口中生成的测试用例及建议如下。

```
#include <gtest/gtest.h>
#include <string.h>

// Mock candidate structure for testing
struct Candidate {
    char name[20];
    int count;
} cndt[3] = {{"Alice", 0}, {"Bob", 0}, {"Charlie", 0}};

// Function to simulate input for testing
void simulateInput(const char* names[], int count) {
    for (int i = 0; i < count; i++) {
        strcpy(Ctname, names[i]);
        for (int j = 0; j < 3; j++) {
            if (strcmp(Ctname, cndt[j].name) == 0) {
                cndt[j].count++;
            }
        }
    }
}

// Test cases
TEST(VotingTest, AllValidVotes) {
     const char* votes[] = {"Alice", "Bob", "Charlie", "Alice", "Bob", "Charlie", "Alice", "Bob",
"Charlie", "Alice"};
    simulateInput(votes, 10);
```

```
    EXPECT_EQ(4, cndt[0].count); // Alice
    EXPECT_EQ(3, cndt[1].count); // Bob
    EXPECT_EQ(3, cndt[2].count); // Charlie
}

TEST(VotingTest, SomeInvalidVotes) {
     const char* votes[] = {"Alice", "Dave", "Bob", "Eve", "Charlie", "Alice", "Frank", "Bob",
"Charlie", "Alice"};
    simulateInput(votes, 10);
    EXPECT_EQ(3, cndt[0].count); // Alice
    EXPECT_EQ(2, cndt[1].count); // Bob
    EXPECT_EQ(2, cndt[2].count); // Charlie
}

TEST(VotingTest, AllSameCandidate) {
    const char* votes[] = {"Alice", "Alice", "Alice", "Alice", "Alice", "Alice", "Alice", "Alice",
"Alice", "Alice"};
    simulateInput(votes, 10);
    EXPECT_EQ(10, cndt[0].count); // Alice
    EXPECT_EQ(0, cndt[1].count);  // Bob
    EXPECT_EQ(0, cndt[2].count);  // Charlie
}
TEST(VotingTest, EmptyVotes) {
    const char* votes[] = {"", "", "", "", "", "", "", "", "", ""};
    simulateInput(votes, 10);
    EXPECT_EQ(0, cndt[0].count); // Alice
    EXPECT_EQ(0, cndt[1].count); // Bob
    EXPECT_EQ(0, cndt[2].count); // Charlie
}

TEST(VotingTest, MixedCaseVotes) {
     const char* votes[] = {"alice", "BOB", "chArlie", "ALICE", "bob", "CHARLIE", "Alice", "Bob",
"Charlie", "aLiCe"};
    simulateInput(votes, 10);
    EXPECT_EQ(0, cndt[0].count); // Alice (case sensitive)
    EXPECT_EQ(0, cndt[1].count); // Bob (case sensitive)
    EXPECT_EQ(0, cndt[2].count); // Charlie (case sensitive)
}

int main(int argc, char **argv) {
    testing::InitGoogleTest(&argc, argv);
    return RUN_ALL_TESTS();
}
```

解释：

1.测试框架使用了Google Test (gtest)。

2.定义了一个模拟的Candidate结构体和全局数组cndt用于测试。

3.simulateInput函数模拟了原始代码中的输入处理逻辑。

4.测试用例覆盖了以下场景：

```
    AllValidVotes：所有投票都有效。
    SomeInvalidVotes：包含无效候选人名的投票。
    AllSameCandidate：所有投票都投给同一个候选人。
    EmptyVotes：空投票。
    MixedCaseVotes：大小写混合的投票（测试大小写敏感性）。
5.每个测试用例都会重置cndt数组的计数状态。
6.测试验证了投票计数是否正确。

注意：原始代码有几个问题需要注意：
1.使用了全局变量Ctname但没有声明。
2.cndt数组没有初始化。
3.没有处理输入缓冲区溢出的情况。
4.比较是区分大小写的。
```

A.3 智能注释与文档生成

A.3.1 生成注释

为了提高代码的可读性和可维护性，AI编程工具能够根据代码的功能和结构自动生成注释，这些注释将清晰地描述每个函数、类和变量的作用以及它们之间的关系。

例如，使用VS Code查看本书中的实例代码（如打开“实例112 凯撒加密”实例代码）时，如果有的代码注释不完整，可以选中相应的代码段，并在智能问答窗口中输入相关指令（可以直接输入/doc指令），或者直接单击代码上方的“注释代码”按钮，如图A.6所示。

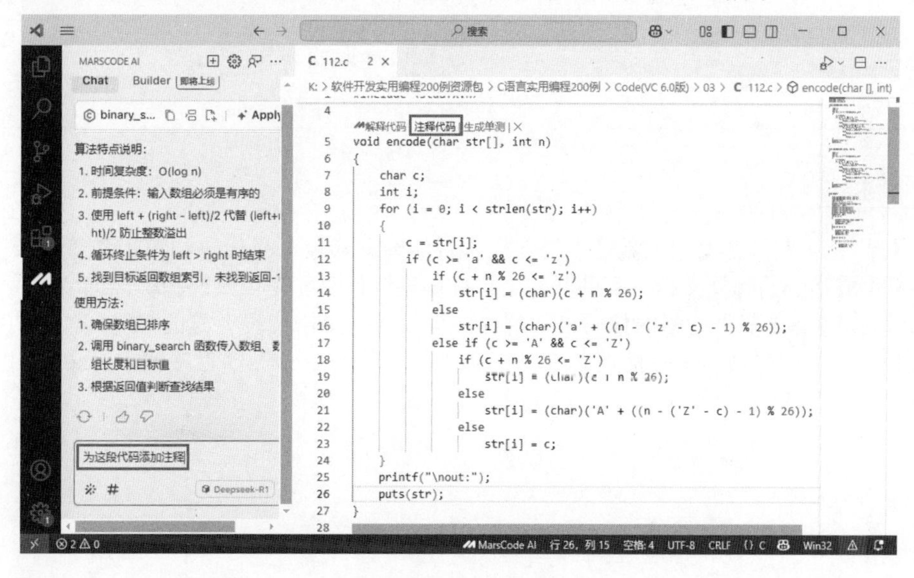

图A.6 生成代码注释

即可在 MarsCode 窗口中为选中的代码生成注释。例如，上面代码的完整注释如下。

```
void encode(char str[], int n)
{
    char c;                                         // 临时存储当前字符
    int i;                                          // 循环计数器
    for (i = 0; i < strlen(str); i++)               // 遍历字符串每个字符
    {
        c = str[i];                                 // 获取当前字符
        // 处理小写字母
        if (c >= 'a' && c <= 'z')
            // 未超出'z'的情况
            if (c + n % 26 <= 'z')
                str[i] = (char)(c + n % 26);        // 直接增加n（取模26处理大数）
            // 超出'z'的情况（循环到字母表开头）
            else
                str[i] = (char)('a' + ((n - ('z' - c) - 1) % 26));
        // 处理大写字母
        else if (c >= 'A' && c <= 'Z')
            // 未超出'Z'的情况
            if (c + n % 26 <= 'Z')
                str[i] = (char)(c + n % 26);
            // 超出'Z'的情况（循环到字母表开头）
            else
                str[i] = (char)('A' + ((n - ('Z' - c) - 1) % 26));
        // 非字母字符保持不变
        else
            str[i] = c;
    }
    printf("\nout:");                               // 输出结果前缀
    puts(str);                                      // 输出加密后的字符串
}
```

A.3.2 解释代码

除了生成注释外，AI 编程工具还能对代码进行解释。通过分析代码的逻辑和算法原理，AI 编程工具可以生成详细的解释文档，帮助开发者更好地理解代码的工作原理和实现细节。

例如，要对 A.3.1 节中选中的代码进行解释，可以直接单击代码上方的“解释代码”按钮，也可以选中相应的代码段后，在智能问答窗口中输入相关的指令（可以直接输入 /explain 指令），效果如图 A.7 所示。

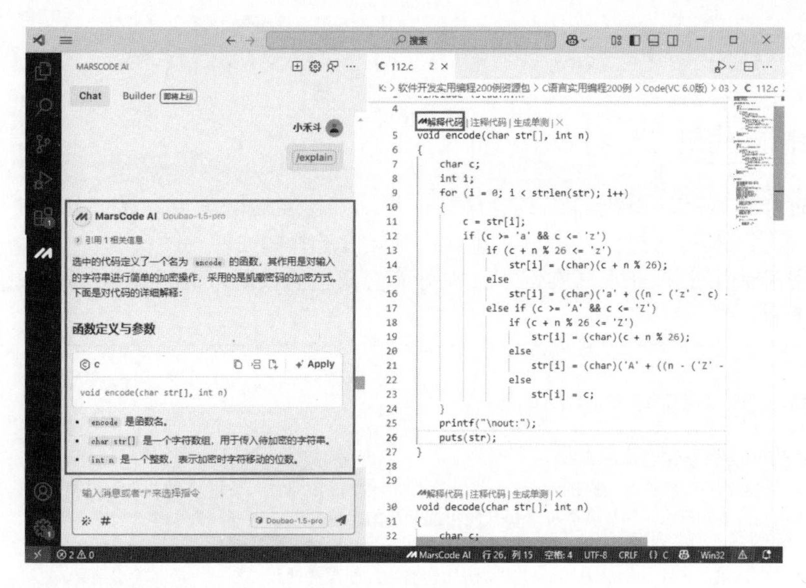

图 A.7　解释代码

A.3.3　技术文档自动化

在程序开发过程中，编写技术文档往往会耗费大量时间和精力。利用 AI 编程工具的技术文档自动化功能，开发者可以轻松生成包括 API 文档、用户手册等在内的各种技术文档，这些文档将基于代码的实际实现自动生成，确保与代码保持同步更新。

例如，使用 VS Code 打开本书中的“实例 112　凯撒加密”实例代码，全选所有代码，然后在已安装的 MarsCode 的智能问答窗口中输入“为该实例生成标准的技术文档”，则效果如图 A.8 所示。

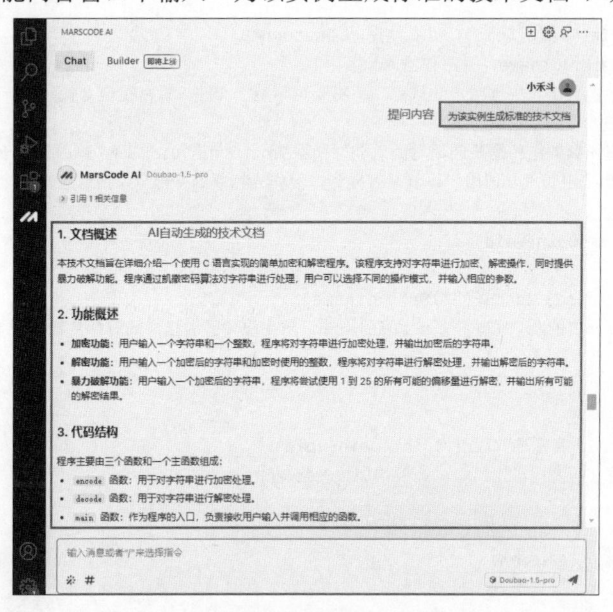

图 A.8　生成标准的技术文档

A.4 程序错误处理

A.4.1 智能修复代码

当代码中存在错误时，AI编程工具能够智能识别并修复这些错误。通过分析错误的类型和上下文信息，AI编程工具可以提供多种修复建议供开发者选择。

例如，使用VS Code打开本书实例，选中可能有问题的代码，然后在AI编程工具的智能问答窗口中进行如下对话。

提问：

为选中代码修复问题。(或者直接输入“/fix”指令)

AI思考过程(选用DeepSeek-R1推理模型)：

好的，我现在需要帮用户修复他们提供的C语言代码。首先，我得仔细看一下用户提供的代码和问题。用户提到“请修复。”但没有具体说明问题是什么，所以我要先分析代码可能存在的问题。

首先看代码结构。这是一个投票统计程序，结构体数组cndt有三个候选人，分别是王、张、李，初始票数为0。主函数main里，进行10次投票，每次输入名字，然后遍历结构体数组比较名字，匹配的话票数加一。最后输出结果。

接下来检查可能的错误点。首先，用户的主函数是void main()，这在C语言中虽然在某些编译器中允许，但不符合标准。标准的写法应该是int main(void)或int main(int argc, char *argv[])，所以这里需要修改返回值类型为int，并添加return 0;语句。这是第一个问题。

然后是输入部分。代码中使用scanf("%s", &Ctname)，这里Ctname是一个字符数组，数组名本身已经是地址，所以不需要取地址符&。使用&可能会导致警告或未定义行为，特别是当数组长度不足时容易溢出。所以应该改成scanf("%s", Ctname)，并且为了安全起见，最好限制输入的字符数，比如scanf("%19s", Ctname)，防止缓冲区溢出。这是第二个需要修改的地方。

接下来检查循环变量。外层循环变量i从1到10，共10次，没问题。内层循环j从0到2，正确遍历三个候选人。字符串比较使用strcmp正确，结构体成员的访问也没问题。输出部分也没有明显错误。

另外，结构体数组cndt的初始化是否正确？代码中是正确的，三个元素分别初始化，没有问题。

所以总结需要修改的地方：

1. 将void main()改为int main(void)，并在结尾添加return 0;
2. 修正scanf中的&Ctname为Ctname，并添加输入长度限制。

现在考虑如何呈现修改后的代码。根据用户的规则，不需要重写整个文件，只需在现有代码中高亮修改部分，并保留周围的代码。需要确保不改变原有注释，除非用户要求。

在用户提供的代码中，主函数的结构需要调整返回值类型和添加return语句。同时，修改scanf的参数。此外，检查是否有其他潜在问题，比如输入超出数组长度，但用户可能没有提到，但作为修复的一部分，应该考虑安全性。

所以最终的修改包括：

- 修改void main()为int main(void)
- 在最后添加return 0;
- 修改scanf("%s", &Ctname)为scanf("%19s", Ctname)

这样既修复了主函数的返回值问题，也修正了scanf的用法，防止缓冲区溢出。同时保持原有注释不变，符合用户的要求。

AI回答：

这里有两个主要问题需要修复：

1. void main() 不符合C语言标准，应改为 int main(void)。
2. scanf 读取字符串存在缓冲区溢出风险，需要添加长度限制。

```
// ... 头文件及结构体定义 ...
int main(void) // 修改返回值类型
{
```

```
    int i,j;
    char Ctname[20];
    for(i=1;i<=10;i++)
    {
        scanf("%19s", Ctname); // 移除多余的&，添加长度限制
        for(j=0;j<3;j++)
        {
            if(strcmp(Ctname,cndt[j].name)==0)
                cndt[j].count++;
        }
    }
    // ... 输出代码保持不变 ...
    return 0; // 添加返回值
}
修改说明：
1. main 函数应返回 int 类型，这是C语言标准要求。
2. scanf 的 %s 格式符需要指定最大读取长度（这里用19对应20字节数组）。
3.字符数组参数传递时不需要取地址操作符 &。
4.添加了 return 0 保持程序退出状态正确。
```

A.4.2 解决常见异常

在C语言编程过程中，开发者会经常遇到一些错误或异常。AI编程工具的智能问答功能更像是让每个程序员有了一个人工智能助手，它可以快速提供代码问题的深入分析、解释等，甚至修复代码错误。

表A.1是开发C语言程序时经常遇到的一些错误或异常信息，可以在AI编程工具（如DeepSeek、腾讯云AI代码助手、CodeGeeX、MarsCode等）的智能问答窗口中输入与查找相应的解决方案。

表A.1 C语言常见错误或异常信息

错误或异常信息	错误说明
claration missing ;	说明缺少“;”
Argument list syntax error	参数表语法错误
Array bounds missing	丢失数组界限符
Call of non-function	调用未定义的函数
Case outside of switch	漏掉了case语句
Constant expression required	要求常量表达式
Enum syntax error	枚举类型语法错误
Function call missing)	函数调用缺少右括号
Fuction should return a value	函数必需返回一个值
Illegal character x	非法字符x
Illegal use of pointer	指针使用非法

续表

错误或异常信息	错误说明
Mismatched number of parameters in definition	定义中参数个数不匹配
Redeclaration of xxx	重复定义了 xxx
Sub scripting missing]	下标缺少右方括号
This function or variable may be unsafe. Consider using scanf_s instead	scanf 函数使用不安全，建议用 scanf_s 替换
Uninitialized local variable "xxx" used	使用了未初始化的局部变量“xxx”
% f requires a parameter of type 'double',	“%f”需要类型“double”的参数
'gets': identifier not found	“gets”：找不到标识符
Index < name > out of valid index range < min > to < Max >	索引 < 名称 > 超出有效索引范围 < 最小 > 到 < 最大 >
This function or variable may be unsafe. Consider using strcpy_s instead.	strcpy 函数使用不安全，建议用 strcpy_s 替换
xxx: the left operand has a "struct" type, using "."	“xxx”: 左操作数有“struct”类型，使用“.”
The type is "student *", do you want to use "- >" instead?	类型是“结构体名 *”, 是否改用“–>”？
"；": undeclared identifier	“；”：未声明的标识符
Illegal else without matching if	没有匹配 if 的非法 else
'xxx': must return a value	“xxx”：函数必须返回一个值
Misplaced continue	此处不应出现 continue 语句
1 error,0 waring	编译没错，运行出现错误
Superfluous &with function or array	函数或数组中有多余的“&”
';' : empty controlled statement found; is this the intent	“；”：找到空的受控语句；这是否是有意的？
local variable 'a' used without having been initialized	变量 a 没有初始化
unexpected token '{' following declaration of 'main'	“{”：缺少 main 函数标题
unexpected in macro definition	宏定义时出现了意外的符号或结构
potential divide by 0	有可能被 0 除

A.4.3 程序员常用 10 大指令

为了提高编程效率，开发者通常会使用一些常用的快捷指令和命令。在 IDE 中集成 AI 编程工具后，开发者可以利用这些指令快速调用 AI 相关的功能和服务。以下是程序员常用的 AI 指令。

（1）代码自动生成指令。

“用［编程语言］实现［具体功能］，要求支持［特性 1］［特性 2］，并处理［异常类型］”，如“用 C 语言实现最短路径算法，要求使用 Dijkstra 算法。”

（2）代码注释生成指令。

“为以下［编程语言］代码生成详细注释，解释算法逻辑并标注潜在风险。”

（3）BUG 终结者指令。

“分析这段报错代码，给出 3 种修复方案并按优先级排序。”

（4）算法生成指令。

“用［语言］实现时间复杂度 $O(n)$ 的［算法类型］，输入示例:［示例数据］。”

（5）算法优化秘籍。

“将当前 $O(n^2)$ 复杂度的排序算法优化至 $O(n \log n)$，并提供复杂度对比。”

（6）接口设计辅助。

“设计 RESTful API 实现［业务功能］，需包含版本控制、限流和 JWT 鉴权。”

（7）技术文档神器。

“为以下 API 接口生成开发文档，包含请求示例、响应参数和错误码说明。”

（8）SQL 万能优化指令。

“审查以下 SQL 语句，找出 3 个性能隐患并给出优化方案。”

（9）测试用例生成。

“为以下［函数 / 模块］生成边界测试用例，覆盖空值 / 极值 / 类型错误场景。”

（10）架构设计。

“设计支持百万并发的［系统类型］架构图，标注组件通信协议和容灾方案。”

附 录 B

C 语言代码规范

B.1 代码书写规范

（1）程序块要采用缩进风格编写，缩进的空格数为 4 个。

> **说明：** 由开发工具自动生成的代码可以不一致。

（2）不允许把多个短语句写在一行中，即一行只写一条语句。

（3）较长的语句（大于 80 字符）要分成多行书写，长表达式要在低优先级操作符处划分新行，操作符放在新行之首，划分出的新行要进行适当的缩进，使排版整齐，语句可读。

（4）循环、判断等语句中若有较长的表达式或语句，则要进行适应的划分，长表达式要在低优先级操作符处划分新行，操作符放在新行之首。

（5）if、for、do、while、case、switch、default 等语句自占一行，且 if、for、do、while 等语句的执行语句部分无论多少都要加大括号。

（6）若函数或过程中的参数较长，则要进行适当的划分。示例：

```
n7stat_str_compare((BYTE *) & stat_object,
(BYTE *) & (act_task_table[taskno].stat_object),
sizeof(_STAT_OBJECT));
```

（7）对齐只使用 Space 键，不使用 Tab 键。

> **说明：** 在使用不同的编辑器阅读程序时，可能会因Tab键所设置的空格数目不同而造成程序布局不整齐。

（8）函数或过程的开始、结构的定义及循环、判断等语句中的代码都要采用缩进风格，case 语句下的情况处理语句也要遵从语句缩进要求。

（9）程序块的分界符（如 C/C++ 语言的大括号）应独占一行并且位于同一列，同时与引用它们的语句左对齐。在函数体的开始、类的定义、结构的定义、枚举的定义以及 if、for、do、while、switch、case 语句中的程序都要采用如上的缩进方式。

（10）一行程序以小于 80 字符为宜，不要写得过长。

（11）在两个以上的关键字、变量、常量进行对等操作时，它们之间的操作符之前、之后或者前后要加空格；进行非对等操作时，如果是关系密切的立即操作符（如 ->），其后不应加空格。

说明： 采用这种松散方式编写代码的目的是使代码更加清晰。由于加空格所产生的清晰度是相对的，所以在已经非常清晰的语句中没有必要再加空格。如果语句已足够清晰，则括号内侧（即左括号后面和右括号前面）不需要再加空格，多重括号间不必加空格，因为在C/C++语言中括号已经是最清晰的标志了。

在长语句中，如果需要加的空格非常多，那么应该保持整体清晰。给操作符加空格时不要连续加两个以上空格。

示例：

（1）逗号、分号只在后面加空格。

```
int a, b, c;
```

（2）比较操作符、赋值操作符“=”“+=”、算术操作符“+”“%”、逻辑操作符“&&”“&”、位域操作符“<<”“^”等双目操作符的前后都加空格。

```
if (current_time >= MAX_TIME_VALUE)
a = b + c;
a *= 2;
a = b ^ 2;
```

（3）“!”“~”“++”“--”“&”（地址运算符）等单目操作符的前后都不加空格。

```
*p = 'a';                           //内容操作符“*”与内容之间不加空格
flag = !isEmpty;                    //非操作符“!”与内容之间不加空格
p = &mem;                           //地址操作符“&”与内容之间不加空格
i++;                                //++与内容之间不加空格
```

（4）“->”“.”前后不加空格。

```
p->id = pid;                        //“->”指针前后不加空格
```

（5）if、for、while、switch等与后面的括号间应加空格，使if等关键字更为突出、明显。

```
if (a >= b && c > d)
```

B.2 注释

（1）一般情况下，源程序有效注释量必须在20%以上。

说明： 注释的原则是有助于对程序的阅读理解，在该加的地方都加，注释不宜太多也不能太少，注释语言必须准确、易懂、简洁。

（2）文件头部应进行注释，注释必须列出版权说明、版本号、生成日期、作者、内容、功能、修改日志等。

（3）函数头部应进行注释，列出函数的目的 / 功能、输入参数、输出参数、返回值、调用关系（函数、表）等。

（4）边写代码边注释，修改代码的同时修改相应的注释，以保证注释与代码的一致性。没有用的注释要删除。

（5）注释的内容要清楚、明了，含义准确，防止注释歧义性。

（6）避免在注释中使用缩写，特别是非常用缩写。

（7）注释应与其描述的代码相近，对代码的注释应放在其上方或右侧（对单条语句的注释）相邻位置，不可放在下面，如放于上方则需与其上面的代码用空行隔开。示例：

```
/* get replicate sub system index and net indicator */
repssn_ind = ssn_data[index].repssn_index;
repssn_ni = ssn_data[index].ni;
```

（8）对于所有有物理含义的变量、常量，如果其命名不是充分自注释的，在声明时都必须加以注释，说明其物理含义。变量、常量、宏的注释应放在其上方相邻位置或右侧。示例：

```
/* active statistic task number */
#define MAX_ACT_TASK_NUMBER 1000
#define MAX_ACT_TASK_NUMBER 1000 /* active statistic task number */
```

（9）数据结构声明（包括数组、结构、类、枚举等），如果其命名不是充分自注释的，必须加以注释。对数据结构的注释应放在其上方相邻位置，不可放在下面；对结构中的每个域的注释应放在此域的右侧。

（10）全局变量要有较详细的注释，包括对其功能、取值范围、哪些函数或过程存取它以及存取时注意事项等的说明。

（11）避免在一行代码或表达式的中间插入注释。除非必要，不应在代码或表达式中间插入注释，否则容易使代码可理解性变差。

（12）通过对函数或过程、变量、结构等正确的命名以及合理地组织代码的结构，使代码成为自注释的。清晰准确的函数、变量等的命名，可增加代码可读性，并减少不必要的注释。

（13）在代码的功能、意图层次上进行注释，提供有用、额外的及代码以外的信息，帮助读者理解代码。如下注释意义不大：

```
/* if receive_flag is TRUE */
if (receive_flag)
```

而如下的注释则给出了额外有用的信息。

```
/* if mtp receive a message from links */
if (receive_flag)
```

（14）注释与所描述内容进行同样的缩排，可使程序排版整齐，并方便注释的阅读与理解。下例排版不整齐，阅读稍感不方便。

```
void example_fun(void)
{
/* code one comments */
   CodeBlock One
       /* code two comments */
   CodeBlock Two
}
```

应改为如下布局：

```
void example_fun(void)
{
    /* code one comments */
    CodeBlock One
    /* code two comments */
    CodeBlock Two
}
```

（15）将注释与其上面的代码用空行隔开。

下例显得代码过于紧凑：

```
/* code one comments */
program code one
/* code two comments */
program code two
```

应如下书写：

```
/* code one comments */
program code one

/* code two comments */
program code two
```

（16）对变量的定义和分支语句（条件分支、循环语句等）必须编写注释。这些语句往往是程序实现某一特定功能的关键，对于维护人员来说，良好的注释可以帮助更好地理解程序，有时甚至优于看设计文档。

（17）对于switch语句下的case语句，如果因为特殊情况需要处理完一个case后进入下一个case处理，必须在该case语句处理完、下一个case语句前加上明确的注释。这样会比较清楚程序编写者的意图，有效防止无故遗漏break语句。

（18）注释格式应尽量统一，建议使用"/* …… */"。

（19）注释应考虑程序易读及外观排版的因素，以及出于对维护人员的考虑，建议使用中文。若是中、英文兼有，建议多使用中文，除非能使用非常流利准确的英文表达。

B.3 标识符命名

（1）标识符的命名要清晰、明了，有明确含义，同时使用完整的单词或大家基本可以理解的缩写，避免使人产生误解。

> **说明：** 较短的单词可通过去掉“元音”形成缩写，较长的单词可取单词的头几个字母形成缩写。下面单词的缩写能够被大家基本认可。

标识符	缩　写
temp	tmp
flag	flg
statistic	stat
increment	inc
message	msg

（2）命名中若使用特殊约定或缩写，则要有注释说明。

> **说明：** 应该在源文件的开始之处，对文件中所使用的缩写或约定，特别是特殊的缩写，进行必要的注释说明。

（3）自己特有的命名风格，要自始至终保持一致，不可来回变化。

> **说明：** 个人的命名风格，在符合所在项目组或产品组的命名规则（即命名规则中没有规定到的地方）的前提下，才可使用。

（4）对于变量命名，禁止取单个字符（如i、j、k），建议除了要有具体含义外，还能表明其变量类型、数据类型等，但i、j、k作局部循环变量是允许的。

> **说明：** 变量，尤其是局部变量，如果用单个字符表示，很容易敲错（如i写成j），而编译时又检查不出来，有可能为了这个小小的错误而花费大量的查错时间。

（5）命名规范必须与所使用的系统风格保持一致，并在同一项目中统一。例如，采用全小写加下画线的风格或大小写混排的方式。不要使用大小写与下画线混排的方式作为特殊标识，如用于标识成员变量或全局变量的m_和g_，其后加上大小写混排的方式是允许的。

（6）除非必要，应避免使用数字或较奇怪的字符来定义标识符。

（7）在同一软件产品内，应规划好接口部分标识符（变量、结构、函数及常量）的命名，以防止编译、链接时产生冲突。例如，可规定接口部分的变量与常量名前加上“模块”标识等。

（8）用正确的反义词组命名具有互斥意义的变量或相反动作的函数等。下面是一些软件中常用的反义词组。

add / remove　　begin / end　　create / destroy
insert / delete　　first / last　　get / release

put / get	up / down	increment / decrement
add / delete	lock / unlock	open / close
min / max	old / new	start / stop
next / previous	source / target	show / hide
cut / paste	send / receive	source / destination

（9）除了编译开关 / 头文件等特殊应用，应避免使用 _EXAMPLE_TEST_ 之类以下画线开始和结尾的定义。

B.4 可读性

（1）注意运算符的优先级，并用括号明确表达式的操作顺序，避免使用默认优先级。

说明： 防止阅读程序时产生误解，防止因默认的优先级与设计思想不符而导致程序出错。

（2）避免使用不易理解的数字，用有意义的标识来替代。涉及物理状态或者含有物理意义的常量，不应直接使用数字，必须用有意义的枚举或宏来代替。

（3）源程序中关系较为紧密的代码应尽可能相邻。

下面的代码布局不太合理：

```
rect.length = 10;
char_poi = str;
rect.width = 5;
```

若按如下形式书写，会更清晰一些。

```
rect.length = 10;
rect.width = 5;                    //矩形的长与宽关系较密切，放在一起
char_poi = str;
```

4. 不要使用难懂的技巧性很高的语句，因为高技巧语句不等于高效率的程序，实际上程序的效率关键在于算法。

下面的表达式，如果考虑不周就可能出问题，也较难理解。

```
* stat_poi ++ += 1;
* ++ stat_poi += 1;
```

分别修改为如下两种形式：

```
*stat_poi += 1;
stat_poi++;                        //此处两个语句的功能相当于" * stat_poi ++ += 1; "
```

```
++ stat_poi;
*stat_poi += 1;                    //此处两个语句的功能相当于" * ++ stat_poi += 1;  "
```

附录C

常用字符与ASCII代码对照表

ASCII 非打印字符						ASCII 打印字符											
十进制	字符	代码	十进制	字符	代码	十进制	字符	十进制	字符	十进制	字符	十进制	字符	十进制	字符	十进制	字符
0	BLANK NULL	NUL	16	►	DLE	32	(space)	48	0	64	@	80	P	96	`	112	p
1	☺	SOH	17	◄	DC1	33	!	49	1	65	A	81	Q	97	a	113	q
2	☻	STX	18	↕	DC2	34	"	50	2	66	B	82	R	98	b	114	r
3	♥	ETX	19	‼	DC3	35	#	51	3	67	C	83	S	99	c	115	s
4	♦	EOT	20	¶	DC4	36	$	52	4	68	D	84	T	100	d	116	t
5	♣	ENQ	21	∮	NAK	37	%	53	5	69	E	85	U	101	e	117	u
6	♠	ACK	22	■	SYN	38	&	54	6	70	F	86	V	102	f	118	v
7	●	BEL	23	↨	ETB	39	'	55	7	71	G	87	W	103	g	119	w
8	◘	BS	24	↑	CAN	40	(	56	8	72	H	88	X	104	h	120	x
9	○	TAB	25	↓	EM	41	)	57	9	73	I	89	Y	105	i	121	y
10	◙	LF	26	→	SUB	42	*	58	:	74	J	90	Z	106	j	122	z
11	♂	VT	27	←	ESC	43	+	59	;	75	K	91	[	107	k	123	{
12	♀	FF	28	∟	FS	44	,	60	<	76	L	92	\	108	l	124	|
13	♪	CR	29	↔	GS	45	–	61	=	77	M	93	]	109	m	125	}
14	♫	SO	30	▲	RS	46	.	62	>	78	N	94	^	110	n	126	~
15	☼	SI	31	▼	US	47	/	63	?	79	O	95	_	111	o	127	(del)